自然语言处理与大语言模型原理详解

从NLP模型到Transformer架构

杨灵玑◎编著

清华大学出版社

北京

内容简介

本书全面、系统、深入地介绍自然语言处理（NLP）的核心知识与实践方法，涵盖从传统模型到基于Transformer 架构的大语言模型的完整知识体系。本书通过理论推导与 Python 代码实践相结合的方式，深入解析词嵌入、句法分析、序列建模等基础技术，并重点探讨 Transformer 架构、预训练范式、生成控制与 RLHF 对齐等大语言模型的关键技术。本书结合多个 Python 实践案例与伦理问题，帮助读者掌握"基础理论→算法实现→应用落地"的 NLP 任务构建全栈能力。

本书共 12 章，分为 4 篇。第 1 篇自然语言处理基础与词表示，介绍词袋模型、TF-IDF、Word2Vec 和 GloVe 词嵌入等 NLP 基础，以及神经网络基础、朴素贝叶斯在情感分类中的作用、N-gram 语言建模等；第 2 篇语言结构与句法解析，介绍上下文无关语法、成分解析与依存句法分析等；第 3 篇序列建模与深度学习方法，深入介绍循环神经网络、长短期记忆网络、门控循环单元、序列到序列模型、注意力机制与 Transformer 架构等；第 4 篇大语言模型与生成技术，介绍自然语言生成的解码过程、常见问题及其解决方案、评估指标、评价方法、伦理问题，以及大语言模型预处理与基于人类反馈的强化学习等。

本书内容丰富，讲解深入浅出，理论兼具实践，适合想系统、深入学习自然语言处理和大语言模型的读者，也适合数据科学家、机器学习工程师和 NLP 研究员等大语言模型从业人员阅读，还可作为高等院校人工智能相关专业的教材或教学参考书，以及相关培训机构的教学用书。

图书在版编目（CIP）数据

自然语言处理与大语言模型原理详解：从 NLP 模型到 Transformer 架构 / 杨灵玑编著.
北京：清华大学出版社，2025. 7. -- ISBN 978-7-302-69913-2

Ⅰ. TP391

中国国家版本馆 CIP 数据核字第 20250LU449 号

责任编辑：王中英
封面设计：欧振旭
责任校对：胡伟民
责任印制：沈 露

出版发行：清华大学出版社
   网　　址：https://www.tup.com.cn，https://www.wqxuetang.com
   地　　址：北京清华大学学研大厦 A 座　　邮　　编：100084
   社 总 机：010-83470000　　邮　　购：010-62786544
   投稿与读者服务：010-62776969，c-service@tup.tsinghua.edu.cn
   质量反馈：010-62772015，zhiliang@tup.tsinghua.edu.cn
印 装 者：北京同文印刷有限责任公司
经　销：全国新华书店
开　本：185mm×260mm　　印　张：24.5　　字　数：630 千字
版　次：2025 年 8 月第 1 版　　印　次：2025 年 8 月第 1 次印刷
定　价：109.80 元

产品编号：109133-01

自然语言处理（Natural Language Processing，NLP）是人工智能的核心领域之一，致力于赋予计算机理解、生成和推理人类语言的能力。近年来，以 Transformer 架构为核心的大语言模型（Large Language Model，LLM）通过自注意力机制和预训练范式彻底革新了自然语言处理技术体系。从基于词嵌入的静态表示到动态上下文感知的语义建模，从序列到序列的翻译框架到具备零样本学习能力的生成系统，大语言模型在机器翻译、情感分析、对话交互等任务中展现出前所未有的泛化能力。然而，语言固有的歧义性、逻辑推理的复杂性与生成内容的可控性等问题仍然需要通过语法解析、强化学习对齐、解码策略优化等关键技术进行突破。

本书系统阐述从自然语言处理传统技术到深度学习技术的演进脉络，并深入探讨预训练、注意力机制、基于人类反馈的强化学习（RLHF）等支撑大语言模型的核心要素。在传统技术层面，本书深入解析 N-gram 语言建模、词袋模型与 TF-IDF 权重计算，并对比 Word2Vec 与 GloVe 等静态词向量的表征差异；在深度学习领域，本书着重剖析以 Transformer 为核心的大语言模型架构——通过自注意力机制实现动态上下文建模，借助预训练范式（如 BERT 的双向编码和 GPT 的自回归生成）突破传统序列模型的局限。本书不仅涵盖循环神经网络和长短期记忆网络等时序建模基础，而且结合前沿的 RLHF 对齐策略、子词切分技术和解码器优化方法，揭示生成式大语言模型的实现原理与面临的技术挑战。

本书特色

- ☐ **涵盖技术演进的完整脉络**：系统梳理从 N-gram、词袋模型到 Transformer 架构的技术迭代，既包含词嵌入、句法解析等传统方法，又详解 BERT 和 GPT 等大语言模型的预训练范式与自注意力机制，兼顾知识深度与体系完整性。
- ☐ **详解分层递进的知识架构**：以词向量、依存句法分析为认知起点，从循环神经网络和长短期记忆网络时序建模过渡到 Transformer 架构，最终延伸至 RLHF 对齐策略，从而构建符合认知规律的渐进式学习路径。
- ☐ **算法原理与代码实现并重**：在理论推导中结合 Python 代码实现案例，同步提供数据预处理、子词切分、模型蒸馏等实践指南，从而强化从理论知识到应用落地的转化能力。
- ☐ **聚焦大语言模型技术闭环**：深入剖析大语言模型的全生命周期，涵盖模型的预训练、微调、部署与对齐等关键技术环节，揭示 ChatGPT 等模型的实现逻辑。
- ☐ **强化生成任务的技术纵深**：详解自然语言生成技术，对比贪心搜索和集束搜索等解码策略，分析温度系数调控和重复惩罚等生成控制方法，并探讨幻觉生成的检测与治理方案。

本书内容

第1篇　自然语言处理基础与词表示

第 1 章介绍自然语言处理基础与词嵌入技术，涵盖词袋模型、词向量原理、词嵌入方法（Word2Vec 和 GloVe）、词嵌入方法的比较、词向量评估方法等。

第 2 章介绍神经网络基础，涵盖神经网络的单元结构、前馈计算、最大间隔目标函数、反向传播、神经网络的算法实现、神经网络的激活函数、数据预处理、参数初始化、梯度下降优化算法、神经网络的验证与调整方法等。

第 3 章介绍朴素贝叶斯分类器在情感分类中的作用，涵盖文本分类的基本概念和朴素贝叶斯分类器的相关知识，如词袋模型的概念、朴素贝叶斯分类器的训练、文本分类任务的评估方法、多类别分类评估方法、交叉验证、统计显著性检验和配对 Bootstrap 检验等。

第 4 章介绍语言建模任务和 N-gram 模型，涵盖语言建模与 N-gram 模型的基本知识，以及 N-gram 模型的评价方法和主要问题及其解决方法。

第2篇　语言结构与句法解析

第 5 章介绍上下文无关语法和成分解析，涵盖句法分析的意义、上下文无关语法、树库、语法等价性和范式、句法解析器、结构歧义、CKY 解析、概率上下文无关文法、最佳优先概率解析、解析的评价方法等。

第 6 章介绍依存句法分析，涵盖构成成分和依存结构的区别与联系、依存结构的基本概念、依存关系的确立、基于转移的依存句法分析、神经网络依存句法分析器等。

第3篇　序列建模与深度学习方法

第 7 章介绍循环神经网络的构建，涵盖神经概率语言模型简介，以及循环神经网络的原理、评估与优化策略。

第 8 章介绍长短期记忆网络与门控循环单元，涵盖其基本原理、工作机制、梯度问题的解决、算法实现和参数调优策略等。

第 9 章介绍序列到序列模型，涵盖机器翻译概述、序列到序列模型的基本原理与实现、结合注意力机制和序列到序列模型的评估方法。

第 10 章介绍注意力机制与 Transformer 架构，涵盖注意力机制的基本原理、局限性与改进，以及 Transformer 的关键组件、编码器与解码器结构、应用场景、发展趋势等。

第4篇　大语言模型与生成技术

第 11 章介绍自然语言生成，涵盖自然语言生成的任务类型、解码过程、遇到的问题及其解决方案、训练过程、评估指标、评价方法和伦理问题等。

第 12 章介绍大语言模型预处理与基于人类反馈的强化学习，涵盖字词模型、整体模型训练、编码器的预训练方法、编码器-解码器的预训练方法、解码器的预训练方法和大语言模型的优化方法等。

读者对象

- ❏ 自然语言处理初学者与进阶者；
- ❏ 自然语言处理从业人员；
- ❏ 对自然语言处理感兴趣的人员；
- ❏ 对大语言模型感兴趣的人员；
- ❏ 人工智能技术爱好者；
- ❏ 高等院校人工智能专业的学生；
- ❏ 相关培训机构的学员。

配套资源

本书提供完整的案例代码，方便读者实践。读者可以通过两种方式获取：一是关注微信公众号"方大卓越"，回复数字"52"自动获取下载链接；二是在清华大学出版社网站（www.tup.com.cn）上搜索到本书，然后在本书页面上找到"资源下载"栏目，单击"网络资源"按钮进行下载。

售后支持

虽然笔者对本书内容已进行多次核对，但因水平所限，难免还存在疏漏与不足之处，恳请广大读者批评与指正。读者在阅读本书时若有疑问，可发送电子邮件获取帮助，邮箱地址为 bookservice2008@163.com。

同时，欢迎读者对本书提出意见或建议，以便笔者后续不断优化和完善内容。希望本书能够帮助读者在自然语言处理和大语言模型技术的学习道路上取得突破，从而不断提升自己的理论水平与应用能力。

杨灵玑

2025 年 6 月

第1篇　自然语言处理基础与词表示

第1章　自然语言处理基础与词嵌入 ·································· 2

1.1　自然语言处理概述 ·· 2

1.2　词袋模型 ··· 2

 1.2.1　词袋模型示例 ··· 3

 1.2.2　用 Python 实现词袋模型 ······································ 3

 1.2.3　利用 N-gram 捕捉上下文关系与语义信息 ······················ 4

 1.2.4　词频-逆文档频率 ·· 4

 1.2.5　词袋模型的局限性 ··· 5

1.3　词向量和词嵌入 ·· 5

1.4　词嵌入方法 ·· 6

 1.4.1　词嵌入模型 ·· 6

 1.4.2　连续词袋模型简介 ··· 7

 1.4.3　跳跃词模型简介 ·· 12

 1.4.4　GloVe 模型简介 ··· 19

1.5　Word2Vec 和 GloVe 比较 ··· 24

1.6　自然语言处理中的词向量评估方法 ····································· 25

 1.6.1　内在评估 ··· 25

 1.6.2　外在评估 ··· 27

 参考文献 ··· 30

第2章　神经网络基础 ·· 31

2.1　神经网络单元 ·· 31

 2.1.1　神经元 ··· 31

 2.1.2　神经元层 ··· 32

2.2　前馈计算 ·· 33

2.3　最大间隔目标函数 ··· 33

2.4　反向传播 ·· 34

 2.4.1　以单个神经元的梯度更新为例 ··································· 34

 2.4.2　误差的回传 ··· 36

 2.4.3　向量化 ··· 36

2.5 神经网络的算法实现 ··· 37

2.6 神经网络的激活函数 ··· 42

   2.6.1 为何需要激活函数 ··· 42

   2.6.2 激活函数的特征 ··· 43

   2.6.3 常见激活函数 ··· 43

   2.6.4 常见激活函数的 Python 实现 ··· 48

2.7 数据预处理 ··· 49

2.8 参数初始化 ··· 51

   2.8.1 训练架构 ··· 51

   2.8.2 权重初始值设置 ··· 51

2.9 学习率 ·· 54

2.10 梯度下降优化算法 ··· 55

   2.10.1 梯度下降的变体 ··· 55

   2.10.2 动量 ··· 58

   2.10.3 Nesterov 加速梯度 ··· 60

   2.10.4 自适应梯度算法 ··· 61

   2.10.5 Adadelta 优化算法 ·· 64

   2.10.6 RMSprop 优化算法 ··· 67

   2.10.7 Adaptive Moment Estimation（Adam）优化算法 ····················· 69

2.11 神经网络的验证及调整方法 ·· 71

   2.11.1 正则化 ··· 73

   2.11.2 暂退法 ··· 74

参考文献 ·· 75

第 3 章 朴素贝叶斯在情感分类中的作用 ·· 77

3.1 文本分类的基本概念 ··· 77

3.2 朴素贝叶斯分类器 ·· 78

   3.2.1 词袋模型的概念 ··· 78

   3.2.2 文本分类中的朴素贝叶斯分类器 ··· 79

   3.2.3 朴素贝叶斯分类器的训练 ··· 80

   3.2.4 朴素贝叶斯分类器示例 ··· 84

   3.2.5 朴素贝叶斯分类器在情感分析中的应用与优化 ·························· 87

   3.2.6 朴素贝叶斯分类器在其他领域的应用 ······································ 88

   3.2.7 文本分类任务的评估方法 ··· 89

   3.2.8 多类别分类评估方法 ·· 91

   3.2.9 交叉验证 ··· 93

   3.2.10 统计显著性检验 ··· 96

   3.2.11 配对 Bootstrap 检验 ··· 98

参考文献 ·· 102

第 4 章　语言建模任务和 *N*-gram 模型·····························103

4.1　语言建模简介·····························103

4.2　*N*-gram 模型简介·····························105

　　4.2.1　为何需要使用 *N*-gram 模型·····························105

　　4.2.2　*N*-gram 模型的定义·····························106

4.3　*N*-gram 模型的评价方法·····························108

4.4　*N*-gram 模型的主要问题及其解决方法·····························115

　　4.4.1　稀疏性问题·····························115

　　4.4.2　存储问题·····························128

参考文献·····························129

第 2 篇　语言结构与句法解析

第 5 章　上下文无关语法和成分解析·····························132

5.1　句法分析的意义·····························132

5.2　上下文无关语法·····························132

　　5.2.1　常用词性标注标签及其定义·····························133

　　5.2.2　从起始符号到解析树：CFG 的形式化推导与算法·····························134

5.3　树库·····························138

5.4　语法等价性和范式·····························140

5.5　句法解析器和结构歧义·····························142

　　5.5.1　句法解析器·····························142

　　5.5.2　结构歧义·····························143

5.6　CKY 解析·····························143

　　5.6.1　举例说明 CKY 的计算过程·····························144

　　5.6.2　CKY 的 Python 实现·····························147

5.7　处理歧义：概率上下文无关文法·····························148

5.8　最佳优先概率解析·····························151

　　5.8.1　概率上下文无关文法遇到的挑战·····························151

　　5.8.2　最佳优先搜索策略的基本概念·····························151

　　5.8.3　最佳优先搜索策略的调整及对应策略·····························160

5.9　解析的评价方法·····························161

参考文献·····························162

第 6 章　依存句法分析·····························163

6.1　构成成分和依存结构的区别与联系·····························163

6.2　依存结构的基本概念·····························164

　　6.2.1　举例说明依存结构·····························164

　　6.2.2　依存结构的基本组成部分·····························165

    6.2.3　需要解决的问题 ··· 167

6.3　依存关系的确立 ··· 168

    6.3.1　依存句法分析的步骤 ··· 168

    6.3.2　常见的依存关系 ··· 169

    6.3.3　判断依存关系的依据 ··· 170

    6.3.4　投射性 ·· 171

    6.3.5　依存句法分析的发展 ··· 172

6.4　基于转移的依存句法分析 ··· 173

6.5　神经网络依存句法分析器 ··· 176

    6.5.1　特征选择 ·· 177

    6.5.2　前馈神经网络模型 ··· 178

参考文献 ··· 180

第 3 篇　序列建模与深度学习方法

第 7 章　循环神经网络 ··· 182

7.1　神经概率语言模型简介 ··· 182

7.2　循环神经网络的原理、评估与优化策略 ·· 184

    7.2.1　循环神经网络的定义 ··· 185

    7.2.2　循环神经网络作为语言模型的结构、训练与损失函数 ············ 186

    7.2.3　循环神经网络的评价指标 ··· 192

    7.2.4　循环神经网络的应用场景 ··· 193

    7.2.5　循环神经网络的优缺点 ·· 193

    7.2.6　循环神经网络的梯度消失和梯度爆炸问题 ···························· 195

    7.2.7　循环神经网络的梯度爆炸问题解决方法 ······························· 198

    7.2.8　循环神经网络的梯度消失问题解决方法 ······························· 200

    7.2.9　同时解决梯度消失与爆炸问题的方法 ·································· 203

参考文献 ··· 204

第 8 章　长短期记忆网络与门控循环单元 ··· 205

8.1　长短期记忆网络 ··· 205

8.2　门控循环单元 ··· 214

    8.2.1　直观理解 ·· 215

    8.2.2　GRU 的工作机制 ·· 215

    8.2.3　GRU 如何解决梯度问题 ·· 217

    8.2.4　GRU 的算法实现 ·· 219

参考文献 ··· 224

第9章　序列到序列模型 ·· 225

9.1　机器翻译概述 ·· 225

9.1.1　基于规则的原始机器翻译 ··· 226

9.1.2　平行语料库 ··· 226

9.2　序列到序列模型的基本原理与实现 ··· 228

9.2.1　序列到序列模型的核心思想 ··· 228

9.2.2　序列到序列模型的基本结构 ··· 229

9.2.3　序列到序列模型的定义 ·· 231

9.2.4　序列到序列模型的训练方法 ··· 233

9.2.5　序列到序列模型的各种形式 ··· 241

9.2.6　序列到序列模型的各种用途 ··· 242

9.3　注意力机制 ·· 243

9.4　序列到序列模型的评估方法 ··· 247

9.4.1　BLEU 评分 ··· 247

9.4.2　ROUGE 评分 ··· 250

9.4.3　BLEU 和 ROUGE 的比较 ··· 252

参考文献 ··· 254

第10章　注意力机制与 Transformer 架构 ·· 255

10.1　注意力机制的基本原理、局限性与改进 ·· 255

10.1.1　注意力机制的不同类别 ·· 256

10.1.2　注意力机制的结构 ·· 256

10.1.3　位置编码 ·· 260

10.1.4　相对位置编码 ··· 267

10.1.5　注意力机制的局限 1：缺乏非线性 ··· 269

10.1.6　注意力机制的局限 2：窥视"未来" ·· 270

10.1.7　小结 ·· 271

10.2　Transformer 的关键组件 ·· 272

10.2.1　多头注意力 ··· 272

10.2.2　残差连接 ·· 277

10.2.3　层归一化 ·· 279

10.2.4　残差连接和层归一化的结合 ·· 281

10.3　Transformer 的编码器与解码器结构 ··· 282

10.3.1　Transformer 编码器 ·· 282

10.3.2　Transformer 解码器 ·· 284

10.3.3　Transformer 编码器与解码器的主要区别 ·· 286

10.3.4　Transformer 整体结构的 Python 实现 ··· 288

10.4　Transformer 的应用场景 ··· 294

10.5　Transformer 的应用成果、复杂度与发展趋势 ·· 295

10.5.1 Transformer 模型的发展与应用突破 295

10.5.2 注意力机制的复杂度问题 296

10.5.3 注意力机制利大于弊 297

参考文献 298

第4篇　大语言模型与生成技术

第 11 章　自然语言生成 300

11.1　自然语言生成的不同任务类型 300

11.2　自然语言生成的基础 302

11.3　自然语言生成的解码过程 304

11.3.1 解码（构建输出文本）方法概述 304

11.3.2 不同的解码方法 306

11.4　解码遇到的问题及其解决方案 310

11.4.1 重复文本问题 310

11.4.2 重复文本的解决方法 311

11.4.3 寻找概率最高的解未必是最优生成结果 315

11.4.4 使用采样技术生成更有意义的答案 315

11.4.5 Top-p 采样 318

11.4.6 其他采样方法 320

11.4.7 温度调节 321

11.4.8 重排序 322

11.4.9 小结 323

11.5　自然语言生成的训练过程 323

11.5.1 最大似然估计的潜在问题 324

11.5.2 暴露偏差 324

11.5.3 暴露偏差的解决方案 325

11.6　评估指标 328

11.6.1 根据评估指标定义奖励函数 329

11.6.2 使用评估指标的注意事项 330

11.6.3 小结 331

11.7　自然语言生成的评价方法 332

11.7.1 评价和奖励的异同 332

11.7.2 内容重叠度测量法 333

11.7.3 基于语言模型的语义评估方法 334

11.7.4 基于人类评价的度量方法 337

11.7.5 小结 339

11.8　自然语言生成的伦理问题 340

参考文献 ·· 340

第 12 章　大语言模型预处理与基于人类反馈的强化学习 ································ 342

12.1　子词模型 ·· 342

12.1.1　有效的子词模型 ·· 342

12.1.2　字节对编码算法 ·· 343

12.2　整体模型训练 ·· 344

12.2.1　静态词嵌入的历史及问题 ·· 345

12.2.2　模型的预训练 ·· 345

12.3　编码器的预训练方法 ··· 349

12.3.1　不同架构的预训练方法概述 ·· 349

12.3.2　编码器的预训练 ·· 349

12.3.3　编码器的微调 ·· 353

12.4　编码器-解码器的预训练方法 ·· 357

12.4.1　编码器-解码器模型的预训练机制概述 ·· 357

12.4.2　编码器-解码器的预训练目标 ··· 358

12.5　解码器的预训练方法 ··· 360

12.5.1　解码器的预训练概述 ·· 360

12.5.2　生成式预训练变换器 GPT ·· 361

12.6　大语言模型的优化：提示工程与基于人类反馈的强化学习 ···························· 365

12.6.1　链式思维与提示策略 ·· 365

12.6.2　强化学习的基本知识 ·· 366

12.6.3　基于人类反馈的强化学习 ·· 369

12.6.4　强化学习的问题 ·· 372

12.6.5　基于人类反馈的强化学习的未来发展方向 ··· 373

参考文献 ·· 374

第1篇
自然语言处理基础与词表示

▶▶ 第1章　自然语言处理基础与词嵌入

▶▶ 第2章　神经网络基础

▶▶ 第3章　朴素贝叶斯在情感分类中的作用

▶▶ 第4章　语言建模任务和 N-gram 模型

第 1 章　自然语言处理基础与词嵌入

自然语言处理（Natural Language Processing，NLP）是人工智能领域的一个重要分支，致力于使计算机能够理解、解释、处理和生成人类语言。自然语言处理的目标是使计算机能够像人类一样理解和使用自然语言，从而实现更智能、更自然的人机交互。

1.1　自然语言处理概述

自然语言处理——通向智能交流的桥梁。自然语言处理是一门专注于开发和研究能够理解和生成人类语言的自动系统的科学和工程领域。人类语言作为一种既复杂又多样化的交流工具，是文化和知识传承的载体，是人与人之间深入沟通的桥梁。在科学家和工程师眼中，理解人类语言的复杂性至关重要，因为这不仅关系到计算机技术的发展，也涉及更广泛的社会、文化和人类学领域。

语言与计算机——儿童式学习的挑战。儿童是通过与多模式世界的互动及各种反馈来高效获取语言的。这种自然而然的学习方式展示了人类大脑高效的计算机能力。然而，尽管自然语言处理领域在过去几十年取得了显著的进展，但构建具有儿童式学习能力的学习机器仍然是一个重要但尚未解决的问题。在模仿儿童学习的过程中，科学家们面临着模型复杂性和数据处理等方面的挑战，但这也是推动自然语言处理技术不断发展的动力。

自然语言处理的多重应用——突破传统边界。自然语言处理的应用领域广泛，包括但不限于机器翻译、问答和信息检索、文本摘要和分析以及语音（或手语）转文本等。这些应用不仅是技术发展的体现，更关乎社会各个领域的进步。例如，机器翻译为不同国家和文化之间的交流创造了前所未有的便利，问答和信息检索则为人们获取知识提供了高效途径。然而，当前的自然语言处理工具主要适用于世界上大约 7000 种语言中的极少数几种（通常只有一种，最多可能达到 100 种），对于那些使用较少或边缘化的方言和口音，自然语言处理的性能则显著下降。此外，自然语言处理系统普遍存在文本编码的偏见问题，如种族、性别和宗教等，需要认真考虑并解决这些问题，以确保技术的公正和平等应用。

1.2　词 袋 模 型

词袋模型（Bag of Words，BoW）是自然语言处理领域一种常用的文本建模技术。它将文本看作一个袋子，其中包含单词，但忽略了单词的顺序和结构。BoW 的主要思想是将文本转化为一个向量，其中每个维度对应一个单词，该维度上的值表示该单词在文本中的出现次数。

　　自然语言处理旨在通过分析大量的文本数据为业务提供洞察。然而，文本数据通常杂乱无序，机器学习算法更喜欢结构化、固定长度的输入数据。词袋模型将不定长的文本转换为固定长度的向量，使文本数据可供机器学习使用。

　　在词袋模型中，每个文本被表示为一个向量，其中包含文本中所有单词的出现次数信息。这种向量化的表示方法使得文本可以被计算机程序理解和处理。然而，词袋模型也有其局限性，例如它忽略了单词的顺序和结构，无法捕捉到单词之间的语义关系。为了解决这些问题，后续的文本表示方法引入了更多的语境信息，如 *N*-gram 和 TF-IDF（词频-逆文档频率），以更好地表达文本的含义和关联性。

　　在实际应用中，词袋模型常被用于文本分类、信息检索和文本挖掘等任务。尽管它有一定的局限性，但在处理较简单的自然语言处理问题时仍然是一个有效且易于实现的工具。

1.2.1　词袋模型示例

　　下面通过一个示例来理解词袋模型的工作原理。

　　假设有如下两个句子：

　　句子 1：Welcome to Great Learning, Now start learning。

　　句子 2：Learning is a good practice。

　　首先，需要构建一个词汇表，其包括两个句子中的所有单词，如 welcome、to、great、learning、now、start、is、a、good、practice。然后，将每个句子表示为一个向量，向量的每个维度对应一个单词在词汇表中出现的次数。例如，句子 1 的向量为[1, 1, 1, 2, 1, 1, 0, 0, 0, 0]，句子 2 的向量为[0, 0, 0, 1, 0, 0, 1, 1, 1, 1]。这些向量表示每个句子中的单词频率信息。

1.2.2　用 Python 实现词袋模型

　　使用 sklearn 的 CountVectorizer 函数获得词袋模型的结果，代码如下：

```python
from sklearn.feature_extraction.text import CountVectorizer

# 定义两个句子
sentence_1 = "This is a good job. I will not miss it for anything"
sentence_2 = "This is not good at all"

# 创建词袋模型
CountVec = CountVectorizer()
corpus = [sentence_1, sentence_2]                    # 使用列表传递句子
Count_data = CountVec.fit_transform(corpus)

# 输出结果
print("词袋向量表示: ")
print(Count_data.toarray())                          # 转换为可读数组

print("\n 词汇表: ")
print(CountVec.get_feature_names_out())              # 查看词汇表
```

1.2.3　利用 *N*-gram 捕捉上下文关系与语义信息

N-gram 是由 *N* 个连续的单词组成的序列。例如，2-gram（bigram）由 2 个连续的单词组成，3-gram（trigram）由 3 个连续的单词组成，以此类推。引入 *N*-gram 的概念可以更全面地捕捉文本中的信息。在传统的词袋模型中，每个单词都被视为独立的单位，忽略了单词之间的顺序和关系。然而，*N*-gram 考虑了单词在文本中的相对位置，从而更准确地反映了单词之间的语义关联和上下文信息。

下面以一个简单的例子来说明 *N*-gram 的作用。

假设有一个电影评论："这部电影真是太棒了，演员的表演也非常出色！"

分析这个评论的情感倾向：如果使用 2-gram（bigrams），就会将文本分成如下两个连续的词组：

1-gram：["这部", "电影", "真是", "太棒了", ", ", "演员", "的", "表演", "也", "非常", "出色", "！"]

2-gram：["这部 电影", "电影 真是", "真是 太棒了", "太棒了 ，", "， 演员", "演员 的", "的 表演", "表演 也", "也 非常", "非常 出色", "出色 ！"]

通过 2-gram 可以看到，"太棒了""演员的""非常出色"等词组被捕捉到了。这些词组传达了更丰富的信息，帮助我们更好地理解评论者的情感。如果只使用传统的词袋模型，可能会失去这些有意义的词组，而无法准确判断评论的情感倾向。

通过使用 *N*-gram，不仅可以捕获相邻单词之间的关系，还能够识别出经常一起出现的词组，从而更好地理解文本的含义。例如，在分析电影评论时，2-gram 可以识别出经常连用的形容词和名词，从而更准确地判断评论的情感倾向。因此，*N*-gram 的引入丰富了文本特征的表示方式，使得文本分析更加准确和全面。

1.2.4　词频-逆文档频率

词频-逆文档频率（Term Frequency-Inverse Document Frequency，TF-IDF）是一种用于衡量单词在文档中重要性的常用方法，它结合了词频（TF）和逆文档频率（IDF）两个因素。TF 指单词在文档中出现的频率，即单词在文档中出现的次数。IDF 则是逆文档频率，它表示单词在整个文档集中的重要性。通过计算 TF 和 IDF 的乘积，得到单词的 TF-IDF 分数。具体而言，TF-IDF 的计算公式如下：

$$\text{TF-IDF}(t,d,D)=\text{TF}(t,d)\times\text{IDF}(t,D) \tag{1-1}$$

其中，t 是待计算的单词（term）。d 是指定的文档。D 是整个文档集合。$\text{TF}(t,d)$ 表示单词 t 在文档 d 中的词频，即单词 t 在文档 d 中出现的次数。$\text{IDF}(t,D)$ 表示逆文档频率，计算方式通常为 $\log(N/n_t)$，其中 N 是文档集中的文档总数，n_t 是包含单词 t 的文档数。

通过这个公式，可以得到单词在文档中的重要性分数。如果某个单词在特定文档中频繁地出现（高 TF），但在整个文档集中并不常见（低 IDF），那么它的 TF-IDF 分数就会相对较高。这样的单词通常具有特定性，能够更好地区分该文档与其他文档。

TF-IDF 的应用广泛，特别是在文本挖掘和信息检索领域，它可以识别文档中最具代表性和关键性的单词，从而提高文本分析的精度和效果。

使用 sklearn 的 TfidfVectorizer 获得词频-逆文档频率，代码如下：

```
from sklearn.feature_extraction.text import TfidfVectorizer

# 定义两个句子
sentence_1 = "This is a good job. I will not miss it for anything"
sentence_2 = "This is not good at all"

# 创建 TF-IDF 词向量模型
tf_idf_vec = TfidfVectorizer()
corpus = [sentence_1, sentence_2]                    # 使用列表存储多个句子
tf_idf_data = tf_idf_vec.fit_transform(corpus)

# 输出结果
print("TF-IDF 向量表示: ")
print(tf_idf_data.toarray())                         # 转换为可读数组

print("\n 词汇表: ")
print(tf_idf_vec.get_feature_names_out())            # 获取词汇表
```

1.2.5　词袋模型的局限性

虽然词袋模型非常容易理解且易实施，但是也有其局限性，主要表现在如下几个方面：

❑ 丢失单词的位置信息：词袋模型不考虑单词的位置信息，例如 today is off 和 Is today off 在该模型中具有相同的向量表示。

❑ 忽略单词语义：词袋模型无法捕捉单词之间的语义关系，例如 soccer 和 football 在该模型中可能具有不同的向量，尽管它们有相似的含义。

❑ 词汇范围问题：对于大型词汇表，词袋模型可能无法捕捉稀有但有意义的词汇，因为它们没有在模型中出现。

虽然词袋模型有其局限性，但是它仍然是文本分析中的一个有用工具，特别适用于文本分类和信息检索任务。在处理更复杂的自然语言处理问题时，通常需要更高级的文本表示方法，如词嵌入技术。

1.3　词向量和词嵌入

传统的自然语言处理方法使用离散的符号表示单词，如在字典中的索引。然而，这种表示方式忽略了单词之间的语义关系和语法结构。词向量的目标是通过连续的向量空间来更好地捕捉单词之间的语义相似性和关联性。这种对单词和文档进行表示的方法被认为是深度学习在复杂自然语言处理问题上的关键突破之一。

词嵌入是一类技术，其中，个别单词被表示为预定义向量空间中的实值向量。每个单词被映射到一个向量上，这些向量的值是以类似神经网络的方式学习的，因此该技术通常被归为深度学习领域。这种方法的关键在于使用稠密分布式来表示每个单词。每个单词由一个实值向量表示，通常是十几到几百个维度。这与稀疏单词（如独热编码）表示所需的数千或数

百万维度形成了对比。

词嵌入的核心优势在于使用了低维度的密集向量表示，而不是传统的高维稀疏向量（如词袋模型 BoW 或 TF-IDF）。在计算上，这种密集表示更高效，因为大多数神经网络工具包并不适用于处理超高维度的稀疏向量。更重要的是，密集向量能够捕捉单词之间的语义相似性，从而提高模型的泛化能力。如果两个单词在不同的上下文中经常出现，那么它们的词向量可能会相似，这使得模型能够学习到词义上的相近性，而不仅仅是词频统计信息。

考虑两个类似的句子：Have a good day 和 Have a great day。它们的意义几乎相同。如果构建一个详尽的词汇表 V，那么它将包含 V={Have, a, good, great, day}。

为了在计算机中表示这些单词，为 V 中的每个单词创建一个独热编码向量。这些独热编码向量的长度等于 V 的大小（等于 5）。在这个表示中，每个向量除了对应词汇表中的单词索引处的元素为 1 外，其他元素都是 0。Have=[1,0,0,0,0]; a=[0,1,0,0,0]；good=[0,0,1,0,0]；great=[0,0,0,1,0]；day=[0,0,0,0,1]。

然而，独热编码（One-hot Encoding）无法捕捉单词之间的语义关系，因为它仅用高维稀疏向量来表示单词，每个单词都被视为相互独立的个体。分布式表示（Distributed Representation）能够更好地解决这个问题，它将单词映射到一个低维度的密集向量空间，其中每个单词不再是独立的维度，而是由多个连续值组成的向量。这样，相似的单词在多维空间中会有接近的向量表示，从而反映它们的语义关系。例如，在这个向量空间中，good 和 great 会比 day 和 have 更接近彼此，而不像独热编码那样完全独立。

从数学角度来看，理想情况下这些单词的向量之间的余弦相似度应接近 1，即它们之间的夹角应接近 0。通过这种方式可以更好地捕捉单词之间的语义关系，使得它们的表示方式更有意义。这种分布式表示方式是通过单词在不同上下文中的使用情况来学习的。这意味着类似用法的单词将具有相似的向量表示，可以自然地捕捉到它们的语义含义。这与传统的"词袋模型"形成了对比，后者通常会为不同的单词分配截然不同的表示，无论它们的上下文如何。这一方法背后蕴含着深刻的语言学理论，即由 Zellig Harris 提出的"分布假设"：在相似上下文中出现的单词往往具有相似的含义。

1.4　词嵌入方法

在自然语言处理中，词嵌入（Word Embedding）作为一种学习单词语义表示的方法，通过密集向量捕捉单词之间的语义相似性。相比于独热编码，词嵌入能够将具有相似含义的单词映射到相近的向量空间。最普遍的词嵌入模型包括 Word2Vec 和 GloVe，它们分别基于上下文窗口预测和统计共现信息来学习单词的向量表示。

1.4.1　词嵌入模型

Word2Vec 是一种由谷歌的 Tomas Mikolov 等人于 2013 年提出的词嵌入模型。它包含两种主要训练方法：连续词袋模型（Continuous Bag-of-Words，CBOW）和跳跃词（Skip-gram）模型。这两种方法的核心思想是通过神经网络模型来学习单词的向量表示，以便更好地捕捉单词之间的语义关系和上下文信息。跳跃词模型尝试根据给定的单词预测周围的上下文单词；而连续词袋模型则相反，其试图根据周围的上下文单词来预测目标单词。这两种方法都是在局部语境中学习单词，而语境是由一个可配置的窗口定义的。这个窗口大小的选择会影响生成的单词向量的相似性。较大的窗口倾向于捕捉更多主题和语义相似性，而较小的窗口更偏向捕捉功能性和句法相似性。这种上下文相关性的学习使得 Word2Vec 生成的词向量能够捕捉到单词之间的语义关系和语境信息。Word2Vec 的重要性在于它为自然语言处理领域带来了重大突破，成为预训练词嵌入的事实标准。

与此同时，这项研究还涉及对学习到的向量进行深入分析，探索在单词表示上进行向量数学运算的可能性。例如，在向量空间中进行数学运算，从 King 的向量中减去"男性"并加上"女性"，得到的结果向量非常接近 Queen。这种向量之间的关系描述了"king 对 queen 就像 man 对 woman"的类比关系，揭示了语言中的句法和语义规律。这一发现使得基于单词之间的向量偏移进行面向向量的推理成为可能，为自然语言处理研究提供了新的思路。

Word2Vec 不仅是一种用于学习自然语言处理任务中的单词关联技术，它还能识别同义词和反义词，或者根据上下文提示一个单词来完成部分不完整的句子。该算法生成的数字列表（向量）代表特定单词，而向量之间的余弦相似度用作选择正确向量的数学函数，指示单词之间的语义相似度级别。Word2Vec 的引入为语义分析和语境推断提供了精确的数学工具，极大地推动了自然语言处理的研究和应用。

Word2Vec 的优势在于它可以处理大规模语料库，并且对稀有单词的表示效果也相当不错。这种方法的词向量可以用于各种自然语言处理任务，如文本分类、情感分析和机器翻译。通过深入挖掘单词之间的关系，Word2Vec 给自然语言处理领域带来了更高的精度和更广泛的应用前景。

1.4.2　连续词袋模型简介

连续词袋模型的结构相对简单，由输入层、隐藏层和输出层组成。输入层用于表示上下文单词，隐藏层用于学习单词嵌入，输出层用于预测目标单词。输入层通常由一个独热编码向量表示，其中，向量中的每个元素对应词汇表中的特定单词。例如，如果词汇表包含 10 000 个单词，输入层将有 10 000 个元素。隐藏层是一个权重矩阵（$V{\times}D$），将独热向量乘以该矩阵，就得到一个嵌入向量（即对应单词的词向量）。隐藏层的神经元数量等于词向量的维度，通常远小于词汇表大小。输出层也是一个密集层，其中的每个神经元表示词汇表中的特定单词。输出层中的神经元数量与词汇表中单词数量相同。

1. 连续词袋模型的工作机制

（1）输入独热编码向量：CBOW 模型的输入是上下文单词的独热编码向量 $x_{(1)}, x_{(2)}, x_{(3)}, \cdots, x_{(n)}$，其中，每个 $x_{(n)}$ 是一个独热编码向量，表示上下文中的每个词。

（2）权重矩阵 $W^{(1)}$ 和 $W^{(2)}$：$W^{(1)}$ 是从输入层到隐藏层的权重矩阵，用于将输入向量投影到隐藏层。$W^{(2)}$ 是从隐藏层到输出层的权重矩阵。

（3）隐藏层 h 的计算：隐藏层表示输入向量通过 $W^{(1)}$ 映射后取平均值，计算公式为：

$$h = \frac{1}{n}\left(\boldsymbol{x}_{(1)} + \boldsymbol{x}_{(2)} + \boldsymbol{x}_{(3)} + \dots + \boldsymbol{x}_{(n)}\right) \times \boldsymbol{W}^{(1)} \qquad (1\text{-}2)$$

（4）输出层 y 的计算：输出层表示词汇表上的概率分布，通过 softmax 函数计算：

$$y = \text{softmax}\left(\boldsymbol{W}^{(2)} \times \boldsymbol{h}\right) \qquad (1\text{-}3)$$

（5）目标函数：连续词袋模型的目标是最大化目标词 w_t 给定上下文的条件概率：

$$\max \prod_{t=1}^{T} P(w_t | \text{context}(w_t)) \qquad (1\text{-}4)$$

其中，概率 $P(w_t|\text{context}(w_t))$ 使用 softmax 函数计算，以最大化真实目标词的概率。

（6）目标单词选择：目标单词是输出概率分布 y 中概率最高的单词，即：

$$目标单词 = \arg\max(y) \qquad (1\text{-}5)$$

连续词袋模型的训练过程是使用诸如交叉熵损失等损失函数最小化预测概率分布 y 和实际目标单词之间的差异，这个过程对训练数据集中的每个句子重复进行，最终得到学习到的嵌入向量。目标函数是模型学习过程中追求的方向，而 $\arg\max(y)$ 是实际应用时用来做最终决策的过程。两者在不同的阶段起着不同的作用。

连续词袋模型的一个关键优势在于高效。在训练过程中，连续词袋模型只需要基于一组上下文单词来预测目标单词，这使得它相比跳跃词模型的训练速度更快，并且能够在更大规模的数据集上高效训练。此外，由于连续词袋模型通过平均上下文词向量来预测中心词，它在大规模语料或对高频词的学习上表现尤为高效；而跳跃词模型通过中心词预测多个上下文单词，在小语料或低频词场景下通常能学习到更细致的表示，但训练成本更高。连续词袋模型由于其快速收敛和较低的计算成本，更适用于处理大规模语料库，特别是在需要高效训练的应用场景下，如搜索引擎、推荐系统和文本分类任务。

总而言之，连续词袋模型是一个用于训练词嵌入的强大工具，简单性和高效性使其成为自然语言处理任务（如文本分类和语言翻译）中的常用选择。

2. 连续词袋模型的Python算法实现

```python
import nltk
from nltk.tokenize import word_tokenize
import numpy as np
import re
import matplotlib.pyplot as plt
# 确保导入了 List, Union, Tuple, Dict
from typing import List, Union, Tuple, Dict
from collections import defaultdict

# 下载分词器
nltk.download("punkt")
nltk.data.path.append('.')

# 加载并预处理文本数据
path = "./shakespeare.txt"
with open(path, 'r') as file:
    raw_data: str = file.read()

# 去除标点并进行分词和小写转换
```

```python
processed_data = re.sub(r'[,!?;-]', '.', raw_data)
processed_data = word_tokenize(processed_data)
processed_data = [token.lower() for token in processed_data if token.isalpha()
or token == '.']

# 统计词频
word_frequency = nltk.FreqDist(word for word in processed_data)
print("Size of vocabulary: ", len(word_frequency))
print("Most frequent tokens: ", word_frequency.most_common(20))

# 创建词汇到索引的映射
def create_word_index_mappings(data: List[str]) -> Tuple[Dict[str, int],
Dict[int, str]]:
    unique_words = sorted(list(set(data)))
    word_to_index = {word: idx for idx, word in enumerate(unique_words)}
    index_to_word = {idx: word for idx, word in enumerate(unique_words)}
    return word_to_index, index_to_word

word_to_index, index_to_word = create_word_index_mappings(processed_data)
vocab_size = len(word_to_index)
print("Size of vocabulary: ", vocab_size)

# 参数初始化
def initialize_parameters(hidden_size: int, vocab_size: int, random_seed: int
= 1) -> dict:
    np.random.seed(random_seed)
    parameters = {
        "W1": np.random.rand(hidden_size, vocab_size),
        "b1": np.zeros((hidden_size, 1)),
        "W2": np.random.rand(vocab_size, hidden_size),
        "b2": np.zeros((vocab_size, 1))
    }
    return parameters

# 激活函数定义
def compute_softmax(z: np.ndarray) -> np.ndarray:
    exp_z = np.exp(z - np.max(z, axis=0, keepdims=True)) # 数值稳定性处理
    return exp_z / np.sum(exp_z, axis=0, keepdims=True)

def compute_relu(z: np.ndarray) -> np.ndarray:
    return np.maximum(z, 0)

# 前向传播
def forward_pass(context_vector: np.ndarray, params: dict) -> tuple:
    z1 = np.dot(params['W1'], context_vector) + params['b1']
    hidden_layer = compute_relu(z1)
    z2 = np.dot(params['W2'], hidden_layer) + params['b2']
    predicted_output = compute_softmax(z2)                # 对输出使用 softmax 函数
    return predicted_output, hidden_layer

# 交叉熵损失
def compute_cross_entropy_loss(predicted_output: np.ndarray, target_vector:
np.ndarray, batch_size: int) -> float:
    # 防止 log(0)
    log_probs = np.multiply(np.log(predicted_output + 1e-9), target_vector)
    cost = -1 / batch_size * np.sum(log_probs)
    return np.squeeze(cost)

# 反向传播
def backward_pass(context_vector: np.ndarray, target_vector: np.ndarray,
```

```
    predicted_output: np.ndarray,
                 hidden_layer: np.ndarray, params: dict, batch_size: int) ->
dict:
    gradients = {}

    # 1. 计算输出层误差: δ_output = (predicted_output - target_vector)
    delta_output = predicted_output - target_vector

    # 2. 计算 W2 的梯度: ∂L/∂W2 = δ_output * hidden_layer^T / batch_size
    # W2 的梯度公式: ∇W2 = δ_output * hidden_layer^T / batch_size
    gradients['W2'] = np.dot(delta_output, hidden_layer.T) / batch_size

    # 3. 计算 b2 的梯度: ∂L/∂b2 = ∑ δ_output / batch_size
    # b2 的梯度公式: ∇b2 = ∑ δ_output / batch_size
    gradients['b2'] = np.sum(delta_output, axis=1, keepdims=True) / batch_size

    # 4. 计算隐藏层误差: error_hidden = W2^T * δ_output
    # δ_hidden = (W2^T) * δ_output
    error_hidden = np.dot(params['W2'].T, delta_output)

    # 5. 引入 ReLU 的导数, ReLU 的导数为 0 when hidden_layer <= 0, 为 1 when
hidden_layer > 0
    # 只对正的 ReLU 激活值传播误差
    error_hidden[hidden_layer <= 0] = 0

    # 6. 计算 W1 的梯度: ∂L/∂W1 = δ_hidden * context_vector^T / batch_size
    # W1 的梯度公式: ∇W1 = δ_hidden * context_vector^T / batch_size
    gradients['W1'] = np.dot(error_hidden, context_vector.T) / batch_size

    # 7. 计算 b1 的梯度: ∂L/∂b1 = ∑ δ_hidden / batch_size
    # b1 的梯度公式: ∇b1 = ∑ δ_hidden / batch_size
    gradients['b1'] = np.sum(error_hidden, axis=1, keepdims=True) / batch_size

    return gradients

# 获取词汇的索引
def get_word_indices(words, word_to_index):
    return [word_to_index[word] for word in words]

# 将上下文词汇和频率打包
def pack_context_with_frequency(context_words, word_to_index):
    frequency_dict = defaultdict(int)
    for word in context_words:
        frequency_dict[word] += 1
    indices = get_word_indices(context_words, word_to_index)
    packed_context = [(idx, frequency_dict[context_words[i]]) for i, idx in
enumerate(indices)]
    return packed_context

# 获取词向量
def generate_context_target_pairs(data, word_to_index, vocab_size,
context_size):
    i = context_size
    while True:
        target_vector = np.zeros(vocab_size)
        context_vector = np.zeros(vocab_size)
        center_word = data[i]
        target_vector[word_to_index[center_word]] = 1
        context_words = data[(i - context_size):i] + data[(i + 1):(i +
```

```
context_size + 1)]
        num_context_words = len(context_words)
        for idx, freq in pack_context_with_frequency(context_words,
word_to_index):
            context_vector[idx] = freq / num_context_words
        yield context_vector, target_vector
        i += 1
        if i >= len(data) - context_size:
            i = context_size


# 获取批次数据
def create_batches(data, word_to_index, vocab_size, context_size,
batch_size):
    batch_contexts, batch_targets = [], []
    for context_vector, target_vector in generate_context_target_pairs(data,
word_to_index, vocab_size, context_size):
        batch_contexts.append(context_vector)
        batch_targets.append(target_vector)
        if len(batch_contexts) == batch_size:
            yield np.array(batch_contexts).T, np.array(batch_targets).T
            batch_contexts, batch_targets = [], []      # 重新重置为新的空列表

    # 如果最后一个批次数据小于 batch_size，也需要生成一个批次
    if batch_contexts:
        yield np.array(batch_contexts).T, np.array(batch_targets).T

# 梯度下降优化
def optimize_parameters(data: List[str], word_to_index: Dict[str, int],
hidden_size: int,
                        vocab_size: int, epochs: int, learning_rate: float = 0.01,
                        random_seed: int = 282) -> Dict[str, np.ndarray]:

    params = initialize_parameters(hidden_size, vocab_size, random_seed)
    batch_size = 128
    epoch = 0
    context_size = 2

    for context_vector, target_vector in create_batches(data, word_to_index,
vocab_size, context_size, batch_size):
        predicted_output, hidden_layer = forward_pass(context_vector, params)
        cost = compute_cross_entropy_loss(predicted_output, target_vector,
batch_size)

        if (epoch + 1) % 10 == 0:
            print(f"Iteration: {epoch + 1}, Cost: {cost:.6f}")

        gradients = backward_pass(context_vector, target_vector, predicted_
output, hidden_layer, params, batch_size)

        # 更新参数
        for key in params:
            params[key] -= learning_rate * gradients[key]

        epoch += 1
        if epoch == epochs:
            break
        if epoch % 100 == 0:
            learning_rate *= 0.66                        # 使用学习率衰减

    return params
```

```
# 测试函数
hidden_size = 50
word_to_index, index_to_word = create_word_index_mappings(processed_data)
vocab_size = len(word_to_index)
num_iterations = 200
optimized_params = optimize_parameters(processed_data, word_to_index,
hidden_size, vocab_size, num_iterations)
```

1.4.3　跳跃词模型简介

连续词袋模型使用单一的上下文词来预测目标，但跳跃词模型则相反，如图 1-1 所示。

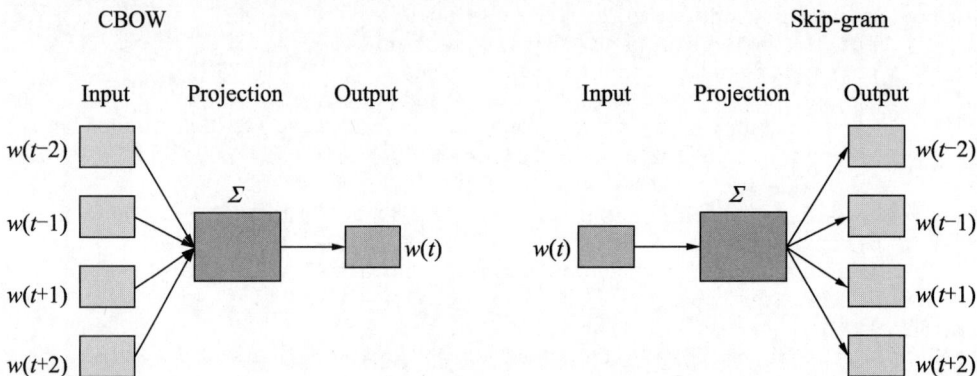

图 1-1　CBOW 模型和 Skip-gram 模型的结构对比

在跳跃词模型中，将目标词作为输入，模型输出 C 个概率分布，其中，C 代表上下文的位置，每个概率分布有 V 个概率，对应词汇表中的每个词。这意味着跳跃词模型在每个上下文位置生成了多个概率分布，每个分布代表一个词。

连续词袋模型和跳跃词模型各有优势。跳跃词模型在少量数据的情况下表现良好，特别适合表示稀有单词；而连续词袋模型更快，对于频繁出现的单词提供更好的表示。这两种模型的选择取决于具体的应用和数据集。Word2Vec 的引入为语义分析和上下文推断提供了强有力的工具，推动了自然语言处理领域的研究和应用。

1. 目标函数

对于每个位置 $t=1,2,\cdots,T$，在固定大小为 m 的窗口内预测上下文词汇，给定中心词 w_t 的数据似然性：

$$\text{Likelihood} = L(\theta) = \prod_{t=1}^{T} \prod_{\substack{-m \leqslant j \leqslant m \\ j \neq 0}} p\left(w_{t+j} \middle| w_t; \theta\right) \tag{1-6}$$

其中，θ 是所有待优化的变量，目标函数 $J(\theta)$ 是（平均）负对数似然：

$$J(\theta) = -\frac{1}{T} \log L(\theta) = -\frac{1}{T} \sum_{t=1}^{T} \sum_{\substack{-m \leqslant j \leqslant m \\ j \neq 0}} \log P\left(w_{t+j} \middle| w_t; \theta\right) \tag{1-7}$$

为了实现目标函数的最小化，即最大化预测准确性，需要计算条件概率 $\log P\left(w_{t+j} \middle| w_t; \theta\right)$。

为此，每个单词 w 都需要准备两个向量：

❑ 当 w 是中心词（center word, c）时，使用向量 $\boldsymbol{v}_w$。

❑ 当 w 是上下文词（outside word, o）时，使用向量 $\boldsymbol{u}_w$。

对于给定的中心词 c 和上下文词 o，概率 $P(o|c)$ 的计算公式为：

$$P(o|c) = \frac{\exp(\boldsymbol{u}_o^{\mathrm{T}} \cdot \boldsymbol{v}_c)}{\sum_{w \in V} \exp(\boldsymbol{u}_w^{\mathrm{T}} \cdot \boldsymbol{v}_c)} \tag{1-8}$$

解释：指数运算使点积的结果转换为正数，表示上下文词 $\boldsymbol{u}_o$ 和中心词 $\boldsymbol{v}_c$ 之间的相似度。点积比较 $\boldsymbol{u}_o$ 和 $\boldsymbol{v}_c$ 的在高维空间中的相似性($\boldsymbol{u}^{\mathrm{T}}\boldsymbol{v} = \sum_{i=1}^{n} \boldsymbol{u}_i \boldsymbol{v}_i$)。分母部分对所有词汇中可能的上下文词进行归一化，从而将结果映射为一个概率分布。式（1-8）是一个 softmax 函数示例，其范围为 $\mathbb{R}^n \to (0,1)^n$。softmax 函数的定义如下：

$$\text{softmax}(x_i) = \frac{\exp(x_i)}{\sum_{j=1}^{n} \exp(x_j)} \tag{1-9}$$

softmax 函数将任意值 x_i 映射为概率分布 p_i。

2．梯度下降

对跳跃词模型的损失函数进行梯度下降优化的过程：最大化概率或最小化负对数似然，即式（1-6）就是对条件概率 $\log P(o|c)$ 求偏导数，由于 $\boldsymbol{v}_c$ 直接影响 $P(o|c)$，对 $\boldsymbol{v}_c$ 求导数，就可以确定如何更新中心词的向量，从而提高模型的性能。偏导数给出了损失函数相对于参数的梯度，这正是梯度下降优化的核心步骤。将式（1-8）代入式（1-7）：

1）偏导数拆分

公式（1-10）开始于对条件概率的对数的求导：

$$\frac{\partial}{\partial \boldsymbol{v}_c} \log \frac{\exp(\boldsymbol{u}_o^{\mathrm{T}} \boldsymbol{v}_c)}{\sum_{w=1}^{V} \exp(\boldsymbol{u}_w^{\mathrm{T}} \boldsymbol{v}_c)} \tag{1-10}$$

使用对数的性质 $\log \dfrac{A}{B} = \log A - \log B$，将式（1-10）拆分为两部分：

$$= \frac{\partial}{\partial \boldsymbol{v}_c} \log \exp(\boldsymbol{u}_o^{\mathrm{T}} \boldsymbol{v}_c) - \frac{\partial}{\partial \boldsymbol{v}_c} \log \sum_{w=1}^{V} \exp(\boldsymbol{u}_w^{\mathrm{T}} \boldsymbol{v}_c) \tag{1-11}$$

2）对数和指数相消

在式（1-11）的第一个项中，因对数和指数相互抵消：

$$\log \exp(\boldsymbol{u}_o^{\mathrm{T}} \boldsymbol{v}_c) = \boldsymbol{u}_o^{\mathrm{T}} \boldsymbol{v}_c = u_o - \frac{\partial}{\partial \boldsymbol{v}_c} \log \sum_{w=1}^{V} \exp(\boldsymbol{u}_w^{\mathrm{T}} \boldsymbol{v}_c) \tag{1-12}$$

3）对式（1-12）第二项进行求导

利用链式法则：$\dfrac{\partial}{\partial x} \log f(x) = \dfrac{1}{f(x)} \dfrac{\partial f(x)}{\partial x}$ \hfill (1-13)

应用在式（1-12）第二项：

$$\frac{\partial}{\partial \boldsymbol{v}_c} \log \sum_{w=1}^{V} \exp(\boldsymbol{u}_w^{\mathrm{T}} \boldsymbol{v}_c) = \frac{1}{\sum\limits_{w=1}^{V} \exp(\boldsymbol{u}_w^{\mathrm{T}} \boldsymbol{v}_c)} \cdot \frac{\partial}{\partial \boldsymbol{v}_c} \sum_{w=1}^{V} \exp(\boldsymbol{u}_w^{\mathrm{T}} \boldsymbol{v}_c) \tag{1-14}$$

4）对式（1-14）的指数和的导数求解

接下来对求和部分 $\sum\limits_{w=1}^{V} \exp\left(\boldsymbol{u}_w^T \boldsymbol{v}_c\right)$ 进行求导。

对求和的导数，可以将导数作用到每一项上：

$$\frac{\partial}{\partial \boldsymbol{v}_c} \sum_{w=1}^{V} \exp(\boldsymbol{u}_w^{\mathrm{T}} \boldsymbol{v}_c) = \sum_{w=1}^{V} \frac{\partial}{\partial \boldsymbol{v}_c} \exp(\boldsymbol{u}_w^{\mathrm{T}} \boldsymbol{v}_c) \tag{1-15}$$

指数函数的导数为其自身乘以内部的导数，因此：

$$\frac{\partial}{\partial \boldsymbol{v}_c} \exp(\boldsymbol{u}_w^{\mathrm{T}} \boldsymbol{v}_c) = \exp(\boldsymbol{u}_w^{\mathrm{T}} \boldsymbol{v}_c) \cdot \boldsymbol{u}_w \tag{1-16}$$

将它代入式（1-15）的求和中：

$$\frac{\partial}{\partial \boldsymbol{v}_c} \sum_{w=1}^{V} \exp(\boldsymbol{u}_w^{\mathrm{T}} \boldsymbol{v}_c) = \sum_{w=1}^{V} \exp(\boldsymbol{u}_w^{\mathrm{T}} \boldsymbol{v}_c) \cdot \boldsymbol{u}_w \tag{1-17}$$

5）合并结果代入式（1-14）

$$\frac{\partial}{\partial \boldsymbol{v}_c} \log \sum_{w=1}^{V} \exp(\boldsymbol{u}_w^{\mathrm{T}} \boldsymbol{v}_c) = \frac{1}{\sum\limits_{w=1}^{V} \exp(\boldsymbol{u}_w^{\mathrm{T}} \boldsymbol{v}_c)} \cdot \sum_{w=1}^{V} \exp(\boldsymbol{u}_w^{\mathrm{T}} \boldsymbol{v}_c) \cdot \boldsymbol{u}_w \tag{1-18}$$

式（1-18）可以进一步简化为：

$$\frac{\partial}{\partial \boldsymbol{v}_c} \log \sum_{w=1}^{V} \exp(\boldsymbol{u}_w^{\mathrm{T}} \boldsymbol{v}_c) = \sum_{x=1}^{V} \frac{\exp(\boldsymbol{u}_x^{\mathrm{T}} \boldsymbol{v}_c)}{\sum\limits_{w=1}^{V} \exp(\boldsymbol{u}_w^{\mathrm{T}} \boldsymbol{v}_c)} \cdot \boldsymbol{u}_x \tag{1-19}$$

6）解释简化

式（1-19）左边的项 $\dfrac{\exp(\boldsymbol{u}_x^{\mathrm{T}} \boldsymbol{v}_c)}{\sum\limits_{w=1}^{V} \exp(\boldsymbol{u}_w^{\mathrm{T}} \boldsymbol{v}_c)}$ 实际上就是 softmax 函数的输出，即预测概率 $P(x|c)$，

导数结果可以被理解为上下文词的向量 $\boldsymbol{u}_x$ 以概率 $P(x|c)$ 加权的和。

7）最终结果

将式（1-19）代入式（1-12）就得到了最终结果。

$$\frac{\partial}{\partial \boldsymbol{v}_c} \log \frac{\exp(\boldsymbol{u}_o^{\mathrm{T}} \boldsymbol{v}_c)}{\sum\limits_{w=1}^{V} \exp(\boldsymbol{u}_w^{\mathrm{T}} \boldsymbol{v}_c)} = \boldsymbol{u}_o - \sum_{x=1}^{V} (P(x|c) \cdot \boldsymbol{u}_x) \tag{1-20}$$

公式（1-20）右侧最终得到的观察值减去期望值 $\sum\limits_{x=1}^{V} (P(x|c) \cdot \boldsymbol{u}_x)$ 是一个期望值，后者对所有上下文向量进行加权平均，权重为它们的概率。

3. 跳跃词模型的Python算法实现

跳跃词模型的 Python 算法实现的代码如下：

```python
from typing import List
from nltk.corpus import stopwords
import string
import numpy as np
from collections import defaultdict
import random

# softmax 函数实现（数值稳定版）
def softmax(x):
    """Compute softmax values for each set of scores in x."""
    # 减去最大值以提升数值稳定性
    e_x = np.exp(x - np.max(x))
    # 加上一个极小数，避免分母为 0
    return e_x / (np.sum(e_x) + np.finfo(float).eps)

class Word2Vec:
    """
    一个简化的 Skip-gram 实现:
    - 使用 one-hot 表示中心词 X
    - multi-hot 表示上下文词 y
    - 两层神经网络 (W, W1)
    - 通过反向传播更新权重
    - 用于演示 Skip-gram 原理
    """
    def __init__(self, embedding_dim=10, window_size=2, learning_rate=0.001):
        self.embedding_dim = embedding_dim        # 词向量维度
        self.window_size = window_size            # 窗口大小
        self.learning_rate = learning_rate        # 学习率

        self.X_train = []                         # 训练数据(中心词 one-hot)
        self.y_train = []                         # 标签数据(上下文 multi-hot)
        self.words = []                           # 词汇表
        self.word_index = {}                      # 词→索引
        self.vocab_size = 0                       # 词汇表大小

        # 将在 initialize() 中初始化的参数
        self.W = None                             # (vocab_size, embedding_dim)
        self.W1 = None                            # (embedding_dim, vocab_size)

        # 前向传播临时变量
        self.hidden_layer = None
        self.output_layer = None
        self.y = None                             # softmax 输出

        self.loss = 0                             # 用于记录损失

    def initialize(self, vocab_size: int, vocab_list: List[str]):
        """
        根据词汇表大小和词汇列表进行初始化
        W: (vocab_size, embedding_dim)
        W1: (embedding_dim, vocab_size)
        """
        self.vocab_size = vocab_size
        self.words = vocab_list
        # 构建词→索引映射
        self.word_index = {word: i for i, word in enumerate(self.words)}
```

```python
        # 用随机值初始化权重矩阵
        self.W = np.random.uniform(-1, 1, (self.vocab_size, self.embedding_
    dim))
        self.W1 = np.random.uniform(-1, 1, (self.embedding_dim, self.vocab_
    size))

    def feed_forward(self, X):
        """
        前向传播：
        1) hidden_layer = W^T * X
        2) output_layer = W1^T * hidden_layer
        3) y = softmax(output_layer)
        """
        # X: (vocab_size,) → (vocab_size, 1)
        X_vec = np.array(X).reshape(self.vocab_size, 1)

        # 隐藏层
        self.hidden_layer = np.dot(self.W.T, X_vec)  # shape (embedding_dim, 1)

        # 输出层
        self.output_layer = np.dot(self.W1.T, self.hidden_layer)
    # shape (vocab_size, 1)

        # softmax 概率
        self.y = softmax(self.output_layer)
        return self.y

    def backpropagate(self, x, target):
        """
        反向传播：
        1) 计算输出误差 (y - target)
        2) 更新 W1, W
        """
        # x, target: (vocab_size,) → reshape to (vocab_size,1)
        x_vec = np.array(x).reshape(self.vocab_size, 1)
        t_vec = np.array(target).reshape(self.vocab_size, 1)

        # 误差 = (预测 - 目标)
        error = self.y - t_vec  # shape (vocab_size, 1)

        # dLdW1 = hidden_layer * error^T
        # hidden_layer: (embedding_dim, 1)
        # error^T: (1, vocab_size)
        dLdW1 = np.dot(self.hidden_layer, error.T)

        # dLdW = x_vec * (W1 * error)^T
        # W1 * error: shape (embedding_dim, 1)
        W1_error = np.dot(self.W1, error)  # shape (embedding_dim, 1)
        dLdW = np.dot(x_vec, W1_error.T)   # shape (vocab_size, embedding_dim)

        # 参数更新
        self.W1 -= self.learning_rate * dLdW1
        self.W -= self.learning_rate * dLdW

    def train(self, epochs):
        """
        训练模型：
        - 遍历所有训练样本
        - 前向传播 + 反向传播
```

```
            - 计算自定义损失(针对 multi-hot 上下文的简单交叉熵变体)
            - 使用简单的学习率衰减
            """
            for epoch in range(1, epochs + 1):
                self.loss = 0.0
                for j in range(len(self.X_train)):
                    # 前向传播
                    self.feed_forward(self.X_train[j])

                    # 反向传播
                    self.backpropagate(self.X_train[j], self.y_train[j])

                    # multi-hot 中 1 的数量
                    C = sum(self.y_train[j])
                    # 计算损失: -∑(log p(上下文词)) + C*log(∑exp(...))
                    # 这里是对多上下文词进行的一种近似交叉熵
                    self.loss += -sum(self.output_layer[m][0]
                                    for m in range(self.vocab_size) if
    self.y_train[j][m]) \
                                    + C * np.log(np.sum(np.exp(self.output_layer)))

                    # 每 100 个 epoch 打印一次
                    if epoch % 100 == 0:
                        print(f"Epoch {epoch}, Loss = {self.loss:.4f}")

                    # 学习率简单衰减策略
                    self.learning_rate *= 1 / (1 + self.learning_rate * epoch)

        def predict(self, word: str, number_of_predictions: int):
            """
            给定一个 word, 预测最可能的若干上下文词。
            实际含义: 计算该词作为中心词时, 哪些词的 softmax 输出最高
            """
            if word not in self.word_index:
                print("Word not found in dictionary")
                return []

            # 中心词 one-hot
            X = [0] * self.vocab_size
            X[self.word_index[word]] = 1

            # 前向传播
            prediction = self.feed_forward(X)  # shape (vocab_size, 1)

            # 使用 argsort 排序, 取概率最高的 Top-k
            # np.squeeze(prediction) -> (vocab_size,)
            sorted_indices = np.argsort(-np.squeeze(prediction))  # 从大到小排序

            # 取前 number_of_predictions 个
            top_indices = sorted_indices[:number_of_predictions]

            # 映射回单词
            return [self.words[idx] for idx in top_indices]


# 下面开始构造一个小型的"动物"语料, 并进行训练

# 定义动物相关的词组(几个小集合)
```

```python
animal_groups = [
    ["cat", "lion", "tiger", "cheetah", "leopard", "jaguar", "panther"],
    ["elephant", "giraffe", "rhinoceros", "hippopotamus", "zebra"],
    ["cat", "dog", "rabbit", "hamster"],
    ["tiger", "lion", "cheetah", "leopard"],
    ["dog", "wolf", "fox", "coyote"]
]

# 构建不同组合方式的动物词组并将它们转化为字符串形式
combinations = []
for group in animal_groups:
    for animal1 in group:
        for animal2 in group:
            if animal1 != animal2:
                combinations.append(f"{animal1} {animal2}")

# 随机打乱词组顺序
random.shuffle(combinations)

# 扩充组合，以便有更多训练样例
corpus = combinations * 3
random.shuffle(corpus)

# 我们的语料实际上是一串类似 "cat lion", "lion cat" 的短句
# 将所有词汇收集起来
all_words = []
for sentence in corpus:
    words = sentence.split()
    all_words.extend(words)

# 获取唯一单词列表
unique_words = list(set(all_words))
vocab_size = len(unique_words)

# 初始化模型
model = Word2Vec(embedding_dim=10, window_size=2, learning_rate=0.001)
model.initialize(vocab_size, sorted(unique_words))

# 生成训练数据 (Skip-gram: 中心词 one-hot, 上下文 multi-hot)
for sentence in corpus:
    words = sentence.split()
    for i in range(len(words)):
        X_train = [0] * vocab_size          # 中心词向量
        y_train = [0] * vocab_size          # 上下文向量

        center_word_idx = model.word_index[words[i]]
        X_train[center_word_idx] = 1

        # 窗口上下文
        for j in range(i - model.window_size, i + model.window_size + 1):
            if j != i and 0 <= j < len(words):
                context_word_idx = model.word_index[words[j]]
                y_train[context_word_idx] = 1

        model.X_train.append(X_train)
        model.y_train.append(y_train)

# 训练模型 (此为 toy 示例, epoch=1000 可能较长, 可自行调节)
model.train(epochs=1000)
```

```
# 预测："cat" 可能的上下文词
predictions = model.predict('cat', 5)
print("Top 5 context words for 'cat':", predictions)
```

4. 负采样损失

在跳跃词模型的论文中，Mikolov.T 等人还提到了负采样损失，这是替代朴素 softmax 损失的一种方法，以避免 softmax 分母的昂贵计算量。假设从词汇中抽取 k 个负样本（单词）。为了简化表示，将它们称为 $w_1, w_2, w_3 \cdots w_k$，并将它们的外部向量称为 $\boldsymbol{u}_{w_1}, \boldsymbol{u}_{w_2}, \boldsymbol{u}_{w_3} \cdots \boldsymbol{u}_{w_k}$。

一般来说，这 k 个负样本是独立有放回抽样得到的，允许同一个词被多次选中。换句话说，如果 $i \neq j$，则 $w_i \neq w_j$，其中 $i \in \{1, \cdots, k\}$，$j \in \{w_1, \cdots, w_k\}$。对于中心词 c 和外部词 o，负采样损失函数定义如下：

$$J_{\text{neg-sample}}(\boldsymbol{v}_c, o, U) = -\log(\sigma(\boldsymbol{u}_o^{\mathrm{T}} \boldsymbol{v}_c)) - \sum_{s=1}^{k} \log(\sigma(-\boldsymbol{u}_{w_s}^{\mathrm{T}} \boldsymbol{v}_c)) \tag{1-21}$$

对于样本 $w_1, w_2, w_3 \cdots w_k$，其中 $\sigma(\ )$ 是 sigmoid 函数。

1.4.4　GloVe 模型简介

GloVe（Global Vectors for Word Representation）是一种备受欢迎的词嵌入技术，由斯坦福大学的研究团队于 2014 年提出。GloVe 的独特性在于其通过分析整个语料库中单词的共现关系来建模，而不是像 Word2Vec 那样依赖局部上下文来学习单词的向量表示。在 GloVe 的训练过程中，它基于整个语料库的统计信息进行建模，而不仅局限于局部上下文窗口。这种方法将单词映射到一个空间中，在这个空间里，语义相似的单词之间的距离更近。GloVe 采用了无监督学习算法，将单词表示为向量，并且根据单词的共现信息（单词的共现信息指在语料库中某个单词与其他单词一同出现的频率和模式。这种信息反映了单词之间的语义关系，即当两个单词经常一起出现时，它们的含义通常是相关的或有一定的联系）对语料库进行训练。作为斯坦福大学的开源项目，GloVe 的发布为自然语言处理带来了重要的突破。

❏ 全局统计信息的利用：GloVe 模型通过全局词-词共现计数，有效地捕捉到了词汇之间的关系。相比之下，传统方法（如 LSA、HAL）同样基于全局共现矩阵，但缺少对不同频率共现对的加权机制。

❏ 权重最小二乘法：GloVe 采用了最小二乘法，通过最小化词向量点积与其共现次数对数值之间的加权平方误差，将全局共现信息整合到了词向量的训练中。

1. 共现矩阵（Co-occurrence Matrix）

在自然语言处理中，共现矩阵是一种用于捕捉单词之间关系的重要工具。它不仅能够提供直观的统计信息，还为后续计算词关联性和构建词向量奠定了基础。构建共现矩阵的过程包括数据收集和条件概率的计算，分别用于统计词语的共现频次以及衡量其在上下文中的相关性。

❏ 数据收集：通过单次遍历整个语料库，就可以收集到词-词共现的统计数据。虽然对于大规模语料库而言这一过程可能计算量较大，但是一次性的前期成本。

❏ 条件概率：通过共现矩阵，可以计算出任意两个词之间的条件概率，从而反映它们在上下文中出现的关联程度。

共现矩阵的术语如下：

☐ X：词-词共现矩阵。

☐ X_{ij}：词 i 的上下文中词 j 出现的次数。

☐ $X_i = \sum_k X_{ik}$：词 i 的上下文中出现任意词 k 的次数。

☐ $P_{ij} = P(w_j|w_i) = \dfrac{X_{ij}}{X_i}$：词 j 在词 i 的上下文中出现的概率。

2. 软max交叉熵目标函数

与传统的跳跃词模型使用 softmax 计算概率不同，GloVe 使用最小二乘法目标函数，从而避免了在整个词汇表上进行高昂的计算。这一变化不仅提高了计算效率，也加速了训练过程。

在跳跃词模型中，使用 softmax 计算在给定中心词 i 的情况下，上下文中词 j 出现的概率：

$$Q_{ij} = \frac{\exp(\boldsymbol{u}_j^{\mathrm{T}}\boldsymbol{v}_i)}{\sum\limits_{w=1}^{W} \exp(\boldsymbol{u}_w^{\mathrm{T}}\boldsymbol{v}_i)} \tag{1-22}$$

j 概率的计算使得模型能够有效学习单词之间的语义关系。虽然训练过程是以在线和随机方式进行的，即参数更新是基于每个训练实例逐步进行的，但是模型仍然通过累积的方式计算全局交叉熵损失。这个损失函数为模型在整个语料库上的表现，从而确保即便在局部随机更新的情况下，模型的整体优化目标也能够得到有效实现。

为了评估跳跃词模型的性能，使用全局交叉熵损失函数 J 来衡量模型在预测上下文单词时的准确性。该损失函数通过累积所有中心词和对应上下文词的预测概率来评估模型的表现：

$$J = -\sum_{i \in \text{corpus}} \sum_{j \in \text{context}(i)} \log Q_{ij} \tag{1-23}$$

式（1-23）是式（1-7）的简化版本。其中，Q_{ij} 表示中心词 i 预测上下文词 j 的概率。最小化该损失可以让模型更好地学习单词之间的语义关系，在训练过程中不断优化参数，从而提高预测的准确性。

由于语料库中相同的词 i 和 j 可能会多次出现，因此将相同的 i 和 j 值首先进行分组更高效。通过将式（1-23）中的双重求和形式改写为在整个词汇表范围内进行求和，可以更清楚地表达每个词对的贡献。这里引入前面提到的关键概念共现矩阵 X，其中 X_{ij} 表示词 i 和词 j 共现的次数或频率。

$$J = -\sum_{i=1}^{W} \sum_{j=1}^{W} X_{ij} \log Q_{ij} \tag{1-24}$$

☐ i 和 j 的范围：i 和 j 不再是仅限于特定语境中的词对，而是整个词汇表中所有可能的词对。

☐ X_{ij}：反映词对 (i,j) 在语料库中的共现频率，代替了之前的逐词遍历的方式。

☐ Q_{ij}：依然是中心词 i 预测上下文词 j 的概率，保持不变。

在式（1-24）中，共现频率的值由共现矩阵 X 给出。交叉熵损失的一个显著缺点是它要求分布得到适当的归一化，这涉及对整个词汇表进行计算量很大的总和运算。相反，可以使用最小二乘目标函数来替代交叉熵损失，其中舍弃了 P 和 Q 中的归一化因子。

$$\hat{J} = \sum_{i=1}^{W} \sum_{j=1}^{W} X_i \left(\hat{P}_{ij} - \hat{Q}_{ij} \right)^2 \tag{1-25}$$

在式（1-25）中，相应值都加上了 hat 符号，表示未经归一化处理的值，也就是原始的计算结果或估计值，而不是标准的概率分布。

  □ $\hat{P}_{ij} = X_{ij}$：前面已经解释了 P_{ij} 的定义。X 和 P 本质上是频数和归一化分布的关系，可以理解为 X 是未归一化的 P，$\hat{P}$ 表示未经归一化的值。$\hat{Q}$ 只保留了原先定义式（1-22）的分子部分：$\hat{Q}_{ij} = \exp(u_j^{\mathrm{T}} v_i)$。

现在，式（1-25）中的 $\hat{P}$ 和 $\hat{Q}$ 都是未经归一化的分布。这种表述引入了一个新问题：X_{ij} 经常取非常大的值（在现实语料库中，一些常见词（如 the、and）和高频词会与很多其他单词频繁共现，这会导致 X_{ij} 的值变得非常大），从而使优化变得困难。为了应对 X_{ij} 变得很大的问题，改进的方法是对 $\hat{P}$ 和 $\hat{Q}$ 取对数，然后计算平方误差：

$$\hat{J} = \sum_{i=1}^{W} \sum_{j=1}^{W} X_i \left(\log \hat{P}_{ij} - \log \hat{Q}_{ij} \right)^2 \tag{1-26}$$

进一步展开为：

$$\hat{J} = \sum_{i=1}^{W} \sum_{j=1}^{W} X_i \left(\log X_{ij} - \log u_j^{\mathrm{T}} v_i \right)^2 \tag{1-27}$$

换句话说，由于共现矩阵 X 中的数值通常较大，这会导致优化过程中数值不稳定，进而影响目标函数的平稳性和模型的收敛速度。为了解决这个问题，GloVe 通过最小化对数平方误差来降低对大数值的影响，使得优化过程更加稳定。对共现频率取对数后，较大的数值会被压缩，减少它们对整体损失的放大作用，从而有助于优化的平稳性和收敛性。此外，为了更好地捕捉不同上下文中的语义信息，GloVe 并不总是直接使用共现频率 X_{ij} 作为权重，因为固定的 X_{ij} 并不一定能在所有情况下达到最佳效果。相反，可以引入一个权重函数 $f\left(X_{ij}\right)$，用于调整权重大小。这个函数根据具体上下文中词对的特性调整其影响力，使得模型在学习词向量时能够灵活地适应不同的语境特征，从而提高了模型的灵活性和对多样化语境的适应性。

最后，原公式（1-26）的顺序是 $\log \hat{P}_{ij} - \log \hat{Q}_{ij}$，但在优化问题中，通常写成预测值减去实际值的形式，即（预测−实际），这样的顺序使得梯度更新的方向更符合优化目标的逻辑，让模型训练过程更加顺畅：

$$\hat{J} = \sum_{i=1}^{W} \sum_{j=1}^{W} X_i \left(\log u_j^{\mathrm{T}} v_i - \log X_{ij} \right)^2 \tag{1-28}$$

3. GloVe的实现代码

下面使用 Python 的基本库（如 NumPy）来简单地实现 GloVe 算法。

```
import random
import numpy as np
from collections import defaultdict
```

```python
# -------------------- 随机种子设定，便于结果复现 --------------------
SEED = 42
random.seed(SEED)
np.random.seed(SEED)

# -------------------- 超小示例语料（仅供演示）--------------------
corpus = [
    "This is a sample sentence for testing.",
    "Another sample sentence for testing the code."
]

# -------------------- 训练超参数设置 --------------------
window_size = 4
embedding_dim = 50
alpha = 0.75
x_max = 100
learning_rate = 0.01
num_epochs = 10000
epsilon = 1e-8                              # 避免 log(0) 或归一化除以 0

# -------------------- 构建共现矩阵 --------------------
vocab = set()
co_occurrence = defaultdict(float)

for sentence in corpus:
    words = sentence.split()
    for i in range(len(words)):
        target_word = words[i]
        vocab.add(target_word)
        # 在 window_size 范围内计算共现频次
        for j in range(max(0, i - window_size), min(len(words), i + window_size
+ 1)):
            if i != j:
                context_word = words[j]
                distance = abs(i - j)
                # GloVe 里常采用 1 / distance 作为加权，这里遵从源代码
                co_occurrence[(target_word, context_word)] += 1.0 / distance

# -------------------- 词汇表处理 --------------------
vocab_list = list(vocab)
vocab_size = len(vocab_list)
word_to_index = {word: idx for idx, word in enumerate(vocab_list)}

print(f"Vocabulary size: {vocab_size}")
print("Sample from the vocabulary:", random.sample(vocab_list, min(5,
vocab_size)))

# -------------------- 初始化参数 --------------------
word_embeddings = np.random.randn(vocab_size, embedding_dim)
context_embeddings = np.random.randn(vocab_size, embedding_dim)
bias_word = np.zeros(vocab_size)
bias_context = np.zeros(vocab_size)

# -------------------- 权重函数 f(x) = (x/x_max)^alpha 或 1 --------------------
def weight(x, x_max, alpha):
    return (x / x_max) ** alpha if x < x_max else 1.0

# -------------------- 开始训练 GloVe --------------------
```

```
for epoch in range(num_epochs):
    total_loss = 0.0

    # 遍历所有 (word_i, word_j) 共现对
    for (word_i, word_j), count in co_occurrence.items():
        idx_i = word_to_index[word_i]
        idx_j = word_to_index[word_j]

        w_i = word_embeddings[idx_i]              # (embedding_dim,)
        w_j = context_embeddings[idx_j]           # (embedding_dim,)
        b_i = bias_word[idx_i]
        b_j = bias_context[idx_j]

        # 预测值 pred = w_i · w_j + b_i + b_j
        pred = np.dot(w_i, w_j) + b_i + b_j

        # log(count) 加上 epsilon 避免 log(0)
        log_count = np.log(count + epsilon)

        w_ij = weight(count, x_max, alpha)          # 权重
        error = pred - log_count                    # 预测误差
        cost = w_ij * (error ** 2)                  # 损失贡献
        total_loss += cost

        # 计算梯度 = w_ij * error
        grad = w_ij * error

        # 更新嵌入向量和偏置
        # 1) word_embeddings[idx_i] -= lr * grad * w_j
        word_embeddings[idx_i] -= learning_rate * grad * w_j
        # 2) context_embeddings[idx_j] -= lr * grad * w_i
        context_embeddings[idx_j] -= learning_rate * grad * w_i
        # 3) bias_word[idx_i] -= lr * grad
        bias_word[idx_i] -= learning_rate * grad
        # 4) bias_context[idx_j] -= lr * grad
        bias_context[idx_j] -= learning_rate * grad

    # 每隔一定轮数打印一次损失
    if (epoch + 1) % 500 == 0:
        print(f"Epoch: {epoch+1}, Loss: {total_loss:.4f}")

# -------------- 合并 word_embeddings 与 context_embeddings ---------------
# 常见做法: final_embedding = w + w_tilde
final_embeddings = word_embeddings + context_embeddings

# -------------- 查找最相似词对（在合并后的 embedding space 中）---------------
max_similarity = -1.0
most_similar_pair = ("", "")

for i in range(vocab_size):
    for j in range(i + 1, vocab_size):
        vec_i = final_embeddings[i]
        vec_j = final_embeddings[j]
        # 计算余弦相似度
        norm_i = np.linalg.norm(vec_i)
        norm_j = np.linalg.norm(vec_j)
        similarity = np.dot(vec_i, vec_j) / ((norm_i * norm_j) + epsilon)
        if similarity > max_similarity:
            max_similarity = similarity
```

```
        most_similar_pair = (vocab_list[i], vocab_list[j])
print("\nMost similar words in the final embedding space:", most_similar_pair)
print("Cosine Similarity between these words:", max_similarity)
```

4. 结论

GloVe 的主要思想是通过最小化单词向量点积与其共现次数对数值之间的差异来学习单词之间的关系。它的训练目标是寻找一个低维度的向量，使词汇表中的单词在这个低维空间中能够准确地反映它们的语义关系。GloVe 模型在词类比（Word Analogy）任务（用来评估词嵌入模型是否能够识别并正确预测词汇间语义关系的测试方法）中的卓越表现，以及在多个词汇相似性任务中的优越性，彰显了它作为词向量学习方法的卓越性能。通过充分利用全局统计信息，GloVe 不仅在速度上具备优势，而且在任何速度下都能够获得最佳的结果，使其成为自然语言处理任务中的重要工具。

1.5　Word2Vec 和 GloVe 比较

前面详细解释了 Word2Vec 和 GloVe 这两种词嵌入方法的基本原理和应用。为了更清晰地理解这两种方法的核心差异和各自的优势，下面将从训练过程、损失函数、学习方法和计算时间等多个维度进行对比总结。

在训练方式上，Word2Vec 是一种基于预测的模型，其采用两种训练方法，即 Skip-gram 和 CBOW。其中，Skip-gram 方法通过给定中心词来预测其上下文单词，适用于学习稀有词；而 CBOW 方法通过给定上下文词来预测中心词，在大规模数据集上通常表现更好。Word2Vec 通过优化可训练的嵌入权重，将单词映射到一个低维度的向量空间。与 Word2Vec 不同，GloVe 是基于矩阵分解的模型。它构建了一个共现矩阵，然后对该矩阵进行因子分解，将其压缩到较低维度，使得每一行代表一个单词向量。

在损失函数方面，Word2Vec 的损失函数与模型的预测直接相关。Skip-gram 采用负采样（Negative Sampling）或层次 softmax（Hierarchical Softmax）来优化计算，使得计算复杂度降低，而连续词袋模型在使用完整的 softmax 时采用交叉熵损失，也可以像跳跃词模型一样结合负采样或层次 softmax 来加速计算上下文词对目标词的概率。相比之下，GloVe 通过最小化重构损失来优化单词向量，这种方法强调让词向量之间的点积反映单词的共现概率。

在学习方式上，Word2Vec 采用两层神经网络，输入层为 one-hot 编码的中心词，隐藏层存储可训练的词向量（嵌入层），输出层用于预测上下文词（Skip-gram）或目标词（CBOW）。通过梯度下降训练，最终学习到的隐藏层权重即为单词的词向量。而 GloVe 直接基于共现矩阵来学习单词之间的线性关系。它的目标是让向量之间的点积 $w_i \cdot w_j$ 反映 $\log\left(X_{ij}\right)$，这样可以更好地保留全局的统计信息。

在计算时间方面，Word2Vec 采用负采样或层次 softmax 来优化计算效率。负采样通过仅更新部分负样本（而非整个词汇表），大幅降低计算成本；层次 softmax 通过构建霍夫曼树，使计算复杂度从 $O(V)$ 降至 $O(\log V)$，其中，V 是词汇表大小。因此，Word2Vec 在大规模语料上可以更高效地训练。而 GloVe 需要构建整个共现矩阵并进行优化，虽然可以使用矩阵分解（如 SVD 变种）进行加速，但是在存储和计算上仍然可能带来较大开销，因此通常适用于离线计算场景。

在向量空间特性上，由于 Word2Vec 在训练时依赖负采样，其生成的单词向量可能会形成一定的聚类结构并受采样策略的影响。而 GloVe 由于直接基于全局统计信息进行优化，得到的单词向量通常在空间中更加均匀分布，因此能够更好地捕捉语义关系。

总结来说，Word2Vec 是一种基于局部上下文预测的方法，适用于流式训练，而 GloVe 则是基于全局共现矩阵的方法，更适合离线计算。两者在不同的场景下各具优势，具体选择取决于数据规模、计算资源和应用需求。

1.6　自然语言处理中的词向量评估方法

在自然语言处理中，对生成的词向量进行评估至关重要，因为它直接影响下游任务的性能和模型的可解释性。词向量评估通常分为两类：内在评估（Intrinsic Evaluation）和外在评估（Extrinsic Evaluation），分别用于衡量词向量在语义和语法层面的表现，以及它们在自然语言处理任务中的实际效果。

1.6.1　内在评估

内在评估的目的是评估由 Word2Vec 或 GloVe 等嵌入技术生成的词向量的质量。这种评估通常在特定的中间子任务中进行，如类比完成。这些子任务设计简单且计算高效，可以快速提供关于词向量系统性能的反馈。内在评估的目标是通过具体的评估子任务，以量化指标的形式反映词向量的表现。

构建高级问答系统的关键步骤之一是将单词转换为词向量，并将其作为复杂机器学习系统的输入。为了获得最优的词向量表示，需要调整 Word2Vec 子系统中的诸多超参数，如词向量的维度。然而，在实际操作中，对 Word2Vec 子系统的任何参数调整后重新训练整个系统在工程上并不可行。深度神经网络通常包含数百万参数，训练非常耗时。在这种背景下，设计一种简单的内在评估技术显得尤为重要。这种技术需要能够快速评估词到词向量子系统的质量，并且其评估结果应与最终任务的性能具有正向相关性。

1. 内在评估示例：词向量类比

在内在评估中，一种常见的方法是通过完成词向量类比来评估词向量的性能。在词向量类比中，给定一个不完整的类比形式"a : b : : c : ?"如"man : woman : : king : ?"，这种类比关系旨在考察词向量之间的语义关联。词向量类比反映了单词之间的语义关系，并且这些关系通常以余弦相似度的形式进行量化。

在内在评估系统中，目标是寻找一个词向量 x_d，它使得类比关系 $x_b - x_a = x_d - x_c$ 成立，其中，x_a, x_b, x_c 分别表示单词"a" "b" "c"的词向量表示。通过最大化归一化点积可以确保词向量之间的关系尽可能接近理想的类比关系，即

$$d = \arg\max_{i} \frac{(x_b - x_a + x_c)^{\mathrm{T}} x_i}{\|x_b - x_a + x_c\|} \tag{1-29}$$

❑ $x_b - x_a + x_c$：这一部分表示类比关系的向量计算。例如，在"man : woman :: king : ?"中，x_b 是 woman 的向量，x_a 是 man 的向量，x_c 是 king 的向量。通过向量运算 $x_b - x_a + x_c$ 来构建一个新向量，这个向量应该接近 queen 的向量。

❑ 点积和归一化：公式中的分子 $(x_b - x_a + x_c)^{\mathrm{T}} x_i$ 是新构建向量与词汇表中其他词向量 x_i 的点积，用于衡量新向量与其他词的相似度。

❑ 归一化：分母 $\|x_b - x_a + x_c\|$ 是新向量的模（L2 范数），用于归一化点积的结果，防止向量的长度影响相似度的计算。

❑ arg max：寻找使得点积值最大的词 d。也就是说，在所有词向量中找到与 $\|x_b - x_a + x_c\|$ 方向一致的那个词，即最符合类比关系的词。

通过式（1-29），模型能够找出最符合类比关系的词。如果找到的词与预期的词（如 queen）一致，就表明词向量模型在捕捉语义关系上表现良好。使用余弦相似度（通过点积归一化计算）来量化词向量之间的相似性，使类比关系能够精确地以几何方式反映在向量空间中，这样就能够确定满足这种类比关系的最佳词向量。需要注意的是，在使用类似词向量类比的内在评估技术时，必须谨慎选择类比关系，并考虑预训练语料库的特性，以确保评估结果的准确性和可靠性。

2. 内在评估调优：类比评估

词嵌入的性能受到多种因素的影响。首先，模型选择起关键作用。不同的词嵌入方法基于不同的属性（如共现次数、奇异向量等）将单词嵌入为向量，其性能与所选模型密切相关。其次，语料库的规模对性能提升有显著影响。较大的语料库提供了更多的样本，使嵌入技术通过更多的示例获得丰富的经验。例如，在类比完成任务中，如果测试单词未在训练语料库中出现，则结果可能会不准确。最后，词向量的维度也会影响性能。极低维度的词向量无法有效捕捉语料库中不同单词的多重含义，这属于高偏差问题，即模型复杂度过低。例如，对于单词 king、queen、man 和 woman，直观上需要使用代表性别和领导力的两个维度将它们编码成词向量。如果维度进一步降低，将无法体现这些单词之间的语义差异。

3. 内在评估：相关性评估

另一种用于评估词向量质量的内在方法是相关性评估，它通过人工评估单词相似度与词向量之间的余弦相似度之间的关系来衡量词向量对语义相似性的捕捉能力。如果词向量能够很好地匹配人工标注的单词相似度评分，则说明该词向量模型较准确地学习到了单词之间的语义关系。这种方法可以量化词向量与人工评估之间的联系，提供更具直观性的评估结果。这种评估要求人类评估两个单词之间的相似度，通常在一个固定范围内（如 0～10），然后将人工评估的相似度与相应词向量的余弦相似度进行比较。这种比较通常在包含人工评估数据的不同数据集进行。

在内在评估中，需要综合考虑诸如词向量的维度、语料库的大小、上下文窗口的大小等参数。通过这些评估方法，可以为下游任务选择最佳的词向量表示，以确保在实际应用中取得出色的性能。

1.6.2　外在评估

在自然语言处理中，将词向量应用于实际问题面临诸多挑战。虽然研究者们广泛关注内在评估方法，并强调开发高质量词向量的重要性，但是最终的目标是确保这些词向量能够在复杂的外在任务（如文本分类、机器翻译和信息检索）中发挥实际作用。外在评估是指评估由嵌入技术生成的词向量在实际任务中的表现，这些任务通常较为复杂，并需要较长的计算时间。例如，在情感分析或命名实体识别等任务中，需要对句子进行情感分类或识别特定单词的类别。这类问题常使用成对的数据点，包括输入的词向量和对应的标签。

然而，外在评估存在一个主要挑战：难以确定性能较差的原因，可能是某个子系统的问题，也可能是各子系统之间的交互影响。在优化性能较差的外在评估系统时，很难明确找到问题的根源。为了解决这一难题，内在评估成为一种必要手段。内在评估能够识别具体哪个子系统需要改进，从而为系统的进一步优化指明方向。

1. 词向量的重新训练

在处理外在任务时，通常会使用通过优化更简单的内在任务预训练得到的词向量。预训练的词向量在许多外在任务中表现良好，通常是最佳词向量的良好代理。有时可以通过进一步训练（即重新训练）这些预训练的词向量来提升其在外在任务中的性能。

重新训练词向量存在一定风险，尤其是在数据集较小的情况下。如果使用外在任务的数据重新训练词向量，则需要确保训练集足够大，能够覆盖词汇表中的大多数单词。这是因为模型如 Word2Vec 或 GloVe 会将语义相关的单词聚集在词空间的相同区域。如果重新训练仅涉及词汇表的一个小子集，这些单词的位置可能会发生偏移，从而影响语义关系，最终可能导致任务性能下降。

因此，当训练数据集较小时，不建议重新训练词向量；若数据集足够大，则重新训练可以提升模型的表现。在实际应用中，通常使用预训练的词向量作为外在任务的输入，但在特定情况下也会考虑进一步训练这些向量以优化任务表现。重新训练时必须确保训练集覆盖足够的词汇，否则原本语义相关的词可能因向量更新而在词空间中分散，影响任务性能。

2. softmax分类和正则化

softmax 分类器是外部评估中直接用于测试词向量在实际任务中表现的工具。它将输入的词向量映射到具体的类别中，用于分类、情感分析、命名实体识别等任务。

$$p(y_j = 1|\boldsymbol{x}) = \frac{\exp(\boldsymbol{W}_j \cdot \boldsymbol{x})}{\sum\limits_{c=1}^{C} \exp(\boldsymbol{W}_c \cdot \boldsymbol{x})} \tag{1-30}$$

其中，$p(y_j = 1|\boldsymbol{x})$：表示给定输入词向量 $\boldsymbol{x}$，它属于类别 j 的条件概率。$\boldsymbol{W}_j$ 表示类别 j 的权重向量。$\boldsymbol{x}$：输入词的词向量（或者一般的输入特征向量）。$\boldsymbol{W}_c$：类别 c 的权重向量，用于计算类别 c 的得分。C：类别的总数。分子 $\exp(\boldsymbol{W}_j \cdot \boldsymbol{x})$：输入词向量 $\boldsymbol{x}$ 在类别 j 上的得分。$\boldsymbol{W}_j \cdot \boldsymbol{x}$：

权重向量 $\boldsymbol{W}_j$ 与词向量 $\boldsymbol{x}$ 的点积，这个点积衡量的是词向量 $\boldsymbol{x}$ 和类别 j 的权重向量之间的相似性。

🔔**注意**：本书中的概率 p 分为大小写，P 指整个概率结构，即全局概率，p 为某个具体数值的概率，即局部概率。

❑ $\sum\limits_{c=1}^{C} \exp(\boldsymbol{W}_c \cdot \boldsymbol{x})$：所有类别得分的归一化项。对每一个类别 c 都计算一个类似分子的得分 $\exp(\boldsymbol{W}_c \cdot \boldsymbol{x})$，然后对所有得分进行求和，通过求和可以得到一个所有类别的总得分。

式（1-30）计算了词向量 $\boldsymbol{x}$ 属于类别 j 的概率。使用交叉熵损失函数训练示例的损失为：

$$-\sum_{j=1}^{C} y_j \log\big(p(y_j=1|\boldsymbol{x})\big) = -\sum_{j=1}^{C} y_j \log\left(\frac{\exp(\boldsymbol{W}_j \cdot \boldsymbol{x})}{\sum\limits_{c=1}^{C} \exp(\boldsymbol{W}_c \cdot \boldsymbol{x})}\right) \tag{1-31}$$

其中，C 是总类别数。y_j 是指示变量，表示样本是否属于第 j 类。对于正确类别的索引 k，$y_k=1$，其余类别为 0。

这意味着求和公式中的大部分项都是 0，只有正确类别的项有贡献，因此可将式（1-31）简化为：

$$-\log\left(\frac{\exp(\boldsymbol{W}_k \cdot \boldsymbol{x})}{\sum\limits_{c=1}^{C} \exp(\boldsymbol{W}_c \cdot \boldsymbol{x})}\right) \tag{1-32}$$

然后将上述损失扩展到包含 N 个数据点的数据集上：

$$-\sum_{i=1}^{N} \log\left(\frac{\exp\big(\boldsymbol{W}_{k(i)} \cdot \boldsymbol{x}^{(i)}\big)}{\sum\limits_{c=1}^{C} \exp\big(\boldsymbol{W}_c \cdot \boldsymbol{x}^{(i)}\big)}\right) \tag{1-33}$$

式（1-33）是交叉熵损失的公式，用于衡量模型预测的输出与实际类别之间的差异。

❑ N 是样本数量。

❑ $k(i)$ 是一个函数，返回样本 $\boldsymbol{x}^{(i)}$ 的正确类别索引。

式（1-33）对每个样本 $\boldsymbol{x}^{(i)}$ 计算其属于正确类别的对数概率损失。

一个简单的线性分类器需要接收一个 d 维的输入词向量，并输出一个覆盖 C 个类别的概率分布。为了更新模型权重 $\boldsymbol{W}$，需要更新的参数是每个类别的权重向量。假设模型有 C 个类别，每个类别的权重是 d 维的，那么总共需要更新的权重参数是 $C \times d$ 个。

如果还要更新词汇表中的词向量，每个词汇表中的词都有一个 d 维向量。词汇表中有 $|V|$ 个词，每个词对应一个 d 维词向量，因此总共需要更新 $|V| \times d$ 个参数。对于一个简单的线性分类器，同时更新模型权重和词向量的总参数数量为：

$$C \times d + |V| \times d \tag{1-34}$$

由于模型的参数数量非常庞大，而模型本身的决策边界却相对简单，这样的多参数设计极易导致过拟合。为了降低过拟合的风险，需要在损失函数式（1-33）中引入正则化项。这一正则化项旨在限制参数的大小，使其尽可能小（接近 0），以避免参数取过大值而导致模型复杂性增加，从而提升模型的泛化能力。

$$-\sum_{i=1}^{N}\log\left(\frac{\exp\left(\boldsymbol{W}_{k(i)}\cdot\boldsymbol{x}^{(i)}\right)}{\sum_{c=1}^{C}\exp\left(\boldsymbol{W}_{c}\cdot\boldsymbol{x}^{(i)}\right)}\right)+\lambda\sum_{k=1}^{C\cdot d+|V|\cdot d}\theta_{k}^{2}\tag{1-35}$$

通过最小化包含正则化项的成本函数，可以降低参数为了适应训练集而取极大值的可能性。如果正则化强度（λ）调整得当，正则化还能有效改善模型的泛化能力。当模型变得更加复杂，如在参数数量庞大的神经网络中，正则化的重要性尤为突出，因为它可以有效防止模型过拟合，提升其在新数据上的表现。

3. 窗口分类

窗口分类通过包含中心词及其前后上下文词的词窗（Context Window）进行分类，从而利用上下文信息来预测单词的类别或语义角色，帮助模型更准确地捕捉单词在不同语境下的含义。在自然语言处理中，单词往往因上下文不同而具有完全相反的含义。单独的词向量可能无法准确表达这些差异。例如，单词 overlook 在不同的上下文中可能表示"忽视"或"俯瞰"，这两个含义完全相反。如果仅依赖单词本身，很难判断其确切意思。通过结合中心词和周围的上下文词，窗口分类能够区分同一单词在不同语境下截然相反的含义，从而提高语义理解的准确性。

为了提高分类的准确性，模型通常使用包含中心词和其前后上下文词的序列作为输入。这些上下文词的数量称为上下文窗口大小，可以根据任务需求调整。一般而言，较小的窗口在句法任务（如语法判断）中表现更好，而较大的窗口在语义任务（如理解单词意思）中效果更佳。

为了将上一节中的 softmax 模型修改为使用词窗进行分类，只需要将 $\boldsymbol{x}^{i}$ 替换为 $\boldsymbol{x}_{\mathrm{window}}^{i}$，其表示方式如下：

$$\boldsymbol{x}_{\mathrm{window}}^{(i)}=\begin{bmatrix}\boldsymbol{x}^{(i-2)}\\\boldsymbol{x}^{(i-1)}\\\boldsymbol{x}^{(i)}\\\boldsymbol{x}^{(i+1)}\\\boldsymbol{x}^{(i+2)}\end{bmatrix}\tag{1-36}$$

因此，当对词窗中的所有单词的词向量求损失函数的梯度时，将得到词向量的梯度：

$$\boldsymbol{\delta}_{\mathrm{window}}=\begin{bmatrix}\nabla_{\boldsymbol{x}^{(i-2)}}\\\nabla_{\boldsymbol{x}^{(i-1)}}\\\nabla_{\boldsymbol{x}^{(i)}}\\\nabla_{\boldsymbol{x}^{(i+1)}}\\\nabla_{\boldsymbol{x}^{(i+2)}}\end{bmatrix}\tag{1-37}$$

在实际实现中，这些梯度需要分配到相应的词向量中进行更新。使用词窗能够更好地捕捉上下文信息，提高分类任务的准确性。

4. 非线性分类器

在数据分类问题中，首先讲一下线性分类器的局限性。对于具有复杂特征的数据集，线性决策边界往往无法有效区分数据点，导致出现许多分类错误。为了解决这一问题，引入了非线性分类模型（如神经网络）。相比于线性分类器，非线性模型能够构建更加复杂的决策边界，从而更准确地处理复杂数据。

接下来重点讲一下神经网络作为一种非线性模型在深度学习中的出色表现，具体包括神经网络的原理、应用及它为何能在处理复杂数据时展现出卓越的性能。通过理解和应用这些非线性模型，可以更精准地解决实际中的分类问题。

参 考 文 献

[1] Goldberg Y. Neural Network Methods in Natural Language Processing[M]. San Rafael: Morgan & Claypool Publishers, 2017.

[2] Mikolov T, Chen K, Corrado G, et al. Efficient estimation of word representations in vector space[EB/OL]. [2024-01-07]. https://arxiv.org/abs/1301.3781.

[3] Mikolov T, Sutskever I, Chen K, et al. Distributed representations of words and phrases and their compositionality[C]//Advances in Neural Information Processing Systems 26. Nevada: NeurIPS, 2013: 3111-3119.

[4] Pennington J, Socher R, Manning C D. Glove: Global vectors for word representation[C]// Proceedings of the 2014 Conference on Empirical Methods in Natural Language Processing. Doha: EMNLP, 2014: 1532-1543.

第 2 章　神经网络基础

神经网络也称为人工神经网络（Artificial Neural Networks，ANNs），是机器学习的一个子集，也是深度学习算法的基础。人工智能神经网络受到了神经科学的启发。在大脑中，神经元是相互连接形成网络的细胞。每个神经元既能接收电信号，也能发送电信号。一旦神经元接收到的电信号超过某个阈值，神经元就会被激活，从而将电信号传递到前方。

人工神经网络是受生物神经网络启发的学习数学模型。人工神经网络建模数学函数，根据网络的结构和参数将输入映射到输出。在人工神经网络中，网络的结构是通过对数据进行训练来塑造的。然而在现实中，人类的神经网络比人工神经网络更强大，更复杂，因此不要在两者之间画等号。

2.1　神经网络单元

神经网络由节点层组成，分别是输入层、一个或多个隐藏层和一个输出层。每个节点都是一个人工神经元，与下一个节点相连，每个节点都有一个权重和阈值。当一个节点的输出超过阈值时，该节点被激活，并将其数据发送到网络的下一层。如果低于阈值，则不传递任何数据。下面来看神经网络的基本结构——神经元。

2.1.1　神经元

神经元（Neuron）是一个通用的计算单元，它接收 n 个输入并产生一个单一的输出。区分不同神经元输出的是它们的参数（也称为它们的权重）。其中被广泛使用的神经元选择是 sigmoid 单元（在后面的章节中会详细解释激活函数）。该单元接收 n 维输入向量 $\boldsymbol{x}$，并产生标量激活（输出）a。该神经元还与一个 n 维权重向量 $\boldsymbol{w}$ 和一个偏置标量 b 相关联。然后，该神经元的输出为：

$$a = \frac{1}{1 + \exp(-(\boldsymbol{w}^{\mathrm{T}} \boldsymbol{x} + b))} \tag{2-1}$$

也可以把 b 融合到 $\boldsymbol{w}$ 之中，相应的 $\boldsymbol{x}$ 添加一行全部为 1 的向量即可。这样就不必再单独考虑 b 的值了，如公式（2-2）所示。

$$a = \frac{1}{1 + \exp\left(-\begin{bmatrix} \boldsymbol{w}^{\mathrm{T}} & b \end{bmatrix} \begin{bmatrix} \boldsymbol{x} & 1 \end{bmatrix}\right)} \tag{2-2}$$

在 sigmoid 神经元中，输入向量 $\boldsymbol{x}$ 首先被缩放、求和，然后加上偏置单元，最后经过压缩的 sigmoid 函数处理，如图 2-1 所示。神经元是构成神经网络的基本单元之一，也是允许网络引入非线性特性的多种函数之一。

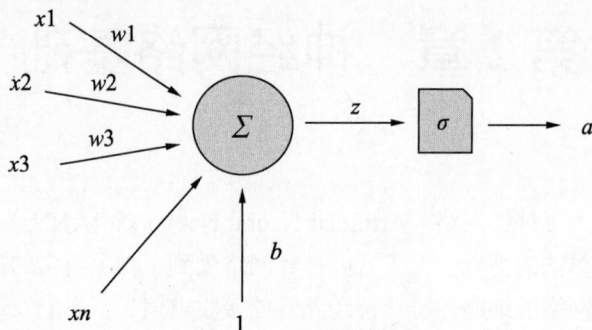

图 2-1　神经元传输流程

2.1.2　神经元层

从单个神经元可以扩张到神经元层（Neuron Layer）。输入可以经过不同的神经元，也就是说，输入（Input）x 可以成为多个上述神经元的输入。

如果将不同神经元的权重表示为 $\left\{ w^{(1)}, \cdots, w^{(m)} \right\}$，将偏置表示为 $\left\{ b_1, \cdots, b_m \right\}$，可以将相应的线性组合激活为 $\left\{ a_1, \cdots, a_m \right\}$：

$$a_1 = \frac{1}{1 + \exp\left(w^{(1)\mathrm{T}} x + b_1 \right)}$$
$$\vdots$$
$$a_m = \frac{1}{1 + \exp\left(w^{(m)\mathrm{T}} x + b_m \right)} \tag{2-3}$$

为了后面简化表达，先定义一些概念：

$$W = \begin{bmatrix} w^{(1)\mathrm{T}} \\ \cdots \\ w^{(m)\mathrm{T}} \end{bmatrix} \in \mathbb{R}^{m*n} \tag{2-4}$$

$$b = \begin{bmatrix} b_1 \\ \vdots \\ b_m \end{bmatrix} \in \mathbb{R}^{m} \tag{2-5}$$

$$\sigma(z) = \begin{bmatrix} \dfrac{1}{1 + \exp(z_1)} \\ \vdots \\ \dfrac{1}{1 + \exp(z_m)} \end{bmatrix} \tag{2-6}$$

有了这些定义就可以将缩放和偏置的输出表示为式（2-7）：

$$z=Wx+b \tag{2-7}$$

激活函数可表示为：

$$\begin{bmatrix} a^1 \\ \vdots \\ a^m \end{bmatrix} = \sigma(z) = \sigma(Wx+b) \tag{2-8}$$

可以将这些激活看作某些特征加权组合的指示器，然后就可以利用这些激活的组合来执行分类任务了。

2.2　前馈计算

命名实体识别任务（Named Entity Recognition，NER）也称为"专名识别"，旨在识别文本中具有特定意义的实体，如人名、地名、机构名、专有名词等。从前面的内容可以得知，分类任务可以通过激活的组合来实现，而命名实体识别正是一种典型的自然语言处理分类任务。

以简化的命名实体识别任务为例：判断中心词是否为实体（如地名）。例如，在句子"Temples in Kyoto are mesmerizing."中，需要识别 Kyoto 为地名。在这个任务中不仅需要捕捉中心词周围的上下文词，还需要为它们的关系建模。softmax 非线性决策无法仅通过将上下文词或中心词的向量直接输入 softmax 层来完成，因为 softmax 层仅对输入向量执行指数运算和归一化操作，并不能增强模型表达能力。要解决这个问题，需要通过中间层对特征进行评分，从而实现更复杂的语义建模。

这个分阶段的计算过程可以表达为：

$$z=Wx+b \tag{2-9}$$

$$a = \sigma(z) \tag{2-10}$$

$$s = U^T(a) = U^T(\sigma(Wx+b)) \tag{2-11}$$

单隐藏层神经网络中的维度：如果用一个十维的词向量来表示每个词，并使用一个 5 个词的窗口作为输入，那么输入 $x \in \mathbb{R}^{50}$。如果在隐藏层中使用 9 个 sigmoid 单元，并且从激活值中生成一个分数（score）输出，那么权重矩阵 $W \in \mathbb{R}^{9 \times 50}$，偏置向量 $b \in \mathbb{R}^9$，输出权重矩阵 $U \in \mathbb{R}^{9 \times 1}$，分数 $s \in \mathbb{R}$。

2.3　最大间隔目标函数

与大多数机器学习模型一样，神经网络也需要一个优化目标，即好坏度量。这里使用一个常用的错误度量，即最大间隔目标函数。使用这个目标函数的目的是确保为 True 标记的数据点计算的分数高于为 False 标记的数据点（如"Not all temples in Kyoto are ancient."，以前 5 个词的窗口为例，中心词并不是地点）计算的分数。那么现在的目标就是最大化 $s_T - s_F$（或

者说最小化 $s_F - s_T$）。注意，只有当 False 标记的数据点计算出的分数高于 True 标记的数据点时才会关心这个差值，因为其他时候只要 $s_T > s_F$ 就是正确的（损失为 0）。也就是说，这种计算方式和支持向量机中的合页函数很相似。所以，最大间隔目标函数为：

$$\text{minimize} J = \max\left(s_F - s_T, 0\right) \tag{2-12}$$

这个公式实现了一个基本想法，但是并没有足够的安全边界,也就是说，s_F 和 s_T 靠得太近了。可以加入一个安全边界 Δ，使得目标函数在 $s_T - s_F < \Delta$ 时计算代价，而非在 $s_T - s_F < 0$ 时才计算。修改公式（2-12）如下：

$$\text{minimize} J = \max\left(\Delta + s_F - s_T, 0\right) \tag{2-13}$$

间隔调整设置为 $\Delta = 1$，并使得优化问题中的其他参数适应这个变化，同时保持性能不受影响。选择 1 的理由是，可以在公式两边除以同一个数使其最后变为 1，所以选择任何正数和选择 1 没有差别。优化目标的最终版本如下：

$$\text{minimize} J = \max\left(1 + s_F - s_T, 0\right) \tag{2-14}$$

2.4　反向传播

反向传播（Backpropagation）是神经网络训练中的核心算法，它通过计算误差的梯度来指导网络中各层参数的更新。反向传播算法的本质是通过逐层传递误差信息，依照链式法则计算每个参数对最终误差的影响，从而使网络的参数在每次迭代中得以调整，最终逐步优化网络性能。在神经网络的前向传播阶段，输入数据经过各层的线性变换与非线性激活函数，逐层传递并生成最终输出。与真实标签相比，输出的差异通过损失函数计算得出误差（也称为损失）。反向传播的目标是最小化这个误差。

反向传播的关键步骤是：

（1）计算损失函数的梯度：根据网络的输出和真实标签之间的误差，通过损失函数计算误差值。

（2）逐层反向传递误差：从输出层开始，误差通过网络的权重和激活函数的导数逐层反向传递至输入层。

（3）更新参数：利用梯度下降法或其变体，将计算得到的梯度用于更新每一层的权重和偏置，逐步逼近最优解。

通过反复执行这个过程，反向传播能够使网络学习到如何调整参数，以便更好地拟合训练数据，最终提升模型在任务中的表现。

2.4.1　以单个神经元的梯度更新为例

本节将会讨论当 J 是正值时，如何训练模型中的不同参数。如果成本（cost）为 0，则不需要进行参数更新。通常使用梯度下降（或其变体，如随机梯度下降）来更新参数，因此需要对更新公式中的任何参数进行梯度信息的计算：

$$\boldsymbol{\theta}^{(t+1)} = \boldsymbol{\theta}^{(t)} - \alpha \nabla_{\boldsymbol{\theta}^{(t)}} J \tag{2-15}$$

反向传播是一种通过微分的链式法则计算神经网络中任意参数的损失梯度的技术。在反向传播的具体计算之前，可以从最简单的神经网络开始进行定义：一个仅包含一个隐藏层和单个输出单元的神经网络。为了便于理解和推导反向传播的计算，首先需要明确相关的基本概念：

（1）x_i 是神经网络的输入。

（2）s（score）是神经网络的输出。

（3）每一层（包括输入和输出层）都有神经元，它们接收一个输入并产生一个输出。第 k 层的第 j 个神经元接收输入 $z_j^{(k)}$ 并产生标量激活输出 a_j^k。

（4）在 $z_j^{(k)}$ 处计算的反向传播误差：$\delta_j^{(k)}$。

（5）第 1 层指的是输入层，而不是第一个隐藏层。对于输入层，$x_j = z_j^{(1)} = a_j^{(1)}$。因为在这一层不存在任何转换和参数。

W^k 是将第 k 层的输出映射到第 $(k+1)$ 层的输入的传递矩阵。因此，根据 2.2 节中提到的两个权重（W 和 U），可以将 $W^{(1)}$ 和 $W^{(2)}$ 分别定义为：$W^{(1)} = W$，$W^{(2)} = U$。

$W_{23}^{(1)}$ 的意义：从第一层出发的权重，连接第一层的第三个神经元和第二层的第二个神经元。

现在反向传播计算的准备工作已完成。假设成本函数 $J = \left(1 + s_F - s_T\right)$ 是正数，所以需要更新 $W_{13}^{(1)}$（以单个神经元为例），可以看出 $W_{13}^{(1)}$ 只对 $z_1^{(2)}$ 以及 $a_1^{(2)}$ 有影响，如图 2-2 所示。

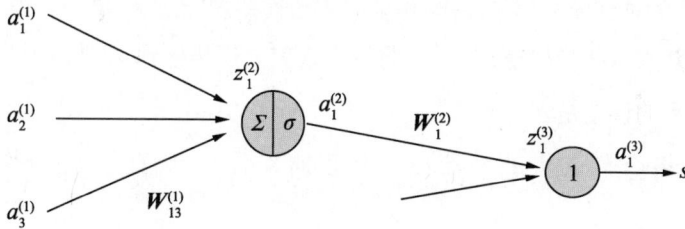

图 2-2　与 $W_{13}^{(1)}$ 相连的部分子网络

反向传播的梯度仅受到它们所贡献数值的影响。通过与 $W_1^{(2)}$ 相乘，$a_1^{(2)}$ 被用于分数的前向计算。从最大间隔损失可以得到最后一层的损失：

$$\frac{\partial J}{\partial s_T} = -1 \tag{2-16}$$

以 $\dfrac{\partial s_T}{\partial W_{ij}^{(1)}}$ 为例，使用链式法则来推算损失梯度：

$$\frac{\partial s_T}{\partial W_{ij}^{(1)}} = \frac{\partial W^{(2)} a^{(2)}}{\partial W_{ij}^{(1)}} = \frac{\partial W_i^{(2)} a_i^{(2)}}{\partial W_{ij}^{(1)}} \quad (\text{只有第二层第 } i \text{ 个神经元会随着 } \partial W_{ij}^{(1)} \text{ 的变化而变化})$$

$$= W_i^{(2)} \frac{\partial a_i^{(2)}}{\partial W_{ij}^{(1)}} \quad (W_i^{(2)} \text{ 可以看作常数，因为这里关心的是 } W_{ij}^{(1)})$$

$$= W_i^{(2)} \frac{\partial a_i^{(2)}}{\partial z_i^{(2)}} \cdot \frac{\partial z_i^{(2)}}{\partial W_{ij}^{(1)}} \quad (\text{使用链式法则})$$

$$= W_i^{(2)} f'\left(z_i^{(2)}\right) \frac{\partial z_i^2}{\partial W_{ij}^1} \quad \left(f'\left(z_i^{(2)}\right) \text{ 表示应用于输入 } z_i^{(2)} \text{ 的激活函数的值。因此,} \frac{\partial a_i^{(2)}}{\partial z_i^{(2)}}\right.$$

等于 $f'\left(z_i^{(2)}\right)$,其中, f' 表示激活函数相对于其输入的导数)

$$= W_i^{(2)} f'\left(z_i^{(2)}\right) \frac{\partial}{\partial W_{ij}^{(1)}}\left(b_i^{(1)} + \sum_k a_k^{(1)} W_{ik}^{(1)}\right) \quad \left(\text{将 } z_i^2 \text{ 展开即得到 } b_i^1 + \sum_k a_k^{(1)} W_{ik}^{(1)}\right)$$

$$= W_i^{(2)} f'\left(z_i^{(2)}\right) a_j^{(1)} \quad \left(\text{只有第 } j \text{ 个 } a^{(1)} \text{ 与 } W_{ij}^{(1)} \text{ 有关系}\right)$$

$$= \delta_i^{(2)} \cdot a_j^{(1)} \tag{2-17}$$

$\delta_i^{(2)}$ 本质上是从第二层中第 i 个神经元向后传播的误差。$a_j^{(1)}$ 是传递给第二层第 i 个神经元的输入(通过 W_{ij})。

偏置 $b_i^{(k)}$ 的梯度就是 $\delta_i^{(k)}$(从公式(2-17)推导的倒数第三步开始可以推出)。

2.4.2　误差的回传

在 2.4.1 节中计算了当目标函数 s_T 发生变化时,网络中第一层的权重 $W_{ij}^{(1)}$ 会如何影响目标函数的变化。而此计算是停留在当前层的权重上的,如果需要计算每一层的权重梯度,就需要将误差不断回传。现在来看将 $\delta^{(k)}$ 传播到 $\delta^{(k-1)}$ 的一般步骤,如图 2-3 所示。

(1)在第 k 层的神经元 i 上有从 $z_i^{(k)}$ 传播回来的误差 $\delta_i^{(k)}$。

(2)通过将 δ^k 乘以路径权重 $W_{ij}^{(k-1)}$,将这个误差向后传播到 $a_j^{(k-1)}$。

(3)$a_j^{(k-1)}$ 收到的误差是 $\delta_i^{(k)} \cdot W_{ij}^{(k-1)}$。

(4)可能有多个节点从 $a_j^{(k-1)}$ 流出(从正向来看)。因此, $a_j^{(k-1)}$ 收到的总误差是 $\sum_i \delta_i^{(k)} \cdot W_{ij}^{(k-1)}$。

(5)在 $a_j^{(k-1)}$ 处有了正确的误差,通过与本地梯度 $f'\left(z_j^{(k-1)}\right)$ 相乘,将其传播到第 k-1 层的神经元 j 上。

(6)达到 $z_j^{(k-1)}$ 的误差, $\delta_j^{(k-1)} = f'\left(z_j^{(k-1)}\right) \sum_i \delta_i^{(k)} W_{ij}^{(k-1)}$。

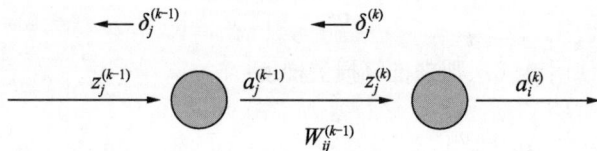

图 2-3　误差从 $\delta^{(k)}$ 传播到 $\delta^{(k-1)}$ 的步骤

2.4.3　向量化

到目前为止我们已经介绍了如何计算模型中特定参数的梯度。本节会使用向量化一次性更新所有权重矩阵和偏置向量，有助于读者更直观地理解误差在矩阵-向量层面的传播过程。

$$\nabla_{\boldsymbol{W}^{(k)}} = \begin{bmatrix} \boldsymbol{\delta}_1^{(k+1)}\boldsymbol{a}_1^{(k)} & \boldsymbol{\delta}_1^{(k+1)}\boldsymbol{a}_2^{(k)} & \cdots \\ \boldsymbol{\delta}_2^{(k+1)}\boldsymbol{a}_1^{(k)} & \boldsymbol{\delta}_2^{(k+1)}\boldsymbol{a}_2^{(k)} & \cdots \\ \cdot & \cdot & \cdots \\ \cdot & \cdot & \cdots \\ \cdot & \cdot & \cdots \end{bmatrix} \tag{2-18}$$

由 2.4.2 节的结论 $\boldsymbol{\delta}_j^{(k)} = f'\left(z_j^{(k)}\right)\sum_i \boldsymbol{\delta}_i^{(k+1)} \boldsymbol{W}_{ij}^{(k)}$ 可以很容易推广到矩阵：

$$\boldsymbol{\delta}^{(k)} = f'\left(z^{(k)}\right) \circ \left(\boldsymbol{W}^{(k)T}\boldsymbol{\delta}^{(k+1)}\right) \tag{2-19}$$

在公式（2-19）中，符号 $\circ$ 表示两个向量元素间的逐元素乘法操作，即 $\mathbb{R}^N \cdot \mathbb{R}^N \to \mathbb{R}^N$。

2.5　神经网络的算法实现

在了解了神经网络的基本原理、前向传播与反向传播机制之后，接下来通过一段完整的 Python 代码来展示神经网络的具体算法流程。该段代码首先使用 NumPy 构建一个多层前馈神经网络（Feedforward Neural Network），其支持多种激活函数和损失函数，然后在经典的 MNIST 手写数字识别任务中进行训练与评估。以下是完整的代码实现及其训练过程。

```python
import numpy as np
from sklearn.datasets import fetch_openml
from sklearn.model_selection import train_test_split
from sklearn.preprocessing import LabelBinarizer

def relu(x):
    """
    ReLU（Rectified Linear Unit）激活函数及其导数计算。

    参数：
    x -- 输入值

    返回值：
    f -- ReLU 激活后的值
    df -- ReLU 激活函数的导数
    """
    f = np.maximum(0, x)
    df = np.where(x > 0, 1, 0)
    return f, df

def sigmoid(x):
    """
    sigmoid 激活函数及其导数计算。

    参数：
```

```
        x -- 输入值

    返回值:
    f -- sigmoid 激活后的值
    df -- sigmoid 激活函数的导数
    """
    f = 1 / (1 + np.exp(-x))
    df = f * (1 - f)
    return f, df

def tanh(x):
    """
    双曲正切（tanh）激活函数及其导数计算。

    参数:
    x -- 输入值

    返回值:
    f -- tanh 激活后的值
    df -- tanh 激活函数的导数
    """
    f = np.tanh(x)
    df = 1 - f**2
    return f, df

def identity(x):
    """
    恒等函数及其导数计算。

    参数:
    x -- 输入值

    返回值:
    f -- 恒等函数的值
    df -- 恒等函数的导数（始终为1）
    """
    f = x
    df = np.ones_like(x)                              # 保证导数与输入的维度匹配
    return f, df

def selu(x):
    """
    Scaled Exponential Linear Unit (SELU)激活函数及其导数计算。

    参数:
    x -- 输入值

    返回值:
    f -- SELU 激活后的值
    df -- SELU 激活函数的导数
    """
    alpha = 1.6732632423543772848170429916717
    lambd = 1.0507009873554804934193349852946
    f = lambd * np.where(x >= 0, x, alpha * (np.exp(x) - 1))
    df = lambd * np.where(x >= 0, 1, alpha * np.exp(x))
    return f, df
```

```python
activation_table = {
    'relu': relu,
    'sigmoid': sigmoid,
    'tanh': tanh,
    'identity': identity,
    'selu': selu
}

def squared_error(y, yhat):
    """
    均方误差（Mean Squared Error）损失函数及其梯度计算。

    参数:
    y -- 实际值
    yhat -- 预测值

    返回值:
    loss -- 均方误差损失
    gradient -- 损失函数的梯度
    """
    return np.sum(0.5 * (y - yhat)**2), y - yhat

def identity_loss(y, yhat):
    """
    恒等损失函数及其梯度计算（用于自编码器等任务）。

    参数:
    y -- 实际值
    yhat -- 预测值

    返回值:
    loss -- 恒等损失
    gradient -- 损失函数的梯度
    """
    return np.sum(0.5 * (y - yhat)**2), y - yhat

loss_table = {
    'squared_error': squared_error,
    'identity': identity_loss
}

class NeuralNetwork:
    def __init__(self, layer_dimensions, parameters):
        '''初始化权重矩阵和参数'''

        # 初始化网络权重
        self.weights = {}
        for i in range(1, len(layer_dimensions)):
            # 对于 sigmoid 激活函数, 使用 Xavier 初始化更合适
            self.weights[i - 1] = np.random.randn(layer_dimensions[i - 1],
layer_dimensions[i]) * np.sqrt(1. / layer_dimensions[i - 1])

        # 初始化偏置
        self.biases = {}
        for i in range(1, len(layer_dimensions)):
```

```
            self.biases[i - 1] = np.zeros((1, layer_dimensions[i]))

        # 超参数
        self.learning_rate = parameters['learning_rate']
        self.num_iterations = parameters['iter']
        self.batch_size = parameters['batch_size']

        activation_name = parameters['activation']
        if isinstance(activation_name, str) and activation_name in
activation_table:
            self.activation = activation_table[activation_name]
        else:
            self.activation = activation_name

        loss_name = parameters['loss']
        if isinstance(loss_name, str) and loss_name in loss_table:
            self.loss = loss_table[loss_name]
        else:
            self.loss = loss_name

    def feedforward(self, X):
        ''' 前向传播更新步骤'''
        self.layer_input = {}
        self.layer_output = {0: X}

        for i in range(len(self.weights)):
            self.layer_input[i] = np.dot(self.layer_output[i],
self.weights[i]) + self.biases[i]
            self.layer_output[i + 1] = self.activation(self.layer_input[i])[0]
        return self.layer_output[len(self.weights)]

    def backpropagation(self, y, yhat):
        ''' 反向传播算法'''
        num_layers = len(self.weights)
        delta = -1 * self.loss(y, yhat)[1] * self.activation(self.layer_input
[num_layers - 1])[1]
        gradient_weights = {num_layers - 1: np.dot(self.layer_output
[num_layers - 1].T, delta)}
        gradient_biases = {num_layers - 1: np.sum(delta, axis=0, keepdims=
True)}

        for i in reversed(range(num_layers - 1)):
            delta = np.dot(delta, self.weights[i + 1].T) * self.activation
(self.layer_input[i])[1]
            gradient_weights[i] = np.dot(self.layer_output[i].T, delta)
            gradient_biases[i] = np.sum(delta, axis=0, keepdims=True)

        return gradient_weights, gradient_biases

    def train(self, X_train, y_train):
        '''
        使用随机梯度下降训练模型。

        参数:
        X_train -- 训练数据集的特征
        y_train -- 训练数据集的标签
```

```
            """
            for iteration in range(self.num_iterations):
                if self.batch_size > 0 and self.batch_size < X_train.shape[0]:
                    # 从训练数据中随机选择一个小批量样本
                    batch_indices = np.random.choice(X_train.shape[0], self.batch_size, replace=False)
                    X_batch = X_train[batch_indices, :]
                    y_batch = y_train[batch_indices, :]
                else:
                    X_batch = X_train
                    y_batch = y_train

                # 进行前向传播和反向传播
                yhat = self.feedforward(X_batch)
                gradient_weights, gradient_biases = self.backpropagation(y_batch, yhat)

                # 更新权重和偏置
                for layer in range(len(self.weights)):
                    self.weights[layer] -= self.learning_rate * gradient_weights[layer]
                    self.biases[layer] -= self.learning_rate * gradient_biases[layer]

    def predict(self, X):
        """
        对训练好的模型进行预测。

        参数:
        X -- 待预测的特征数据

        返回值:
        predictions -- 预测结果
        """
        activation_values = X
        for layer in range(len(self.weights)):
            weighted_sum = np.dot(activation_values, self.weights[layer]) + self.biases[layer]
            activation_values = self.activation(weighted_sum)[0]
        return activation_values

# 加载 MNIST 数据集
mnist = fetch_openml("mnist_784", version=1, parser='auto')
X = mnist.data.to_numpy() / 255.0          # 将像素值缩放到[0, 1]范围内
y = mnist.target.astype(int)

# 将标签进行独热编码
encoder = LabelBinarizer()
y_one_hot = encoder.fit_transform(y)

# 划分数据集为训练集和测试集
X_train, X_test, y_train, y_test = train_test_split(X, y_one_hot, test_size=0.2, random_state=42)
print(X_train.shape, y_train.shape, X_test.shape, y_test.shape)

# 定义神经网络参数
```

```
# 输入层 784 个神经元，两个隐藏层，输出层 10 个神经元
layer_dimensions = [784, 128, 64, 10]

parameters = {
    'learning_rate': 0.02,
    'iter': 2000,
    'batch_size': 64,
    'activation': 'sigmoid',          # 激活函数
    'loss': 'squared_error'           # 损失函数
}

# 创建神经网络对象
nn = NeuralNetwork(layer_dimensions, parameters)

# 训练神经网络
nn.train(X_train, y_train)

# 预测测试集数据
y_pred = nn.predict(X_test)

# 计算准确率（或其他性能指标）来评估模型
correct_predictions = np.argmax(y_pred, axis=1) == np.argmax(y_test, axis=1)
accuracy = np.mean(correct_predictions)
print(f"Accuracy on test set: {accuracy * 100:.2f}%")
```

2.6　神经网络的激活函数

经过 2.1 节至 2.5 节的讲解，较为系统地呈现了神经网络的整体结构与工作流程，包括前向传播、反向传播、损失函数的计算及参数更新等核心内容。然而，在这个过程中还有一个关键组成部分尚未深入展开介绍，那就是激活函数。激活函数不仅决定神经网络的非线性表达能力，还直接影响模型的学习效率与最终性能。因此，接下来的内容将围绕激活函数的定义、常见类型、数学性质及其在实际应用中的优缺点进行详细介绍，为后续网络结构设计和优化提供理论基础与实践参考。

2.6.1　为何需要激活函数

激活函数在神经网络中扮演着至关重要的角色，它的存在使得神经网络具备处理非线性关系的能力。如果没有激活函数，则神经网络仅进行线性变换，无法学习复杂的模式和非线性关系。激活函数引入了非线性元素，使得每个神经元在前向传播时能够引入非线性变换。这种非线性特性允许神经网络学习和捕捉数据中的复杂模式，从而更好地适应现实世界中的各种任务和问题。

假设有一个没有激活函数的神经网络，该网络包含一个输入层、一个隐藏层和一个输出层。在这种情况下，神经网络的每个神经元将仅进行线性变换，即将输入信号与权重相乘并加上偏置。在这个过程中，隐藏层和输出层的计算可以简化为加权求和的线性运算，而没有其他非线性的变换。这意味着无论添加多少隐藏层，整个网络只能够表示线性关系。

举例：一个没有激活函数的神经网络用于二元分类任务。假设输入特征为 (x_1, x_2)，对应的权重参数为 (w_1, w_2)，偏置为 b。在没有激活函数的情况下，输出 y 可以表示为：

$$y = w_1 x_1 + w_2 x_2 + b \tag{2-20}$$

在上面这种情况下，无论如何调整权重和偏置，神经网络的输出始终是输入特征的线性组合。也就是说网络只能表示输入与输出之间的简单线性关系，无法处理实际问题中的复杂非线性模式。例如，在图像识别任务中，不同物体的边缘、纹理等特征往往呈现复杂的非线性变化。因此，如果不使用激活函数，神经网络将无法学习和捕捉这些复杂的非线性特征，从而大大限制了它在处理真实世界问题时的表现能力。

2.6.2　激活函数的特征

激活函数的主要目的是引入非线性，因为多个线性变换的组合仍然是线性的。如果没有激活函数，神经网络的多层结构就没有意义，因为它们将等效于单一的线性变换。通过激活函数，神经网络可以捕捉到数据中的非线性关系，如图像中的边缘、纹理等特征，从而提高网络的表达能力和适应性。

激活函数通常具有以下特性：

❑ 非线性：激活函数引入非线性，使得神经网络可以学习非线性关系。

❑ 可微分性：激活函数通常是可微分的，这是因为在反向传播算法中需要计算梯度，可微分性使得优化算法能够调整网络参数。

❑ 将输入映射到特定范围：某些激活函数将输入映射到特定的范围，如 sigmoid 函数将输入映射到(0, 1)区间，tanh 函数将输入映射到(-1, 1)区间。

常见的激活函数包括 sigmoid 函数、tanh 函数、ReLU 函数（Rectified Linear Unit）等。选择适合任务的激活函数对于神经网络的性能和训练效果至关重要。

2.6.3　常见激活函数

激活函数是神经网络中不可或缺的组成部分，它决定了神经元的输出如何映射输入。不同的激活函数具有不同的特性，适用于不同的任务和网络结构。本节将介绍几种常见的激活函数，包括它们的定义、优缺点及应用场景，为选择合适的激活函数提供指导。

1. sigmoid激活函数

sigmoid 函数以任意实数作为输入，并将输出值限定在 0～1 的范围内。输入值越大，输出值越接近 1，而输入值越小（更负数），输出值越接近 0，其表达式为：

$$f(x) = \frac{1}{1 + e^{-x}} \tag{2-21}$$

它的导数表达式为：

$$f'(x) = \frac{e^{-x}}{\left(1 + e^{-x}\right)^2} = \text{sigmoid}(x) \cdot \left(1 - \text{sigmoid}(x)\right) \tag{2-22}$$

sigmoid 激活函数及其导数示意如图 2-4 所示。

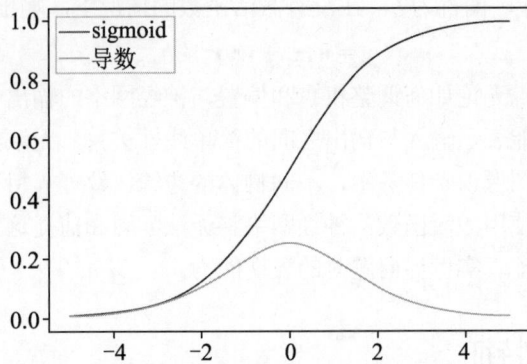

图 2-4　sigmoid 激活函数及其导数

1）sigmoid 激活函数被广泛使用的理由

sigmoid 函数通常用于需要将输出解释为概率的模型，因为概率的范围在 0～1 之间，而 sigmoid 函数的输出范围正好符合这一需求。此外，sigmoid 函数是可微的，并且能够提供平滑的梯度，其 S 形曲线确保了输出值的平稳变化，避免了梯度的剧烈波动。这一特性对于神经网络的训练尤为重要，有助于实现稳定的梯度更新。

2）sigmoid 函数的缺陷

在输入范围-3～3 之间，sigmoid 函数的梯度较为明显，但在其他区域，函数图像变得非常平坦。这意味着当输入值大于 3 或小于-3 时函数的梯度会非常小，逐渐趋近于 0，导致网络无法继续学习，从而出现梯度消失的问题。因此，在循环神经网络（RNN）中，sigmoid 并非首选激活函数。此外，sigmoid 函数的输出在 0 点周围呈现不对称性，这会导致所有神经元的输出具有相同的符号，从而增加了神经网络训练的难度和不稳定性。

在选择激活函数时，需要根据具体任务要求和网络架构来权衡这些优势和限制。

2. 双曲正切函数（tanh函数）

tanh 函数与 sigmoid/logistic 激活函数非常相似，甚至具有相同的 S 形状，但输出范围为 -1～1。在 tanh 函数中，输入值越大，输出值越接近 1.0，而输入值越小，输出值越接近-1.0，其表达式为：

$$\tanh(x) = \frac{\mathrm{e}^x - \mathrm{e}^{-x}}{\mathrm{e}^x + \mathrm{e}^{-x}} \tag{2-23}$$

其导数表达式为：

$$\tanh'(x) = 1 - \tanh^2(x) = 1 - \left(\frac{\mathrm{e}^x - \mathrm{e}^{-x}}{\mathrm{e}^x + \mathrm{e}^{-x}}\right)^2 \tag{2-24}$$

tanh 激活函数及其导数示意如图 2-5 所示。

1）tanh 函数的优势

tanh 激活函数的输出以 0 为中心，因此可以将输出值映射为负数、中性或正数。这一特性使其在神经网络的隐藏层中得到了广泛应用。由于 tanh 函数的输出范围在-1～1 之间，隐藏层的输出均值通常为 0 或非常接近 0。这种特性有助于数据居中，使传递给下一层的数据更具可学习性，从而提高网络的训练效率和性能。

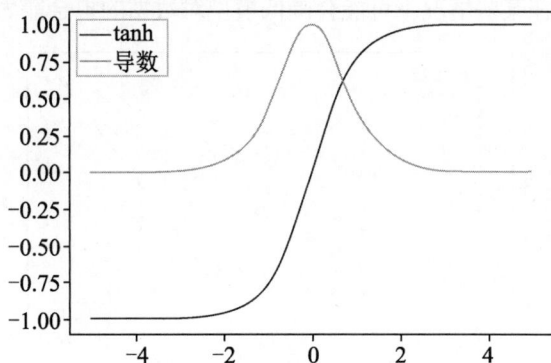

图 2-5 tanh 激活函数及其倒数

2）tanh 函数的缺点

tanh 函数存在一些局限性，需要在使用时加以考虑。首先，梯度消失问题（Vanishing Gradients）是其主要缺点之一。与 sigmoid 函数类似，当输入值大于 3 或小于-3 时，tanh 函数的梯度会变得非常小，接近于 0。在反向传播过程中，这会导致梯度逐渐消失，使神经网络难以有效学习，在深度网络中尤为明显。其次，计算复杂度也是一个问题。由于 tanh 函数需要进行指数运算，这在硬件资源有限的嵌入式系统中可能会降低计算效率。此外，输出范围限制也是 tanh 函数的一大弱点，其输出范围为-1～1，这意味着输出值并非从 0 开始。在需要将激活函数的输出解释为概率的任务中，这种限制可能不合适。最后，tanh 函数并非稀疏激活函数。当输入接近 0 时，其输出的梯度仍不为 0，这可能导致网络中许多神经元同时处于活跃状态，从而增加了计算的复杂性。

3. ReLU激活函数

ReLU 代表修正线性单元。虽然它看起来像一个线性函数，但是由于 ReLU 的导数存在，因此它能够进行反向传播，同时计算效率更高。ReLU 函数并不会同时激活所有的神经元，只有当线性变换的输出小于或等于 0 时神经元才会被停用。ReLU 激活函数的表达式为：

$$\text{rect}(x) = \max(x, 0) \tag{2-25}$$

其梯度表达式为：

$$\text{rect}'(x) = \begin{cases} 1, & x > 0 \\ 0, & x < 0 \end{cases} \tag{2-26}$$

ReLU 激活函数及其导数示意如图 2-6 所示。

1）使用 ReLU 作为激活函数的优势

ReLU 激活函数相比 sigmoid 和 tanh 函数在计算上更加高效，因为它仅激活一部分神经元，降低了计算复杂度。此外，ReLU 的线性且非饱和特性使得其在反向传播过程中能够避免梯度消失问题，从而加速了梯度下降算法向损失函数全局最小值的收敛过程。这种特性使得 ReLU 成为深度神经网络中常用的激活函数之一。

2）ReLU 的缺陷问题

ReLU 函数的负值部分会导致梯度为 0,使得某些神经元在反向传播过程中无法更新权重和偏置，从而陷入"死亡神经元"问题，即这些神经元永远不会被激活。此外，所有负输入值都会被直接置 0，这在某些情况下可能会降低模型对数据的拟合能力，影响训练效果。

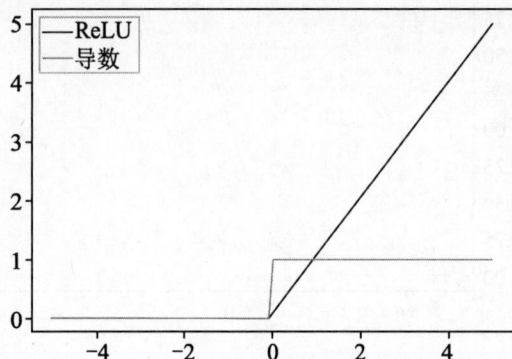

图 2-6　ReLU 激活函数及其导数

4．带泄露线性整流函数

带泄露线性整流函数（Leaky ReLU）是 ReLU 函数的改进版本，旨在解决 ReLU 的神经元死亡问题，因为它在负区域具有一个小的正斜率。Leaky ReLU 的表达式如下：

$$\text{Leaky Re LU}(x) = \begin{cases} x &, \ x > 0 \\ k \cdot x, & x \leqslant 0 \end{cases} \tag{2-27}$$

它的梯度表达式为：

$$\text{Leaky Re LU}'(x) = \begin{cases} 1, & x > 0 \\ k, & x < 0 \end{cases} \tag{2-28}$$

Leaky ReLU 激活函数的示意如图 2-7 所示。

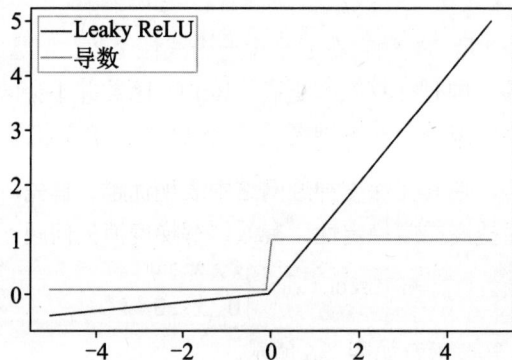

图 2-7　Leaky ReLU 激活函数（k=0.08）及其导数

Leaky ReLU 的优势与 ReLU 相同，而且它允许在负输入值的情况下进行反向传播。通过对负输入值进行这样的小修改，图表左侧的斜率变为非 0 值。因此，在该区域将不再遇到"死亡神经元"。

Leaky ReLU 函数存在一些局限性。首先，对于负输入值，预测结果可能不稳定，影响模型的健壮性。其次，由于负值对应的梯度较小，参数更新速度较慢，可能导致模型训练时间延长。

5．Scaled Exponential Linear Unit

Scaled Exponential Linear Unit（SELU）是一种修正线性单元（ReLU）的变体，具有特殊的性质，使得它在深度神经网络中表现良好。

$$\text{SELU}(x) = \begin{cases} \lambda x & , \ x > 0 \\ \lambda \alpha (e^x - 1), & x \leqslant 0 \end{cases} \tag{2-29}$$

SELU 激活函数的导数在不同区域的定义如下：

$$\text{SELU}'(x) = \begin{cases} \lambda & , \ x > 0 \\ \lambda \alpha e^x, & x \leqslant 0 \end{cases} \tag{2-30}$$

λ 和 α 是预先选择的常数，通常为 1.0507 和 1.67326。SELU 的主要特点是在深度前馈网络中使用时，它可以使每个层输出的均值和方差保持稳定，有助于缓解梯度消失问题，从而支持更深的网络结构。这种性质对于深度学习非常重要，因为在深度网络中，梯度通常会逐渐减小到接近 0，使得训练变得困难。而 SELU 通过保持激活函数的均值接近 0，方差接近 1，有助于维持梯度的稳定性。

SELU 激活函数及其导数示意如图 2-8 所示。

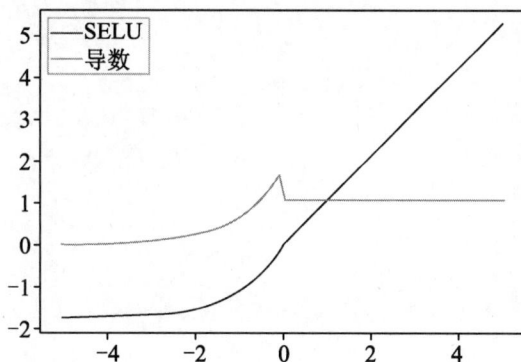

图 2-8　SELU 激活函数及其导数

1）SELU 的优点

SELU 具有多个优势，使其在深度神经网络中表现优越。首先，它能够保持每一层输出稳定的均值和方差，从而提高梯度稳定性，有效缓解梯度消失问题，使梯度在深层网络中更容易传播，加速模型收敛。其次，SELU 具备自归一化（self-normalizing）特性，在特定条件下可以使输入和输出保持相对稳定的分布，这有助于网络训练，使每一层的输入处于合适的范围内。最后，SELU 的参数（λ 和 α）是预设固定的，无须在训练过程中进行额外调整，从而简化了网络配置，提高了训练的便捷性。

2）SELU 的缺点

SELU 在应用中存在一定的局限性。首先，其要求输入数据需以 0 为中心，并且方差接近 1，否则性能可能下降。因此，在实际应用中需要额外的预处理步骤来确保数据满足这些条件。其次，SELU 并不适用于所有类型的网络，尽管其在深度前馈神经网络中表现良好，但在处理稀疏数据或序列数据（如循环神经网络）时可能不是最佳选择。最后，SELU 的计算复杂度相对较高，相比 ReLU 等简单激活函数，其计算涉及指数运算，在大规模深度网络中可能会增加计算负担。

2.6.4　常见激活函数的 Python 实现

在掌握了常见函数的定义及其性质之后，下面给出 Python 实现代码。下面的代码实现了多种函数及其导数，便于在实际的神经网络训练过程中进行调用与测试。

```python
import numpy as np

def relu(x):
    """
    ReLU（Rectified Linear Unit）激活函数及其导数计算。

    参数:
    x -- 输入值

    返回值:
    f -- ReLU 激活后的值
    df -- ReLU 激活函数的导数
    """
    f = np.maximum(0, x)
    df = np.where(x > 0, 1, 0)
    return f, df

def sigmoid(x):
    """
    Sigmoid 激活函数及其导数计算。

    参数:
    x -- 输入值

    返回值:
    f -- Sigmoid 激活后的值
    df -- Sigmoid 激活函数的导数
    """
    f = 1 / (1 + np.exp(-x))
    df = f * (1 - f)
    return f, df

def tanh(x):
    """
    双曲正切（tanh）激活函数及其导数计算。

    参数:
    x -- 输入值

    返回值:
    f -- tanh 激活后的值
    df -- tanh 激活函数的导数
    """
    f = np.tanh(x)
    df = 1 - f**2
    return f, df
```

```python
def identity(x):
    """
    恒等函数及其导数计算。

    参数:
    x -- 输入值

    返回值:
    f -- 恒等函数的值
    df -- 恒等函数的导数（始终为 1）
    """
    f = x
    df = np.ones_like(x)
    return f, df

def leaky_relu(x, k=0.01):
    """
    Leaky ReLU 激活函数及其导数计算。

    参数:
    x -- 输入值
    k -- 负斜率参数，通常取小于 1 的正值

    返回值:
    f -- Leaky ReLU 激活后的值
    df -- Leaky ReLU 激活函数的导数
    """
    f = np.where(x > 0, x, k * x)
    df = np.where(x > 0, 1, k)
    return f, df

def selu(x):
    """
    Scaled Exponential Linear Unit (SELU)激活函数及其导数计算。

    参数:
    x -- 输入值

    返回值:
    f -- SELU 激活后的值
    df -- SELU 激活函数的导数
    """
    alpha = 1.67326
    lambd = 1.05070
    f = lambd * np.where(x >= 0, x, alpha * (np.exp(x) - 1))
    df = lambd * np.where(x >= 0, 1, alpha * np.exp(x))
    return f, df
```

2.7　数据预处理

数据预处理（Data Preprocessing）是数据挖掘过程中至关重要的一步，它包括对原始数据进行清理和转换，使其适合进行分析。数据预处理的目标是提高数据质量，使其更符合特

定的数据挖掘任务需求。

数据预处理步骤如下：

1）数据清理

数据清理是数据预处理的首要步骤。在这一阶段，需要识别并纠正数据中的错误或不一致性，包括处理缺失值、异常值和重复项。数据清理可以确保数据的一致性和准确性，为后续的分析提供可靠的基础。

2）数据整合

数据整合涉及将来自多个来源的数据合并，形成一个统一的数据集。这一步可能会面临不同数据格式、结构和语义的挑战，因此需要使用记录链接和数据融合等技术来处理。数据整合可以确保数据的完整性和一致性。

3）数据转换

数据转换是将数据转换为适合分析的格式的过程。常见的数据转换技术包括归一化、标准化和离散化。通过这些技术，数据被调整到一个统一的范围，消除了不同特征之间的尺度差异，便于比较和分析。

4）数据减少

当数据集过于庞大时需要进行数据减少。数据减少通过特征选择和特征提取等技术降低数据集的维度同时保留关键信息，这有助于提高模型的训练效率和准确性。

5）数据离散化

在某些数据挖掘算法中需要将连续数据划分为离散的类别或区间。数据离散化通常通过分箱或聚类等方法来实现，将连续数据转化为离散形式，便于算法处理。

6）均值中心化

均值中心化（Zero Centering）是数据预处理中的重要步骤，旨在通过去除均值来规范化数据分布。对于给定的输入数据集 $\boldsymbol{X}$，通常先在训练集上计算其均值向量 $\boldsymbol{\mu}$，即 $\boldsymbol{\mu} = \dfrac{1}{N}\sum\limits_{i=1}^{N}\boldsymbol{x}_i$，

然后将其从训练集、验证集和测试集的每个样本中减去，从而得到归零化后的数据 $\boldsymbol{x}_i' = \boldsymbol{x}_i - \boldsymbol{\mu}$。这个过程可以确保数据在不同子集间的一致性和可比性，并有助于消除不同样本间的偏差，使数据更加规范化。均值归零化不仅能提升模型的训练稳定性，还能优化梯度下降的收敛速度，提高最终模型的学习效果和泛化能力。

7）标准化

标准化是数据预处理中的另一项重要技术，旨在将数据缩放到一个共同范围内。标准化通过消除不同特征之间的尺度差异，使模型的权重更加均衡，有助于建立更准确的模型。此外，标准化还包括将每个输入特征维度缩放到相似的数量级范围。由于不同特征通常以不同的单位进行测量，标准化处理后，所有特征被视为同等重要。标准化的具体做法是对每个特征先减去其在训练集上的均值，再除以该特征的标准差。

数据预处理可以确保分析过程的准确性和可靠性，为后续的数据挖掘工作奠定坚实的基础。无论数据多么复杂或混乱，经过适当的预处理，都可以变得更加清晰，并适用于机器学习模型的训练和分析。

2.8 　参数初始化

完成数据预处理之后，下一步是为机器学习模型的训练过程做准备。其中，参数初始化起着至关重要的作用。合理的参数初始化不仅有助于加快模型的收敛速度，还能提高模型的最终性能。下面详细介绍模型训练的架构和步骤，以确保参数初始化能够顺利融入整个训练流程中。

2.8.1 　训练架构

在构建机器学习算法时，通常需要定义一个架构（例如逻辑回归、支持向量机、神经网络）并对其进行训练从而学习参数。以下是神经网络的一般训练过程。

（1）初始化参数。

选择合适的方法对模型的参数进行初始化，如随机初始化、Xavier 初始化和 He 初始化等。这一步为模型提供了初始权重和偏置值，是后续训练的基础。

（2）选择优化算法。

确定用于更新模型参数的优化算法，如梯度下降（Gradient Descent）、随机梯度下降（SGD）和 Adam 等。优化算法决定参数更新的策略和效率。

（3）重复以下步骤，直到满足停止条件。

① 正向传播输入：将输入数据通过神经网络的各层计算每一层的输出，最终得到模型的预测结果。

② 计算成本函数：评估模型预测结果与实际标签之间的差异，计算损失值（成本函数），如均方误差（MSE）、交叉熵损失等。

③ 使用反向传播计算梯度：通过反向传播算法，计算成本函数相对于每个参数的梯度，这些梯度表示参数调整的方向和幅度。

④ 根据优化算法更新参数：使用选定的优化算法根据计算得到的梯度调整每个参数，以减少成本函数的值。

（4）模型评估与预测。

在模型训练完成后，使用新的测试数据点，通过训练好的模型进行预测，评估其在未见数据上的表现。

通过上述步骤，机器学习模型能够从初始参数开始，经过多次迭代优化，逐步学习到能够准确预测的参数值。合理的数据预处理和参数初始化是确保模型训练有效性和高效性的关键因素。接下来将进一步探讨模型评估、超参数调优及实际应用中的优化策略。

2.8.2 　权重初始值设置

现在来讨论权重的初始值设定问题。用 0 作为权重的最初值怎么样呢？当初始化方法为 0 时，所有的权重都被初始化为 0，这会导致神经元在训练过程中学习相同的特征。这是因为在正向传播中，所有隐藏单元的激活值将相同，导致它们的梯度也相同。在反向传播中，这些相同的梯度将传播回输入层，导致所有权重的更新值相同。因此，在整个训练过程中，所有神经元都会以相同的方式响应输入数据，无法学习到不同的特征，限制了网络的表达能力。

实际上，任何常数初始化方案都会表现得非常糟糕。我们考虑一个具有两个隐藏单元的神经网络，并假设将所有偏置初始化为 0，权重初始化为某个常数 α。如果在该网络中正向传播一个输入 (x_1, x_2)，则两个隐藏单元的输出将为 $\text{ReLU}(\alpha x_1 + \alpha x_2)$。因此，在训练过程中，这两个神经元将以完全相同的方式更新，导致无法学习到彼此差异化的特征，从而阻止神经网络对输入数据中复杂模式的有效建模。

1. 使用值过小或过大的问题

使用过小或过大的权重虽然能够打破对称性，但可能会对模型训练产生不利影响。若权重值较大，激活值会随着网络层数的增加呈指数级增长，导致梯度爆炸，进而影响学习的稳定性，使训练过程变得缓慢。相反，若权重值较小，激活值会随层数增加呈指数级衰减，从而引发梯度消失，使得网络难以学习有效的特征。这两种情况都会导致神经网络的训练过程变得困难，要么训练速度极慢，要么模型出现发散，无法有效收敛。因此，在网络初始化时，权重的选择至关重要，通常需要采用合适的初始化方法（如 Xavier 初始化或 He 初始化）来保持梯度的稳定传播。

2. 如何避免梯度消失或者爆炸

为了避免梯度消失或梯度爆炸，权重初始化需要满足两个关键条件。首先，激活值的平均值应接近 0。当激活值的均值接近 0 时，网络能够学习到对输入数据的平均响应，从而保持梯度的一致性。这意味着网络对输入的“响应居中”，避免参数在训练过程中向某一极端方向偏移。如果激活值的均值远离 0，梯度可能会在参数空间内朝某个特定方向集中，导致训练过程不稳定。其次，激活值的方差应在每一层保持一致。这确保信息在网络层间传递时不会出现剧烈变化。如果方差在不同层之间显著变化，可能会引发梯度消失或梯度爆炸。例如，在使用 sigmoid 激活函数时，较大的输入值会导致梯度趋近于零，从而引发梯度消失问题。

因此，选择合适的权重初始化方法对于高效训练至关重要。不恰当的初始化可能会导致梯度问题或降低模型对输入数据的敏感性，从而影响训练的稳定性和收敛速度。通过合理的初始化策略，可以有效打破对称性，使不同神经元学习到不同的特征，提高网络的表达能力，并帮助优化算法更快地收敛到全局最优解。因此，在设计神经网络时，选择合适的初始化方法是一个不可忽视的重要步骤。

3. 正确选择初始值

基于前面提出的两个关键条件——激活值的均值应接近 0 以及方差在每一层中保持一致，反向传播中的梯度信号才能在各层中稳定传递，避免因数值过大或过小而出现梯度爆炸或梯度消失问题。为了实现这一点，梯度必须在网络各层之间保持适度的尺度，以便顺利传播至输入层。

（1）前一层的激活值为：

$$a^{[l-1]} = g^{[l-1]}\left(z^{[l-1]}\right) \tag{2-31}$$

其中，$g^{[l-1]}$ 是第 l-1 层的激活函数，$z^{[l-1]}$ 是第 l-1 层的线性组合输出。

（2）第 l 层的线性组合输出为：

$$z^{[l]} = W^{[l]}a^{[l-1]} + b^{[l]} \tag{2-32}$$

其中，$W^{[l]}$ 是第 l 层的权重矩阵，$b^{[l]}$ 是第 l 层的偏置向量。

（3）第 l 层的激活值为：

$$a^{[l]} = g^{[l]}\left(z^{[l]}\right) \tag{2-33}$$

其中，$g^{[l]}$ 是第 l 层的激活函数。

（4）为了保证梯度在前向传播和反向传播过程中既不会爆炸也不会消失，通常要求以下条件：

$$\mathbb{E}\left[a^{[l-1]}\right] = \mathbb{E}\left[a^{[l]}\right] \tag{2-34}$$

$$\mathrm{var}\left(a^{[l-1]}\right) = \mathrm{var}\left(a^{[l]}\right) \tag{2-35}$$

在保持激活平均值接近 0 的基础上，确保信号在每层之间的传播不会逐渐偏离。例如，如果某一层的激活输出的均值突然偏离 0，那么下一层的梯度传播可能会受到影响，导致训练不稳定。在前向传播中，期望和方差应当在各层之间保持一致，这样可以避免梯度爆炸或消失问题，使梯度信号能够有效地在整个网络中传播。

将权重初始化为接近 0 的小随机数通常是一种有效的起始化方法，因为它有助于打破对称性，避免所有神经元在训练初期学习到相同的特征。如果所有权重的初始值相同，则神经元会同步更新，导致它们始终学习到相同的特征，这将限制网络的表达能力。

通过将权重初始化为小的随机数，网络中的每个神经元在训练开始时能够学习到不同的特征，从而加速训练过程。此外，使用接近 0 的初始化值，尤其是在使用激活函数（如 sigmoid 或 tanh）时，可以有效避免梯度消失或梯度爆炸的问题，这不仅提高了训练的稳定性，还有助于模型更快地收敛，最终提升整体性能。

虽然上面的这种初始化策略效果通常良好，但是在深度网络中，为了进一步提高性能，研究人员开发了一些更复杂的初始化方法，如 Lecun 初始化、Xavier/Glorot 初始化和 He 初始化，这些方法可以根据网络结构和激活函数的特性来调整权重的初始值，使得网络更容易训练和收敛。以 Lecun 初始化为例，对于 sigmoid 和 tanh 激活单元，可在权重矩阵 W 上使用以下正态分布的随机初始化（均值为 0，方差为 $1/n^{((l-1))}$）方式，从而实现快速收敛并降低错误率：

$$W^{(l)} \sim N\left(\mu = 0, \sigma^2 = \frac{1}{n^{(l-1)}}\right) \tag{2-36}$$

$$b^{(l)} = 0 \tag{2-37}$$

换句话说，第 l 层的所有权重都是从均值为 $\mu = 0$，方差为 $\sigma^2 = 1/n^{(l-1)}$（其中 $n^{(l-1)}$ 是第 l-1 层中神经元的数量）的正态分布中随机采样的（即 Lecun 正态初始化），而偏置则被初始化为 0。这种方法旨在保持激活的方差以及在各层之间传播的梯度的方差。如果没有这样初始化，梯度方差（代表信息量的一种指标）通常会随着在各层之间的反向传播而减小。

2.9　学　习　率

在模型开发过程中，学习率是最重要的指之一。学习率决定模型参数更新的步长，从而影响了模型学习的速度。在下面这个简单的梯度下降（Gradient Descent）公式中，α 表示学习率：

$$\boldsymbol{\theta}_{\text{new}} = \boldsymbol{\theta}_{\text{old}} - \alpha \nabla_{\boldsymbol{\theta}} J_t(\boldsymbol{\theta}) \tag{2-38}$$

增大学习率 α 似乎可以加快收敛速度。然而，较大的学习率并不一定能确保更快地收敛。使用非常大的学习率可能会导致损失函数发散，因为参数的更新使模型越过了凸优化问题中的最小值点。在非凸模型（通常使用的模型）中，较大的学习率会导致不可预测的结果，但损失函数发散的可能性非常高。

避免损失函数发散的一种简单方法是采用非常小的学习率，这样就可以仔细地搜索参数空间。如果学习率设置得太小，可能会导致在合理的时间内无法收敛，或者陷入局部最小值。所以和其他超参数一样，学习率必须经过有效调整。

学习率退火（Learning Rate Annealing）是指在随机梯度下降训练过程中按预设计划逐步降低学习率的技术，它不同于自适应学习率（Adaptive Learning Rate）算法（如 AdaGrad RMSProp、Adan）那样基于梯度统计为每个参数动态调整学习率。这种方法旨在提高模型性能的同时减少总体训练时间。它之所以被称为"退火"，因为它会随着训练进程的推进而逐渐减小，类似于物理中的降温过程。

在学习率退火方法中，学习率在训练期间逐步减小，从而以不同的速度更新网络权重。退火策略的优势在于，在训练过程的开始阶段使用较大的学习率值时，可以进行较大的修改。随着训练的进行，学习率逐渐减小，导致对权重的更新变得更小。学习率逐渐降低有助于更有效地收敛优化过程，可以提高模型的准确性和效率。

实施学习率退火的策略包括阶梯衰减（Step Decay）、指数衰减（Exponential Decay）和倒数时间衰减（Inverse Time Decay）。

❑ 阶梯衰减：在固定训练周期后，学习率按一定比例减小。这样可以在训练初期快速搜索参数空间，训练后期再进行微调。

❑ 指数衰减：学习率按指数规律逐渐减小。公式为：

$$\alpha(t) = \alpha_0 \mathrm{e}^{-kt} \tag{2-39}$$

其中，α_0 是初始学习率，k 是一个超参数。随着时间推移，学习率逐渐减小，确保模型更稳定地收敛到最优解。

❑ 倒数时间衰减：学习率随着训练周期数的增加按倒数减小。这种方式可以避免学习率过快减小，从而保持训练效果。

以上策略的核心思想是：当训练初期学习率较大时，模型可以快速调整参数，做出较大幅度的改变；而在训练后期，当学习率变小时，保证模型能逐步逼近最优解，避免剧烈的参数波动。

2.10　梯度下降优化算法

前面的章节已经使用梯度下降来更新神经网络的参数。本节将详细介绍梯度下降算法及其变体，以及在此基础上发展出的各种优化算法。梯度下降是一种用于最小化目标函数 $J(\boldsymbol{\theta})$ 的方法，其是沿着该目标函数梯度的相反方向来更新模型参数 $\boldsymbol{\theta} \in \mathbb{R}^{d}$。学习率 α 确定每次更新的步长大小，从而控制优化过程的速度。

简单来说，梯度下降的过程就像沿着一个目标函数表面斜坡下行，寻找最低点。通过不断沿着斜坡最陡峭的方向前进，模型参数逐步接近目标函数的最小值。这个过程可以类比为在山坡上行走，步步向下，最终抵达山谷的最低点，也就是目标函数的最优解。

2.10.1　梯度下降的变体

梯度下降有 3 种变体，区别在于使用多少量的数据来更新目标函数的梯度。根据数据量的多少，在参数更新的准确性和执行更新所需时间之间进行权衡。

1. 批量梯度下降

批量梯度下降（Batch Gradient Descent）是一种梯度下降算法，它使用整个训练数据集的数据来计算每一步的梯度，然后更新模型参数。这也是最原始的梯度下降算法。回顾一下梯度下降的定义：

$$\boldsymbol{\theta}^{(t+1)} = \boldsymbol{\theta}^{(t)} - \alpha \nabla_{\boldsymbol{\theta}^{(t)}} J \tag{2-40}$$

具体步骤如下：

（1）计算整个训练数据集的梯度（即损失函数对所有训练样本的偏导数）。

（2）使用计算得到的梯度来更新模型参数，通常使用学习率（Learning Rate）来控制更新步长。

以下是批量梯度下降的伪代码，展示了如何使用整个训练集计算梯度并更新模型参数的过程。

```
# 定义迭代次数
for epoch in range(nb_epochs):
    # 计算损失函数关于参数的梯度
    gradient = evaluate_gradient(loss_function, data, params)
    # 使用学习率乘以梯度更新参数
    params = params - learning_rate * gradient
```

批量梯度下降的优势在于每次更新都使用全体数据，可以更准确地指引参数朝着最优方向更新。由于要处理整个数据集，其可能在大规模数据集上比较耗时。我们根据梯度的方向和学习率的大小进行参数更新。对于凸形误差曲面，批量梯度下降保证收敛到全局最小值，对于非凸曲面，它则收敛到局部最小值。

2．随机梯度下降

和批量梯度下降相比，随机梯度下降（Stochastic Gradient Descent，SGD）对每个训练样本 $\boldsymbol{x}^{(i)}$ 和标签 $\boldsymbol{y}^{(i)}$ 进行参数更新。它的定义如下：

$$\boldsymbol{\theta}^{(t+1)} = \boldsymbol{\theta}^{(t)} - \alpha \nabla_{\theta^{(t)}} J\left(\boldsymbol{\theta}; \boldsymbol{x}^{(i)}; \boldsymbol{y}^{(i)}\right) \tag{2-41}$$

在批量梯度下降中，由于每次更新都要对整个数据集计算梯度，针对相似样本会出现重复（冗余）计算；随机梯度下降（SGD）则一次只用单个样本更新参数，从而显著减少这部分冗余计算。随机梯度下降通过一次执行一个更新来消除这种冗余。因此，它通常要快得多，还可以用于在线学习。随机梯度下降频繁执行更新，具有高方差，导致目标函数波动较大。虽然批量梯度下降会收敛到参数所在盆地的最小值，而随机梯度下降由于其波动性，一方面能够跳跃到新的、潜在更好的局部最小值，另一方面也使得它在接近精确最小值时的收敛变得更加复杂，因为随机梯度下降往往会超过最小值点（Overshooting）。然而，当逐渐降低学习率时，随机梯度下降在收敛性质上与批量梯度下降趋于一致，在非凸优化问题中，在几乎肯定收敛于某个局部最小值，而在凸优化问题中则几乎肯定收敛于全局最小值。

```
# 循环多个训练周期
for epoch in range(nb_epochs):
    # 打乱训练数据以增加随机性
    np.random.shuffle(data)
    # 在随机打乱后的数据中循环遍历每个训练示例
    for example in data:
        # 计算当前示例的损失函数梯度
        gradient = evaluate_gradient(loss_function, example, params)
        # 使用学习率更新参数
        params = params - learning_rate * gradient
```

3．小批量梯度下降

小批量梯度下降（Mini-batch Gradient Descent）结合了上面两种方法，其也是最常用的梯度下降方法。它的定义如下：

$$\boldsymbol{\theta}^{(t+1)} = \boldsymbol{\theta}^{(t)} - \alpha \nabla_{\theta^{(t)}} J\left(\boldsymbol{\theta}; \boldsymbol{x}^{(i:i+n)}; \boldsymbol{y}^{(i:i+n)}\right) \tag{2-42}$$

小批量梯度下降算法的优点有两个方面：首先，通过减小参数更新的方差，使模型的收敛更加稳定。在训练过程中，模型需要稳定地朝着最优解前进，避免出现震荡或跳跃的情况。对于深度学习任务，这种稳定性尤为重要，因为它能确保学习过程更加可靠和可控。

其次，采用小批量梯度下降，可以充分利用现代深度学习库中高度优化的矩阵运算。这些优化使得计算相对于小批量的梯度非常高效。在深度学习中，通常需要处理大规模的数据集和复杂的网络结构，高效的矩阵运算能够大大提高训练速度，使模型更快地学习到数据的特征和规律。

通常情况下，小批量大小在 50～256 之间，但这个范围可能根据具体的应用场景而有所变化。无论采用什么小批量，小批量梯度下降通常是训练神经网络的首选算法。

小批量梯度下降法的 Python 示例代码如下：

```
import numpy as np

# 循环多个训练周期
```

```python
def train_model(data, params, loss_function, evaluate_gradient, nb_epochs=10,
learning_rate=0.01, batch_size=50):
    for epoch in range(nb_epochs):
        # 打乱训练数据以增加随机性
        np.random.shuffle(data)
        total_loss = 0                          # 记录每个 epoch 的总损失

        # 分批次处理数据
        for batch in get_batches(data, batch_size):
            # 计算当前批次的损失函数梯度
            gradient = evaluate_gradient(loss_function, batch, params)
            # 使用学习率更新参数
            params -= learning_rate * gradient

            # 计算当前批次的损失并累加
            total_loss += np.mean([loss_function(params, example) for example
in batch])

        # 计算并打印平均损失
        avg_loss = total_loss / (len(data) // batch_size)
        print(f"Epoch {epoch + 1}/{nb_epochs}, Loss: {avg_loss}")

def get_batches(data, batch_size):
    """
    从数据中生成指定大小的批次数据
    """
    num_batches = len(data) // batch_size
    batches = [data[i * batch_size:(i + 1) * batch_size] for i in
range(num_batches)]
    # 处理剩余数据作为最后一个不完整的批次
    if len(data) % batch_size != 0:
        batches.append(data[num_batches * batch_size:])
    return batches

def example_loss_function(params, data):
    return np.sum((data - params)**2)

def example_evaluate_gradient(loss_function, batch, params):
    gradient = 2 * (params - batch.mean(axis=0))
    return gradient

# 假设初始参数和训练数据
params = np.random.rand(5)
data = np.random.rand(1000, 5)

# 开始训练
train_model(data, params, example_loss_function, example_evaluate_gradient)

print("Final parameters:", params)
```

4．梯度下降算法所遇到的难题

小批量梯度下降通常情况下比批量梯度下降和随机梯度下降表现好。然而，使用普通的小批量梯度下降并不能确保良好的收敛性，而且还面临一些需要克服的挑战，如选择适当的学习率非常困难。学习率太小会使收敛速度极慢，而学习率太大可能会阻碍收敛，使得损失函数在最小值附近波动甚至发散。

在训练过程中调整学习率是在上一节调整学习率中提过的另一种方法。例如，退火方法根据预定义的时间表（Learning Rate Schedules）或当相邻两个周期之间的目标变化低于某个阈值时降低学习率。然而，这些调度和阈值必须提前定义，无法自动适应数据集的特性。梯度下降算法中所有参数更新都采用相同的学习率。如果数据稀疏而特征的频率差异很大，全部以相同程度进行更新并不是最好的方法。相反，理想情况是对那些出现频率较低的特征进行更大幅度的更新，以更好地反映它们的重要性。

在神经网络中，非凸误差函数常常具有许多局部最小值，但实际问题并不是这些局部最小值，而是鞍点。鞍点是指一个维度上升，另一个维度下降的点，如图 2-9 所示。这些鞍点周围通常都是相同误差的平稳区域，使得随机梯度下降很难摆脱，因为在所有维度上梯度都接近于 0。克服这些挑战需要采用更智能、更自适应的优化方法，以确保算法能够稳定、快速地收敛到全局最优解或较好的局部最优解。

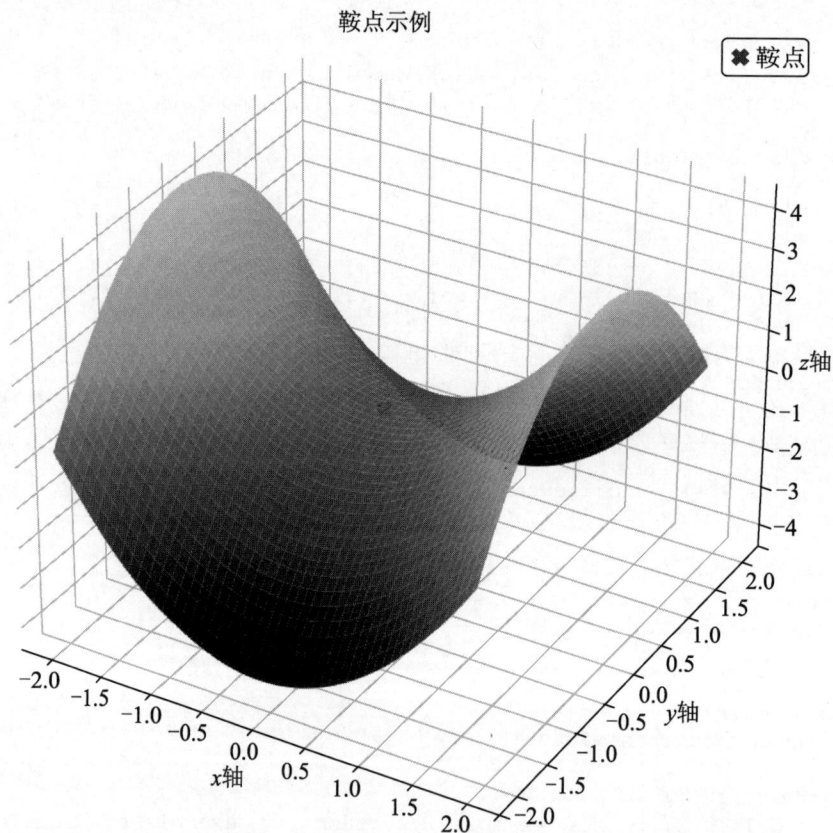

图 2-9　鞍点示例

2.10.2　动量

梯度下降是一种优化算法，它沿着目标函数的负梯度方向前进，以找到函数的最小值。在梯度下降中，我们从定义在权重上的误差函数的某一点开始，尝试移动到该函数的全局最小值点。在实际问题中，误差曲面通常非常复杂，只有通过先上升到更高的位置，然后下降到全局最小值点，才能取得进展。因此梯度下降面临的一个重要问题是，在具有大量曲率或梯度噪音的优化问题中，它可能在搜索空间内跳跃，而且可能会陷入梯度为 0 的区域。

动量（Momentum）是梯度下降优化算法的一种扩展，它允许搜索在搜索空间的某个方向上积累惯性，并且能够克服梯度噪音引起的振荡，在搜索空间的平坦区域上更顺畅地进行搜索，如图 2-10 所示。

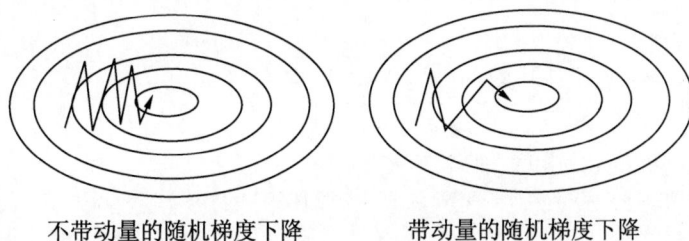

不带动量的随机梯度下降   带动量的随机梯度下降

图 2-10 是否带有动量对随机梯度下降的影响

动量是一种方法，可以帮助加速随机梯度下降（SGD）在相关方向上的更新并抑制震荡，如图 2-10 右图所示。实现这一点的方式是将过去时间步的更新向量的一部分（其参数符号用 γ 表示）加到当前时间步的更新向量上。

$$v_t = \gamma v_{t-1} + \alpha \nabla_\theta J(\theta) \tag{2-43}$$
$$\theta = \theta - v_t \tag{2-44}$$

动量可以想象为推动一个球从山上滚下。随着球不断下坡，它会积累越来越多的速度（动量），变得越来越快，直到达到最大速度为止（如果有空气阻力，速度不会无限增加，这时 $\gamma < 1$）。参数更新也会发生类似的情况：动量项对于梯度方向相同的维度增加更新，对于梯度方向不同的维度减少更新，由此能够实现更快的收敛并减小震荡。

动量梯度更新的 Python 代码如下：

```python
import numpy as np

# 假设初始参数和梯度
initial_theta = np.random.rand(5)

# 初始化参数
gamma = 0.9                              # 动量系数
learning_rate = 0.01                     # 学习率
theta = initial_theta                    # 初始参数值
v_t_minus_1 = np.zeros_like(theta)       # 上一时间步的动量初始化为0

# 示例的损失函数
def loss_function(theta, batch):
    return np.sum((theta - batch.mean(axis=0))**2)

# 示例的梯度计算函数（矩阵化版本）
def compute_batch_gradient(theta, batch):
    return 2 * (theta - batch.mean(axis=0))

# 假设训练数据
data = np.random.rand(1000, 5)
```

```
# 训练周期数
nb_epochs = 100
batch_size = 50

# 训练过程
for epoch in range(nb_epochs):
    np.random.shuffle(data)
    total_loss = 0                          # 用于记录每个 epoch 的总损失

    # 分批次更新
    for i in range(0, len(data), batch_size):
        batch = data[i:i+batch_size]

        # 计算当前批次的梯度（矩阵化）
        batch_gradient = compute_batch_gradient(theta, batch)

        # 更新动量
        v_t = gamma * v_t_minus_1 + learning_rate * batch_gradient

        # 更新参数
        theta = theta - v_t

        # 更新上一时间步的动量
        v_t_minus_1 = v_t

        # 计算损失并累加
        total_loss += np.mean(loss_function(theta, batch))

    # 计算并打印平均损失
    avg_loss = total_loss / (len(data) // batch_size)
    print(f"Epoch {epoch + 1}/{nb_epochs}, Loss: {avg_loss}")

print("Final parameters:", theta)
```

2.10.3　Nesterov 加速梯度

Nesterov 加速梯度（Nesterov Accelerated Gradient，NAG）是建立在动量方法基础上的一种优化算法，具有更快的收敛速度和减小震荡的优势。动量相当于一个盲目地顺着坡度滚动的球。如果有一个具有前瞻性概念的球，能够在坡度再次上升之前知道减速的时机就更好了，这就是 NAG。

NAG 的定义如下：

$$v_t = \gamma v_{t-1} + \alpha \nabla_\theta J\left(\theta - \gamma v_{t-1}\right) \tag{2-45}$$

$$\theta = \theta - v_t \tag{2-46}$$

通过计算 $\theta - \gamma v_{t-1}$ 得到参数在下一次迭代中可能的位置估计，这是因为动量项乘以 γ 是对当前梯度的一个估计，而减去这个估计就相当于提前考虑了动量对参数位置的影响。

由于梯度是在预估的更新位置计算的，$\theta - \gamma v_{t-1}$ 提供了对下一步位置的近似。这种方法在计算梯度之前预估参数的移动方向，能够提前了解参数的变化趋势。

这种做法使得在更新参数时更有针对性和智能性。通过提前计算可能的下一个位置，

NAG 能够更准确地估计梯度并调整参数的更新方向，从而改善优化的效果，这是 NAG 相对于普通动量的一项优势。

下面是 NAG 的简化版 Python 代码：

```python
import numpy as np

# 假设初始参数和训练数据
initial_theta = np.random.rand(5)
X = np.random.rand(100, 5)                    # 100 个样本，每个样本 5 个特征
# 假设线性关系的目标值
y = X.dot(np.random.rand(5)) + np.random.randn(100) * 0.1

# 初始化参数
theta = initial_theta
v_t_minus_1 = np.zeros_like(theta)            # 初始化动量

# 超参数设置
gamma = 0.9                                   # 动量系数
learning_rate = 0.01                          # 学习率
num_epochs = 1000                             # 训练迭代次数

def compute_gradient(theta):
    # 假设这里的模型是一个简单的线性回归模型
    predictions = X.dot(theta)
    errors = predictions - y
    # 计算均方误差损失的梯度
    gradient = 2 * X.T.dot(errors) / len(y)
    return gradient

def compute_loss(theta):
    predictions = X.dot(theta)
    return np.mean((predictions - y)**2)

# 训练迭代
for epoch in range(num_epochs):
    # 根据动量提前计算下一个位置的近似
    theta_approx = theta - gamma * v_t_minus_1
    # 在近似位置上计算梯度
    gradient = compute_gradient(theta_approx)
    # Nesterov 动量更新
    v_t = gamma * v_t_minus_1 + learning_rate * gradient
    theta = theta - v_t
    # 更新上一时间步的动量
    v_t_minus_1 = v_t

    # 每 100 个 epoch 打印一次损失
    if (epoch + 1) % 100 == 0:
        loss = compute_loss(theta)
        print(f"Epoch {epoch + 1}/{num_epochs}, Loss: {loss}")

print("Trained parameters:", theta)
```

2.10.4　自适应梯度算法

自适应梯度算法（Adaptive Gradient Algorithm，AdaGrad）是一种基于梯度的优化算法，

其独特之处在于根据参数自适应地调整学习率。对于不经常出现的参数，AdaGrad 执行较大的更新，而对于频繁出现的参数则执行较大幅度的更新。这使得自适应梯度算法特别适用于处理稀疏数据。例如，Pennington 等人成功地使用 AdaGrad 来训练 GloVe 词嵌入，因为不经常出现的词汇需要比常见词汇执行更大的更新。

在传统的优化算法中，所有的参数 $\boldsymbol{\theta}$ 同时接收相同的学习率 α 进行更新。例如，对于一个具有两个参数的简单模型，更新规则可能如下：

$$\boldsymbol{\theta}_1 = \boldsymbol{\theta}_1 - \alpha \frac{\partial J}{\partial \boldsymbol{\theta}_1} \tag{2-47}$$

$$\boldsymbol{\theta}_2 = \boldsymbol{\theta}_2 - \alpha \frac{\partial J}{\partial \boldsymbol{\theta}_2} \tag{2-48}$$

其中，$\frac{\partial J}{\partial \boldsymbol{\theta}_1}$ 和 $\frac{\partial J}{\partial \boldsymbol{\theta}_2}$ 分别表示损失函数对参数 $\boldsymbol{\theta}_1$ 和参数 $\boldsymbol{\theta}_2$ 的梯度。相比之下，在 AdaGrad 中，每个参数 $\boldsymbol{\theta}_i$ 都有自己独特的学习率，这个学习率会根据历史梯度的平方和进行调整。AdaGrad 的更新规则对于每个参数 $\boldsymbol{\theta}_i$ 可能是不同的。AdaGrad 在每个时间步 t 中会为每个参数 $\boldsymbol{\theta}_i$ 使用不同的学习率，首先说明 AdaGrad 如何为每个参数分配独立的学习率并分别执行更新，然后将其向量化。将 $g_{t,i}$ 设置为目标函数相对于参数 $\boldsymbol{\theta}_i$ 在时间步 t 的梯度，其更新规则如下：

$$\boldsymbol{g}_{t,i} = \nabla_{\boldsymbol{\theta}_t} J\left(\boldsymbol{\theta}_{t,i}\right) \tag{2-49}$$

每个时间步 t 的每个参数 θ_i 的 SGD 更新如下：

$$\boldsymbol{\theta}_{t+1,i} = \boldsymbol{\theta}_{t,i} - \alpha \cdot \boldsymbol{g}_{t,i} \tag{2-50}$$

在 AdaGrad 的更新规则中，针对每个参数 $\boldsymbol{\theta}_i$，它会根据之前计算得到的 $\boldsymbol{\theta}_i$ 的梯度来修改每个时间步 t 的总体学习率 α：

$$\boldsymbol{\theta}_{t+1,i} = \boldsymbol{\theta}_{t,i} - \frac{\alpha}{\sqrt{\boldsymbol{G}_{t,ii} + \varepsilon}} \cdot \boldsymbol{g}_{t,i} \tag{2-51}$$

其中，$\boldsymbol{G}_t \in \mathbb{R}^{d \times d}$ 是一个对角矩阵，其每个对角元素 i,i 是到时间步 t 为止 θ_i 的梯度平方和。ε 是一个平滑项，用于避免除以 0 的情况（通常在 1×10^{-8} 的数量级上）。AdaGrad 的学习率调整基于历史梯度信息，通过维护参数累积的历史梯度平方和，并将其平方根作为学习率的分母。对于出现频率较低的参数，历史梯度平方和较小，学习率较大；而对于出现频率较高的参数，历史梯度平方和较大，学习率较小。下面进行详细解释。

假设有一个包含 3 个参数的模型，即 $d=3$。在时间步 $t=1$ 时，每个参数 $\boldsymbol{\theta}_1$、$\boldsymbol{\theta}_2$ 和 $\boldsymbol{\theta}_3$ 的梯度分别为 2、3 和 1。那么 $\boldsymbol{G}_1$ 就是一个对角矩阵，其对角线上的元素为这些梯度的平方和，即对角线元素分别为 2^2、3^2 和 1^2。因此，$\boldsymbol{G}_1$ 是一个 3×3 的对角矩阵：

$$\boldsymbol{G}_1 = \begin{bmatrix} 4 & 0 & 0 \\ 0 & 9 & 0 \\ 0 & 0 & 1 \end{bmatrix} \tag{2-52}$$

当下一个时间步 $t=2$ 时，梯度分别为 1、2 和 3，则 $\boldsymbol{G}_2$ 的对角线元素将是之前的平方和加上新的平方和：

$$\boldsymbol{G}_2 = \begin{bmatrix} 4+1^2 & 0 & 0 \\ 0 & 9+2^2 & 0 \\ 0 & 0 & 1+3^2 \end{bmatrix} \tag{2-53}$$

随着时间的推移，对角矩阵 $\boldsymbol{G}_t$ 会累积每个参数的梯度平方和。AdaGrad 的学习率调整基于历史梯度平方和，因此对于频率较低的参数，其历史梯度平方和较小。较小的历史梯度平方和会导致学习率较大，使得这些参数在更新时可以有更大的步幅，以更快地适应它们的变化。这有助于对付那些在训练数据中不频繁出现但可能对模型性能产生重要影响的参数。如果没有平方根运算，该算法的性能会大大下降。

由于 $\boldsymbol{G}_t$ 包含对所有参数 $\boldsymbol{\theta}$ 的过去梯度的平方和，现在可以通过执行 $\boldsymbol{G}_t$ 和 $\boldsymbol{g}_t$ 之间的逐元素矩阵-向量乘法（用符号 $\odot$ 表示）来向量化实现：

$$\boldsymbol{\theta}_{t+1} = \boldsymbol{\theta}_t - \frac{\alpha}{\sqrt{\boldsymbol{G}_t + \varepsilon}} \odot \boldsymbol{g}_t \tag{2-54}$$

AdaGrad 的主要优势之一是消除了手动调整学习率的需求，大多数实现使用默认值 0.01 并保持不变。AdaGrad 的主要弱点也在于它在分母中累积了平方梯度：由于每个添加的项都是正的，累积和在训练过程中不断增加。这反过来导致学习率收缩，最终变得无限小，此时算法将无法获取额外的知识。

AdaGrad 的 Python 简易版代码如下：

```python
import numpy as np

# 假设初始参数和训练数据
initial_theta = np.random.rand(5)
X = np.random.rand(100, 5)                          # 100 个样本，每个样本 5 个特征
# 假设线性关系的目标值
y = X.dot(np.random.rand(5)) + np.random.randn(100) * 0.1

# 初始化参数和历史梯度平方和
theta = initial_theta
historical_grad_sq = np.zeros_like(theta)           # 初始化历史梯度平方和

# 超参数设置
learning_rate = 0.01
epsilon = 1e-8                                       # 为避免除以 0 而添加的极小正数
num_epochs = 1000                                   # 训练迭代次数

def compute_gradient(theta):
    # 假设这里的模型是一个简单的线性回归模型
    predictions = X.dot(theta)
    errors = predictions - y
    # 计算均方误差损失的梯度
    gradient = 2 * X.T.dot(errors) / len(y)
    return gradient

def compute_loss(theta):
    # 计算均方误差损失
    predictions = X.dot(theta)
    return np.mean((predictions - y) ** 2)

def adagrad_update(learning_rate, gradient, historical_grad_sq):
    """
    AdaGrad 更新规则
    参数：
    - learning_rate: 全局学习率
    - gradient: 当前梯度
```

```
    - historical_grad_sq: 历史梯度平方和
    返回:
    - parameter_update: 参数的更新值
    - updated_historical_grad_sq: 更新后的历史梯度平方和
    """
    # 更新历史梯度平方和
    updated_historical_grad_sq = historical_grad_sq + gradient ** 2
    # 计算参数的更新值
    parameter_update = -learning_rate * gradient / (np.sqrt(updated_
historical_grad_sq) + epsilon)

    return parameter_update, updated_historical_grad_sq

# 训练迭代
for epoch in range(num_epochs):
    # 计算当前参数的梯度
    gradient = compute_gradient(theta)
    # 使用 AdaGrad 更新参数
    parameter_update, historical_grad_sq = adagrad_update(learning_rate,
gradient, historical_grad_sq)
    theta += parameter_update

    # 每 100 个 epoch 打印一次损失
    if (epoch + 1) % 100 == 0:
        loss = compute_loss(theta)
        print(f"Epoch {epoch + 1}/{num_epochs}, Loss: {loss}")

print("Trained parameters:", theta)
```

2.10.5　Adadelta 优化算法

Adadelta 是一种自适应学习率的优化算法，旨在解决 AdaGrad 算法中学习率逐渐减小的问题。其核心思想是根据参数的历史梯度信息自适应地调整学习率。与 AdaGrad 从训练开始累积全部梯度平方值不同，Adadelta 仅在一个固定大小的滑动窗口内累积历史梯度信息。为了避免低效地存储 w 个先前的平方梯度，梯度和的计算以所有过去平方梯度的衰减平均形式递归定义。时间步 t 的运行平均 $\mathbb{E}\left[g^2\right]_t$ 取决于先前的平均值和当前的梯度。这种设计有助于解决学习率快速衰减的问题，使得算法更适应不同参数的更新需求。

Adadelta 核心的衰减平均定义如下：

$$\mathbb{E}\left[g^2\right]_t = \gamma\mathbb{E}\left[g^2\right]_{t-1} + (1-\gamma)g_t^2 \tag{2-55}$$

$\mathbb{E}\left[g^2\right]_t$ 是过去梯度的平方的衰减平均。当前时刻 t 的梯度平方的衰减平均取决于上一时刻 t-1 的梯度平方的衰减平均和当前时刻 t 的梯度平方。衰减平均意味着过去的信息在计算中逐渐减弱，对当前时刻的影响逐渐降低。这是通过引入衰减系数（通常用 $0\leqslant\gamma<1$ 表示）来实现的，该系数决定了过去信息的权重。因此，$\mathbb{E}\left[g^2\right]_t$ 是对过去梯度平方进行的加权平均，其中，权重随时间逐渐减小，这种性质使得算法能够适应梯度变化。

在 2.10.4 节中，向量化更新后的表达式为：

$$\boldsymbol{\theta}_{t+1} = \boldsymbol{\theta}_t - \frac{\alpha}{\sqrt{\boldsymbol{G}_t}+\varepsilon}\odot\boldsymbol{g}_t \tag{2-56}$$

将 $\boldsymbol{G}_t$ 直接替换为 $\mathbb{E}\left[\boldsymbol{g}^2\right]_t$ 就有了 Adadelta 参数更新表达式的雏形：

$$\Delta\boldsymbol{\theta}_t = -\frac{\alpha}{\sqrt{\mathbb{E}\left[\boldsymbol{g}^2\right]_t + \varepsilon}}\boldsymbol{g}_t \tag{2-57}$$

分母就是梯度的均方根（Root Mean Square，加权平均也是平均），所以可以进一步简化为：

$$\Delta\boldsymbol{\theta}_t = -\frac{\alpha}{\mathrm{RMS}[\boldsymbol{g}]_t}\boldsymbol{g}_t \tag{2-58}$$

Adadelta 进一步处理了一个之前所有梯度下降算法都没有解决的问题，就是参数 $\boldsymbol{\theta}$ 的更新受到梯度值 $\boldsymbol{g}$ 的直接影响，这可能会导致在参数更新中出现较大的波动，因为它没有充分考虑参数更新的大小。Adadelta 引入了参数更新的平方的衰减平均 $\mathbb{E}\left[\Delta\boldsymbol{\theta}^2\right]_t$，可以更好地适应参数更新的大小。$\mathbb{E}\left[\Delta\boldsymbol{\theta}^2\right]_t$ 和 $\mathbb{E}\left[\boldsymbol{g}^2\right]_t$ 的定义是一样的，区别仅仅是 $\Delta\boldsymbol{\theta}^2$ 而非 $\boldsymbol{g}^2$。

$$\mathbb{E}\left[\Delta\boldsymbol{\theta}^2\right]_t = \gamma\mathbb{E}\left[\Delta\boldsymbol{\theta}^2\right]_{t-1} + (1-\gamma)\Delta\boldsymbol{\theta}_t^2 \tag{2-59}$$

同样也可以用均方根的形式简化 $\mathbb{E}\left[\Delta\boldsymbol{\theta}^2\right]_t$：

$$\mathrm{RMS}[\Delta\boldsymbol{\theta}]_t = \sqrt{\mathbb{E}\left[\Delta\boldsymbol{\theta}^2\right]_t + \varepsilon}$$

由于 $\mathbb{E}\left[\Delta\boldsymbol{\theta}^2\right]_t$ 是未知的（在当前时刻还不知道 $\Delta\boldsymbol{\theta}_t$，因为这是要求的值），所以用上一步 $\mathrm{RMS}[\Delta\boldsymbol{\theta}]_{t-1}$ 的值来近似 $\mathrm{RMS}[\Delta\boldsymbol{\theta}]_t$。这样，学习率 α 不再需要手动调整，Adadelta 能够根据参数更新的历史信息自动调整步长，从而实现更稳定的优化过程。

Adadelta 的最终更新表达式为：

$$\Delta\boldsymbol{\theta}_t = -\frac{\mathrm{RMS}[\Delta\boldsymbol{\theta}]_{t-1}}{\mathrm{RMS}[\boldsymbol{g}]_t}\boldsymbol{g}_t \tag{2-60}$$

$$\boldsymbol{\theta}_{t+1} = \boldsymbol{\theta}_t + \Delta\boldsymbol{\theta}_t \tag{2-61}$$

Adadelta 的 Python 简易版代码如下：

```python
import numpy as np
import matplotlib.pyplot as plt

def adadelta(parameters, gradients, squared_gradients_average, squared_
parameter_updates_average, decay_rate, epsilon):
    for i, (param, grad) in enumerate(zip(parameters, gradients)):
        # 更新梯度平方的 EMA
        squared_gradients_average[i] = decay_rate * squared_gradients_
average[i] + (1 - decay_rate) * grad**2
        # 计算参数更新量
        parameter_update = -np.sqrt(squared_parameter_updates_average[i] +
epsilon) / np.sqrt(squared_gradients_average[i] + epsilon) * grad
        parameters[i] += parameter_update
        # 更新参数更新量平方的 EMA
        squared_parameter_updates_average[i] = decay_rate * squared_
parameter_updates_average[i] + (1 - decay_rate) * parameter_update**2
    return parameters, squared_gradients_average, squared_parameter_
updates_average
```

```
# 设置随机种子
np.random.seed(42)

# 假设初始参数和训练数据
initial_theta = np.random.rand(5)
X = np.random.rand(100, 5)                          # 100 个样本，每个样本 5 个特征
# 假设线性关系的目标值
y = X.dot(np.random.rand(5)) + np.random.randn(100) * 0.1

# 初始化参数
parameters = initial_theta
# 初始化梯度的平方的 EMA
squared_gradients_average = np.zeros_like(parameters)
# 初始化参数更新量的平方的 EMA
squared_parameter_updates_average = np.zeros_like(parameters)

# 设定超参数
decay_rate = 0.9
epsilon = 1e-8
num_epochs = 1000                                   # 训练迭代次数
early_stop_threshold = 1e-6                         # 早停阈值

def compute_gradient(theta):
    predictions = X.dot(theta)
    errors = predictions - y
    gradient = 2 * X.T.dot(errors) / len(y)
    return gradient

def compute_loss(theta):
    predictions = X.dot(theta)
    return np.mean((predictions - y) ** 2)

# 记录损失
loss_history = []
prev_loss = float('inf')                            # 用于早停的变量

# 训练迭代
for epoch in range(num_epochs):
    # 计算当前参数的梯度
    gradients = compute_gradient(parameters)
    # 使用 Adadelta 更新参数
    parameters, squared_gradients_average, squared_parameter_updates_
average = adadelta(
        parameters, gradients, squared_gradients_average, squared_parameter_
updates_average, decay_rate, epsilon)

    # 记录损失
    loss = compute_loss(parameters)
    loss_history.append(loss)

    # 检查早停条件
    if abs(prev_loss - loss) < early_stop_threshold:
        print(f"Early stopping at epoch {epoch + 1}")
        break
    prev_loss = loss

    # 每 100 个 epoch 打印一次损失
    if (epoch + 1) % 100 == 0:
```

```
        print(f"Epoch {epoch + 1}/{num_epochs}, Loss: {loss}")

print("Trained parameters:", parameters)

# 可视化损失变化
plt.plot(loss_history)
plt.xlabel('Epoch')
plt.ylabel('Loss')
plt.title('Loss Over Time')
plt.show()
```

2.10.6　RMSprop 优化算法

RMSprop 和 Adadelta 几乎同时出现，都是为了解决 AdaGrad 学习率急剧减小的问题。RMSprop 实际上与前面推导的 Adadelta 的第一个更新向量是相同的。RMSprop 同样通过平方梯度的指数衰减平均来缩放梯度，从而实现自适应学习率。

1．RMSprop的更新公式

（1）RMSprop 的更新公式：

$$\mathbb{E}\left[\boldsymbol{g}^2\right]_t = \gamma\mathbb{E}\left[\boldsymbol{g}^2\right]_{t-1} + (1-\gamma)\boldsymbol{g}_t^2 \tag{2-62}$$

其中，$\mathbb{E}\left[\boldsymbol{g}^2\right]_t$ 是梯度平方的指数移动平均（Exponential Moving Average，EMA），γ 是衰减系数，$\boldsymbol{g}_t$ 是当前的梯度。

（2）参数更新：

$$\boldsymbol{\theta}_{t+1} = \boldsymbol{\theta}_t - \frac{\alpha}{\sqrt{\mathbb{E}\left[\boldsymbol{g}_t^2\right]}+\varepsilon}\boldsymbol{g}_t \tag{2-63}$$

其中，α 是全局学习率，ε 是防止除 0 的小常数。

2．RMSprop和Adadelta的主要区别

RMSprop 和 Adadelta 在全局学习率和参数更新量的处理上存在显著差异。在全局学习率方面，RMSprop 依赖于一个全局学习率，并通过梯度的均方根（RMS）估计对学习率进行缩放，而 Adadelta 则无须手动设置全局学习率，而是通过参数更新量的均方根动态调整步长，实现完全自适应的学习率调整。在参数更新量的平滑方面，RMSprop 仅对梯度的平方进行平滑，直接使用计算得到的更新步长。而 Adadelta 则对梯度的平方和参数更新量的平方同时进行平滑，从而使更新步长的缩放更加稳定，提升了模型训练的健壮性。

3．小结

虽然 RMSprop 和 Adadelta 都利用梯度平方的指数加权移动平均来调整学习率，但是它们在具体的参数更新方式上存在本质差异。RMSprop 通过计算梯度的均方根（RMS）直接缩放学习率，以调整每次参数更新的幅度；而 Adadelta 则采用更新量的均方根来调节步长，实现了完全自适应的更新机制，无须依赖全局学习率。这种差异使得 Adadelta 能够更灵活地适应不同问题的优化需求。

RMSprop 的 Python 简易版代码如下：

```python
import numpy as np
import matplotlib.pyplot as plt

def rmsprop_update(parameters, gradients, gradient_squared_average, decay_
rate, learning_rate, epsilon):
    # 更新梯度平方的 EMA
    gradient_squared_average = decay_rate * gradient_squared_average + (1 -
decay_rate) * gradients**2
    # 计算参数更新量
    parameter_update = -learning_rate * gradients / (np.sqrt(gradient_
squared_average) + epsilon)
    # 更新参数
    parameters += parameter_update
    return parameters, gradient_squared_average

# 设置随机种子
np.random.seed(42)

# 生成模拟的初始参数和线性关系的训练数据，用于测试 RMSprop 优化器
initial_theta = np.random.rand(5)
X = np.random.rand(100, 5)                          # 100 个样本，每个样本 5 个特征
# 假设线性关系的目标值
y = X.dot(np.random.rand(5)) + np.random.randn(100) * 0.1

# 初始化参数
parameters = initial_theta
gradient_squared_average = np.zeros_like(parameters)  # 初始化梯度的平方的 EMA

# 设定超参数
decay_rate = 0.9
learning_rate = 0.01
epsilon = 1e-8
num_epochs = 1000                                   # 训练迭代次数
early_stop_threshold = 1e-6                          # 早停阈值

def compute_gradient(theta):
    predictions = X.dot(theta)
    errors = predictions - y
    gradient = 2 * X.T.dot(errors) / len(y)
    return gradient

def compute_loss(theta):
    predictions = X.dot(theta)
    return np.mean((predictions - y) ** 2)

# 记录损失
loss_history = []
prev_loss = float('inf')                            # 用于早停的变量

# 训练迭代
for epoch in range(num_epochs):
    # 计算当前参数的梯度
    gradients = compute_gradient(parameters)
    # 使用 RMSprop 更新参数
```

```
    parameters, gradient_squared_average = rmsprop_update(
        parameters, gradients, gradient_squared_average, decay_rate,
learning_rate, epsilon)

    # 记录损失
    loss = compute_loss(parameters)
    loss_history.append(loss)

    # 检查早停条件
    if abs(prev_loss - loss) < early_stop_threshold:
        print(f"Early stopping at epoch {epoch + 1}")
        break
    prev_loss = loss

    # 每 100 个 epoch 打印一次损失
    if (epoch + 1) % 100 == 0:
        print(f"Epoch {epoch + 1}/{num_epochs}, Loss: {loss}")

print("Trained parameters:", parameters)

# 可视化损失变化
plt.plot(loss_history)
plt.xlabel('Epoch')
plt.ylabel('Loss')
plt.title('Loss Over Time')
plt.show()
```

2.10.7　Adaptive Moment Estimation（Adam）优化算法

Adam 是一种优化算法，旨在自适应地为每个参数计算学习率。Adam 的更新规则实际上是 RMSProp 的一种变体，但加入了类似动量的更新。Adam 算法维护两个移动平均向量，分别表示梯度的一阶矩（均值）和二阶矩（未中心化的方差）。这两个矩量分别记为 m_t 和 v_t。

具体而言，Adam 算法的更新规则如下：

（1）计算一阶矩 m_t（均值）：

$$m_t = \beta_1 m_{t-1} + (1 - \beta_1) g_t \tag{2-64}$$

其中，g_t 是时间步 t 的梯度，β_1 是用于控制一阶矩衰减的超参数。

（2）计算二阶矩 v_t（未中心化的方差）：

$$v_t = \beta_2 v_{t-1} + (1 - \beta_2) g_t^2 \tag{2-65}$$

其中，β_2 是用于控制二阶矩衰减的超参数。

（3）对一阶和二阶矩进行偏差校正：

$$\hat{m}_t = \frac{m_t}{1 - \beta_1^t} \tag{2-66}$$

$$\hat{v}_t = \frac{v_t}{1 - \beta_2^t} \tag{2-67}$$

这一步是为了抵消在初始时间步和衰减率较小时引入的偏差。

（4）使用偏差校正后的一阶和二阶矩来更新参数：

$$\theta_{t+1} = \theta_t - \frac{\alpha}{\sqrt{\hat{v}_t} + \varepsilon}\hat{m}_t \qquad (2\text{-}68)$$

其中，α 是学习率，ε 是为了数值稳定性而添加的极小常数。

Adam 的 Python 简易版代码如下：

```python
import numpy as np
import matplotlib.pyplot as plt

def adam_update(params, grads, m, v, beta1, beta2, lr, epsilon, t):
    # 计算一阶矩（动量）
    m = beta1 * m + (1 - beta1) * grads
    # 计算二阶矩（梯度平方的 EMA）
    v = beta2 * v + (1 - beta2) * (grads ** 2)
    # 偏差校正
    m_hat = m / (1 - beta1 ** t)
    v_hat = v / (1 - beta2 ** t)
    # 使用偏差校正后的一阶和二阶矩更新参数
    params -= lr * m_hat / (np.sqrt(v_hat) + epsilon)
    return params, m, v

# 设置随机种子
np.random.seed(42)

# 假设初始参数和训练数据
initial_theta = np.random.rand(5)
X = np.random.rand(100, 5)                    # 100 个样本，每个样本有 5 个特征
# 生成符合线性模型的目标值并加入少量噪声
y = X.dot(np.random.rand(5)) + np.random.randn(100) * 0.1

# 初始化参数
params = initial_theta
m = np.zeros_like(params)                      # 初始化一阶矩
v = np.zeros_like(params)                      # 初始化二阶矩

# 设定超参数
beta1 = 0.9
beta2 = 0.999
lr = 0.01
epsilon = 1e-8
num_epochs = 1000                              # 训练迭代次数
early_stop_threshold = 1e-6                    # 早停阈值

def compute_gradient(theta):
    predictions = X.dot(theta)
    errors = predictions - y
    grads = 2 * X.T.dot(errors) / len(y)
    return grads

def compute_loss(theta):
    predictions = X.dot(theta)
    errors = predictions - y
    loss = np.mean(errors ** 2)
    return loss

# 记录每个 epoch 的 loss
loss_history = []
prev_loss = float('inf')                       # 用于早停的变量
```

```
# 训练迭代
for epoch in range(1, num_epochs + 1):
    # 计算当前参数的梯度
    grads = compute_gradient(params)
    # 使用 Adam 更新参数
    params, m, v = adam_update(params, grads, m, v, beta1, beta2, lr, epsilon,
epoch)
    # 计算当前损失
    loss = compute_loss(params)
    loss_history.append(loss)

    # 早停条件检查
    if abs(prev_loss - loss) < early_stop_threshold:
        print(f"Early stopping at epoch {epoch}")
        break
    prev_loss = loss

    # 每 100 个 epoch 打印一次损失
    if epoch % 100 == 0:
        print(f"Epoch {epoch}/{num_epochs}, Loss: {loss}")

# 打印最终训练结果
print("训练后的参数:", params)

# 绘制损失变化图
plt.plot(loss_history)
plt.xlabel('Epoch')
plt.ylabel('Loss')
plt.title('Loss Over Time')
plt.show()
```

动量优化算法引入了历史梯度信息，以模拟物体在运动中的积累速度和方向。与传统的梯度下降仅依赖当前梯度不同，动量优化算法在参数更新时会综合考虑当前和过去的梯度，从而增强方向一致性并加速收敛。这有助于加速收敛过程，特别是在面临曲折、崎岖的损失曲面时，可以减少震荡并更快地找到全局最小值。Adam 算法结合了梯度信息和历史信息，使得参数更新更加平稳和高效。

2.11 神经网络的验证及调整方法

在了解了神经网络的基本结构之后，还需要确认它的计算是否正确，尤其是梯度的计算。为此，可以使用一种叫作"数值梯度检验"的方法来验证模型中的梯度是否正确。这个方法的原理是：通过对参数进行非常小的变化，计算出损失函数的数值导数，再将这个数值导数与神经网络中计算出的梯度进行比较。如果两者相近，则说明梯度的计算是正确的。

虽然梯度检验在直接用于网络训练时计算效率较低，但是它可以非常精确地估算相对于任何参数的导数，因此，它是验证解析梯度正确性的一个有效手段。如果给定具有参数向量 θ 和损失函数 J 的模型，则关于 θ 的数值梯度可以用以下中心差分公式表示：

$$f_0'(\boldsymbol{\theta}) \approx \frac{J\left(\boldsymbol{\theta}^{(i+)}\right) - J\left(\boldsymbol{\theta}^{(i-)}\right)}{2e} \tag{2-69}$$

其中，e 是一个小的数值（通常在 1×10^{-5} 左右）。$J\left(\boldsymbol{\theta}^{(i+)}\right)$ 表示在进行前向传播时，给定输入的情况下，参数 $\boldsymbol{\theta}$ 的第 i 个元素被扰动 $+e$ 时计算的误差。$J\left(\boldsymbol{\theta}^{(i-)}\right)$ 表示在相同输入情况下，参数 $\boldsymbol{\theta}$ 的第 i 个元素扰动 $-e$ 时计算的误差。因此，通过两次前向传播，可以近似计算模型中任何给定参数元素的梯度。这种数值梯度的定义直接来源于导数的定义。虽然这种数值梯度计算方法比较精确，但是每次计算单个元素的梯度都需要在网络中进行两次前向传播，计算代价非常高。因此，这种方法通常仅用于验证梯度的正确性，在实际训练中并不使用。

梯度检验的 Python 代码如下：

```python
import numpy as np

def numerical_gradient(f, x, epsilon=1e-5):
    """
    对函数 f 在点 x 处进行数值梯度的简单实现
    - f 应该是一个接受单个参数的函数
    - x 是要评估梯度的点（NumPy 数组）
    - epsilon 是用于计算数值梯度的步长，默认值为 1e-5
    """
    fx = f(x)  # 在原始点评估函数值
    gradient = np.zeros_like(x)

    # 遍历 x 中的所有索引
    it = np.nditer(x, flags=['multi_index'], op_flags=['readwrite'])
    while not it.finished:
        ix = it.multi_index
        original_value = x[ix]

        # 在 x+epsilon 处评估函数
        x[ix] = original_value + epsilon
        fx_plus = f(x)

        # 在 x-epsilon 处评估函数
        x[ix] = original_value - epsilon
        fx_minus = f(x)

        # 恢复到先前的值
        x[ix] = original_value

        # 计算偏导数
        gradient[ix] = (fx_plus - fx_minus) / (2 * epsilon)
        it.iternext()                       # 迭代到下一个维度

    return gradient

def f(x):
    """
    目标函数 f(x) = sum(x_i^2)
    """
    return np.sum(x**2)

# 点 x 处计算数值梯度和解析梯度
x = np.array([3.0, 4.0])

# 计算数值梯度
num_grad = numerical_gradient(f, x)
```

```
# 计算解析梯度
analytical_grad = 2 * x

# 输出结果对比
print("数值梯度:", num_grad)
print("解析梯度:", analytical_grad)

# 检查数值梯度和解析梯度是否接近
if np.allclose(num_grad, analytical_grad, atol=1e-4):
    print("数值梯度和解析梯度接近！")
else:
    print("数值梯度和解析梯度不一致！")
```

2.11.1　正则化

在解释正则化之前，有必要先了解几个关键的概念。这些概念不仅是理解正则化的基础，也是深入掌握机器学习模型训练和优化的核心。这些概念包括模型过拟合、欠拟合以及正则化项在损失函数中的作用和影响。只有清楚这些基础概念，才能全面理解正则化在提高模型泛化能力和减少模型复杂度方面的意义。

1．过拟合和欠拟合

要训练机器学习模型，需要提供一些数据供其学习。将数据点绘制出来并找出最能反映变量间关系的那条线，这个过程称为数据拟合。如果模型能够准确捕捉数据中的必要模式，同时避开随机噪声和无关模式，那么这种方式就称为最佳拟合。

当机器学习模型对训练数据观察得过多时，不仅会学到重要的模式，还会捕捉到其中的噪声和无关的模式。虽然在训练数据集上表现得很好，但是由于对噪声的过度拟合（Over-fitting），它在测试数据集上无法做出准确预测。过拟合的本质是模型试图将每个数据点都紧密地拟合到曲线上，而不仅仅是学习到数据中的真正规律。

相反，如果模型对数据的观察不足，它就无法找到有效的模式，也无法很好地适应测试数据集，更别提在新数据上表现出色了。在这种情况下，模型既没能学到变量间的关系，也无法准确预测或分类新的数据点，这就是所谓的欠拟合（Under-fitting）。

2．偏差和方差

当模型偏差（Bias）较高时，它无法从数据中有效地进行学习。这种模型对训练数据关注不足，过于简单化，导致验证误差和训练误差都较高且相似，既在训练数据上表现不佳，又无法在新数据上取得好结果，这就是所谓的欠拟合。

方差（Variance）反映模型对特定数据集的敏感度。高方差的模型过度关注训练数据，不能很好地泛化到新数据上。这种模型通常在训练数据上表现出色，但验证误差和训练误差之间的差距较大，在测试数据上会有较高的错误率，这就是过拟合的表现。

最理想的模型能够同时捕捉数据中的重要模式，并能很好地泛化到新数据上。这种平衡出现在偏差和方差都处于适当水平时，这种方式称为偏差-方差折衷。通过调节模型复杂度，可以在过拟合和欠拟合之间找到这种平衡。

3. 惩罚项/正则项

与许多机器学习模型一样，神经网络也容易出现过拟合。在过拟合情况下，模型在训练数据集上表现得近乎完美，但无法在未知数据上泛化。为了解决这种过拟合（或"高方差"）问题，常用的一种技术是引入 L2 正则化惩罚。其核心思想是在损失函数 J 中添加一个额外项，当参数过于复杂时会产生相应的惩罚。添加正则项后，整体损失函数的计算方式如下：

$$J_R = J + \lambda \sum_{i=1}^{n} \left\| W^{(i)} \right\|_F \tag{2-70}$$

其中，$\left\| W^{(i)} \right\|_F$ 是 Frobenius 范数，其定义为：

$$\left\| A \right\|_F = \sqrt{\sum_{i=1}^{m} \sum_{j=1}^{n} \left| a_{ij} \right|^2} \tag{2-71}$$

Frobenius 范数具有二次性质（计算矩阵各元素的平方和），因此 L2 正则化有效地降低了模型的灵活性，减少了过拟合现象。这种约束也可以解释为贝叶斯先验信念，即最优权重接近于 0——这种接近程度取决于 λ 的值。

λ 是一个超参数，用于控制正则化项相对于原始代价函数的权重。选择正确的 λ 值非常关键，必须通过超参数调优来确定。如果 λ 值过高，则大部分权重会被设置得太接近于 0，导致模型无法从训练数据中学到有用信息，在训练、验证和测试集中表现较差。如果 λ 值太低，就容易再次发生过拟合。

另外，偏差项不受正则化的影响，不会计入上述代价项中。可以将偏差看作模型对数据的平均倾向，而权重则控制了模型对数据的波动性。正则化主要关注减小权重的波动性，以避免过度拟合，而不会对偏差进行类似的操作，因为它不会引入与数据噪声相关的变化。这样的处理可以确保模型保持适度的复杂性，同时能够更好地泛化到未知数据。

2.11.2　暂退法

在神经网络调参中，暂退法（Dropout）是一种常用的正则化技术，用于减少过拟合的风险。Dropout 的核心思想是在训练期间随机忽略部分神经元，使模型在训练时不会过于依赖某些特定的神经元。

1. 暂退法的工作原理

暂退法是通过在训练期间随机"丢弃"部分神经网络节点来实现的。这种方法使得网络在每次前向和后向传播中，都像是一个随机结构的子网络。也就是说，模型的每一层在每次迭代时，看起来都像是由不同数量的神经元和不同的连接组成的。

在训练过程中，以概率 p 保持每个神经元的活性，即有 $1-p$ 的概率将该神经元的输出设为 0。这样可以防止神经元之间的共适应性，确保模型从数据中学到更稳健、更有意义的信息，进而有效减少过拟合。

这种随机丢弃节点的操作实际上相当于同时训练了大量不同结构的"子网络"，并在训练过程中对这些子网络的预测结果进行平均。正因为如此，Dropout 能够增强模型的泛化能力，从而在测试数据上取得更好的性能。

2. Dropout在训练和测试中的区别

在每次前向和后向传播中，Dropout 会随机丢弃部分神经元，仅对活跃的神经元进行计算。这种随机丢弃机制使模型在训练时变得更加嘈杂，因为不同神经元被随机移除，每个神经元在概率基础上对输入负责。当进行反向传播时，只有在前向传播中保持活跃的神经元才会传递梯度。在测试阶段，模型不再丢弃神经元，而是使用完整的网络来计算预测结果。为了确保训练和测试期间神经元输出的期望值一致，通常采取两种调整方式：在测试时将每个神经元的输出乘以保留概率 p，或在训练时对保持活跃的神经元输出除以 p（即"缩放"方式）。这种调整方法能够确保在训练和测试期间神经元输出的期望值大致相同，从而提升模型预测的稳定性。

3. Dropout的提出与应用

Srivastava 等人在"Dropout: A Simple Way to Prevent Neural Networks from Overfitting"一文中首次提出了这种技术。Dropout 的提出极大地推动了神经网络正则化方法的发展，并被广泛应用于各种深度学习模型中。

在实际应用中，Dropout 通常被应用在每个神经元层的输出 h 上，以概率 p 保持活性。这种随机丢弃节点的方式使网络在训练过程中变得更加稳健，从而提升模型在实际任务中的表现。

总的来说，Dropout 是一种简单而有效的正则化方法，在训练时可随机忽略部分神经元，确保模型不会过度依赖特定的神经元，从而有效减少过拟合。其本质是在训练过程中同时训练大量不同结构的"子网络"，并在测试时使用完整网络进行预测，这种方法使模型在处理新数据时具备更强的泛化能力。

参 考 文 献

[1] Goodfellow I, Bengio Y, Courville A. Deep learning[M]. Cambridge, MA: MIT Press, 2016: 217-219.

[2] Srivastava N, Hinton G, Krizhevsky A, et al. Dropout: A simple way to prevent neural networks from overfitting[J]. Journal of Machine Learning Research, 2014, 15（1）: 1929-1958.

[3] He K, Zhang X, Ren S, Sun J. Deep residual learning for image recognition[C]// Proceedings of the IEEE Conference on Computer Vision and Pattern Recognition (CVPR). Las Vegas, NV: IEEE, 2016: 770-778.

[4] Bishop C M. Pattern recognition and machine learning[M]. New York, NY: Springer, 2006: 249-253.

[5] Rumelhart D E, Hinton G E, Williams R J. Learning representations by back-propagating errors[J]. Nature, 1986, 323(6088): 533-536.

[6] Nair V, Hinton G E. Rectified linear units improve restricted Boltzmann machines[C]//

Proceedings of the 27th International Conference on Machine Learning (ICML). Haifa, Israel: Omnipress, 2010: 807-814.

[7] Ng A Y. Feature selection, L1 vs. L2 regularization, and rotational invariance[C]// Proceedings of the 21st International Conference on Machine Learning (ICML). Banff, Canada: Association for Computing Machinery, 2004: 78-85.

[8] LeCun Y, Bengio Y, Hinton G. Deep learning[J]. Nature, 2015, 521(7553): 436-444.

[9] Hochreiter S, Schmidhuber J. Long short-term memory[J]. Neural Computation, 1997, 9(8): 1735-1780.

[10] Kingma D P, Ba J L. Adam: A method for stochastic optimization[C]//Proceedings of the 3rd International Conference on Learning Representations (ICLR). San Diego, CA: OpenReview, 2015: 1-15.

第3章 朴素贝叶斯在情感分类中的作用

分类是智能体的一项关键功能，它涉及将输入内容归类到不同类别中。无论是识别字母、单词、图像、面部、声音，还是对邮件进行分类和作业评分，这些都是分类的典型应用。在自然语言处理中，分类有着广泛的实际应用，如垃圾邮件检测就是一个重要的商业案例。语言分类同样常见，因为社交媒体上的文本可能包含多种语言，因此需要识别和处理不同的语言。文本分类的一个经典任务是为文本分配图书馆主题标签，如决定一篇论文是关于物理还是数学的，这是信息检索中的重要部分。语言建模也被视作一种分类任务，因为每个单词都代表一个类别，所以预测下一个单词实际上是将上下文归类到可能的下一个单词中。

3.1 文本分类的基本概念

分类的目标是从单个观察结果中提取有用的特征，并将其归入一个特定的离散类别中。文本分类的一种方式是依靠规则，但这种规则往往会随着时间推移而变得不稳定。因此，在语言处理中，大多数分类任务采用的是监督式机器学习方法，以确保模型能够适应不断变化的文本特征。

在监督式机器学习中，数据集由一组输入观测组成，每个观测都配有一个对应的正确输出，称为"监督信号"。数据集用于训练机器学习算法，使其学会如何将新的、未见过的观测映射到正确的输出上。算法通过分析训练数据中的模式和关联来建立一种映射规则，从而在遇到新的数据时能够准确预测或分类。随着训练的进行，算法不断优化其性能，从而在处理未知数据时表现得更加精准。在文本的监督分类任务中，分类模型的目标是处理一个具有输入变量（通常表示为 x）和一组预定义的输出类别（通常表示为 $Y = \{y_1, y_2, \cdots, y_N\}$）的问题。任务的目标是通过学习输入与输出之间的映射关系，确保对新的、未见过的输入进行准确的类别预测。

对于文本分类而言，需要引入一些常用的替代符号以更好地适应文本处理的语境。具体而言，用 c（代表"类别"）替代 y 表示输出变量，用 d（代表"文档"）替代 x 表示输入变量。

在监督学习的情境下，一个训练集其中包含 N 个文档。每个文档都被人工标记了一个正确的类别，形成了一个对应关系的集合：$\{(d_1, c_1), \cdots, (d_N, c_N)\}$。目标是通过这个训练集来训练一个分类器，使其能够对新的文档 d 进行预测，并将其映射到正确的类别 $c \in C$（C 表示一组文档类别）中。

构建分类器的方法有很多种，其中朴素贝叶斯是情感分析领域中备受推崇且高效的算法之一。由于其简单、易用，朴素贝叶斯常被用作入门算法，它通过计算单词和特征的频率来估算文档属于某种情感类别的概率。作为一种生成式分类器，朴素贝叶斯建立一个模型，用于描述某个类别是如何生成特定输入数据的。给定一条观测数据，朴素贝叶斯算法通过计算该数据在不同类别下的生成概率来选择概率最大的类别作为分类结果。

3.2　朴素贝叶斯分类器

朴素贝叶斯分类器是一种基于贝叶斯定理的概率分类方法，其核心假设是特征之间的相互独立性。这种分类器之所以被称为"朴素"，是因为它在给定类别标签的情况下，假设某个特征的存在或缺失与其他特征是独立的。虽然这种独立性假设是简化的，但是在许多自然语言处理和机器学习任务中，朴素贝叶斯分类器依然表现出色。其核心思想是根据观测到的特征来计算实例属于某个特定类别的概率。正因为有了独立性假设，这一计算过程变得非常高效，这使得朴素贝叶斯在文本分类和垃圾邮件过滤等任务中尤为出色。

朴素贝叶斯分类器有几种变体，如多项式朴素贝叶斯分类器（Multinomial Naive Bayes Classifier）、高斯朴素贝叶斯分类器和伯努利朴素贝叶斯分类器。其中，多项式朴素贝叶斯分类器主要用于多类别文本分类，它基于多项分布模型来处理文本数据的词频特征。在这种分类器中，文档的特征向量是根据每个单词在文档中出现的次数来构建的。文档中的每个单词都被视为一个特征，而整个文档的特征向量则包含所有单词的词频信息。这样，通过多项分布就可以对文档的生成过程进行建模了。

本节将采用多项式朴素贝叶斯分类器进行情感分类。多项式朴素贝叶斯分类器通过分析文档中单词出现的频率来估算该文档属于某种情感类别的概率，从而实现准确的情感分类。

3.2.1　词袋模型的概念

词频的基础计算是词袋模型：词袋模型是一种简化的文本表示方法，其中，文档被视为一个无序的词汇集合，忽略了单词在文档中的顺序。在词袋模型中，文档的特征向量是由文档中出现的单词及其频率组成的。

以下是一个词袋模型的简单例子，假设有两个文档：

❑ 文档 1：I love natural language processing. Natural language processing is fascinating.

❑ 文档 2：Text classification is an essential part of natural language processing.

构建词袋模型的步骤如下：

（1）构建词汇表：从所有文档中提取出现的所有单词构建一个词汇表。

词汇表：[I, love, natural, language, processing, is, fascinating, Text, classification, an, essential, part, of]

（2）构建特征向量：对每个文档构建一个特征向量，其中包含词汇表中每个单词的频率。

❑ 特征向量 1：[1, 1, 2, 2, 2, 1, 1, 0, 0, 0, 0, 0, 0]；

❑ 特征向量 2：[0, 0, 1, 1, 1, 1, 0, 1, 1, 1, 1, 1, 1]。

这里的特征向量中的数字表示每个单词在文档中出现的次数。例如，"natural"在文档 1 中出现了两次，所以特征向量 1 中对应的位置为 2。同样，"natural"在文档 2 中出现了一次，所以特征向量 2 中对应的位置为 1。

3.2.2　文本分类中的朴素贝叶斯分类器

对于文档 d，假设有三个类别。概率分类器会在所有类别 $c \in C$ 中选择一个具有最大后验概率的类别 $\hat{c}$。也就是说，分类器会在给定文档的情况下，返回最可能的类别（例如，如果文档主要讨论人工智能，那么返回的类别可能是"科技"）。其中，帽子符号^表示"对正确类别的估计"。

$$\hat{c} = \arg\max_{c \in C} P(c|d) \tag{3-1}$$

贝叶斯推断的思想自贝叶斯（1763 年）的研究以来就为人所知，最早应用于文本分类是在 1964 年（Mosteller 和 Wallace）。在贝叶斯推断的框架中，贝叶斯分类是一种典型的应用形式，主要用于根据观测数据推断其所属类别。贝叶斯分类的基本思路是利用贝叶斯规则将 $\hat{c}$ 转换为一些其他概率的组合。贝叶斯规则如公式（3-2）所示，它提供了将任意条件概率 $P(x|y)$ 拆分为其他三个概率的方法。

$$P(x|y) = \frac{P(y|x)P(x)}{P(y)} \tag{3-2}$$

之后就可以将式（3-1）代入式（3-2），得到式（3-3）如下：

$$\hat{c} = \arg\max_{c \in C} P(c|d) = \arg\max_{c \in C} P(d|c)P(c) / P(d) \tag{3-3}$$

由于 $P(d)$ 和 c 没有关系，对于每一个类别 c，文档 d 都不会改变。所以分母部分可以直接被省略。所以式（3-3）可以被进一步简化为式（3-4）。

$$\hat{c} = \arg\max_{c \in C} P(c|d) = \arg\max_{c \in C} P(d|c)P(c) \tag{3-4}$$

从式（3-4）中可以看出，在贝叶斯统计学中涉及两个关键概念：类别的先验概率 $P(c)$ 和文档在给定类别下的似然概率 $P(d|c)$。

$P(c)$ 是类别 c 的先验概率，表示在没有观察到任何数据之前，类别 c 可能出现的概率。先验概率是在训练模型时根据训练数据进行估计的。

$P(d|c)$ 是在给定类别 c 的条件下生成文档 d 的概率。换句话说，它表示在已知文档属于类别 c 的情况下，观察到该文档的可能性。

$P(d|c)$ 中的文档 d 可以表示为一系列特征 $f_1, f_2, \cdots, f_n$，其中，每个特征 f_i 代表文档中的一个具体属性（如词语、句子长度等）。因此，条件概率 $P(d|c)$ 可以重写为：

$$P(d|c) = P(f_1, f_2, \cdots, f_n|c) \tag{3-5}$$

也就是说，在类别 c 下，文档 d 是由这些特征组合生成的。

然而求所有这些特征的联合概率是一个非常庞杂的任务，比如单词的位置和单词词性相乘将是一个天文数字。这时就需要利用朴素贝叶斯的条件独立性假设将问题简化。在给定文档属于某个类别的情况下，文档中每个特征 f_i 的出现概率是相互独立的。这种独立性假设可以将每个特征的概率独立考虑，而不需要考虑它们之间的相互作用。朴素贝叶斯模型因此得名为"朴素"，因为它在处理特征之间的独立性时采取了非常简单的假设。

在 3.2.1 节中,词袋模型已经将语言的其他特征消除(如位置)了,仅留下词频这一信息。因此可以将 f_i 简化为词频 w_i。在朴素贝叶斯的条件独立性假设下,假设文档中的每个单词都是相互独立的,因此文档的生成概率 $P(d|c)$ 可以拆解为每个单词生成概率的乘积,如式(3-6)所示。

$$P(d|c) = P(w_1|c) \cdot P(w_2|c) \cdots P(w_n|c) \tag{3-6}$$

其中,$w_1, w_2, \cdots, w_n$ 是文档 d 中的每个单词。

朴素贝叶斯分类器之所以被称为生成模式,来自可以把式(3-5)解释为生成数据的流程:首先从 $P(c)$ 采样一个类别,然后通过 $P(d|c)$ 采样生成单词。

朴素贝叶斯分类器(Naïve Bayes Classifier)最终选择的类别可以表示为式(3-7)。

$$c_{\text{NB}} = \arg\max_{c \in C} P(c) \prod_{w \in W} P(w|c) \tag{3-7}$$

为了得到最终结果,需要遍历文档中每一个位置上的所有单词,所以式(3-7)也改写为:

$$c_{\text{NB}} = \arg\max_{c \in C} P(c) \prod_{i \in \text{positions}} P(w_i|c) \tag{3-8}$$

为了避免数值溢出问题,可以在式(3-7)的基础上加上 log(单调递增函数,不会影响取极值的点),如式(3-8)所示。

$$c_{\text{NB}} = \arg\max_{c \in C} \log P(c) + \sum_{i \in \text{positions}} \log P(w_i|c) \tag{3-9}$$

通过对数空间中考虑特征,式(3-9)将预测的类别表达为输入特征的线性函数。线性分类器是一种利用输入的线性组合做出分类决策的分类器,朴素贝叶斯和逻辑回归都属于这一类。

3.2.3 朴素贝叶斯分类器的训练

训练的对象已经明确,即 $P(d|c)$ 和 $P(c)$。那么,如何求出这两者的值呢?

首先是 $P(c)$:在文本分类任务中,类别通常是文档所属的类别,如"正面评价"或"负面评价"。$P(c)$ 表示在没有观察到具体文档信息的情况下,对文档属于类别 c 的先验概率(或初始假设)。$P(c)$ 的计算通常通过估计训练数据中属于类别 c 的文档数量占总文档数量的比例来完成。例如,如果训练数据中正面评价的文档占总文档的一半,那么在没有其他信息的情况下可以估计 $P("正面评价") = 0.5$。贝叶斯定理利用先验概率 $P(c)$ 和观测数据的文档信息计算文档属于各类别的后验概率,从而实现对类别归属的更新判断。

如果设 N_c 为训练数据中属于类别 c 的文档数量,N_{doc} 为总文档数量,则公式可表示为(3-10):

$$\hat{P}(c) = \frac{N_c}{N_{\text{doc}}} \tag{3-10}$$

$P(d|c)$ 的基本组成部分为 $P(f_i|c)$。如 3.2.2 节所描述的,f_i 可以被简化为词频 w_i。因此 $P(f_i|c)$ 可以表示为 $P(w_i|c)$,这个概率表示在给定类别 c 的情况下观察到单词 w_i 的可能性。

$P(w_i|c)$ 的计算方式为:单词 w_i 在主题 c 的所有文档中出现的次数与所有文档中所有单

词的总次数之比。将所有属于类别 c 的文档连接成一个大的文本，称为"类别 c"文本。然后，通过计算单词 w_i 在这个连接文本中的频率，采用最大似然估计的方式来估计概率 $P(w_i|c)$。这种估计方法是通过该单词在属于类别 c 的文档中出现的相对频率得出的，即该单词在所有类别为 c 的文档中的总次数除以所有单词在这些文档中的总次数。公式如下：

$$\hat{P}(w_i|c) = \frac{\text{count}(w_i,c)}{\sum\limits_{w \in V} \text{count}(w,c)} \tag{3-11}$$

词汇表 V 包括所有类别中所有词汇类型的并集，而不仅仅是一个类别 c 中的词汇。

在使用最大似然估计进行训练时可能会遇到一个问题。例如，当尝试估计正面类别中单词 wonderful 的概率时，如果在训练数据中没有包含单词 wonderful 且被标记为正面的文档，那么这个概率就会被估计为 0。

$$\hat{P}('\text{wonderful}'|c) = \frac{\text{count}('\text{wonderful}',\text{positive})}{\sum\limits_{w \in V} \text{count}(w,\text{positive})} = 0 \tag{3-12}$$

在朴素贝叶斯中，对于给定类别，模型通过将各个特征的概率相乘来计算该类别的整体概率。如果某个特征的概率为 0（如某个词在该类别中从未出现），那么整体概率也会被置为 0。这是因为在概率计算中，任何数乘以 0 都等于 0。这种问题的根源在于朴素贝叶斯模型的"朴素"假设，即假设各特征是独立的。因此，即使其他特征强烈支持某个类别，只要其中一个特征的概率为 0，则最终的类别概率就会变为 0。

这是朴素贝叶斯模型的一个局限性，特别是在处理稀有特征或训练数据中未出现的特征时。此时，模型可能忽略这些特征对类别的潜在贡献，从而导致概率估计失真，不准确，因为它没有考虑到这些特征在某个类别中出现的可能性。为避免整体概率为 0 的问题，可以使用平滑技术。其中，加一平滑（又称拉普拉斯平滑）是一种常用的方法。加一平滑通过在每个特征的计数上加一，并在分母上加上特征总数来调整概率估计。这种调整确保即使某个特征在训练数据中未出现，其概率也不为 0。这样，在处理稀有特征时，模型可以更均衡地估计概率，从而提高其稳定性：

$$\hat{P}(w_i|c) = \frac{\text{count}(w_i,c)+1}{\sum\limits_{w \in V}(\text{count}(w,c)+1)} = \frac{\text{count}(w_i,c)+1}{\left(\sum\limits_{w \in V}(\text{count}(w,c))+|V|\right)} \tag{3-13}$$

这种平滑策略的关键在于词汇表 V 包含所有类别中所有单词的并集，而不仅仅是某个类别的词汇。这确保模型在估计概率时不会遗漏任何类别的单词，避免估计失真。这种做法提高了模型的泛化能力，使其能更好地处理不同类别和特征。

在进行文本分类时，模型通常基于训练数据中的词汇表构建，该词汇表涵盖训练文档中出现的所有单词。然而，在测试阶段可能会出现一些训练数据中从未见过的单词，这些单词被称为"未知单词"。

对于这些未知单词，由于在训练数据中没有它们的出现频率信息，因此无法计算它们在某个类别中的条件概率。为了解决这一问题，可以采用简单的方法，即在测试文档中忽略这些未知单词，在计算概率时将它们移除，不予考虑。由于朴素贝叶斯模型假设各特征（单词）是独立的，这种处理方式通常不会对整体概率计算产生显著影响。尽管方法简单，但在实践中很有效。

　　在文本处理中，停用词（stop words）是常见且频繁出现的单词，如 the 和 a。在文本分类任务中，有些系统会选择完全忽略这些停用词。

　　忽略停用词的方法可以通过以下步骤实现：

　　（1）对训练集中的词汇表进行词频排序。

　　（2）将词频排名前 10～100 的词定义为停用词，或者使用已有的在线停用词列表。

　　（3）在训练集和测试文档中删除这些停用词。

　　然而，在大多数文本分类应用中使用停用词列表并不一定能提高性能。因此，许多系统倾向于保留整个词汇表而不使用停用词列表，这是因为在某些任务中，停用词可能包含对分类有用的信息，移除它们可能会导致信息丢失。因此，是否使用停用词列表，通常根据具体任务和实验结果来调整。

　　根据上述内容，朴素贝叶斯分类器的代码实现如下：

```python
import math
import re
from collections import Counter, defaultdict

def clean_text(text):
    """
    清洗文本：移除标点并转换为小写。
    """
    text = re.sub(r'[^\w\s]', '', text)            # 去除标点
    return text.lower()                            # 转换为小写

def train_naive_bayes(D, C):
    """
    训练朴素贝叶斯模型。
    参数:
    - D: 训练数据集, 包含文档及其类别
    - C: 类别列表

    返回:
    - logprior: 每个类别的对数先验概率
    - loglikelihood: 每个类别下的词汇对数似然概率
    - V: 词汇表
    """
    logprior = {}                                  # 存储对数先验概率 P(c)
    loglikelihood = defaultdict(float)             # 存储对数似然概率 P(w|c)
    bigdoc = {}                                     # 存储每个类别的大文档
    V = set()                                       # 词汇表

    Ndoc = len(D)                                   # 文档总数
    for c in C:
        # 计算类别 c 的文档数量 Nc
        Nc = sum(1 for d in D if d['class'] == c)
        logprior[c] = math.log(Nc / Ndoc)          # 计算对数先验概率 P(c)

        # 为类别 c 构建一个大文档并进行文本清洗
        bigdoc_c = [clean_text(d['text']) for d in D if d['class'] == c]
        bigdoc[c] = ' '.join(bigdoc_c)

        # 更新词汇表
        V.update(bigdoc[c].split())
```

```
    V = list(V)    # 将词汇表转换为列表

    # 计算词汇表中每个词的对数似然概率 P(w|c)
    for c in C:
        word_counts = Counter(bigdoc[c].split())         # 统计类别 c 中的单词频数
        total_count = sum(word_counts.values())          # 计算类别 c 中单词的总数

        for w in V:
            count_wc = word_counts[w]                    # 单词 w 在大文档中的出现次数
            # 计算对数似然概率（使用加一平滑）
            loglikelihood(w, c) = math.log(count_wc + 1) - math.log
(total_count + len(V))

    return logprior, loglikelihood, V

def test_naive_bayes(testdoc, logprior, loglikelihood, C, V):
    """
    测试朴素贝叶斯模型。
    参数：
    - testdoc: 测试文档
    - logprior: 每个类别的对数先验概率
    - loglikelihood: 每个类别下的词汇对数似然概率
    - C: 类别列表
    - V: 词汇表

    返回：
    - predicted_class: 预测的类别
    - class_prob: 类别概率
    """
    testdoc = clean_text(testdoc)                    # 清洗测试文档
    sum_logprob = {}                                 # 存储累积的对数概率

    for c in C:
        sum_logprob[c] = logprior[c]                 # 初始化为对数先验概率
        for word in testdoc.split():
            if word in V:                            # 仅考虑词汇表中的单词
                # 累加对数似然概率
                sum_logprob[c] += loglikelihood.get((word, c), 0)

    # 归一化概率（将对数概率转换为实际概率）
    total_prob = sum(math.exp(sum_logprob[c]) for c in C)
    class_prob = {c: math.exp(sum_logprob[c]) / total_prob for c in C}

    # 返回具有最大概率的类别及其概率分布
    predicted_class = max(class_prob, key=class_prob.get)
    return predicted_class, class_prob

# 示例文档集
D = [
    {'class': 'positive', 'text': 'I love this product'},
    {'class': 'positive', 'text': 'This is an amazing product'},
    {'class': 'positive', 'text': 'I am very happy with this purchase'},
    {'class': 'positive', 'text': 'This is the best thing I have bought'},
    {'class': 'positive', 'text': 'Excellent quality and great value'},
    {'class': 'negative', 'text': 'This product is terrible'},
    {'class': 'negative', 'text': 'I hate this product'},
```

```
        {'class': 'negative', 'text': 'This is the worst purchase I have made'},
        {'class': 'negative', 'text': 'I am very disappointed with this product'},
        {'class': 'negative', 'text': 'Poor quality and not worth the money'},
    ]

    C = ['positive', 'negative']                          # 类别列表

    # 训练朴素贝叶斯分类器
    logprior, loglikelihood, V = train_naive_bayes(D, C)

    # 测试文档
    testdoc = 'I am happy with the quality of this product'
    predicted_class, class_prob = test_naive_bayes(testdoc, logprior,
    loglikelihood, C, V)

    # 输出预测结果
    print("Predicted class:", predicted_class)
    print("Class probabilities:", class_prob)
```

3.2.4　朴素贝叶斯分类器示例

下面给出示例进一步说明朴素贝叶斯分类的具体原理。以下示例选自情感分析任务，设定两个类别，分别是积极（+）和消极（-），采用以下从小说评论中简化的微型训练和测试文档。

🔔注意：为了简便性和通用性，本例会使用英文（英文的单词天然分开，在语料处理上更简便）。

下面给出小说文档的训练集和测试句。

训练集：

- slow-paced and uneventful（节奏缓慢且平淡无奇）

- lacks depth and character development（缺乏深度和角色发展）

- no twists and very little emotional impact（没有转折，情感影响很小）

+ beautifully written prose（文笔优美）

+ the most captivating novel of the year（是年度最引人入胜的小说）

测试句：

? beautifully written and captivating with emotional impact（文笔优美，引人入胜，具有情感冲击）

训练集包含两个正面评价，三个负面评价。根据式（3-11）计算出 $\hat{P}(c)$：

$$P(+) = \frac{2}{5}$$

$$P(-) = \frac{3}{5}$$

现在使用加一平滑公式 $\dfrac{\text{count}(w_i, c) + 1}{\sum\limits_{w \in V} \text{count}(w, c) + |V|}$ 来计算 $\hat{P}(w_i | c)$。

分母部分的词汇表 V 的计算是收集所有训练文档中出现的所有单词。以下是伪代码：

```
V = set()                                    # 初始化词汇表为空集合
# 遍历所有训练文档，收集单词
for d in D:
words_in_doc = set(d['text'].split())        # 利用空格分割文档中的单词
V.update(words_in_doc)                        # 更新词汇表，将文档中的单词添加到集合中
```

在上述代码中使用了一个集合 V 来存储所有训练文档中出现的唯一单词。通过遍历训练文档，将每个文档中的单词拆分并添加到集合中，最终得到了词汇表 V，从而确保 V 包含所有训练文档中的单词，而且每个单词都是唯一的。当前小说文档训练集的词汇表大小为 22。

分母 $\sum_{w \in V} \text{count}(w, c)$ 表示类别 c 中所有单词的总出现次数。这实际上等同于类别 c 中所有文档的长度之和。

测试集中的词分别为'beautifully','written','and','captivating','with','emotional','impact'中除了 with 没有在训练集中出现（作为未知词删除），and 作为 stop_word 去掉，其余的词频 $\hat{P}(w_i|c)$ 分类计算如下：

$$\hat{P}('beautifully'|-) = \frac{0+1}{15+22}$$

$$\hat{P}('beautifully'|+) = \frac{1+1}{10+22}$$

$$\hat{P}('written'|-) = \frac{0+1}{15+22}$$

$$\hat{P}('written'|+) = \frac{1+1}{15+22}$$

$$\hat{P}('captivating'|-) = \frac{0+1}{15+22}$$

$$\hat{P}('captivating'|+) = \frac{1+1}{10+22}$$

$$\hat{P}('emotional'|-) = \frac{1+1}{15+22}$$

$$\hat{P}('emotional'|+) = \frac{0+1}{10+22}$$

$$\hat{P}('impact'|-) = \frac{1+1}{15+22}$$

$$\hat{P}('impact'|+) = \frac{0+1}{10+22}$$

对于测试句子 S ="beautifully written and captivating with emotional impact"，在移除单词 with 与停用词 and 后，通过等式（3-13）计算所选择的类别如下：

$$P(-)P(S|-) = \frac{3}{5} \cdot \frac{1 \times 1 \times 1 \times 2 \times 2}{37^5} = 3.46 \times 10^{-8}$$

$$P(+)P(S|+) = \frac{2}{5} \cdot \frac{2 \times 2 \times 2 \times 1 \times 1}{32^5} = 9.54 \times 10^{-8}$$

正面评价的概率高于负面评价的概率，所以测试句被预测为正面评价。正如这个例子所展示的，使用朴素贝叶斯分类器进行文本分类的好处在于它只需要较小的训练数据集。

3.2.3 节使用 Python 代码说明了朴素贝叶斯分类器的调用方式。也可以直接使用 sklearn
内置函数来实现朴素贝叶斯分类的计算。

```python
import pandas as pd
from sklearn.feature_extraction.text import CountVectorizer
from sklearn.naive_bayes import MultinomialNB
from sklearn.metrics import classification_report

# 步骤 1: 定义数据集
# 创建一个包含文本和标签的数据框
data = pd.DataFrame({
    'text': [
        "I love this product",
        "This product is terrible",
        "Excellent quality and great value",
        "Poor quality and not worth the money",
        "I am very happy with this purchase",
        "This is the best thing I have bought",
        "I hate this product",
        "This is the worst purchase I have made",
        "I am very disappointed with this product",
        "This is an amazing product"
    ],
    'label': [
        'positive',
        'negative',
        'positive',
        'negative',
        'positive',
        'positive',
        'negative',
        'negative',
        'negative',
        'positive'
    ]
})

# 提取文本和标签
text = data['text'].values
labels = data['label'].values

# 步骤 2：将文本数据转换为数值特征向量
# 使用 CountVectorizer 将文本转换为词频向量
vectorizer = CountVectorizer()
features = vectorizer.fit_transform(text)

# 步骤 3: 训练朴素贝叶斯模型
# 使用 MultinomialNB 模型进行训练
nb = MultinomialNB()
nb.fit(features, labels)

# 步骤 4: 在新数据上预测情感
# 新文本数据的情感预测
new_text = ["I love this movie!", "This product is terrible.", "The food was
not tasty."]
new_features = vectorizer.transform(new_text)
new_predictions = nb.predict(new_features)

# 输出新文本的预测结果
```

```
print("New predictions:", new_predictions)

# 步骤 5：生成分类报告以评估模型
# 在训练数据上进行预测并生成分类报告
predictions = nb.predict(features)
print("Classification report:")
print(classification_report(labels, predictions))
```

3.2.5　朴素贝叶斯分类器在情感分析中的应用与优化

1．使用朴素贝叶斯分类器进行情感分析的步骤

（1）收集带有情感标签的数据集：获取一个带有情感标签的数据集，其中每个数据点（如句子）都与一个情感标签配对。清理数据集中的噪声，如特殊字符、标点和停用词。

（2）将文本文档转换为特征向量：使用词袋模型将文本文档转换为特征向量，其中，单词作为特征，它们的频率或出现情况作为特征值。如果需要捕捉上下文，则可以使用 N-gram。

（3）将数据集分为训练集和测试集：将数据集分割为训练集和测试集。在训练集上训练朴素贝叶斯模型并使用测试集评估其性能。

（4）应用朴素贝叶斯算法：将朴素贝叶斯算法应用于训练集。该算法利用其在给定类标签的情况下特征独立的假设，简化了计算过程。

（5）评估训练模型：使用测试集对训练模型进行评估。

（6）找到分类器在测试集上的准确性：计算分类器在测试集上的准确性。

2．提高朴素贝叶斯分类器性能的微调方法

在情感分析中，朴素贝叶斯算法可以用两种方式将文本转换为特征：一是使用单词出现的频率，二是只关心单词是否出现。如果只考虑单词是否出现，就会将每个文档中的单词计数限制为1，即变成二元值（出现为1，未出现为0）。这种方法称为伯努力朴素贝叶斯（Bernoulli Naive Bayes）。在二元朴素贝叶斯中训练时会去除文档里重复的单词，将每个文档转换为一个只包含唯一单词的大文档。同样，在测试文档中也会去除重复的单词。这种处理方式不再关注单词的频率，而是强调单词的存在与否。二元朴素贝叶斯特别适合情感分析等任务，因为在这些任务中，单词的存在往往比它们的出现次数更能反映文档的情感倾向。

在进行情感分析时，处理否定语境是一项重要任务。考虑两个例子：I really enjoy this music（积极）和 I didn't enjoy this music（消极）。其中，didn't 表达了否定，完全改变了我们对动词 enjoy 所做的推断。类似地，否定语境可以改变一个本来消极的词，使其在评论中表达积极的含义。例如，don't dismiss this album（别对这张专辑置之不理）。

为了应对否定语境，一种常见的简单方法是在文本标准化阶段，在逻辑否定标记（如 not、no、never）之后的每个单词前加上前缀 NOT，直到遇到下一个标点符号。例如，短语 didn't enjoy this music，but I 将被转换为 didn't NOT_enjoy NOT_this NOT_music，but I。

这种处理方式的一个基本思想是：在否定词后面的单词都受到否定的影响，从而在模型中为否定语境建立线索。例如，NOT enjoy 和 NOT recommend 这样新形成的"单词"在负面文档中会更频繁地出现，成为负面情感的线索。与此相反，像 NOT bored 和 NOT dismiss 这样的词会更容易被分类为积极评价。需要注意的是，这种简化的处理方式在实际应用中效果

通常不错，但在更复杂的情况下则需要更准确地处理否定词与其影响范围的关系。

在进行情感分析的文本分类时，有时可能没有足够的标记训练数据来训练准确的朴素贝叶斯分类器，尤其是当使用所有单词来估计正面和负面情感时。在这种情况下，可以使用情感词汇表（包含预先标记为正面或负面情感的单词列表）来导出正面和负面单词的特征。4 个常用的情感词汇表是 General Inquirer（Stone 等人，1966 年）、Hu 和 Liu（2004 年）、LIWC（Pennebaker 等人，2007 年）的意见词汇表以及 MPQA 主观词汇表（Wilson 等人，2005 年）。这些词汇表中的单词已经标注为积极或消极。例如，"美丽的"属于正面，而"恐怖的"则属于消极。在使用这些词汇表时，常见的方法是为每个词汇表添加一个特征，当文档中包含该词汇表中的单词时进行计数。可以添加一个名为"这个单词在正面词汇表中出现"的特征，并将该特征的计数视为包含该词汇表中任何单词的文档的数量，而不是分别计算每个单词。特别是在情感分析等文本分类任务中，这种方法具有显著优势：当训练数据有限或与测试差异较大时，使用这些密集的词汇特征而非稀疏的单词特征可以增强模型的泛化能力，从而提升其在测试集上的表现。

3.2.6　朴素贝叶斯分类器在其他领域的应用

除了情感判别之外，朴素贝叶斯分类器在其他领域也被大量使用。在垃圾邮件检测中被广泛使用的原因之一是其简单和高效。它基于贝叶斯定理，通过计算给定某个特征的情况下某个类别的概率来进行分类。在垃圾邮件检测中，特征通常是单词出现的频率或者单词存在与否。

以下是朴素贝叶斯分类器在垃圾邮件检测中的应用举例。

- ❏ 单词频率：对于每个单词，朴素贝叶斯通过训练阶段计算在垃圾邮件和非垃圾邮件中的出现概率。例如，考虑单词"free"，如果在训练阶段发现它在垃圾邮件中出现的概率较高，那么在测试阶段，如果测试邮件包含"free"这个单词，模型更可能会将其分类为垃圾邮件。
- ❏ 条件独立性：朴素贝叶斯分类器做了一个朴素的假设，即每个特征在给定类别的情况下都是独立的。在文本分类中，这意味着每个单词的出现都是相互独立的。虽然这个假设在实际文本中并不总是成立的，但它大大简化了模型的计算。
- ❏ 小数据集适用性：朴素贝叶斯分类器对于相对较小的数据集也能够表现出色，这对于垃圾邮件检测来说是一个优势。因为垃圾邮件的样本往往相对较小，使用朴素贝叶斯可以有效地进行分类。

例如，考虑以下两封邮件：

- ❏ 邮件 1（垃圾邮件）："Congratulations! You've won a free iPhone. Click here to claim your prize!"。
- ❏ 邮件 2（非垃圾邮件）："Meeting scheduled for tomorrow at 10 AM. Please be on time."。

在训练阶段，模型学习到 "Congratulations", "free", "iPhone" 等词在垃圾邮件中出现的概率较高。在测试阶段，如果有一封新的邮件包含类似的单词，那么模型可能会将其识别为垃圾邮件。这是因为这些词在垃圾邮件中的出现概率较高，符合模型的训练结果。这种简单的概率计算使得朴素贝叶斯算法成为垃圾邮件检测的一种有效方法。

除了垃圾邮件分类，朴素贝叶斯算法也常用于语言识别。在语言识别中，模型通常使用 N-gram（如'zin'、'an'等短语片段），而不是以单个单词为单位进行分析。朴素贝叶斯模型可以看作多个类别的"一元语言模型"的组合。一元语言模型是指只考虑单个词的概率分布的模型，而朴素贝叶斯则为每个类别创建一个这样的模型。每个类别的模型都会计算该类别中单词出现的概率。这使得朴素贝叶斯能够通过这些类别的单词概率模型判断一个文本最有可能属于哪个类别。由于这种方法简单、易于计算，朴素贝叶斯被广泛应用于文本分类和语言识别等任务中。

在朴素贝叶斯模型中，由于似然特征为每个单词在给定类别下的概率建模 $P(\text{word}|c)$，因此整个模型也能够为每个句子分配一个概率。这是因为句子中的每个单词都有其在模型中的概率表示，通过这些概率可以计算整个句子的概率。在实际应用中，句子的概率可以用于进一步地分类或执行其他任务。

$$P(s|c) = \prod_{i \in \text{positions}} P(w_i|c) \tag{3-14}$$

其中，$P(s|c)$ 是在类别 c 下生成整个序列 s 的概率；$\prod_{i \in \text{positions}} P(w_i|c)$ 是在类别 c 下，序列 s 中每个位置上的单词 w_i 的条件概率的乘积，这里假设每个位置上的单词是相互独立的；$i \in \text{positions}$，表示遍历序列中每个位置的 i；$P(w_i|c)$ 表示在类别 c 下单词 w_i 出现的概率。

3.2.7　文本分类任务的评估方法

在分类器产生了一系列结果之后，怎样评估模型的好坏呢？本节将继续沿用垃圾邮件分类的例子来说明分类任务的评价标准。在评价标准中有两套系统。第一个是模型的判断（是否垃圾邮件），第二个是人为的判断（被当作正确答案使用）。

这两套系统交织在一起就形成了混淆矩阵（Confusion Matrix），它是一种用于评估分类模型性能的表格，通常用于二元分类问题。

混淆矩阵的一般形式如图 3-1 所示。

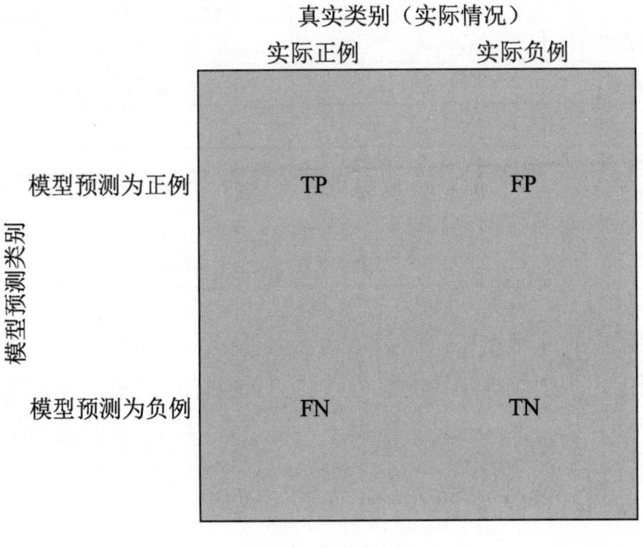

图 3-1　混淆矩阵

在混淆矩阵中，模型的预测结果与实际情况进行对比，得到以下 4 个关键指标：

- 真正例（True Positive，TP）：模型正确地将正例（垃圾邮件）标记为正例的数量。
- 真负例（True Negative，TN）：模型正确地将负例（非垃圾邮件）标记为负例的数量。
- 假正例（False Positive，FP）：模型错误地将负例标记为正例的数量。
- 假负例（False Negative，FN）：模型错误地将正例标记为负例的数量。

在垃圾邮件分类例子中，具体的混淆矩阵如表 3-1 所示。

表 3-1　混淆矩阵及评价指标

	实际垃圾邮件	实际非垃圾邮件	合计
模型预测为垃圾邮件	25	5	30
模型预测为非垃圾邮件	3	67	70
合计	28	72	100

混淆矩阵包含 4 个关键指标：真正例（True Positive，TP）、真负例（True Negative，TN）、假正例（False Positive，FP）和假负例（False Negative，FN）。这 4 个指标可以用来计算以下几个评估指标：准确率（Accuracy）、精确度（Precision）、召回率（Recall）和 F1 分数。

1. 准确率

$$\text{Accuracy} = \frac{\text{TP} + \text{TN}}{\text{TP} + \text{FP} + \text{FN} + \text{TN}} \tag{3-15}$$

准确率（Accuracy）是模型正确预测的样本数占总样本数的比例。它是最直观的评估指标，但在不平衡数据集中可能不是最好的选择，因为指标的不平衡性可能会导致准确率不再是一个能全面评估模型性能的好的指标。假设模型总是将所有邮件预测为非垃圾邮件，则混淆矩阵如表 3-2 所示。

表 3-2　无效模型的混淆矩阵

	实际垃圾邮件	实际非垃圾邮件	合计
模型预测为垃圾邮件	0	0	0
模型预测为非垃圾邮件	28	72	100
合计	28	72	100

以表 3-2 数据为例，在这种情况下，混淆矩阵中没有 True Positive（真正例）和 False Positive（假正例），因为所有邮件都被预测为非垃圾邮件。

$$\text{Accuracy} = \frac{\text{TP} + \text{TN}}{\text{TP} + \text{FP} + \text{FN} + \text{TN}} = \frac{0 + 72}{100} = 0.72$$

虽然模型的准确率看起来不错，但是它实际上存在一个问题：从未成功检测到任何垃圾邮件。在实际应用中，识别垃圾邮件的能力往往更重要。这表明，在处理不平衡数据集时，仅依赖准确率可能具有误导性。在这种情况下，更有价值的是查看其他指标，如召回率和精确度，以更全面地评估模型的表现。

2．精确度

$$Precision = \frac{TP}{TP + FP} \qquad (3-16)$$

精确度（Precision）衡量的是模型在预测为正例的情况下，有多少是真正的正例。具体而言，它关注的是模型所做的正例预测中有多少是正确的。这个指标在一些应用场景中非常重要，尤其是在希望最小化假正例的情况下，比如在医学诊断中，其中一个假正例可能会导致不必要的进一步检查或治疗。

3．召回率

$$Recall = \frac{TP}{TP + FN} \qquad (3-17)$$

召回率（Recall）衡量的是模型正确预测的正例占总正例的比例，它关注的是模型在所有实际正例中成功捕捉到的比例。这个指标在一些应用场景中非常关键，尤其是在希望最小化假负例的情况下，如垃圾邮件检测。

以垃圾邮件检测模型为例，其任务是在用户的收件箱中准确标记所有垃圾邮件。如果模型的召回率较低，则意味着它未能捕捉到许多实际存在的垃圾邮件，用户可能因此收到大量垃圾信息。因此，在这种情况下，应提高召回率，以确保模型能有效识别所有垃圾邮件，减少漏报的情况。

与准确率不同，精确度和召回率在评估模型性能时更关注对正例的准确捕捉。这两个指标专注于系统正确识别的目标，即确保系统能有效找到预期的事物。因此，精确度和召回率的结合提供了更全面的评估，更好地反映模型在特定目标上的表现，而不仅仅是模型在所有样本中预测正确的比例。

4．F1分数

$$F1score = \frac{2 \times Precision \times Recall}{Precision + Recall} \qquad (3-18)$$

F1 分数是一种在精确度和召回率之间提供综合评估的指标。在某些情况下，可能需要在精确度和召回率之间进行权衡，因为在某些应用中，既需要关注模型正确识别正例的能力（召回率），也需要关注被标记为正例的样本中有多少是真正的正例（精确度）。F1 分数强调两者的平衡。当模型在精确度和召回率上均表现良好时，F1 分数会达到较高值，表明模型的性能在这两方面都较为均衡。因此，F1 分数是一个非常有用的工具，特别适用于需要综合考虑模型性能的场景，有助于更全面地评估模型在目标识别上的表现。

3.2.8　多类别分类评估方法

目前的讨论仅涉及两个类别的文本分类任务，但实际上，许多自然语言处理任务涉及多类别分类。例如在图书分类中，需要将图书划分为小说、科幻和历史等多个类别。在这种情况下，需要对精确度和召回率的定义进行调整，以适应多类别情境。

在多类别分类中，评价指标的计算方式有两种：微平均（Microaveraging）和宏平均

（Macroaveraging），它们在综合评估模型性能时有所不同，主要区别在于对每个类别性能的处理方式。

❑ 微平均：将所有类别的正确分类、错误分类和漏分类总数相加，再计算精确度和召回率。这种方法更关注整体的样本数，对类别不平衡的影响更敏感。

❑ 宏平均：分别计算每个类别的精确度和召回率，然后对这些指标取平均值。它对每个类别一视同仁，不管类别的样本数量有多少。这种方法在评估各类别的性能时具有平等性，但对小类别的表现更加敏感。

微平均和宏平均提供了在多类别分类任务中更全面的评估方式，使得模型在处理多个类别时性能可以更清晰地展现出来。

1. 微平均

（1）将所有类别的决策合并成一个混淆矩阵。

（2）计算总的 True Positives（TP）、False Positives（FP）和 False Negatives（FN）。

（3）计算总的精确度（Microaveraged Precision）：

$$\text{Precision}_{\text{micro}} = \frac{\text{TP}_{\text{total}}}{\text{TP}_{\text{total}} + \text{FP}_{\text{total}}} \tag{3-19}$$

（4）计算总的召回率（Microaveraged Recall）：

$$\text{Recall}_{\text{micro}} = \frac{\text{TP}_{\text{total}}}{\text{TP}_{\text{total}} + \text{FN}_{\text{total}}} \tag{3-20}$$

2. 宏平均

（1）计算每个类别的精确度和召回率。

（2）对每个类别的精确度和召回率取平均值。

（3）计算宏平均精确度（Macroaveraged Precision）：

$$\text{Precision}_{\text{macro}} = \frac{\text{Precision}_{\text{类别1}} + \text{Precision}_{\text{类别2}} + \cdots + \text{Precision}_{\text{类别}N}}{N} \tag{3-21}$$

（4）计算宏平均召回率（Macroaveraged Recall）：

$$\text{Recall}_{\text{macro}} = \frac{\text{Recall}_{\text{类别1}} + \text{Recall}_{\text{类别2}} \cdots + \text{Recall}_{\text{类别}N}}{N} \tag{3-22}$$

3. 微平均和宏平均计算例

例如，有一个虚构的图书分类任务，其中有 3 个类别，分别是小说、科幻、历史。混淆矩阵用于展示系统在每个类别中的正确和错误分类数量。下面是一个混淆矩阵示例，如表 3-3 所示。

表 3-3　多类别的混淆矩阵

	真实类别（实际情况）			合　计
	小　说	科　幻	历　史	
模型预测为小说	15	2	1	18
模型预测为科幻	3	12	0	15
模型预测为历史	0	1	18	19
合计	18	15	19	52

1）微平均中的精确率计算方法

计算总的精确度（Total Precision）：计算总的 True Positives（TP）、False Positives（FP）和 False Negatives（FN）。

$$TP_{total}=TP_{小说}+TP_{科幻}+TP_{历史}=15+12+18=45$$

$$FP_{total}=FP_{小说}+FP_{科幻}+FP_{历史}=3+3+1=7$$

计算总的精确度（Total Precision）：

$$Precision_{total}=\frac{TP_{total}}{TP_{total}+FP_{total}}=\frac{45}{45+7}\approx0.865$$

2）宏平均中的精确率计算方法

计算每个类别的精确度：

对于类别"小说"：

$$Precision_{小说}=\frac{TP_{小说}}{TP_{小说}+FP_{小说}}=\frac{15}{15+3}\approx0.833$$

对于类别"科幻"：

$$Precision_{科幻}=\frac{TP_{科幻}}{TP_{科幻}+FP_{科幻}}=\frac{12}{12+3}\approx0.8$$

对于类别"历史"：

$$Precision_{历史}=\frac{TP_{历史}}{TP_{历史}+FP_{历史}}=\frac{18}{18+1}\approx0.947$$

计算精确度和召回率的平均值：

$$MacroAveragedPrecision=\frac{Precision_{小说}+Precision_{科幻}+Precision_{历史}}{3}=\frac{0.833+0.8+0.947}{3}=0.86$$

4. 微平均和宏平均的关键区别：

微平均和宏平均在权重分配和对类别不平衡的处理上存在显著差异。在权重分配方面，微平均将所有类别的样本混合在一起，每个样本对总体指标的权重相同，因此高频类别会对结果产生更大的影响。而宏平均则对每个类别赋予相等的权重，不论类别的样本数有多少，每个类别对总体指标的贡献都相同。在应对类别不平衡性方面，微平均更容易受到高频类别的影响，适用于强调整体样本性能的场景，但可能会掩盖少数类别的表现。相对而言，宏平均能平等地考虑每个类别的表现，更适合在关注少数类别表现时使用。因此，选择微平均或宏平均的方法取决于对不同类别性能的重视程度和具体应用场景的需求。

3.2.9　交叉验证

就像在 3.2.3 节中所讲的，训练模型最起码需要训练集和测试集。使用训练集完成训练之后，将模型应用到测试集中并查看结果。当使用了大量数据作为训练集时，剩下的测试集数据可能就不再具备代表性，因此模型的泛化能力不能得到有效评价。而交叉验证（Cross-validation，CV）可以解决这一问题。交叉验证能够在不牺牲训练数据量的情况下，通过迭代使用所有数据点进行模型的评估，这有助于更准确地估计模型在未参与训练的数据上的泛化性能，提高模型选择的可靠性。

交叉验证可以在训练过程中使用所有数据并在测试阶段充分利用所有数据的原因在于它的数据划分策略和迭代过程。

交叉验证的算法流程一般包括以下步骤：

（1）数据集拆分：将数据集分为训练集和测试集，训练集用于模型学习，测试集用于评估模型在未见数据中的表现。

（2）模型训练：使用训练集训练机器学习模型，使其学习数据中的模式和特征。

（3）模型验证：在测试集上评估训练好的模型，以衡量其泛化能力，即其在新数据中的表现。

（4）迭代优化：根据所采用的交叉验证方法重复以上步骤。常见的有 k 折交叉验证（k-fold cross-validation），其将数据集划分为 k 个子集，每次选取一个子集作为测试集，其余 $k-1$ 个子集用于训练，重复 k 次，可以获得更稳定的模型评估结果。

通过有系统地在不同的数据子集上循环进行训练和测试过程，交叉验证提供了对模型性能的健壮估计，帮助实践者做出关于模型选择的明智决策。

1. k折交叉验证

k 折交叉验证将数据集划分为 k 个大致相等的部分，这些部分称为折（folds），以便在模型训练和测试时更全面地评估性能，有助于克服"仅测试一次"的瓶颈问题。

k 折交叉验证的算法步骤如下：

（1）选择折数 k：通常，k 取 5 或 10，但可以选择小于数据集长度的任何数字。

（2）将数据集分成 k 个部分：将数据集划分为 k 个大致相等的部分。

（3）选择训练集和测试集：在每次迭代中选择 $k-1$ 个折作为训练集，剩下的一个折作为测试集。

（4）训练模型：在每个训练集上训练模型。需要注意的是，每次迭代都要从头训练一个新模型，不依赖于前一次迭代的模型。

（5）进行验证：在测试集上验证模型的性能。

（6）保存验证结果：记录每次迭代的验证结果。

（7）重复步骤（3）至（6），共 k 次：每次选择不同的一个折作为测试集，确保每个折都验证一次。

（8）计算最终得分：对所有迭代的验证结果取平均值，得到模型的最终得分。

可以使用 sklearn 中的 Kfold 函数进行 k-fold 交叉验证：

```python
import numpy as np
from sklearn.model_selection import KFold

# 创建一个具有更多样本的示例数据集
X = np.array([[1, 2], [3, 4], [5, 6], [7, 8], [9, 10], [11, 12]])
y = np.array([1, 2, 3, 4, 5, 6])

# 初始化 k 折交叉验证对象，设置折数为 2
kf = KFold(n_splits=2)

# 遍历每一折
```

```
for train_index, test_index in kf.split(X):
    print("训练集索引:", train_index, "测试集索引:", test_index)

    # 根据索引划分训练集和测试集
    X_train, X_test = X[train_index], X[test_index]
    y_train, y_test = y[train_index], y[test_index]
```

在直接比较中，k 折交叉验证提供了更稳定和可信赖的结果，因为训练和测试是在数据集的多个不同部分进行的。如果增加折数，让模型在更多不同的子数据集上进行测试，则可以使整体评分更加稳健和可靠。然而，k 折交叉验证也有一个缺点：随着折数的增加，需要训练更多的模型，这会使训练成本增加，训练过程拉长。在数据集较大或模型较复杂时这个缺点尤为明显。

2. 留一法交叉验证

留一法交叉验证（Leave-One-Out Cross-Validation，LOOCV）是 k 折交叉验证的一种极端情况。想象一下，如果 k 等于 n，其中 n 是数据集中的样本数量，那么这种 k 折情况就等同于留一法技术。

留一法交叉验证技术的算法步骤：

（1）选择一个样本作为测试集：从数据集中选出一个样本，将其作为当前的测试集。

（2）构建训练集：剩下的 $n-1$ 个样本将组成训练集。

（3）训练模型：在训练集上训练模型。在每次迭代中都需要从头训练一个新模型，不依赖之前的模型。

（4）验证模型：在测试集上进行模型验证，评估其性能。

（5）保存验证结果：记录每次迭代的验证结果。

（6）重复步骤（1）至（5）共 n 次：因为数据集中有 n 个样本，所以需要进行 n 次迭代，每次使用一个不同的样本作为测试集。

（7）计算最终得分：对所有迭代的验证结果求平均值，得到模型的最终得分。

留一法交叉验证在每次迭代中只使用一个样本进行测试，因此能够最大程度地利用数据进行训练，提供对模型性能的全面评估。然而，它的计算成本高，因为需要进行 n 次模型训练和验证，尤其在数据集较大时，训练成本非常高。

调用 sklearn 进行留一法交叉验证如下：

```
import numpy as np
from sklearn.model_selection import LeaveOneOut

# 创建一个包含更多样本的数据集
X = np.array([[1, 2], [3, 4], [5, 6], [7, 8]])
y = np.array([1, 2, 3, 4])

# 初始化 LeaveOneOut 交叉验证对象
loo = LeaveOneOut()

# 通过 LeaveOneOut 进行迭代
for train_index, test_index in loo.split(X):
    # 打印训练集和测试集的索引
    print("训练集:", train_index, "测试集:", test_index)
```

```
# 划分训练集和测试集
X_train, X_test = X[train_index], X[test_index]
y_train, y_test = y[train_index], y[test_index]
```

留一法交叉验证的最大优势在于，它最大程度地利用数据，只需要使用一个样本作为测试集，其余样本作为训练集。与 k 折交叉验证相比，它可以确保每个样本都能作为测试数据，并在其余样本上进行训练。然而，留一法交叉验证需要构建 n 个模型，而不是 k 个，其中，n 是样本数量，通常远大于 k。因此，尽管留一法交叉验证能在模型评估所有样本的泛化能力方面提供全面和可靠的结果，但由于需要训练几个模型，其计算成本较高。基于实际经验和不同研究，5 折或 10 折交叉验证常被优先选择，因为其在确保稳定评估的同时效率更高、成本更低。

交叉验证的一个潜在问题是，所有数据都会被用于测试和验证，这可能导致模型性能被高估。因为在这个过程中，开发者不可避免地会接触到测试集，可能会引入偏见。为了解决这个问题，可以采取固定训练集与测试集的策略。在这种设置中，在训练集内进行 10 折交叉验证，用于训练和调优模型，然后在固定的测试集上进行独立评估。这种方法不仅利用了交叉验证的优点，还能确保在测试过程中开发者未接触到测试数据，从而获得更客观的性能评估。这种策略在自然语言处理系统的设计中尤为有用，有助于更准确地了解系统的行为和性能。

3.2.10　统计显著性检验

像其他科学领域一样，自然语言处理的研究依赖于从实验中得出正确结论的能力。统计显著性测试是这一过程中的关键工具，用于判断实验结果是否具有实际意义和可推广性，或是否需要持保留态度。在比较新方法和已有方法时，性能指标的差异通常微小，因此研究人员会使用显著性测试来验证模型的改进是否真实有效。如果显著性测试选择不当、执行有误，或者在更适合的情况下无法检测到显著结果，那么这种推理就会失败，结果也会失去意义。这种误导性的结论不仅影响研究的进展，而且会导致研究人员在错误的方向上浪费时间和精力。为了确保评估的可靠性，自然语言处理研究人员必须避免这些陷阱，以得出更加稳健和准确的结论。

假设比较分类器 A 和 B 在召回率、准确率等评价指标中的性能，设 $S_A(x)$ 为系统 A 在测试集 x 上的得分，而 $S_B(x)$ 为系统 B 在同一测试集上的得分。定义性能差异为 $\delta(x)$，其计算方式为：

$$\delta(x) = S_A(x) - S_B(x) \tag{3-23}$$

$S_A(x)$ 与 $S_B(x)$ 的差值就是效应大小（$\delta(x)$），用于表示分类器 A 和分类器 B 在特定测试集 x 上的性能差异。效应大小（effect size）是一种用于量化在研究中观察到的差异或效应的统计度量。$\delta(x)$ 反映两个分类器在给定测试集上的表现差异，其值的正负和大小表明这种差异的方向和强度。如果 $\delta(x) > 0$，就可以说明 A 分类器的效果相对更好吗？答案是否定的。这种差异可能是由于偶然因素造成的，而不是因为 A 在所有情境下都明显优于 B。在某个特定的测试集 x 上，A 的 F1 分数较高并不能确保 A 在其他测试集或不同情况下也同样优秀。考虑到数据的随机性以及特定测试集可能存在的特殊性质，单一测试结果并不足以全面评估模型的性能。因此，需要使用更多的测试集和不同的设置来验证模型 $\delta(x)$ 的表现是否一致。通过在多种环境下进行测试，可以更好地了解模型的稳健性和可推广性，从而确保评估结果更加可靠和准确。在这里引入一个新的概念：统计假设检验。

统计假设检验（Statistical Hypothesis Testing）是一种用于判断关于总体参数的陈述是否在样本数据中找到支持的统计方法。该过程基于两个假设：零假设（H_0）和备择假设（H_1）。零假设通常是一种表明没有效应或差异的假设，而备择假设则表明存在一定的效应或差异。

在进行统计假设检验时，首先假设零假设为真，然后通过样本数据来评估这一假设的合理性。回到比较 A 模型和 B 模型的场景，通过明确定义两个假设来进行测试：

$$H_0 : \delta(x) \leqslant 0 \tag{3-24}$$

$$H_1 : \delta(x) > 0 \tag{3-25}$$

❑ 零假设：被称为零假设的 H_0 假设 $\delta(x)$ 实际上是负值或 0，这意味着 A 并不比 B 更好。

而 H_1 备择假设则是推翻零假设，即 A 更好。

在假设检验中，重点在于观察某个统计量（如 $\delta(x)$）在不同抽样情境下的变化。通过对测试集合进行多次随机抽样，并在每次抽样中计算该统计量的值，可以构建一个随机变量 X，用于描述统计量的变异性。

这种多次随机抽样的目的是模拟统计量在不同测试集下的变动情况。在零假设下，所有观察到的差异仅由随机性引起，而非系统性的真实差异。通过在测试集上进行多次随机抽样，可以更准确地模拟零假设成立的情况，从而更好地理解样本随机性如何影响观察结果。这种方法有助于判断观察到的差异是否超出随机变异的范围，从而得出更可靠的结论。

❑ 模拟变异性：不同的随机抽样会导致不同的观察值，因为样本的组合是随机的。

❑ 构建分布是指将多次随机抽样得到的观察值汇总成一个集合，形成一个随机变量。这个随机变量反映了在零假设下可能观察到的差异分布，即它描述了在假设差异仅由随机性引起的情况下，统计量的变异情况。通过这个分布，可以更清晰地理解观察到的差异是否超出了随机变动的范围，从而为后续的显著性检验提供依据。

❑ 计算 p 值是通过比较实际观察到的差异与随机抽样得到的分布来实现的。p 值表示在零假设成立的情况下，观察到的当前差异或更极端情况的概率。换句话说，它衡量的是数据与零假设一致的可能性。如果 p 值足够小，则说明当前差异很可能不是由随机性引起的，这就为拒绝零假设、支持备择假设提供了足够的证据。

$$P\big(\delta(X) \geqslant \delta(x) \big| H_0 \ \text{is} \ \text{true}\big) \tag{3-26}$$

传统的参数检验方法既包括 t 检验（Student's t-test）、方差分析（ANOVA）等参数检验，也包括卡方检验（Chi-squared test）等非参数检验。在自然语言处理等领域，它们往往因为数据分布、样本独立性等假设难以满足而受到限制，主要原因包括以下几点：

❑ 分布假设不成立：传统的参数检验方法通常会对数据的分布做出一些假设，如正态性。然而，在自然语言处理中，很多情况下数据的分布并不满足这些假设。例如，文本数据中的性能度量可能呈现出偏态分布、离散分布或非对称分布。

❑ 样本的非独立性：传统的参数检验通常假设样本是独立同分布的，但在自然语言处理中，文本数据的样本通常具有相关性。例如，文档之间可能存在主题上的相似性，这违反了独立性的假设。

❑ 文本分类准确度：在文本分类任务中，模型的性能通常以准确度（Accuracy）来衡量。准确度是指正确分类的文档数量与总文档数量之比。然而，由于文本分类任务的复杂性，准确度的分布可能并不符合标准正态分布，尤其是在类别不平衡或数据集中存在噪声时。类别不平衡会导致模型倾向于预测多数类，而噪声则可能影响分类结果的稳定性，使得准确度的变异性增大，从而偏离正态分布。

❑ 样本大小不一致：传统的参数检验通常要求样本大小一致，以确保结果的准确性。然而，在实际的自然语言处理任务中，由于数据的不均衡性，不同类别或子集的样本大小可能存在显著差异。这种不一致性会影响检验的有效性和结果的可靠性，需要采用更适应不均衡数据的非参数方法或加权调整方法，以更准确地评估模型的性能。

❑ 非参数性能度量：许多自然语言处理任务使用的性能度量是非参数的，不具有标准的分布形式。例如，BLEU 分数、F1 分数等在计算上并不满足正态性的要求。在自然语言处理任务中，许多性能度量并不一定遵循具有固定参数的传统分布，这使得传统的参数检验方法可能不太适用。

❑ 机器翻译的 BLEU 分数：在机器翻译任务中，BLEU 分数用于衡量机器生成的翻译与参考翻译之间的相似度。BLEU 分数的计算涉及多个组件，是一种非线性、非对称的性能度量。这使得 BLEU 分数的分布形式不一定符合常见的统计分布，也不满足传统参数检验的假设条件。因此，在对 BLEU 分数进行显著性分析时，需要采取适当的非参数检验方法，以确保结果的可靠性。

❑ 命名实体识别的 F1 分数：在命名实体识别任务中，F1 分数通常用于评估模型识别命名实体的性能。F1 分数是精确度和召回率的组合，因此它的分布可能会受到任务特定因素的影响，如类别不平衡或实体类型的多样性。这使得 F1 分数的分布不易通过传统参数检验方法进行建模，因此在分析 F1 分数时，通常需要采用非参数方法来评估其统计显著性和可靠性。

正因为如此，研究人员在自然语言处理中更倾向于使用非参数统计方法或基于抽样的方法统计显著性检验。这些方法更加灵活，对数据分布的假设较少，更适合应对文本数据等复杂场景。3.2.11 节将介绍一种常用的非参数检验方法——配对 Bootstrap 检验。

3.2.11　配对 Bootstrap 检验

配对 Bootstrap 检验（Paired Bootstrap Test）是一种使用自助法（Bootstrap）进行配对样本比较的统计检验。它适用于观察成对值的情况，如在同一实验条件下对两组测量值的比较。Bootstrap 方法通过对原始样本进行有放回的随机抽样来生成多个重抽样样本。Bootstrap（自助法）一词来源于美国俚语，意为"通过自己的鞋带将自己拉起"，即通过自己的努力克服困难的意思。在统计学中，这一概念由统计学家 Bradley Efron 提出，用于解决通过数据自身生成更可靠统计推断的问题。

在自助法中，通过从原始数据集中有放回地抽取样本，可以构建多个自助样本。由于是有放回地进行抽样，所以每个样本都有可能被多次抽取，也有可能在某次抽样中完全没有被选择。这种方法模拟了从样本中反复抽样的情形，就像通过自身努力反复尝试克服困难一样，因此得名 Bootstrap。

Bootstrap 方法的核心思想是利用现有样本构建大量虚拟样本，从而估计总体参数的分布或评估统计量的抽样分布。它的唯一假设是：现有样本是总体的代表。这种方法在统计推断和假设检验中被广泛应用，尤其是在样本较小或难以获取更多数据的情况下，它为统计分析提供了一种灵活而有效的方式。

假设有一个简单的情境，两个自然语言处理模型（模型 A 和模型 B）在垃圾邮件分类任务中的性能需要进行比较。测试集包含 20 个样本，每个样本都有一个真实标签（1 或 0），其中 1 表示垃圾邮件（正类别），0 表示非垃圾邮件（负类别）。通过评估模型在这 20 个样本上的分类结果，可以判断它们的表现，并通过统计检验进一步比较两者的性能差异。

模型 A 和模型 B 分别对这 20 个样本进行了预测，结果如下：

```
样本编号：   1  2  3  4  5  6  7  8  9  10 11 12 13 14 15 16 17 18
19 20
真实标签：   1  0  1  0  1  1  0  0  1  1  0  1  0  1  0  1  0  1
0  1
模型 A 预测： 1  0  1  0  1  0  0  0  1  1  0  1  1  1  0  1  0  1
0  1
模型 B 预测： 1  1  1  0  1  1  0  0  0  1  0  1  1  1  0  1  1  1
0  1
```

在这个例子中，可以计算模型 A 和模型 B 在准确度（Accuracy）上的差异，即 $\delta(x)$。假设准确度是度量标准，那么：
- 模型 A 的准确度是 $18/20=0.9$；
- 模型 B 的准确度是 $16/20=0.8$。

因此，$\delta(x)=0.9-0.8=0.1$，表示模型 A 相对于模型 B 在准确度上的提升为 0.1。

接下来，通过创建虚拟测试集可以评估模型 A 是否在某个性能指标上确实优于模型 B，而不仅仅是在给定的测试集上表现更好。通过构建大量虚拟测试集，并在每个虚拟测试集上计算性能指标（如 $\delta(x^i)$），可以获得一个模拟分布。这种分布提供了对模型 A 和 B 之间性能差异的更全面的理解，从而揭示它们在不同情境下的差异表现。

创建大量虚拟测试集 x^i 的过程（每个虚拟测试集的大小为 $n=20$）的具体步骤如下：

（1）需要创建 b 个虚拟测试集，其中 b 是一个大的数据，如 10^6。

（2）每个虚拟测试集 x^i 都包含 $n=20$ 个元素，模拟原始测试集的大小。

（3）为了创建每个虚拟测试集 x^i 的每个元素，需要从原始测试集 x 的行中进行有放回地抽样，共进行 $n=20$ 次。也就是说随机选择一个样本，将其复制到虚拟测试集中，并且在下一次抽样时同一个样本有可能再次被选中，因为这是有放回的抽样。

（4）这个过程重复 b 次，每次都生成一个新的虚拟测试集。

这个过程通过模拟从原始测试集中随机选择样本的方式，生成了大量的虚拟测试集，为后续的统计显著性测试提供了数据基础。在假设 H_0（即 A 不比 B 更好）的情况下，我们对于 $\delta(X)$ 的期望是 0。如果在许多测试集上观察到的 $\delta(x^{(i)})$ 明显超过了 0 期望值，那么这是不寻常的。这种异常程度可以通过计算 p 值来量化，即在多个测试集上统计有多少次 $\delta(x^{(i)})$ 超过了 0 期望值。通过比较在虚拟测试集上观察到的性能差异和实际观察到的性能差异，可以计算出一个 p 值，该 p 值表示在零假设下，观察到的性能差异或更极端的差异的概率。如果 p 值很小，就有足够的证据拒绝零假设，即支持 A 在性能上优于 B。这是统计显著性测试的基本思想。这一过程通过从原始测试集中随机抽样，从而生成大量虚拟测试集，为后续的统计显著性测试提供了数据基础。在假设（即模型 A 不优于模型 B）的情况下，对 $\delta(X)$ 的期望是 0。如果在许多虚拟测试集上观察到的 $\delta(x^{(i)})$ 明显超过了 0 期望值，则这种结果是异常的。

$$\text{p-value}(x) = \frac{1}{b}\sum_{i=1}^{b} 1_{\left\{\delta\left(x^{(i)}\right) \geqslant \delta(x)\right\}} \tag{3-27}$$

❑ p-value(x) 表示在观察到的测试集 x 上计算的 p 值。

❑ b 是创建的虚拟测试集的数量。$\delta(x^{(i)})$ 是在第 i 个虚拟测试集上计算的性能差异。$\delta(x)$ 是在实际测试集 x 上观察到的性能差异。$1_{\left\{\delta\left(x^{(i)}\right) \geqslant \delta(x)\right\}}$ 是指示函数，如果 $\delta(x^{(i)})$ 大于或等于 $\delta(x)$，则为 1，否则为 0。

假设 A 不比 B 更好，在许多测试集上的期望值是 0，但对于我们创建的测试集并非如此，因为并没有从均值为 0 的分布中抽取这些样本；相反，虚拟测试集是从原始测试集 x 中创建的，而该测试集对 A 有一定的偏向（上例的偏差为 0.1）。所以，需要在指示函数的不等式右端再加上这个偏向（$\delta(x)$）：在假设 A 不比 B 更好的情况下，$\delta(X)$ 在许多测试集上的期望值应该是 0。然而，对于通过 Bootstrap 创建的虚拟测试集而言，这个期望值可能并非如此。因为这些虚拟测试集并非从均值为 0 的理想分布中抽取的；相反，它们是从原始测试集 x 中创建的，而原始测试集对模型 A 可能有一定的偏向（如上例中的偏向为 0.1）。

$$\text{p-value}(x) = \frac{1}{b}\sum_{i=1}^{b} 1_{\left\{\delta\left(x^{(i)}\right) \geqslant 2\delta(x)\right\}} \tag{3-28}$$

通过在指示函数中将不等式右端调整为 $2\delta(x)$，这一计算方法更准确地校正了原始测试集中可能存在的偏向，确保 p 值更合理地反映模型 A 和模型 B 之间的性能差异是否具有统计显著性。

在假设检验中，还有一个重要的概念是显著性水平（significance level），通常用 α 表示。显著性水平是我们在进行假设检验时所设定的一个阈值，用于决定 p 值的大小是否足够小，从而拒绝零假设。常见的显著性水平包括 0.05 或 0.01。在假设检验中，显著性水平是一个关键概念，通常用 α 表示。显著性水平是一个预先设定的阈值，用于判断 p 值是否足够小，从而决定是否拒绝零假设。

❑ 如果 p 值小于或等于显著性水平 α，则认为观察到的差异不可能是随机性引起的，从而有足够的证据拒绝零假设。

❑ 常见的显著性水平是 0.05 或 0.01，对应于 5% 或 1% 的允许错误概率。

换句话说，显著性水平表示在零假设下犯错的最大容忍概率。如果 $\alpha = 0.05$，最多允许有 5% 的可能性是由于随机性而导致的错误结论。换句话说，当 p 值小于 0.05 时，即使可能存在 5% 的概率是由随机波动引起的差异，也会拒绝零假设，认为观察到的差异是显著的。

配对 Bootstrap 检验的 Python 代码如下：

```python
import numpy as np
from joblib import Parallel, delayed

def calculate_accuracy(y_true, y_pred):
```

```
    """计算模型的准确度"""
    return np.mean(y_true == y_pred)

def randomly_select_with_replacement(data, n):
    """从数据中有放回地随机抽取 n 个样本"""
    indices = np.random.choice(len(data), size=n, replace=True)
    return data[indices], indices

def bootstrap_delta(y_true, y_pred_a, y_pred_b, n, bias, delta_x):
    """生成一个虚拟测试集，并计算模型 A 和 B 的准确度差异"""
    y_bootstrap, indices = randomly_select_with_replacement(y_true, n)
    pred_a_bootstrap = y_pred_a[indices]
    pred_b_bootstrap = y_pred_b[indices]

    # 计算虚拟测试集上的准确度差异
    delta_i = calculate_accuracy(y_bootstrap, pred_a_bootstrap) - calculate_
accuracy(y_bootstrap, pred_b_bootstrap)
    return delta_i >= 2 * delta_x + bias

# 样本的真实标签和模型预测
y_true = np.array([1, 0, 1, 0, 1, 1, 0, 0, 1, 1, 0, 1, 0, 1, 0, 1, 0, 1, 0,
1])
y_pred_a = np.array([1, 0, 1, 0, 1, 0, 0, 0, 1, 1, 0, 1, 1, 1, 0, 1, 0, 1,
0, 1])
y_pred_b = np.array([1, 1, 1, 0, 1, 1, 0, 0, 0, 1, 0, 1, 1, 1, 0, 1, 1, 1,
0, 1])

# 计算原始测试集的准确度差异 δ(x)
delta_x = calculate_accuracy(y_true, y_pred_a) - calculate_accuracy(y_true,
y_pred_b)

# 设置参数
n = len(y_true)                        # 每个虚拟测试集的大小
b = 100000                             # 虚拟测试集的数量
bias = 0.0                             # 模拟的偏向值，这里设为 0

# 并行计算虚拟测试集上的性能差异
s = Parallel(n_jobs=-1)(delayed(bootstrap_delta)(y_true, y_pred_a, y_pred_b,
n, bias, delta_x) for _ in range(b))

# 步骤 4：估计 p-value(x) ≈ s / b
p_value = sum(s) / b

# 显示 p 值
print("Estimated p-value:", p_value)

# 显著性水平
alpha = 0.05

# 判断是否拒绝零假设
if p_value < alpha:
    print("Reject the null hypothesis: Model A is significantly better than
Model B.")
else:
    print("Fail to reject the null hypothesis: Not enough evidence to suggest
Model A is significantly better than Model B.")
```

参 考 文 献

[1] Aggarwal C C, Zhai C. A survey of text classification algorithms[M]//Aggarwal C C, Zhai C. Mining text data. New York: Springer, 2012: 163-222.

[2] Berg-Kirkpatrick T, Burkett D, Klein D. An empirical investigation of statistical significance in NLP[C]//Proceedings of the 2012 Joint Conference on Empirical Methods in Natural Language Processing and Computational Natural Language Learning （EMNLP-CoNLL）. Jeju Island, South Korea: Association for Computational Linguistics, 2012: 995-1005.

[3] Hastie T, Tibshirani R J, Friedman J H. The elements of statistical learning[M]. 2nd ed. New York: Springer, 2001: 405-423.

[4] Pang B, Lee L. Opinion mining and sentiment analysis[J]. Foundations and Trends in Information Retrieval, 2008, 2 （1-2）: 1-135.

[5] Søgaard A, Johannsen A, Plank B, Hovy D, Alonso H M. What's in a p-value in NLP?[C]//Proceedings of the 18th Conference on Computational Natural Language Learning （CoNLL）. Baltimore, MD: Association for Computational Linguistics, 2014: 20-28.

第 4 章　语言建模任务和 *N*-gram 模型

语言是一种与时间密切相关的复杂现象。无论是口语交流还是书面表达，它都表现为一个随时间推移而变化的连续信息流。这种时间特性在对话的流畅性、新闻的实时更新以及社交媒体的信息流中尤为明显。一些语言处理算法也展现了这种时间属性。例如，在隐马尔可夫模型（Hidden Markov Model）中，维特比算法通过顺序处理输入的每个单词并累积信息，实现词性标注。相比之下，其他机器学习方法（如情感分析或文本分类）通常假设能够同时访问输入数据的所有部分，无须按时间顺序来处理。

对时间的敏感性直接推动了语言建模的重要性，这是自然语言处理的一个基本任务。语言建模的核心在于计算单词序列的出现概率，这对于语音识别和垃圾邮件过滤等应用至关重要，也是许多先进自然语言处理模型的驱动力。语言建模主要有两种方法：统计语言建模和神经语言建模。统计语言建模（如 *N*-gram 模型）通过统计分析来预测词序列，注重短期词依赖。而神经语言建模则通过神经网络（如词嵌入）捕捉语言的复杂模式和长期依赖关系，尤其在语音识别和机器翻译等复杂任务中表现出色。GPT 便是一种大语言模型（Large Language Model，LLM），属于语言建模技术。本章将解释语言建模任务的定义，并介绍统计语言建模的基础模型：*N*-gram 模型。

4.1　语言建模简介

语言建模和概率预测之所以重要，是因为它们在处理不确定性和改进语言处理任务的准确性方面起着关键作用。

- ❑ **语音识别中的概率应用**：考虑语音识别系统需要从不清晰的语音输入中识别出正确的话语。例如，系统需区分"我将马上到家"（Ich werde bald zu Hause sein）和听起来相似但意思不同的"我将是汤匙"（Ich werde Loeffel sein）。在这里，知道 zu Hause bald 比 Loeffel sein 出现的概率高，有助于系统更准确地理解用户的话语。
- ❑ **写作工具中的概率应用**：在拼写或语法纠错工具中，概率用于识别和纠正写作中的错误。例如，系统需要识别"他们将赢得比赛"（Sie werden das Spiel gewonnen）中的错误，正确的是 Sie werden das Spiel gewinnen。在这个例子中，werden gewinnen 比 werden gewonnen 可能更正确，因此系统可以通过这种概率信息来纠正错误。
- ❑ **机器翻译中的概率应用**也非常关键，它帮助翻译系统在多个可能的翻译选项中选择最合理的一个。例如，假设我们正在翻译一个简单的德语句子为英语：

德语句子："Ich gehe zur Schule."

可能的英语翻译有：

❑ "I go to the school."

❑ "I am going to school."

虽然这两个英文句子都是对德语句子的合理翻译,但是在大多数情况下,I am going to school 更符合英语的日常用法。一个有效的翻译模型会使用概率来判断哪个翻译更自然,更符合语言习惯。在这种情况下,模型可能会认为 I am going to school 比 I go to the school 有更高的概率,因此选择它作为翻译结果。通过分析大量的双语数据,机器翻译系统学会了评估不同翻译选项的概率,并且能够基于这些概率来做出更准确、自然的翻译选择。这就是概率在机器翻译中的作用,它使翻译结果更加流畅,符合目标语言的表达习惯。

在自然语言处理任务中,概率帮助系统可以准确地识别和理解含糊、复杂的语言元素,从而提高整体性能和用户体验。语言建模(Language Modeling)的目的是判断某个词序列是否"符合习惯"。这里的符合习惯并不等同于语法上的正确性,而是指该词序列是否符合人们的书写和表达习惯,这是语言模型所学习的核心内容。语言模型作为一种工具,能够以简洁的方式整合大量信息,并在不同情境下反复使用。更正式地说,语言模型是一种用于估计词序列(如句子或短语)出现概率的模型。它能够基于给定的单词序列(上下文)来预测下一个单词的概率,或者评估整个句子或文本片段的概率。通过这种方式,语言模型不仅能识别语言中的规律和模式,还能够应用于文本生成、语音识别、机器翻译等多种自然语言处理任务。

语言模型通过分析大量文本数据来学习单词序列的概率分布,从而能够预测在特定上下文中哪个词最有可能接下来会出现。例如,在句子 I enjoy drinking a cup of _____ in the morning 中,语言模型的任务是预测空缺处最可能的词汇。在这个示例中,语言模型会计算所有可能填入空白处的词(即词汇表中的每个词)的概率。语言模型会为每个可能的单词提供一个概率值,指示该词在特定序列后出现的可能性。在上述句子中,coffee(咖啡)、tea(茶)、juice(果汁)、milk(牛奶)都是合理的填充词,但每个词的出现概率可能不同,这取决于人们的习惯。

给定一系列单词后,计算下一个词的概率分布的数学表达式为:

$$P\left(x^{(t+1)}\middle|x^{(t)},\cdots,x^{(1)}\right) \tag{4-1}$$

$x^{(t+1)}$ 可以是词汇表中的任意单词。词汇表指模型可以选择的所有可能单词的集合。理想情况下,这个词汇表应该包含在给定语言中使用的所有单词。它的数学表达式如下:

$$V=\left\{w_1,\cdots,w_{|V|}\right\} \tag{4-2}$$

语言模型不仅可以预测单个词的出现,还可以为整个文本片段(如句子或词序列)分配概率。这意味着语言模型能够评估特定的文本组合在给定语言中出现的可能性,从而判断其是否符合语言的常见模式。语言模型通过计算一系列单词按特定顺序出现的概率来实现这一点。例如,如果有一个文本序列 $w^{(1)},\cdots,w^{(T)}$,那么这段文本的整体概率可以表达为:

$$P\left(w^{(1)},\cdots,w^{(T)}\right)=P\left(w^{(1)}\right)\cdot P\left(w^{(2)}\middle|w^{(1)}\right)\cdots P\left(w^{(T)}\middle|w^{(T-1)},\cdots w^{(1)}\right)=\prod_{t=1}^{T}P\left(w^{(t)}\middle|w^{(t-1)},\cdots,w^{(1)}\right)$$

$$\tag{4-3}$$

这种方式通过计算当前单词在给定上下文中的条件概率来逐步推导出整个序列的概率。

在实际应用中,计算某个特定词序列(如 $\left\{w^1,\cdots,w^m\right\}$)的概率时,模型通常只考虑有限的上下文信息。对于序列中的某个词 w^i，模型不会考虑它之前的所有单词，仅关注前面的固定数量（n）个单词。这种方法被称为"窗口化"方法，它能够简化计算过程，并帮助模型更有效地捕捉和利用局部上下文信息。例如，在一个 bigram（2-gram）模型中，每个词的概率只取决于其前面的一个词；而在 trigram（3-gram）模型中，每个词的概率则取决于前面两个词。经过窗口化处理后，序列的概率公式可以重新写成：

$$P\left(w^{(1)},\cdots,w^{(T)}\right)=\prod_{i=1}^{i=m}P\left(w^{(i)}\middle|w^{(1)},\cdots,w^{(i-1)}\right)\approx\prod_{i=1}^{i=m}P\left(w^{(i)}\middle|w^{(i-n)},\cdots,w^{(i-1)}\right) \tag{4-4}$$

在这个改写的公式中，原来的条件概率 $P\left(w^{(i)}\middle|w^{(1)},\cdots,w^{(i-1)}\right)$ 被替换为只考虑前 n 个单词的条件概率 $P\left(w^{(i)}\middle|w^{(i-n)},\cdots,w^{(i-1)}\right)$，实现了概率估计的"窗口化"。

4.2　*N*-gram 模型简介

在机器翻译过程中，系统会为输入的每个句子或短语生成多个可能的词序列，并对这些序列进行评分，以确定哪个序列最有可能是正确的翻译。评分过程基于概率函数评估不同词序和词汇的可能性，并为每个词序列分配一个优度评分。系统通过这种概率评分来判断哪个词序列最符合目标语言的表达习惯。最终，得分最高的词序列被选为翻译的输出。这种方法使得翻译系统能够更好地模拟人类的语言习惯，从而生成自然、流畅的翻译结果。语言模型是通过分析历史文本的上下文来预测下一个单词的出现概率。在实际应用中，计算一个单词在特定上下文中的概率往往需要在大量的语料库上进行训练。*N*-gram 模型是语言建模中基础的概率模型之一，它通过捕捉局部的上下文关系提供了一种简化的方式来估算词序列的概率。

4.2.1　为何需要使用 *N*-gram 模型

首先考虑前面提到的语言模型的典型任务：在给定一段历史文本 h 的情况下，计算某个特定单词 w 出现的条件概率 $P(w|h)$。假设历史文本 h 是 The sun is shining brightly，需要估计下一个单词是 today 的概率，即 P(totay| The sun is shining brightly)。

为估算这个概率，可以采用最直接的相对频率计数法。这需要使用一个大型语料库，统计 The sun is shining brightly 这个短语出现的次数，以及该短语后面紧跟着 today 这个词的次数。这个计算过程实际上是在回答以下问题："在观察到的所有历史文本 h 中，有多少比例是紧接着单词 w（此处为 today）出现的？"具体计算方式如下：

$$P(\text{totay}|\text{ The sun is shining brightly})=\frac{C(\text{The sun is shining brightly today})}{C(\text{The sun is shining brightly})}$$

其中，C(The sun is shining brightly today)表示在语料库中出现 The sun is shining brightly today 这一完整短语的次数，而 C(The sun is shining brightly)是 The sun is shining brightly 这个短语的总出现次数。这种方法利用了大量文本数据中的统计信息来估计特定词序的概率。

然而，直接从文本计数中估计语言模型的概率存在很大局限性。由于语言的多样性和创造性，不断有新的句子和表达方式出现，许多句子或词组在现有语料库中可能根本没有出现过，或者出现频率极低。因此，即使是庞大的互联网资源也无法涵盖所有可能的语言表达。例如，稍微改变句子的结构（如 The sun shines brightly today）就可能在语料库中找不到相应的例子。这说明在实际应用中，语言模型需要采用更复杂的方法来处理语言的多样性，而不仅仅依赖于直接的频率计数。

4.2.2　*N*-gram 模型的定义

N-gram 模型基于一组连续的单词（如单词、双词、三词或四词序列）构建，通过统计这些词组在文本中出现的频率来预测接下来可能出现的单词。*N*-gram 模型将文本划分为 *n* 个连续单词组成的片段，用于估计这些片段在语言中出现的概率。在这个模型中，*n* 指序列中单词的数量。例如：

- 单词（unigrams）：sun, shines, brightly, today。
- 双词（bigrams）：这是由两个连续单词组成的序列。例如，bigrams 可以是 sun shines, shines brightly 或 brightly today。
- 三词（trigrams）：这是由三个连续单词组成的序列。例如，trigrams 可以是 sun shines brightly 或 shines brightly today。

bigram（二元模型）就是这样一个简化的例子，它仅用一个词的前一个词的条件概率 $P\left(w^{(t)}\middle|w^{(t-1)}\right)$ 来近似估计这个词 $w^{(t)}$ 基于所有之前的词 $w^{(1:t-1)}$ 出现的概率 $P\left(w^{(t)}\middle|w^{(1:t-1)}\right)$。

$$P\left(w^{(t)}\middle|w^{(1:t-1)}\right) \approx P\left(w^{(t)}\middle|w^{(t-1)}\right) \tag{4-5}$$

例如，对于句子 The cat sat on the，在一个更复杂的模型中，可以计算整个短语后面接 mat 的概率，即 $P(\text{mat}|\text{The cat sat on the})$。但在双词模型（bigram）中，这个概率被简化为仅考虑 the 之后出现 mat 的概率，即 $P(\text{mat}|\text{the})$。这种近似方法显著减少了计算的复杂性，使模型更易于实现和训练。通过这种方式，bigram 模型将复杂的概率估计问题简化为只考虑紧接在特定词之后的单个词的概率。尽管这种方法无法完全捕捉长距离的依赖关系，但对于许多实际应用而言，它是一个高效且实用的解决方案。正如前面提到的，*N*-gram 模型假设在 *n* 之前的词对当前词的出现概率没有影响。这涉及一个潜在概念：马尔可夫假设。马尔可夫假设是概率论和统计学中常见的概念(尤其在处理序列数据时)。它假设一个系统的未来状态仅依赖于其当前状态，与更早的历史状态无关。这种假设在简化复杂系统分析中非常有用，因为它允许只关注当前状态，无须考虑整个历史。

在自然语言处理特别是在构建语言模型时，马尔可夫假设常表现为这样一种假定：一个词的出现概率仅依赖于它前面的有限个。例如，在 bigram 模型（二元模型）中，每个词的出现概率仅依赖于前面的一个词；而在 trigram 模型（三元模型）中，每个词的出现概率则依赖于前面两个词。这种假设极大地简化了概率模型的计算，因为它减少了需要考虑的上下文长度，从而使模型更易于实现和训练。

当把上述二元模型的例子推广到 *N*-gram 模型中时，可以把式（4-5）一般化如下：

$$P\left(w^{(t)}\middle|w^{(1:t-1)}\right) \approx P\left(w^{(t-n+1)}\middle|w^{(t-1)}\right) \tag{4-6}$$

现在通过结合两个方程式：式（4-6）代入式（4-3）来估算整个词序列出现的综合概率。

$$P\left(w^{(1)},\cdots,w^{(T)}\right)\approx\prod_{t=1}^{T}P\left(w^{(t-n+1)}\Big|w^{(t-1)}\right) \tag{4-7}$$

那么如何计算 *N*-gram 概率（$P\left(w^{(t-n+1)}\big|w^{(t-1)}\right)$）呢？可以从观测数据（即语料库中的词序列）出发，并试图找到一组模型参数，使得这些观测数据的出现概率达到最大化。这种方法称为最大似然估计（Maximum Likelihood Estimation，MLE）。

为了简化复杂度，以下计算步骤以二元模型为例（$P\left(w^{(t)}\big|w^{(1:t-1)}\right)\approx P\left(w^{(t)}\big|w^{(t-1)}\right)$）：

（1）观测数据概率：在最大似然估计（MLE）中，目标是最大化整个数据集（即语料库）中观测到的词序列的联合概率。这种做法基于一个假设，即语料库中的词序列分布可以代表真实世界中的语言的使用情况。

（2）频次作为概率：在二元模型（bigram）中，计算每个 bigram（两个连续词的组合）在语料库中出现的频次：$\text{Count}(w_1,w_2)$。这些频次被用作估算 bigram 出现概率的基础。这种方法实际上是利用语料库中的实际观测数据来估计概率。

（3）概率标准化：标准化的过程涉及将每个 *N*-gram 的计数除以某个因子，使得最终结果是一个 0～1 之间的概率值。通常通过将特定 *N*-gram 的计数除以前缀相同的所有 *N*-gram 计数之和（即前面 $n-1$ 个词序列出现的总频次）来实现。例如，在 bigram 模型中，一个特定 bigram 的概率应该是该 bigram 计数除以前一个词出现的总频次。以二元模型为例，每个 bigram 的频次除以它的第一个词出现总频次。这个过程实际上是将 bigram 的频次标准化为条件概率，即给定第一个词后第二个词出现的概率（式 4-8）。同理，如果 n 为 3（即 trigram），用于预测下一个单词的窗口就包括当前单词之前的两个单词（式 4-9）。

$$P\left(w_2|w_1\right)=\frac{\text{Count}\left(w_1,w_2\right)}{\text{Count}\left(w_1\right)} \tag{4-8}$$

$$P\left(w_3|w_1,w_2\right)=\frac{\text{Count}\left(w_1,w_2,w_3\right)}{\text{Count}\left(w_1,w_2\right)} \tag{4-9}$$

这种通过将一个特定序列的观测频率除以其前缀的观测频率来估计 *N*-gram 概率的比率被称为相对频率。相对频率是一种常见的方法，用于通过统计语料库中的 *N*-gram 出现次数来估算条件概率。在 *N*-gram 模型中，它表示给定前 $n-1$ 个单词后，第 n 个单词出现的可能性。

（4）最大化观测数据概率：这种方法选择的参数（即 bigram 的概率）是使整个语料库中观测到的 bigram 序列出现概率最大的参数。换句话说，这意味着假设语料库中 bigram 的出现方式代表它们在真实语言中的分布情况，那么通过这种最大似然估计（MLE）方法，模型可以找到最符合语料库中的数据的概率参数，从而更好地预测新的 bigram 序列。

现在用（<s> she likes italian </s>）这个句子举例（</s>为开始和结束标记）。

假设有以下一些相对概率（即已得到第三步的结果）：

$$P(\text{she}|\text{<s>}) = 0.20$$
$$P(\text{likes}|\text{she}) = 0.05$$
$$P(\text{italian}|\text{likes}) = 0.4$$
$$P(\text{</s>}|\text{italian}) = 0.7$$

现在可以计算像 She likes Italian 这样的句子的联合概率，简单地将相应的 bigram 概率相乘：

$$P(<s> \text{ she likes Italian } <s>) = P(\text{she}|<s>)\ P(\text{likes}|\text{she})\ P(\text{italian}|\text{likes})\ P(</s>|\text{italian})$$
$$= 0.2 \times 0.05 \times 0.4 \times 0.7 = 0.0028$$

在这个例子中，句子的概率是由各个 bigram 的条件概率相乘得到的。这种方法基于马尔可夫假设，即假定每个单词的出现只依赖于前一个单词，从而简化了对整个句子概率的计算。

为了更加简单地说明，这里使用了二元模型（bigram），但在实际情况中，使用三元模型、四元模型甚至五元模型更为常见。因为更长的词组能够捕捉到更多的上下文信息。

另外，由于概率本身总是小于或等于 1，因此多个概率相乘会导致非常小的结果，可能会引发数值下溢。因此，通常采用对数概率而非原始概率来避免这种情况。在对数形式下，概率的值不会太小，并且在对数空间中进行加法运算等价于在原始空间中进行乘法运算，这样可以简化计算并减少数值不稳定性。通过相加对数概率来合并它们，所有的计算和存储都在对数空间中进行。只有在需要报告结果时才将其转换回原始概率，这可以通过对最终的对数概率求指数来实现：

$$p_1 \times p_2 \times p_3 = \exp\left(\log p_1 + \log p_2 + \log p_3\right) \tag{4-10}$$

这种方法确保了计算的稳定性，并避免了由于概率相乘而导致的下溢问题。

总的来说，N-gram 模型通过分析词序在大量文本中的出现频率，来估计在给定前几个词的情况下序列中下一个词出现的概率，或者为整个词序列分配概率。例如，给定 quick brown，模型可以估计 fox 作为下一个词的出现概率。虽然 N-gram 模型结构简单，但是它对于理解更复杂的语言模型（如基于 RNN 和 Transformer 架构的模型）的基本原理至关重要。在术语上，N-gram 既可以指代词序列本身，也可以指代用于预测这些序列的模型。例如，通过分析 sun rises in the 这个四词序列的出现频率，可以帮助预测在类似语境下可能出现的词汇。这种方法使得 N-gram 模型能够基于历史数据来估计词序的概率，是语言模型中的一种基本形式。

4.3　N-gram 模型的评价方法

在实际应用中，并不直接使用原始概率进行语言模型的评估，而是采用一种称为困惑度（perplexity，PPL）的指标来衡量模型预测样本准确性的能力。困惑度在自然语言处理中的作用是捕捉模型在预测时的"不确定度"程度，即衡量模型对文本的预测质量。作为句子中的概率分布，语言模型不仅能够生成合理、类似人类写作的句子（如果模型足够优秀），还可以评估现有句子的质量。

困惑度反映了模型在为一个句子分配概率时的信心。对于一篇写得好的文档，好的语言模型应为其分配更高的概率，显示较低的困惑度。而对于质量较差的文本，困惑度应较高，因为模型在这种情况下应表现出更高的"不确定度"。换言之，模型在面对高质量文档时不应感到"困惑"。困惑度越低，表示模型对下一个词的预测越准确；困惑度越高，则说明模型越"困惑"，对预测结果的把握越低。

困惑度的数学表达式如下：

$$\text{PPL}(W) = p\left(w_1, w_2, w_3 \cdots w_n\right)^{-\frac{1}{N}} = \left(\prod_{i=1}^{N} \frac{1}{p\left(w_i | w_1, w_2, w_3, w_{i-1}\right)}\right)^{\frac{1}{N}} \tag{4-11}$$

由式（4-11）可知，困惑度（Perplexity，PPL）与词序列的条件概率成反比。这意味着降低困惑度（即提高模型对词序列的条件概率）是提升语言模型性能的关键目标。在测试集上计算整个词序列的条件概率并将其转换为困惑度，可以得到模型在处理新数据时的平均"不确定性"或"困惑"程度的度量。困惑度越低，表明模型对数据的处理能力越强，预测能力更准确。

1. 使用困惑度（PPL）的理由

需要注意的是，困惑度计算使用的词序列通常涵盖测试集中的所有词序列，包括多个句子。因此，在计算困惑度时，必须考虑每个句子的开始标记（<s>）和结束标记（</s>），以确保正确地处理句子边界。在计算词的总数 *N* 时，需要包含每个句子的结束标记 </s>，但不包括开始标记 <s>。这样处理可以更准确地衡量模型在预测句子结构和边界时的表现，从而提高困惑度计算的准确性。使用 PPL 而非原始概率的理由主要包括以下几点：

- ❏ 概率值过小：随着句子长度增加，原始概率的乘积会变得非常小，尤其对于长句子或多词文档。这会导致数值不稳定，如出现数值下溢问题，即连乘的概率值变得过小，超出计算机的精确表示范围。
- ❏ 可比性问题：不同长度的句子包含不同数量的词，它们的概率乘积会受到句子长度的影响。因此，句子长度对概率乘积的影响会干扰对模型性能的客观评估，使不同长度句子之间缺乏可比性。
- ❏ 困惑度的优势：困惑度（Perplexity）通过对概率取倒数并归一化来解决上述问题。它提供了一种标准化的评估方法，使不同长度的句子或文本可以公平比较。困惑度越低，表示模型对数据的预测越准确，即模型在处理测试数据时"困惑"越少。
- ❏ 评估复杂度：原始概率要求模型对每个可能的词序列都估计一个概率值。对于大型词汇表和长文本，这种计算非常复杂。困惑度通过计算整个测试集上的平均概率，提供了一个更简洁的性能度量。

2. 对于困惑度的直观理解

困惑度可以看作语言模型在预测下一个词时平均需要考虑的选项数。困惑度越低，表示模型在选择下一个词时的选项越少，这通常意味着模型对语言数据的理解和预测能力更强。例如，困惑度为 6 可以理解为模型在预测每个词时，平均有 6 个可能的选项。这相当于模型在每次预测时进行一次有 6 个等可能选项的选择。

具体推导如下：

如果模型对于每个可能的下一个词分配了几乎相同的概率，那么预测下一个词的过程类似于从 6 个等可能的选项中随机选择。在这种情况下，每个词的概率大约是 $\frac{1}{6}$，因此困惑度计算为每个词概率的乘积倒数的 *N* 次方根（参见式（4-11））：

$$\text{PPL}(W) = \left(\left(\frac{1}{6} \right)^{N} \right)^{-\frac{1}{N}} = 6$$

这反映了模型在预测时的平均不确定性。因此，困惑度提供了一种量化模型在预测下一个词时"平均不确定性"或"选择难度"的方法。这种量化指标有助于评估和比较不同语言模型在处理真实语言数据方面的性能和有效性。

3. 熵

困惑度是一种评估语言模型的工具，特别适用于衡量模型对测试数据集的预测能力。它基于交叉熵，其是信息论中一个关键的概念，用于量化模型输出与真实数据分布之间的差异。熵作为信息量的度量，反映了随机变量（如单词或词性）的平均不确定性。在信息论中，熵被视为以最有效的方式（即最佳编码方案）编码信息所需的最小比特数。例如，一个完美预测单词的模型的熵是 0，因为没有不确定性；而一个完全不确定的模型，如均匀随机选择单词的模型，将具有较高的熵。困惑度通过对测试集中的词序列的概率取倒数并归一化来衡量模型的性能。较低的困惑度表明模型对测试集的预测更准确，意味着模型在预测下一个词时的平均不确定性较低。通过理解困惑度与熵的关系，我们可以更好地评估和理解语言模型的性能。

1）信息熵

信息熵（H）通常定义为预测下一个词的不确定性的平均量。对于一个离散概率分布，信息熵可以用以下公式计算：

$$H(X) = -\sum_i p(x_i) \log p(x_i) \tag{4-12}$$

其中，$p(x_i)$ 是随机变量 X 取特定值 x_i 的概率。在语言模型中，X 可以是下一个词的概率分布。信息熵的对数计算原则上可以使用任何基数。在信息论中，当使用以 2 为底的对数来计算信息熵时，所得到的熵值会以比特（bits）为单位。这一选择与比特作为信息存储和传输的基本单位紧密相关。比特，即"二进制位"，是信息技术中的标准单位，用于衡量信息量或数据大小。在以 2 为底的对数计算中，每一个信息单元的熵值实际上表示在理想编码情况下平均需要多少比特来表示该信息单元。例如，一个随机变量的熵是 3 比特，这意味着在最优编码方案下，平均需要 3 比特来准确地表示这个随机变量的每个实例。

信息熵可以直观地理解为编码一个决策或信息片段所需的最少比特数，它是信息论中的核心概念之一，信息熵衡量的是在最优编码方案下无损表示一个随机变量（如一个词或字符）所需的最低比特数。

- ❑最优编码方案：在信息论中，最优编码方案是一种可以最小化所需比特数的编码方法。这种方案会考虑每个可能的信息单元（如单词或字符）出现的概率，并根据概率分配编码长度。出现概率高的信息单元分配较短的编码，而出现概率低的信息单元则分配较长的编码，从而使整体编码效率最高。

- ❑熵作为下限：信息熵量化了最优编码方案下所需的平均比特数。熵是所有可能信息单元的概率与其对数概率乘积的和的负值，表示在理想情况下，平均每个信息单元（如每个词或字符）所需的最少比特数。

- ❑直观理解：例如，对于一个完全随机的随机变量（如公平的硬币），其信息熵为 1bit，因为需 1bit 来区分两个等可能的结果（正面或反面）。如果随机变量的可能结果更多，或这些结果的概率分布不均匀，则平均需要更多比特来编码这些信息单元，以反映信息量的增加。

通过一个例子可以深入理解最优编码方案是如何生成的。假设有 4 种不同口味的冰淇淋：香草、巧克力、草莓和薄荷，并且顾客选择它们的概率分别为 1/2、1/4、1/8 和 1/8。为了传达顾客的选择，可以为每种口味使用不同长度的二进制编码。

基于概率，为每种口味分配不同长度的编码：

❏ 香草（概率 1/2）：最短的编码，比如"0"（1bit）。

❏ 巧克力（概率 1/4）：次短的编码，比如"10"（2bit）。

❏ 草莓和薄荷（各自的概率 1/8）：较长的编码，比如"110"和"111"（各 3bit）。

计算平均编码长度如下：

香草：$\dfrac{1}{2} \times 1\text{bit} = 0.5\text{bit}$

巧克力：$\dfrac{1}{4} \times 2\text{bit} = 0.5\text{bit}$

草莓：$\dfrac{1}{8} \times 3\text{bit} = 0.375\text{bit}$

薄荷：$\dfrac{1}{8} \times 3\text{bit} = 0.375\text{bit}$

将以上结果相加得到平均编码长度为：

$$H(X) = -\left(\frac{1}{2}\log\frac{1}{2} + \frac{1}{4}\log\frac{1}{4} + 2 \cdot \frac{1}{8}\log\frac{1}{8} \right) \approx 1.75\text{bit}$$

如果没有任何先验知识，每种冰淇淋口味被选择的概率都是 1/4，也就是说它们是等概率的，此时信息熵为 2bit。这是因为在等概率的情况下，选择每种口味所需的信息量最大。信息熵作为编码决策或信息比特数的下限，提供了一种衡量信息内容和复杂性的方法。在设计和优化通信与数据存储系统时，信息熵的概念尤为重要，因为它可以确定在最优条件下传输或存储信息所需的最小比特数。信息熵还在评估和改进语言模型及其他概率模型中起关键作用，通过量化模型对数据的描述能力，帮助模型更好地适应和预测真实数据。

2）语言的熵 $H(L)$ 将信息熵的概念引入语言中时，$H(w_1, w_2, \cdots, w_n)$ 表示语言 L 中长度为 n 的所有可能序列的总熵。它可以表示为：

$$H(w_1, w_2, \cdots, w_n) = -\sum_{w_{1:n} \in L} p(w_{1:n}) \log p(w_{1:n}) \tag{4-13}$$

定词序列的平均信息熵被定义为特定序列的熵除以序列中的词数，它可以帮助我们理解在一定长度的序列中，每个词平均携带了多少信息：定词序列的平均信息熵被定义为特定序列的总熵除以序列中的词数。也就是在一个确定长度的词序列中，每个词平均携带的信息量。该度量可以解释每个词的平均不确定性或信息贡献：

$$\frac{1}{n}H(w_1, w_2, \cdots, w_n) = -\frac{1}{n}\sum_{w_{1:n} \in L} p(w_{1:n}) \log p(w_{1:n}) \tag{4-14}$$

为了精确衡量一种语言的熵率，考虑无限长的词序列是至关重要的。原因在于，只有无限长的序列才能涵盖所有可能的词组合和语言结构，从而全面捕捉语言的统计特征。在这种背景下，语言的熵率 $H(L)$ 被定义为无限长单词序列的平均信息熵。这一概念与香农-麦克米伦-布赖曼定理密切相关，这是信息论中的一个关键定理，用于阐释在特定条件下，语言或任何序列的长期平均熵的概念。在数学上，该定理定义了当一个词序列的长度趋向于无限时该序列的信息熵的平均值。具体而言，语言的熵率是序列长度趋向于无限时序列熵的平均值，反映了长期观察情况下每个单词对语言整体复杂性的平均贡献。

$$\lim_{n\to\infty}\frac{1}{n}H\left(w_1,w_2,\cdots,w_n\right)=-\lim_{n\to\infty}\frac{1}{n}\sum_{W\in L}p\left(w_{1:n}\right)\log p\left(w_{1:n}\right)$$

$$=-\lim_{n\to\infty}\frac{1}{n}\sum_{W\in L}p\left(w_1,w_2,\cdots,w_n\right)\log p\left(w_1,w_2,\cdots,w_n\right) \qquad (4\text{-}15)$$

3）香农-麦克米伦-布赖曼定理

前面我们从香农-麦克米伦-布赖曼定理的角度出发，概括了语言熵的推导过程。该定理的基本陈述是：对于一个平稳遍历的随机过程，其长期平均熵等于单个无限长序列的熵：

$$H\left(L\right)=-\lim_{n\to\infty}\frac{1}{n}\log p\left(w_1,w_2,\cdots,w_n\right) \qquad (4\text{-}16)$$

对于语言模型而言，无论观察语言的哪个部分，其统计特性都是一致的。通过足够长的观察时间，可以获得语言的全面统计特性。因此，可以通过单个无限长序列来近似表示整个语言的熵，从而简化对语言熵的推导和计算。这一特性对于构建和评估语言模型非常重要，它使得在较长序列下的统计推断具有稳健性和普遍性。

平稳性指随机过程的统计特性在时间上保持不变，即在任何时间点观察该过程，其统计特性（如概率分布）都是一致的。对于语言模型而言，这意味着词汇的出现概率不随时间变化。例如，无论在语料库的哪个部分计算词汇的概率分布，结果应该是一致的。这一条件对于分析语言的熵至关重要，因为它可以确保通过长期观察得到的统计特性能够代表整个语言的特征。遍历性意味着通过足够长时间的观察可以获取有关随机过程的全面信息，换句话说，任何可能的状态或模式最终都会在该过程的样本中出现。在语言的上下文中，遍历性保证在足够长的文本序列中，所有可能的词序和结构都会呈现，从而充分反映语言的整体特性。遍历性确保即使只考虑单个长序列，也能够有效捕捉到语言的整体统计特性，这样香农-麦克米伦-布赖曼定理便适用于该语言。

香农-麦克米伦-布赖曼定理是信息论中的一个深刻结果，揭示了长序列的统计特性如何反映整个随机过程的信息特征。然而，在实际应用中尤其是处理自然语言时，这个分析方法面临一些挑战。自然语言通常不完全平稳，因为词汇的出现概率可能随时间或上下文变化。因此，在使用基于马尔可夫模型或 N-gram 模型的统计方法分析自然语言时，得到的只是对实际语言熵的近似估计，这些模型为简化计算对语言的复杂性做出了一些假设（如平稳和遍历），但这些假设可能与真实语言的使用情况存在偏差。

综上所述，通过分析长序列来理解和计算语言的平均信息熵是非常重要的。这种方法有助于理解语言模型的性能和复杂性，因为它提供了一种衡量语言统计特性和预测难度的标准。

4）交叉熵

交叉熵用于衡量两个概率分布之间的差异。对于真实分布 P 和模型分布 Q，交叉熵定义为：

$$H\left(P,Q\right)=-\sum_i p\left(x_i\right)\log q\left(x_i\right) \qquad (4\text{-}17)$$

在信息熵这部分的冰淇淋例子中假设有明确的概率分布，但在许多实际应用中，往往无法准确知道数据的真实概率分布 p。原因可能是数据的复杂性和其庞大的规模，或者数据分布的动态变化。对于语言模型、图像识别以及其他机器学习任务来说，真实的概率分

布 *p* 通常是未知的。因此，模型需要在没有先验知识的情况下通过有限的数据样本来估计这个分布。

交叉熵提供了一种衡量模型预测分布 *q* 与实际分布 *p* 接近程度的方法，尤其适用于只能观测到有限数据样本的情况。在这种情境下，虽然无法完全掌握真实分布 *p*，但通过对模型预测 *q* 和实际观测数据的比较，交叉熵使得模型能够优化参数，更好地拟合数据。即使对真实分布 *p* 不完全了解，交叉熵仍然可以指导模型调整预测分布，使其更接近数据的实际特性，从而提升模型的性能。在实际应用中，通常使用从数据样本中得到的经验分布来近似真实分布 *p*。这意味着，交叉熵中的 *p* 实际上是基于观察到的数据计算的概率分布，而不是信息熵中的 *p*——后者通常表示一个已知的、独立于特定观测数据的理论或先验概率分布。经验分布通过数据样本的频率来估计真实分布，即使在未知真实分布的情况下，也可以利用交叉熵衡量和优化模型的效果。

在评估模型预测的准确性时，即使 *p* 是基于有限样本的近似分布，也可以用它来评估模型 *q* 的预测。交叉熵 $H(p,q)$ 计算模型 *q* 的预测概率与观测数据生成的经验概率 *p* 之间的差异，从而衡量模型预测的好坏。通过这个差异，交叉熵提供了一种定量方式来评估模型是否有效捕捉到数据的分布特性。

在机器学习尤其是监督学习中，交叉熵（Cross-Entropy）常被用作损失函数，以衡量模型预测的概率分布与真实标签分布之间的差异。在交叉熵公式中，*p* 代表真实标签的分布，通常由训练数据提供，而 *q* 是模型输出的预测概率分布。通过最小化交叉熵损失，模型可以调整参数，使其预测分布 *q* 尽可能接近真实分布 *p*，从而提高对训练数据的拟合程度。同时，这种优化过程也增强了模型在未知数据上的泛化能力，即在未见过的数据中仍能保持良好的预测效果。因此，交叉熵在分类任务（如图像分类、文本分类等）中被广泛应用，成为深度学习模型训练的关键优化目标。

现在可以把式（4-17）写为语言模型的形式：

$$H(p,q) = -\lim_{n \to \infty} \frac{1}{n} \sum p(w_1, w_2, \cdots, w_n) \log q(w_1, w_2, \cdots, w_n) \qquad (4\text{-}18)$$

在语言模型的上下文中，交叉熵的这种形式与通常的交叉熵定义即式（4-17）有所不同，因为它考虑的是整个词序列的联合概率，而不仅仅是单个词的独立概率。语言模型需要捕捉词与词之间的依赖关系。例如，在一个句子中，某个词的出现概率可能高度依赖于前面的词。因此，模型 *q* 被设计为估计整个词序列的联合概率，而非单独词的独立概率。

其中，极限项表示考虑序列长度趋向于无限时的平均交叉熵。这表明模型不仅需要在短序列上表现良好，还应能处理任意长的序列，这一点在自然语言处理中至关重要，因为实际中句子的长度和结构是多样的。通过这种形式的交叉熵，可以更全面地评估模型在不同上下文中的表现。

根据香农-麦克米伦-布赖曼定理，可以将公式（4-18）改写为以下形式：

$$H(p,q) = -\lim_{n \to \infty} \frac{1}{n} \log q(w_1, w_2, \cdots, w_n) \qquad (4\text{-}19)$$

在实际应用中，由于处理无限长序列是不现实的，通常使用一个固定长度的长序列 *N* 来近似交叉熵。这个近似方法假设序列长度足够长，可以有效代表模型的整体性能。在这种情况下，交叉熵通过计算模型在整个长度为 *N* 的序列上的预测概率的负对数平均值来估计，公式如下：

$$H(p,q) = -\frac{1}{N}\sum_{i=1}^{N}\log q(w_1, w_2, \cdots, w_n) \tag{4-20}$$

至此，可以通过简化模型 q 来估计由真实概率分布 p 生成的数据序列的熵。这一过程中有几个关键点：

- 使用简化模型 q 来估计熵：在许多情况下无法直接计算数据的真实熵 $H(p)$，因为真实概率分布 p 通常未知或难以精确获取。因此，可以采用一个简化模型 q 来近似该分布，并基于模型 q 估计数据的概率分布。
- 模型准确性与交叉熵的关系：如果模型 q 能够很好地近似真实分布 p，则基于 q 计算的交叉熵 $H(p,q)$ 将接近真实熵 $H(p)$。如果模型 q 能捕捉到数据的真实特性，那么 $H(p,q)$ 就是一个很好的 $H(p)$ 的近似。$H(p,q)$ 与 $H(p)$ 之间的差异可以作为衡量模型准确性的一种标准，差异越小，模型对真实分布的估计越准确。
- 比较不同的模型：当比较两个不同的模型 q_1 和 q_2 时，具有较低交叉熵的模型被认为更准确，因为较低的交叉熵表示该模型的预测概率分布更接近真实分布。
- 交叉熵的下限：交叉熵的值不会低于真实熵 $H(p)$，即 $H(p,q) \geqslant H(p)$。模型无法通过低估数据的真实复杂性来获得比真实情况更优的表现。换句话说，如果一个模型过于简单，忽略了数据的复杂特性，那么它不会呈现出不切实际的高准确性，因为交叉熵损失始终受到数据固有熵的约束。

4. 困惑度

回到在前面提到的困惑度（PPL）这个概念中。实际上，困惑度就是交叉熵的指数化形式。对于一个语言模型，如果其在一个词序列上的平均信息熵为 H，则该模型的困惑度可以定义为：

$$\text{PPL}(W) = 2^{H(W)} = 2^{H(p,q)} = 2^{-\frac{1}{N}\log q(w_1, w_2, \cdots, w_n)} = q(w_1, w_2, \cdots, w_n)^{-\frac{1}{N}} \tag{4-21}$$

其中，$H(W)$ 表示整个词序列 W 上的平均信息熵。

1）困惑度的定义及意义

将交叉熵指数化的目的之一是消除对数项。在计算交叉熵时，通常需要取词序列的联合概率的对数。这是因为对数概率有助于将乘法转化为加法，在计算上更稳定，尤其在处理小概率值时。然而，对数概率对于非专业人士来说可能不够直观，因此引入困惑度作为一种直观的度量。

2）困惑度的解读

困惑度可以理解为模型在预测下一个词时的平均不确定性。例如，模型的困惑度为 100，这相当于模型在预测下一个词时面对 100 个可能选项的平均不确定性。高困惑度表示模型在预测每个词时面临较高的不确定性，低困惑度则意味着模型的预测更加确定。因此，困惑度可以看作信息熵在语言模型评估中的应用，它提供了一种直观的方式来量化模型在处理自然语言时的平均不确定性。虽然困惑度与交叉熵表达的是相同的信息，但是它提供了更易于理解和解释的评估标准，方便人们更直观地解读模型的预测性能。

4.4　*N*-gram 模型的主要问题及其解决方法

N-gram 语言模型在自然语言处理中主要面临两个问题：稀疏性（Sparsity）和存储需求（Storage）。稀疏性问题指在大规模文本数据中，许多合理的词序列可能从未出现过，导致其 *N*-gram 概率为 0。为了解决这一问题，可以采用平滑技术，如加法平滑、Good-Turing 平滑、Katz 和 Kneser-Ney 平滑等，或通过回退与插值方法使用较低阶的 *N*-gram 模型。此外，分词和子词建模也能有效减少稀疏性问题。另一方面，高阶 *N*-gram 模型对存储空间的需求较高，常用的解决方法包括基于 Trie 的数据结构、哈希映射和分布式存储，以有效压缩数据。此外，量化和近似技术如 Bloom 过滤器也能优化存储，降低内存占用。在 *N*-gram 语言模型中，预测下一个词（如 w_3）是基于前 n-1 个词的固定窗口（如 (w_1, w_2)），其核心原理是利用条件概率估计下一个词出现的概率。*N*-gram 模型假设一个词的出现只与它前面的 n-1 个词相关，因此 w_n 的概率可以表示为：

$$p\left(w_3 \mid w_1, w_2\right) = \frac{\text{count}\left(w_1, w_2, w_3\right)}{\text{count}\left(w_1, w_2\right)} \tag{4-22}$$

4.4.1　稀疏性问题

1. (w_1, w_2, w_3) 从未一起出现

稀疏性问题在 *N*-gram 语言模型中非常普遍，尤其是在高阶 *N*-gram 模型中，因为很多可能的词组合在语料库中从未出现，导致这些组合的计数为 0，从而使条件概率为 0。这种情况会降低模型的准确性以及对新数据的泛化能力。为了解决这一问题，可以使用平滑（Smoothing）技术，在每个词的计数中添加一个小的 δ 值，使未出现的词组合也能获得一个小的非零概率。这种方法可以确保所有可能的词组合都有一定概率，从而提高模型的稳定性和预测的可靠性。

以下是几种常见的平滑技术。

1）Add-One (Laplace) Smoothing

加法平滑（Additive Smoothing）通常以拉普拉斯平滑（Laplace Smoothing）为代表。它的核心思想是在每个 *N*-gram 计数上增加一个小的正数（通常是 1），确保即使某个 *N*-gram 在训练数据中从未出现过它的计数也被视为 1 而非 0。这样每个可能的 *N*-gram 组合都能获得一个非零概率，从而避免任何 *N*-gram 的条件概率为 0。这种处理方式有助于防止未观察到的组合在生成文本或计算序列概率时使整个模型崩溃，增强模型的健壮性和有效性。

$$P\left(w_i \mid w_{i-n+1}^i\right) = \frac{\text{count}\left(w_{i-n+1}^i\right) + 1}{\text{count}\left(w_{i-n+1}^i\right) + V} \tag{4-23}$$

其中，V 是词汇量。

Laplace 平滑通过对所有 *N*-gram 的计数增加 1 来统一调整，确保每个 *N*-gram 组合都有非零概率。然而，这种简单的调整在处理具有丰富多样的词汇的大型语料库时不够精确，尤

其在数据不均匀时效果有限。由于增加了虚拟计数，Laplace 平滑会使频繁出现的 N-gram 的概率略微降低，而不常见的 N-gram 的概率则被提升，从而改变了概率分布。总体而言，Laplace 平滑是一种简单而有效的技术，适合小型或中等规模的数据集，但在面对非常庞大或高度不均匀的语料库时通常需要更复杂的平滑方法，如 Kneser-Ney 平滑，以提供更精细的概率估计。

2）Add-δ (Lidstone) Smoothing

Additive（或 Lidstone）平滑是 Laplace 平滑的推广，与 Laplace 平滑将每个 N-gram 计数增加 1 不同，Additive 平滑则增加一个非负值 δ（该值的取值通常在 $0 < \delta \leqslant 1$ 的范围）。这一调整为模型提供了更大的灵活性，尤其是在处理低频 N-gram 时。通过选择适当的 k 值，Additive 平滑可以更精确地调整未出现或稀有 N-gram 的概率，使得模型在不同数据集上的适应性更强，以适合处理词频分布差异较大的场景。

这种方法尤其适用于大型或词汇丰富的语料库，因为它允许对数据集进行更精细的概率调整，确保稀有和频繁 N-gram 的分布更加合理，从而增强模型的泛化能力。

$$P\left(w_i \middle| w_{i-n+1}^{i}\right) = \frac{\text{count}\left(w_{i-n+1}^{i}\right) + \delta}{\text{count}\left(w_{i-n+1}^{i}\right) + \delta V} \tag{4-24}$$

Additive/Lidstone 平滑相比 Laplace 平滑提供了更灵活的概率分布调整方式，尤其适合包含大量稀疏数据的语料库。这种平滑方法允许通过调整 k 值在广泛分布的平滑和较集中的平滑之间进行权衡。例如，当 k 值较小时，它对高频 N-gram 的影响较小，而对低频 N-gram 的提升更显著，从而更有效地减少了稀疏性影响。选择合适的 k 值不仅可以解决稀疏性问题，还能保持模型的概率一致性和可靠性。

3）Good-Turing 平滑

Good-Turing 平滑是一种较为复杂的 N-gram 模型平滑技术，其与其他方法不同之处在于它根据特定 N-gram 在语料库中的实际出现频率来决定平滑的程度。Good-Turing 平滑基于一个关键假设：在语料库中频繁出现的 N-gram 在未来继续出现的概率较低，而罕见或未出现的 N-gram 在未来出现的可能性反而较高。因此，它通过减小高频 N-gram 的概率将其分配给那些低频或未出现的 N-gram，使模型在预测未来数据时更具灵活性和泛化能力。

Good-Turing 平滑通过重新分配概率空间来缓解稀疏性问题。具体而言，它从出现次数为 $r+1$ 的 N-gram 中抽取一部分概率，并将其分配给出现次数为 r 的 N-gram。关键在于，这种方法依据 N-gram 的实际出现频率来调整计数：低频 N-gram（如仅出现一次的 N-gram）相对其原始计数会获得提升，而高频 N-gram 的计数则会有所减少。这种基于频率的调整方式使模型在分配未观察到的事件概率时更加灵活和精确。

Good-Turing 平滑的公式：

$$r^* = (r+1)\frac{g(r+1)}{g(r)} \tag{4-25}$$

$$P\left(w_{i-n+1}^{i} \middle| c\left(w_{i-n+1}^{i}\right) = r\right) = \frac{r^*}{N} \tag{4-26}$$

r^*：调整后的计数，适用于在语料库中恰好出现 r 次的 N-gram。

$g(r)$：在语料库中出现了 x 次的 N-gram 的数量。

N：语料库中所有 N-gram 的总数。

　　Good-Turing 平滑通过提升低频 *N*-gram 的概率，尤其是那些仅出现过几次的 *N*-gram，增强了模型对稀有或未见词汇的预测能力，这在自然语言处理任务中十分有益。其优势在于能够根据 *N*-gram 的实际频率动态调整计数，使得模型在不同类型的语料库中更加灵活和有效地分配概率。这种方法确保了模型对稀疏数据可以更好地适应，为处理大规模且词汇丰富的数据集提供了可靠的平滑手段。

　　由于 Good-Turing 平滑相对复杂一些，这里给出 Python 简易代码帮助理解：

```python
from collections import defaultdict
import math

def calculate_good_turing_smoothing(corpus, n=2, threshold=5):
    """返回 {ngram: prob} 的字典，未见 N-gram 用 <UNK> 表示"""
    # 步骤1: 统计 N-gram 频数
    ngram_counts = defaultdict(int)
    for sentence in corpus:
        ngrams = extract_ngrams(sentence, n)
        for ngram in ngrams:
            ngram_counts[ngram] += 1

    # 步骤 2: 统计频数的频数 (g(r))
    freq_of_freq = defaultdict(int)
    for c in ngram_counts.values():
        freq_of_freq[c] += 1

    # 预先填充 freq_of_freq, 使得任何 r+1 都有键（避免 KeyError）
    max_c = max(freq_of_freq) + 2
    for r in range(max_c):
        freq_of_freq.setdefault(r, 0)

    # 语料 N(所有 N-gram 出现的总次数)
    N = sum(ngram_counts.values())

    # 步骤3: 按 Good-Turing 得到 r*
    adjusted_counts = {}
    for ngram, c in ngram_counts.items():
        if c <= threshold and freq_of_freq[c + 1] > 0:
            r_star = (c + 1) * freq_of_freq[c + 1] / freq_of_freq[c]
        else:
            r_star = c
        # 无论是否触发校正(threshold 分支)，都要把 r_star 写回
        adjusted_counts[ngram] = r_star

    # 概率为 r*/N（公式 4-26: P = r*/N）
    ngram_prob = {ngram: r_star / N for ngram, r_star in adjusted_counts.
items()}

    # 未见 N-gram 的零频概率
    zero_count_prob = freq_of_freq[1] / N if N > 0 else 0
    ngram_prob['<UNK>'] = zero_count_prob

    #归一化, 确保所有概率和为 1
    total = sum(ngram_prob.values())
    if total > 0:
        for w in ngram_prob:
            ngram_prob[w] /= total
    return ngram_prob
```

```python
def extract_ngrams(sentence, n=2):
    words = sentence.split()
    return [tuple(words[i:i + n]) for i in range(len(words) - n + 1)]


# 演示语料
corpus = [
    "the cat sat on the mat",
    "the dog sat on the rug",
    "the cat chased the dog",
    "the dog chased the cat",
    "the cat and the dog played on the mat",
    "the mat was sat on by the cat and the dog",
    "the dog barked at the cat",
    "the cat meowed at the dog",
    "the cat and the dog sat together",
    "the mat was comfortable for the cat and the dog"
]

probs = calculate_good_turing_smoothing(corpus, n=2)
for ng, p in list(probs.items())[:10]:
    print(f"{ng}: {p:.6f}")
print("…")
```

Good-Turing 平滑是一种高级的平滑技术，适用于广泛的自然语言处理任务，如处理大型且复杂的数据集。通过对低频和高频 N-gram 进行动态调整，能够有效地改善模型的整体性能。

4）Kneser-Ney 平滑

Kneser-Ney 平滑是一种由 Kneser 和 Ney 于 1995 年提出的高级 N-gram 模型平滑技术，特别适用于处理高阶 N-gram（如三元组或更高）的稀疏性问题。与传统平滑方法主要依赖 N-gram 的绝对频率不同，Kneser-Ney 平滑的核心思想是通过衡量 N-gram 在不同上下文中作为"新颖续接"（Novel Continuation）出现的频率来计算概率，也就是说，它关注一个词是否能作为新颖续接出现在各种上下文中，以此来评估其在序列生成中的贡献。通过这种方式，Kneser-Ney 平滑能够更精确地捕捉语言的结构和连贯性，为高阶 N-gram 模型提供更有效的平滑方案。

在 Kneser-Ney 平滑中，N-gram 的"新颖续接"指其作为更长词序列的一部分出现的频率，尤其是在之前未见过的上下文中。与传统频率计数不同，Kneser-Ney 平滑关注的是一个词在多样化上下文中的分布情况，以更合理地评估其适合作为续接的概率。例如，虽然 apple 可能在特定组合（如 apple pie）中出现频繁，但是在句子 "After dinner, I enjoy eating _____." 中，词 orange 可能更合理，因为它在更广泛的上下文中出现。这种方法旨在提升那些在不同上下文中广泛出现的词汇的概率，帮助模型更准确地预测合理的续接。

假设正在处理 bigram（两个词的组合），定义一个集合，包含语料库中所有可能出现的 bigram。对于一个特定的 bigram(w_{i-1}, w_i)，Kneser-Ney 平滑的基本公式是：

$$P_{KN}\left(w_i \middle| w_{i-1}\right) = \frac{\max\left(C\left(w_{i-1}, w_i\right) - d, 0\right)}{C\left(w_{i-1}\right)} + \lambda\left(w_{i-1}\right) \cdot P_{\text{cont}}\left(w_i\right) \tag{4-27}$$

其中：

$C\left(w_{i-1}, w_i\right)$ 是 bigram$\left(w_{i-1}, w_i\right)$ 在语料库中的计数。d 是一个折扣值，通常是 0.5 到 0.75 之间的常数，用于"借出"一部分概率质量。$\lambda\left(w_{i-1}\right)$ 是一个正规化常数，用于确保概率总和为 1：

$$\lambda(w_{i-1}) = \frac{d \cdot \text{count of unique continuous following } w_{i-1}}{C(w_{i-1})}$$

$P_{\text{cont}}(w_i)$ 是一个特定于 Kneser-Ney 平滑的概率值，称为续接概率（Continuation Probability），它衡量的是单词 w_i 作为新颖续接出现的概率。计算公式如下：

$$P_{\text{cont}}(w_i) = \frac{\left|\{w_{i-1} : C(w_{i-1}, w_i) > 0\}\right|}{\sum_{w'} \left|\{w : C(w, w') > 0\}\right|} \tag{4-28}$$

分子表示词 w_i 作为续接出现在不同上下文中的次数。

分母是所有可能的续接对的总数。

Kneser-Ney 平滑通过关注 N-gram 在不同上下文中的多样性，有效解决了高阶 N-gram 的稀疏性问题，从而提升了模型在处理未见数据时的性能。这种方法不仅依赖于 N-gram 的频率，还考虑当前词作为续接词在不同上下文中出现的多样性，使模型能够更合理地预测新组合。由于在处理大量数据和高阶依赖时表现出色，Kneser-Ney 平滑在语言模型构建中应用广泛，尤其在机器翻译、语音识别和文本生成等自然语言处理任务中备受推崇。

以下为 Kneser-Ney 平滑的 Python 简易代码：

```python
from collections import Counter, defaultdict

class KneserNeyModel:
    """
    纯 Python 实现的 Modified Kneser-Ney 平滑 (Chen & Goodman, 1999)。
    支持任意 n 与单一折扣 D，训练后可查询 P(w | history) 并校验 ∑ P = 1。
    """
    def __init__(self, sentences, n=3, discount=0.75):
        self.n, self.D = n, discount
        self.vocab = set()

        # 计数表: counts[k][ngram] 记录 k-gram 频次 (1 ≤ k ≤ n)
        self.counts = [None] + [Counter() for _ in range(n)]
        # N1plus_counts[k][history] = history 不同后继词数
        self.N1plus_counts = [None] + [defaultdict(int) for _ in range(n + 1)]
        # continuation_counts[w] = w 作为 bigram 后项出现过多少不同的 history
        self.continuation_counts = Counter()
        self.total_bigram_types = 0

        self._prepare(sentences)

    # -------------------- 数据预处理与计数 --------------------
    def _prepare(self, sentences):
        for sent in sentences:
            toks = ["<s>"] * (self.n - 1) + sent.strip().split() + ["</s>"]
            self.vocab.update(toks)

            # 各阶 N-gram 计数
            for k in range(1, self.n + 1):
                for i in range(len(toks) - k + 1):
                    self.counts[k][tuple(toks[i:i + k])] += 1

        # 统计 continuation count: 对每个不同的 bigram 只计数一次其后项词
        for (h, w) in self.counts[2]:
            self.continuation_counts[w] += 1
```

```
        self.total_bigram_types = sum(self.continuation_counts.values())

        # N1+ 计数
        for k in range(2, self.n + 1):
            for ngram in self.counts[k]:
                hist = ngram[:-1]
                self.N1plus_counts[k][hist] += 1

    # ------------------------- 概率计算 -------------------------
    def prob(self, ngram: tuple) -> float:
        """递归回退计算 Modified KN 概率."""
        k = len(ngram)
        if k == 1:
            # unigram = continuation prob
            return self.continuation_counts[ngram[0]] / self.total_bigram_types

        hist = ngram[:-1]
        c_hist = self.counts[k - 1][hist]
        n1plus = self.N1plus_counts[k][hist]

        p_ml = max(self.counts[k][ngram] - self.D, 0) / c_hist if c_hist else 0
        lambda_hist = self.D * n1plus / c_hist if c_hist else 0
        return p_ml + lambda_hist * self.prob(ngram[1:])          # 递归回退

    # ------------------------- 验证 -------------------------
    def validate(self, tol: float = 1e-6):
        """
        对 length = n-1 的所有 history（排除含 </s> 的终止情形）
        验证 ∑ _w P(w|history) ≈ 1。若不满足将触发 AssertionError。
        """
        for hist in self.N1plus_counts[self.n]:
            if "</s>" in hist:                                   # 终止符之后无须预测
                continue
            total = sum(self.prob(hist + (w,)) for w in self.vocab)
            assert abs(total - 1) < tol, f"P(*|{hist}) = {total}, 不为 1"
        print("✅ 验证通过：所有条件分布总和 ≈ 1")

# ----------------------- DEMO & 自检 -------------------------
if __name__ == "__main__":
    demo_corpus = [
        "the cat sat on the mat",
        "the dog sat on the rug",
        "the mat was comfortable for the cat and the dog",
    ]

    model = KneserNeyModel(demo_corpus, n=3, discount=0.75)
    model.validate()

    ctx = ("the", "cat")
    for w in ["sat", "and", "</s>"]:
        print(f"P({w} | {ctx}) = {model.prob(ctx + (w,)):.4f}")
```

Modified Kneser-Ney 平滑是 Kneser-Ney 平滑的改进版本，由 Chen 和 Goodman 于 1998 年提出。它通过使用 3 个不同的折扣 d_1、d_2 和 d_{3+}，分别针对计数为 1、2、3 或更多的 N-gram 进行折扣处理，从而更加精确地反映词汇在不同上下文中作为续接词的使用情况，尤其在面对大规模文本数据时显得尤为有效。总体而言，Kneser-Ney 平滑是一种高级且有效的平滑技术，特别适合处理包含大量稀疏数据的复杂自然语言处理任务。通过重视 N-gram 的上下文多样性，Modified Kneser-Ney 平滑显著提升了模型对新颖组合和未见数据的预测能力。

5）插值

插值（Interpolation）策略通过线性插值混合不同阶的 *N*-gram 来估计概率。例如在简单的线性插值中，模型估计三元组概率就是通过将一元组、二元组和三元组的概率混合在一起，每个部分由一个权重 λ 加权。这些权重之和必须为 1，使得公式等同于加权平均。

设 w_n 是当前的词，w_{n-1} 是前一个词，w_{n-2} 是前两个词前的那个词。那么，给定 w_{n-2} 和 w_{n-1}，w_n 出现的估计概率 $\hat{P}(w_n|w_{n-2},w_{n-1})$ 由以下插值公式给出：

$$\hat{P}(w_n|w_{n-2},w_{n-1}) = \lambda_1 P(w_n) + \lambda_2 P(w_n|w_{n-1}) + \lambda_3 P(w_n|w_{n-1},w_{n-2}) \tag{4-29}$$

- λ_1、λ_2 和 λ_3 是权重因子，用于调节一元模型、二元模型和三元模型的贡献，并且它们的和通常为 1（$\lambda_1 + \lambda_2 + \lambda_3 = 1$）。
- $P(w_n)$ 是一元模型（unigram）下 w_n 出现的概率。
- $P(w_n|w_{n-1})$ 是二元模型（bigram）下给定 w_{n-1} 时 w_n 出现的概率。
- $P(w_n|w_{n-1},w_{n-2})$ 是三元模型（trigram）下给定 w_{n-2} 和 w_{n-1} 时 w_n 出现的概率。

在更复杂的插值版本中，每个 λ 权重可以根据上下文条件来动态计算，使得对于特定的二元组，如果有更精确的计数，可以给基于该二元组的三元组分配更高的权重。这种插值权重的选择通常通过保留（held-out）语料库来实现。保留语料库是从训练数据中分离出来的，用于设定如 λ 这样的超参数，以确保模型对未见数据的适应性。最终，插值权重的选择目标是最大化保留语料库的似然，即在固定 *N*-gram 概率的情况下，找到能使保留集概率最大的 λ 值。

下面是一个使用 EM 算法寻找最优插值权重 λ 的简易代码框架。EM 算法通过迭代的期望步骤（*E* 步）和最大化步骤（*M* 步），逐渐收敛到局部最优的 λ 值集合。

```python
import numpy as np

def safe_get(d, key, eps=1e-12):
    """若 key 缺失，则返回极小值，避免 0 概率造成数值塌缩。"""
    return d[key] if key in d else eps

def em_algorithm_lambda(corpus, ngram_probs, n=3, max_iter=100, tol=1e-4):
    """
    用 EM 估计插值 N-gram 语言模型的 λ 向量（Σ λ_k = 1）。

    参数
    ----
    corpus       : list[str]     训练语料，每句一条字符串
    ngram_probs  : list[dict]    长度为n, 从 1-gram 到 N-gram 的条件概率
                                 键格式：history+word ⇒ P(word|history)
    n            : int           最高 N-gram 阶数
    max_iter     : int           最大迭代次数
    tol          : float         L1 范数收敛阈值
    """
    assert len(ngram_probs) == n, "ngram_probs 长度必须等于 n"
    lambdas = np.ones(n) / n                          # λ 初始化均分
    eps = np.finfo(float).eps                         # 机器极小值

    for _ in range(max_iter):
        expectations = np.zeros(n)                    # γ_k 累积 (E 步)
        for sent in corpus:
```

```
                    words = ['<s>'] * (n - 1) + sent.split() + ['</s>']
                    for i in range(n - 1, len(words)):
                        w = words[i]

                        # 收集各阶概率向量 p_vec
                        p_vec = np.empty(n)
                        for k in range(n):
                            if k == 0:                                    # unigram
                                p_vec[k] = safe_get(ngram_probs[0], (w,), eps)
                            else:                                         # k-gram
                                hist = tuple(words[i - k:i])
                                p_vec[k] = safe_get(ngram_probs[k], hist + (w,), eps)

                        denom = max(lambdas.dot(p_vec), eps)              # 加权和
                        expectations += (lambdas * p_vec) / denom         # Y_k

                new_lambdas = expectations / expectations.sum()           # M 步
                if np.linalg.norm(new_lambdas - lambdas, 1) < tol:        # L1 收敛
                    lambdas = new_lambdas
                    break
                lambdas = new_lambdas
            return lambdas


# ------------------ DEMO -------------------
if __name__ == "__main__":
    # 补齐边界概率以防缺键
    ngram_probs = [
        {('the',): .4, ('cat',): .3, ('dog',): .3, ('<s>',): .01,
('</s>',): .01},                                                         # 1-gram
        {
            ('<s>', 'the'): .9, ('the', 'cat'): .6, ('the', 'dog'): .4,
            ('cat', '</s>'): .5, ('dog', '</s>'): .5
        },                                                               # 2-gram
        {
            ('<s>', 'the', 'cat'): .9, ('<s>', 'the', 'dog'): .1,
            ('the', 'cat', 'sat'): .7, ('the', 'dog', 'sat'): .3,
            ('cat', 'sat', '</s>'): .8, ('dog', 'sat', '</s>'): .2
        }                                                                # 3-gram
    ]

    corpus = ["the cat sat", "the dog sat"]
    lambdas = em_algorithm_lambda(corpus, ngram_probs, n=3)
    print("Optimal lambdas:", lambdas)  # ⇒ [3.05e-05, 0.3736, 0.6263]
```

2. 如果 w_1 和 w_2 从未一起出现

当 w_1 和 w_2 从未一起出现时，三元组 (w_1, w_2, w_3) 的概率就无法通过三元组合的计数直接计算。在这种情况下，即使有一个完整的三元组 (w_1, w_2, w_3) 来预测，由于 w_1 和 w_2 没有共同出现的先验信息，因此不能仅凭该三元组在训练语料中未出现（计数为 0）就将其概率判为 0。在这种情况下，由于分母为 0，w_3 的条件概率就无法计算。解决方案是回退（Backoff）到较短的历史，如仅基于 w_2 来预测 w_3。

Backoff 是一种用于应对 N-gram 语言模型中数据稀疏性问题的技术。在 N-gram 模型中，稀疏性问题通常是由于许多可能的词组合在语料库中未出现，导致这些组合的计数为 0。这会使得高阶 N-gram（如三元组）的条件概率无法计算。当模型在一个高阶 N-gram（如 trigram）

中找不到足够的数据时，它会"回退"到一个较低阶的 *N*-gram（如 bigram 或 unigram）中进行预测，以保证模型不会因缺少数据而无法提供概率估计。

以下是 Backoff 技术的主要特点和实现方式：

（1）自动回退：当一个高阶 *N*-gram（如三元组）在训练数据中没有出现或出现次数极少时，模型会自动回退到一个较低阶的 *N*-gram（如二元组或一元组）中。

（2）条件概率的重新计算：在回退过程中，模型根据较低阶 *N*-gram 重新计算条件概率。例如，word1 word2 word3 组合在数据中未出现，模型可能会使用 word2 word3 组合来估计 word3 的概率。

（3）举例：假设要计算一个 trigram 模型中 $P(w_3|w_1,w_2)$ 的概率，如果 (w_1,w_2,w_3) 这个 trigram 在训练数据中未出现或出现频率极低，模型将回退到 bigram：$P(w_3|w_2)$。如果 bigram 也有类似的问题，进一步回退到 unigram：$P(w_3)$。

（4）概率的调整：在使用较低阶 *N*-gram 的概率时，为了确保整体概率分布的一致性，通常需要对高阶 *N*-gram 的概率进行折扣。这样可以为低阶 *N*-gram 保留一部分概率质量。如果不对高阶 *N*-gram 进行折扣，而直接使用未折扣的最大似然估计（MLE）概率，那么当用低阶 *N*-gram 替换零概率的高阶 *N*-gram 时，概率质量会不合理地增加。这可能会导致语言模型在整个词汇空间中的概率分布总和超过 1，违反了概率分布的基本原则。

这种调整概率的方法被称为 Katz 回退模型，其核心思想是在高阶 *N*-gram 没有足够数据支持时，逐级回退到较低阶的 *N*-gram。在 Katz 回退模型中，如果在训练数据中见过某个 *N*-gram（即非零计数），就使用该 *N*-gram 的折扣概率。如果高阶 *N*-gram 的计数为零（即在训练数据中未见过），则模型会递归地回退到更短历史的 *N*-gram（即 *n*-1 阶）的 Katz 概率。

Katz 模型通过对在训练数据中出现过的高阶 *N*-gram 进行折扣，将实际计数略微减少，以便"保存"一部分概率质量，留给那些在数据中未出现的 *N*-gram。通过这种折扣和回退机制，Katz 模型能够有效地重新分配概率，使未出现的 *N*-gram 获得一定的非零概率，而不是直接将其概率设为 0。

计算折扣概率：对于出现过的 *N*-gram，其折扣后的概率计算为：

$$P^*\left(w_n\big|w_{n-N+1}^{n-1}\right)=\frac{\max\left(C\left(w_{n-N+1}^n\right)-d,0\right)}{C\left(w_{n-N+1}^{n-1}\right)}+\alpha\left(w_{n-N+1}^{n-1}\right)P^*\left(w_n\big|w_{n-N+2}^{n-1}\right) \tag{4-30}$$

其中，d 是折扣因子，用于对高阶 *N*-gram 的计数进行折扣。$C(\ )$ 表示计数。α 函数用于计算应分配给回退 *N*-gram 的概率质量。这个函数确保概率质量的总和保持为 1。$\alpha\left(w_{n-N+1}^{n-1}\right)$ 是归一化系数，确保概率分布的总和为 1。

回退概率：如果高阶 *N*-gram 的计数为 0，则使用以下回退概率：

$$P_{\text{BO}}\left(w_n\big|w_{n-N+1}^{n-1}\right)=\alpha\left(w_{n-N+1}^{n-1}\right)P^*\left(w_n\big|w_{n-N+2}^{n-1}\right) \tag{4-31}$$

其中，$\alpha\left(w_{n-N+1}^{n-1}\right)$ 是一个归一化系数，用于确保概率分布的总和为 1，它的作用是为低阶 *N*-gram 分配适当的概率质量。$P^*\left(w_n\big|w_{n-N+2}^{n-1}\right)$ 是回退后的低阶 *N*-gram 的概率估计。

以下是 Katz 回退模型的 Python 代码实现：

```
from collections import Counter, defaultdict
import math, random
```

```python
class KatzBackoffLM:
    def __init__(self, n: int = 3, discount: float = 0.75):
        assert n >= 1
        self.n, self.d = n, discount
        self.counts = [Counter() for _ in range(n)]          # 1-gram … N-gram
        self.alpha = [defaultdict(float) for _ in range(n-1)]
        self.vocab = set()

    # ---------- N-gram 提取 ----------
    @staticmethod
    def extract_ngrams(sentence: str, n: int):
        words = ['<s>'] * (n-1) + sentence.split() + ['</s>']
        return [tuple(words[i:i+n]) for i in range(len(words)-n+1)]

    # ---------- 训练 ----------
    def fit(self, corpus):
        sent_cnt = 0
        for sent in corpus:
            sent_cnt += 1
            self.vocab.update(sent.split())
            for k in range(1, self.n+1):
                self.counts[k-1].update(self.extract_ngrams(sent, k))

        # 给 <s> 补 1-gram 计数，避免后续 c_hist==0
        self.counts[0][('<s>',)] += (self.n-1) * sent_cnt

        # 预计算 α(h)
        for k in range(self.n-1, 0, -1):                      # k = n-1 … 1
            lower, hist_counts = self.counts[k-1], self.counts[k-2] if k > 1
else None
            for hist in {ng[:-1] for ng in lower}:           # 去重遍历 history
                if k == 1:
                    continue
                N_plus = sum(1 for ng in lower if ng[:-1] == hist)
                c_hist = hist_counts[hist]
                if c_hist:                                    # 只在 c_hist>0 时计算
                    self.alpha[k-1][hist] = (self.d * N_plus) / c_hist

    # ---------- 递归概率 ----------
    def _prob(self, word, history):
        order = len(history) + 1
        if 2 <= order <= self.n:
            c_hist = self.counts[order-2][history]
            # 只有在 c_hist>0 且 c_ng>0 时，才用 (c_ng - d)/c_hist 计算打折后的概率
            if c_hist:
                c_ng = self.counts[order-1][history + (word,)]
                if c_ng:
                    return (c_ng - self.d) / c_hist

        if order == 1:                                        # 底层兜底
            return 1.0 / (len(self.vocab) * 1e5)

        return self.alpha[order-2].get(history, 1.0) * self._prob(word,
history[1:])

    # ---------- 公共接口 ----------
    def prob(self, word, history):
        history = tuple(history[-(self.n-1):])
        return self._prob(word, history)
```

```
def sentence_logprob(self, sentence):
    history = ['<s>'] * (self.n-1)
    logp = 0.0
    for w in sentence.split() + ['</s>']:
        logp += math.log(self.prob(w, history))
        history.append(w)
        history = history[-(self.n-1):]
    return logp

def perplexity(self, corpus):
    tot_logp, tot_len = 0.0, 0
    for sent in corpus:
        tot_logp += self.sentence_logprob(sent)
        tot_len  += len(sent.split()) + 1            # +1 计 </s>
    return math.exp(-tot_logp / tot_len)

def generate(self, max_len=20):
    history, out = ['<s>'] * (self.n-1), []
    for _ in range(max_len):
        cand = list(self.vocab) + ['</s>']
        probs = [self.prob(w, history) for w in cand]
        w = random.choices(cand, weights=probs, k=1)[0]
        if w == '</s>':
            break
        out.append(w)
        history.append(w)
        history = history[-(self.n-1):]
    return ' '.join(out)


# ---------------- DEMO ----------------
if __name__ == "__main__":
    toy_corpus = [
        "the quick brown fox",
        "the quick red fox",
        "the lazy dog",
        "the dog sleeps"
    ]

    lm = KatzBackoffLM(n=3, discount=0.75)
    lm.fit(toy_corpus)

    print("log P(\"the quick dog\"):", lm.sentence_logprob("the quick dog"))
    print("perplexity on toy corpus:", lm.perplexity(toy_corpus))
    print("sample:", lm.generate())
```

　　Katz 回退模型通过为未出现的 *N*-gram 分配非零概率，有效地解决了数据稀疏性问题。这种模型能够根据数据的实际情况灵活调整概率分配，使其更好地适应特定的语言模式。因此，Katz 回退模型在自然语言处理中得到了广泛应用，尤其是在构建统计语言模型时，被广泛用于提升模型的准确性和覆盖度。

　　Backoff 技术通常与其他平滑方法（如 Kneser-Ney 平滑、Add-One 平滑等）结合使用，以便为训练数据中未出现的 *N*-gram 分配合理的概率。此外，Backoff 也可以与插值技术结合，插值方法通过同时考虑不同阶的 *N*-gram 来计算概率，从而有效应对稀疏性问题。在构建大语言模型时，有一种特定的策略称为"愚蠢回退"（Stupid Backoff），这种策略简单而高效，适合处理大规模数据。

通过使用来自网络或其他大型文本集合的文本，可以构建非常大的语言模型。例如，谷歌发布的 Web 1 Trillion 5-gram 语料库和 Google Books Ngrams 语料库包含大量的 *N*-gram 数据，覆盖了多种语言和文体。为了高效地处理这些庞大的数据集，通常采用特殊的存储和表示方法。例如，使用 64 位哈希数来表示单词，使用量化技术来存储概率值。为了减少模型的存储空间和内存占用，可以通过裁剪（如删除计数低于某个阈值的 *N*-gram）或使用布隆过滤器等技术来构建近似语言模型。

Backoff 技术通常会与其他平滑方法（如 Kneser-Ney 平滑或 Add-One 平滑）结合使用，以便为训练数据中未出现的 *N*-gram 分配合理的概率。此外，Backoff 还可以与插值技术结合，插值通过同时参考不同阶的 *N*-gram 来计算概率，从而有效解决稀疏性问题。在构建大语言模型时，有一种称为"愚蠢回退"（Stupid Backoff）的策略被广泛应用，这种方法简单高效，非常适合处理大规模数据。

愚蠢回退的计算公式是：

$$S\left(w_i \mid w_{i-N+1}^{i-1}\right) = \begin{cases} \dfrac{\operatorname{count}\left(w_{i-N+1}^{i}\right)}{\operatorname{count}\left(w_{i-N+1}^{i-1}\right)}, & \operatorname{count}\left(w_{i-N+1}^{i}\right) > 0 \\ \lambda S\left(w_i \mid w_{i-N+2}^{i-1}\right), & \text{其他} \end{cases} \tag{4-32}$$

其中，λ 是固定的权重，通常取 0.4 左右。

愚蠢回退的 Python 实现如下：

```python
from collections import Counter
from typing import Iterable, List, Tuple
import math


# ---------- 工具函数 ----------
def extract_ngrams(sentence: str, n: int) -> List[Tuple[str, ...]]:
    """
    在句首补 (n-1) 个 <s>，在句尾补 </s>，返回 N-gram 列表。
    """
    words = ['<s>'] * (n - 1) + sentence.split() + ['</s>']
    return [tuple(words[i:i + n]) for i in range(len(words) - n + 1)]


def build_ngram_counts(corpus: Iterable[str], n: int):
    """
    统计 1-gram … N-gram 频数，返回长度 n 的 Counter 列表。
    额外把 <s> 的 unigram 计入，避免回退时 c_hist 为 0。
    """
    counts = [Counter() for _ in range(n)]
    sent_num = 0
    for sent in corpus:
        sent_num += 1
        for order in range(1, n + 1):
            counts[order - 1].update(extract_ngrams(sent, order))

    # 补上句首 <s> 的 unigram 计数：每句出现 (n-1) 次
    counts[0][('<s>',)] += (n - 1) * sent_num
    return counts


# ---------- Stupid Back-off 模型 ----------
```

```python
class StupidBackoffLM:
    """
    Google Stupid Back-off 语言模型（默认 3-gram，λ=0.4）。
    主要接口:
        prob(ng)                计算任意 N-gram 概率
        sentence_logprob(sent)  句子（含 </s>）对数概率
        perplexity(corpus)      语料困惑度
    """

    def __init__(self,
                 corpus: Iterable[str],
                 n: int = 3,
                 lam: float = 0.4):
        self.n = n
        self.lam = lam
        self.counts = build_ngram_counts(corpus, n)
        self.total_unigrams = sum(self.counts[0].values())
        self.vocab_size = len(self.counts[0])

    # ---------- 递归概率 ----------
    def _prob_recursive(self, ng: Tuple[str, ...]) -> float:
        order = len(ng)

        # 底层: unigram
        if order == 1:
            c = self.counts[0][ng]
            if c:
                return c / self.total_unigrams
            # 未见 unigram —— 给极小平滑概率
            return 1.0 / (self.vocab_size * 1e5)

        hist, word = ng[:-1], ng[-1]
        hist_count = self.counts[order - 2][hist]
        full_count = self.counts[order - 1][ng]

        # 出现过 → 直接用条件频率
        if full_count and hist_count:
            return full_count / hist_count

        # 未出现 → λ × P(去掉最左词的后缀)
        return self.lam * self._prob_recursive(ng[1:])

    # ---------- 公共接口 ----------
    def prob(self, ng: Tuple[str, ...]) -> float:
        """
        计算 N-gram 概率, ng 的长度不可超过 self.n。
        """
        if len(ng) > self.n:
            raise ValueError(f"N-gram 长度 {len(ng)} 超过模型阶数 {self.n}")
        return self._prob_recursive(ng)

    def sentence_logprob(self, sentence: str) -> float:
        """
        计算整句自然对数的概率（含 </s>）。
        """
        history_len = self.n - 1
        words = sentence.split() + ['</s>']
        history = ['<s>'] * history_len
        logp = 0.0
```

```
        for w in words:
            ng = tuple((history + [w])[-self.n:])          # 最多 n 个词
            logp += math.log(self.prob(ng))
            history.append(w)
            history = history[-history_len:]
        return logp

    def perplexity(self, corpus: Iterable[str]) -> float:
        """
        在给定语料上的计算困惑度。
        """
        log_sum, token_sum = 0.0, 0
        for sent in corpus:
            log_sum += self.sentence_logprob(sent)
            token_sum += len(sent.split()) + 1               # +1 统计 </s>
        return math.exp(-log_sum / token_sum)


# ---------- 使用示例 ----------
if __name__ == "__main__":
    train_corpus = [
        "the cat sat on the mat",
        "the dog sat on the rug",
        "the cat chased the dog",
        "the dog chased the cat"
    ]

    lm = StupidBackoffLM(train_corpus, n=3, lam=0.4)

    print("P('the','cat','sat') :", lm.prob(('the', 'cat', 'sat')))
    print("logP('the cat sat')  :", lm.sentence_logprob("the cat sat"))
    print("perplexity(train)    :", lm.perplexity(train_corpus))
```

愚蠢回退虽然不会生成严格的概率分布，但它为处理大语言模型中的稀疏性问题提供了一种简单、有效的方式。这种方法特别适合庞大的数据集，因为它无须进行复杂的折扣计算和精确的概率归一化，大大简化了计算过程。虽然愚蠢回退可能不如 Kneser-Ney 平滑等高级平滑方法精确，但是在处理超大规模数据集时，其简便性和效率成为一大优势。

4.4.2 存储问题

随着 n 值的增加（或语料库的扩展），需要存储的 N-gram 数量也随之增加，从而显著提升了模型的存储需求。举个例子，假设有句子："As the proctor started the clock, the students opened their …"，尝试预测下一个词。在一个三元组（trigram）模型中，如果只考虑句子中的最后几个词"the students opened their"，模型可能预测出下一个词为 books，因为 opened their books 是一个常见的三元组组合。然而，如果使用更大窗口的模型，例如包含更多上下文词汇的五元组模型，由于 proctor 这个词的出现，模型可能更倾向于预测下一个词是 exam——这是因为 proctor 和 exam 在上下文中常有相关性。这个例子说明了上下文窗口大小对模型预测准确性的影响。虽然较大的窗口可以提供更丰富的上下文信息，提升预测精度，但是也会带来数据稀疏性和存储需求的大幅增加。

因此，N-gram 语言模型在自然语言处理中是一种基础且有效的工具，但它们同时面临着稀疏性和存储需求的挑战。为应对这些问题，常用的解决方法包括平滑技术（如 Kneser-Ney

平滑）、回退技术（如 Katz 回退）等。此外，在模型设计时，需要对 n 的大小进行精心选择，以在上下文信息量和存储需求之间取得平衡。

参 考 文 献

[1] Church K W, Gale W A. A comparison of the enhanced Good-Turing and deleted estimation methods for estimating probabilities of English bigrams[J]. Computer Speech & Language, 1991, 5（1）: 19–54.

[2] Church K W, Hart T, Gao J. Compressing trigram language models with Golomb coding[C]//Proceedings of the 2007 Joint Conference on Empirical Methods in Natural Language Processing and Computational Natural Language Learning （EMNLP-CoNLL）. Prague, Czech Republic: Association for Computational Linguistics, 2007: 199–207.

[3] Markov A A. Essai d'une recherche statistique sur le texte du roman "Eugène Onéguine" illustrant la liaison des épreuves en chaîne[J]. Izvestiya Imperatorskoi Akademii Nauk, 1913, 7(3): 153–162.

[4] Ney H, Essen U, Kneser R. On structuring probabilistic dependencies in stochastic language modelling[J]. Computer Speech & Language, 1994, 8（1）: 1–38.

[5] Talbot D, Osborne M. Smoothed Bloom filter language models: Tera-scale LMs on the cheap[C]//Proceedings of the 2007 Joint Conference on Empirical Methods in Natural Language Processing and Computational Natural Language Learning （EMNLP-CoNLL）. Prague, Czech Republic: Association for Computational Linguistics, 2007: 468–476.

第2篇
语言结构与句法解析

▶▶ 第5章　上下文无关语法和成分解析

▶▶ 第6章　依存句法分析

第 5 章　上下文无关语法和成分解析

上下文无关语法（Context-Free Grammars，CFGs）和成分解析（Constituency Parsing）是理解和分析自然语言句法结构的核心概念，它们在理论计算机科学、编译器设计、语言学以及自然语言处理中有着广泛应用。

5.1　句法分析的意义

句子结构在语言交流中扮演着至关重要的角色，它不仅帮助我们组织和理解信息，还使思想和情感的表达更加精准。合理的句子结构能够承载复杂的概念，使沟通更加清晰和高效。

语言本质上依赖结构来传递意义。句子结构明确了单词之间的关系，使人们能够分辨哪些词是修饰语，哪些词承担主要的语法功能。通过这种组织方式，信息得以准确传达，减少误解和歧义。在表达复杂思想时，合理的结构可以让观点层次分明，逻辑更加顺畅。

语言的多义性往往带来歧义，而句子结构提供了解决这一问题的机制。恰当的语法安排可以明确词语间的依赖关系，使表达更具一致性和准确性。在人际交流中，这种通过句法结构消解歧义、澄清语义的能力尤为重要，而在机器学习与自然语言处理领域，句法结构更是理解文本、解析意图、生成合理输出的核心基础。

对于学习者而言，掌握句子结构是提升语言能力的关键。理解句子的构造规则，有助于更有效地使用语言，增强表达的准确性与流畅度，也有助于理解他人的言语，提高交流效率。

无论是在人类沟通，还是在人工智能应用中，句子结构都是语言运作的支柱。它不仅塑造了我们思考和交流的方式，也在技术发展中发挥着不可替代的作用。

5.2　上下文无关语法

为了更系统地描述语言的结构，需要引入一种形式化的方法，即上下文无关语法（Context-Free Grammar，CFG）。上下文无关语法是一种强有力的工具，它能够清晰地定义语言的层次结构，并广泛应用于自然语言处理和计算机语言分析。

语法成分的概念基于这样一个观点：一组单词可以作为一个整体单位或成分。在构建语言的语法时，识别并归类这些成分是关键步骤。以英语为例，可以观察到单词是如何组合成名词短语的，名词短语通常由一组单词构成，其中至少包含一个名词。以下是一些名词短语的示例：

"the rapid growth"

"an unexpected journey"

"every single moment"

"the final chapter"

这些名词短语显示出一定的模式，即它们可以作为一个整体出现在特定的语法环境中，如通常可以位于动词之前：

"the rapid growth accelerates..."

"an unexpected journey begins..."

"every single moment counts..."

"the final chapter closes..."

相比之下，构成名词短语的单独单词并不一定能独立地在这些语法环境中出现。例如，以下句子在语法上是不正确的：

*rapid accelerates...

*unexpected begins...

*single counts...

*final closes...

这表明，要准确描述英语中单词的排列规律，需要识别并应用一些规则，如"名词短语可以出现在动词之前"。为了实现这一点，有必要以一种系统而形式化的方式来理解和描述语言的语法结构。这样可以更深入地把握语言的复杂性，从而有效地将语法规则应用于语言的分析和处理中。

5.2.1　常用词性标注标签及其定义

在自然语言处理和语法研究中，常用的缩写（如 DT、NN 等）通常指代特定的词性或语法类别。以下是一些常见缩写及其对应含义，了解它们对之后的学习至关重要。

❑ DT（Det）：Determiner，限定词，用于指代诸如 the、a、this 等限定名词的词。

❑ NN：Noun，singular or mass，单数名词或不可数名词，指代单一实体或不可数的名词，如 cat、house、information。

❑ NNS：Noun, plural，复数名词，指代多个实体的名词，如 cats、houses。

❑ NP：Noun Phrase，名词短语，由名词和与之相关的词（如形容词、限定词等）组成的短语。

❑ VP：Verb Phrase，动词短语，由动词和与之相关的词（如宾语、副词等）组成的短语。

❑ VB：Verb，basefrom，动词原形，表示动作、状态或过程的词，如 run、be、think。

❑ VBD：Verb，past tense，过去时态动词，表示过去发生的动作或状态，如 ran、was。

❑ VBG：Verb，gerund or present participle，现在分词或动名词，通常以 ing 结尾的动词形式，如 running、thinking。

❑ VBZ：Verb，third person singular present：第三人称单数现在时态动词，如 runs、thinks。

❑ JJ：Adjective，形容词，用于描述或限定名词的词，如 big、happy。

❑ RB：Adverb，副词，用于修饰动词、形容词或其他副词的词，如 quickly、very。

❑ PRP：Personal Pronoun，人称代词，指代人或事物的代词，如 I、she、it。

以上缩写通常在语法分析、句法解析树及自然语言处理的应用中被广泛使用，用于标注和识别文本中的不同词性和语法结构。

5.2.2　从起始符号到解析树：CFG 的形式化推导与算法

CFG（Context-Free Grammars）是一种用来描述语言句法结构的形式语法，它包含一套递归规则集合，用于生成字符串模式。这些规则是独立于其上下文的，意味着它们可以在句子中的任何位置以相同方式应用。虽然 CFG 可以描述所有正则语言并扩展到复杂的语言结构（如嵌套或匹配符号），但它仍无法覆盖所有的形式语言，特别是那些依赖上下文或跨层次语义的结构。

1．CFG的组成部分

（1）终结符：出现在由语法生成的语言或字符串中的字符，永远不会出现在产生式规则的左侧。

非终结符在上下文无关语法（CFG）中扮演着重要角色。简单来说，非终结符可以理解为一种代表更复杂句法结构的符号。它们是语法规则中用于生成具体词或词组（终结符）的抽象符号。

（2）非终结符：非终结符在上下文无关语法（CFG）中扮演着重要角色。简单来说，非终结符可以理解为一种代表更复杂句法结构的符号。它们是语法规则中用于生成具体词或词组（终结符）的抽象符号。

- ❑ 占位符：非终结符可以看作占位符，它们代表句子中还未具体化的部分。例如，在一个句子结构中，我们可能知道需要一个名词短语（NP）和一个动词短语（VP），但在初始阶段，这些短语的具体内容尚未确定。在这种情况下，NP 和 VP 就是非终结符，代表尚待填充的结构部分。
- ❑ 由非终结符生成：非终结符可以通过应用语法规则来生成更详细的结构，包括其他非终结符或终结符。例如，名词短语（NP）可以进一步分解为限定词（如"the"）和名词（如"cat"）。
- ❑ 出现在产生式规则的左侧：在 CFG 的产生式规则中，非终结符总是出现在箭头（→）的左侧，这表明它们是被替换或细化的部分。例如，在规则 NP → Det Noun 中，NP 是非终结符，表示这个规则将展开或详细化 NP。

下面以一个简单的例子来说明非终结符。

假设有一个非终结符<Sentence>，代表一个句子。在 CFG 中，假设有一个规则<Sentence>→<Subject> <Predicate>。

这里，<Sentence>是一个非终结符，它在产生式规则中被展开成<Subject>（主语）和<Predicate>（谓语），两者也是非终结符。

总之，非终结符是 CFG 中用于表示和构建复杂句法结构的抽象符号，它们在语法规则中被进一步细化和具体化。

（3）产生式规则：是上下文无关语法中定义如何构建句子或语言结构的基本规则。这些规则指定了非终结符（句子结构中的占位符或分类符号）如何被转换或替换为其他符号，这些符号可能是更多的非终结符、终结符（实际的词汇或字符）或者二者的组合。

- ❑ 定义替换方式：产生式规则定义了在语言结构中，一个非终结符应该如何被转换或替换。这是构建句子结构的基础。
- ❑ 规则的形式：每条规则的一般形式为"变量→变量和终结符的字符串"。这里的"变量"指非终结符。箭头（→）左侧是被替换的非终结符，右侧是替换内容，可能包括其他非终结符、终结符或二者的组合。
- ❑ 构建语言结构：这些规则被用来逐步构建或生成语言的具体结构。通过应用这些规则，可以从起始符号开始逐步构建出完整的句子或语言片段。

例子：假设有产生式规则'<Sentence> → <Noun> <Verb>'，这条规则表明，一个句子（<Sentence>）可以由一个名词（<Noun>）后跟一个动词（<Verb>）组成。这里，"<Sentence>""<Noun>""<Verb>"都是非终结符，而这条规则说明如何从这些非终结符中构建出一个简单句子的结构。

简而言之，产生式规则是 CFG 中用于指导如何从简单的符号中构建出复杂语言结构的基本指令。通过这些规则，可以将抽象的语法概念转化为具体的语言表达。

（4）起始符号在上下文无关语法中是一个特别重要的概念。它是一个特定的非终结符，用作生成语言或句子的起点。当开始构建一个句子或语言结构时，总是从这个起始符号开始，然后逐步应用产生式规则来展开它，最终形成完整的句子或语言结构。

2．递归和嵌套结构

下面通过一个简单的语言例子来说明上下文无关语法中的递归和嵌套规则。

假设要构建一个能生成嵌套的名词短语的语法如一个简单的名词短语是"apple"，而一个嵌套的名词短语可能是"the color of the apple"。

1）CFG 的组成部分

非终结符：

```
<NounPhrase>（名词短语）
<Noun>（名词）
<PrepPhrase>（介词短语）
```

终结符：

```
"apple"（苹果）
"color"（颜色）
"the"（定冠词）
"of"（介词）
```

产生式规则：

```
<NounPhrase> → <Det> <Noun>
<NounPhrase> → <NounPhrase> <PrepPhrase>
<PrepPhrase> → <Preposition> <NounPhrase>
<Det> → "the"
<Noun> → "apple" | "color"
<Preposition> → "of"
```

起始符号：

```
<NounPhrase>
```

2）应用递归和嵌套

在这个例子中，可以用递归和嵌套方式来构建更复杂的名词短语。例如，要生成短语 "the color of the apple"，可以按照以下步骤生成。

（1）开始于起始符号<NounPhrase>。

（2）应用规则<NounPhrase> → <NounPhrase> <PrepPhrase>构建一个包含介词短语的名词短语。

（3）对<PrepPhrase>应用规则<PrepPhrase> → <Preposition> <NounPhrase>。

（4）替换 Preposition 为"of"。

（5）对内部的<NounPhrase>（来自步骤（3）再次应用步骤（2）。

（6）将内部<NounPhrase>替换为 "apple"，并将外部<NounPhrase>替换为 "color"。

这样就通过递归地应用产生式规则构建了一个嵌套的名词短语 "the color of the apple"。这个过程展示了如何利用 CFG 中的递归和嵌套规则来生成语言结构中更复杂的模式。在上下文无关语法的解析过程中，解析从开始符号出发，逐步应用产生式规则，将每个非终结符替换为相应的表达式。这个过程持续进行，直到所有非终结符都被替换为终结符，即不需要再进一步分解。最终，生成的是一个只包含终结符的表达式，这便是语法生成的句子或短语。通过这种替换机制，CFG 提供了一个强有力的框架，帮助理解语言结构并构建符合规则的句子。这种规则化的生成过程有助于识别语言中的结构特征，如名词短语、动词短语等，使语言的解析和生成更具系统性。

3. 上下文无关语法的两种基本用途

上下文无关语法的两种基本用途是可以作为句子的生成器和作为给定句子分配结构的工具。可以从两个角度来理解 CFG。

1）作为句子生成器

- 重写规则：在这个角度下，可以将 CFG 的产生式规则看作一种"重写"过程。产生式规则中的箭头（→）可以理解为："将左边的符号重写为右边符号串"。这意味着从一个特定的符号（如一个非终结符）开始，然后逐步应用产生式规则，将其转换为其他符号串。
- 推导：在这个过程中，字符串 the color of the apple 可以从非终结符 NounPhrase 推导出来。因此，CFG 可以用来生成一系列字符串。这个连续的规则扩展过程称为该字符串的"推导"。

2）分配结构的工具

- 解析树：通常，推导可以通过解析树（Parse Tree）来表示。解析树通常以根在顶部的倒置形式展示。在解析树中，每个内部节点代表一个非终结符，而叶节点代表终结符或实际的词汇。
- 结构表示：在 CFG 作为分配结构的工具的视角下，解析树显示了一个句子的句法结构。这种结构化表示有助于理解句子的组成部分及其相互关系。

在图 5-1 所示的解析树中：

- 每个节点代表一个产生式规则的应用。
- 树的根是 <NounPhrase>。

❑ <NounPhrase>和<PrepPhrase>分别展开为其子成分。

❑ 终结符 "the"、"color"、"of" 和 "apple" 作为叶节点出现。

图 5-1 这棵树显示了如何从 CFG 的起始符号 <NounPhrase> 中通过一系列规则展开，最终生成句子 "the color of the apple"的过程。每个分支代表产生式规则的应用，揭示了句子的层次和结构。

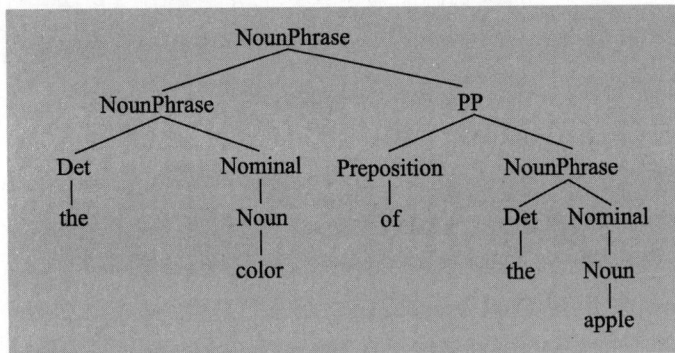

图 5-1　解析树实例

4．上下文无关语法的定义

上下文无关语法的定义概括为：CFG 是一种用于描述语言句法结构的形式化系统。非终结符集合、终结符集合、产生式规则集合以及一个起始符号构成一个 CFG"四元组"（4-tuple）：

1）非终结符（Nonterminal Symbols）集合

非终结符集合是占位符，用于表示可以由非终结符生成的终结符模式。它们是语法结构的抽象表示，代表更复杂的语言结构或模式。

特点：非终结符集合总是出现在产生式规则的左侧，也可以出现在右侧。这表明它们既可以被其他符号替换，也可以用于替换其他符号。CFG 生成的字符串最终将只包含终结符，非终结符在生成过程中被逐步替换。

N：非终结符集合。N 是语法的变量，通常用大写字母表示。它们代表语法结构中的抽象单元，如名词短语（NP）或动词短语（VP）。

2）终结符（Terminal Symbols）集合

定义：终结符集合是构成语言或由语法生成的字符串中实际出现的字符或单词。它们是语法的输出，代表语言的基本元素。

特点：终结符集合永远不会出现在产生式规则集合的左侧，总是出现在其右侧。这意味着它们是由非终结符集合通过产生式规则生成的结果，而不是用来进一步生成其他符号的源头。

Σ：终结符集合。终结符集合是语言中的实际单词或符号，与非终结符集合不同。这个集合与 N 互斥。

3）产生式规则（Production Rules）集合

定义：产生式规则集合定义了非终结符集合如何被替换或转换成其他符号（非终结符或终结符）的规则。它们是在 CFG 中描述如何从一种符号生成另一种符号的指令。每个产生式规则集合都将一个变量（非终结符）映射到一个字符串上。这个字符串可以由变量（非终结符）和/或终结符组成。这些规则集合定义如何从一个或多个非终结符出发，通过替换过程生成新的符号串，从而构造出语言的具体结构。

形式：产生式规则集合的一般形式为"变量 → 符号串"，其中，变量代表非终结符，符号串可以是非终结符和终结符的组合。

R：规则或产生式集合。每条规则的形式是 $B \to \beta$，其中，B 是一个非终结符，β 既可只含终结符，也可只含非终结符，或二者同时出现。这些规则用于定义如何从一个或多个符号中生成一个符号串。

4）起始符号集合

定义：起始符号 S（Start Symbol）是一个特殊的非终结符，它标志着语法生成过程的开始点。

作用：起始符号在语法生成的初始字符串中出现，所有的生成过程都从这个符号开始，通过应用产生式规则逐步展开，最终生成包含终结符的字符串或语言结构。

S：指定的起始符号，它是非终结符集合 N 的一个成员，表示每个解析树的起点。

上下文无关语法（CFG）通过其基本组成部分——非终结符、终结符、产生式规则和起始符号——来定义语言的结构和生成规则。从起始符号出发，CFG 按照定义好的规则逐步替换，最终生成只包含终结符的字符串，这些字符串即是具体的语言表达。CFG 不仅可以生成符合语法的句子，也可以通过其规则解析和理解现有的语言表达，使得语言的分析和生成变得系统化和可操作。

5.3　树　　库

标注每个句子都带有解析树的语料库称为树库（Treebank）。树库在自然语言处理和计算语言学中是非常重要的资源，因为它们详细展示了句子的句法结构。这些结构通过树状图表现出来，树中的每个节点代表语言的一个成分（如短语或单词），而树的边表示成分之间的句法关系。

1. 树库的作用

☐ 句法分析和研究：树库为研究语言的句法结构提供了实证基础，帮助语言学家和计算机科学家深入理解不同语言的句法规则。

☐ 机器学习训练数据：在自然语言处理领域，树库常被用作训练句法分析器和其他基于机器学习的模型数据集。这些模型通过学习树库中句子的句法结构来提高对新句子进行句法分析的能力。

☐ 评估句法分析工具：树库也用于评估句法分析工具的性能。通过比较工具生成的解析树与树库中的标准解析树，可以量化分析工具的准确性。

2. 主流树库

☐ Penn Treebank：是使用最广泛的英语树库之一，包含大量用手工注释的解析树，覆盖了多种文本类型，如新闻报道、科学文章等。

❑ Universal Dependencies（UD）Treebanks：是一个包含多种语言的树库项目，旨在开发跨语言一致的句法注释标准。

3．举例

假设有一个简单的句子 "The quick brown fox jumps over the lazy dog"，这个句子的解析树的文本表示形式如图 5-2 所示。

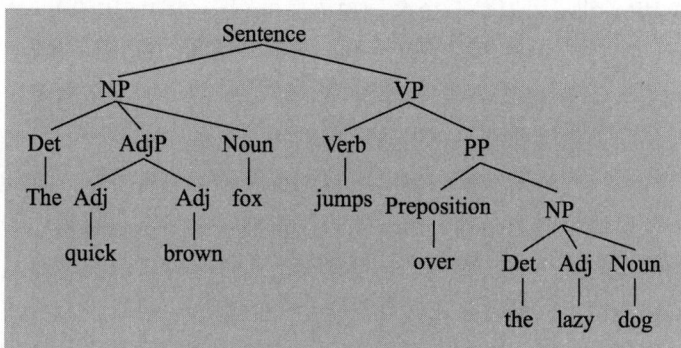

图 5-2　解析树示例

4．扁平语法

用于解析 Penn Treebank 的上下文无关语法采用了一种设计，其中包含大量的简单规则，而不是少量的复杂规则。在这种"扁平"的语法设计中，每个产生式规则通常只包含很少的符号，这导致为了覆盖所有可能的句子结构，需要定义大量的规则。

1）扁平语法的特点

❑ 简单规则：在扁平语法中，每个产生式规则尽可能简单，往往直接将一个非终结符映射到非常具体的终结符或非终结符序列。这种简单性使得单个规则易于理解，但同时也限制了单个规则的覆盖范围。

❑ 规则数量增多：为了全面覆盖语言的复杂性，扁平语法需要定义大量的产生式规则。这是因为每个规则都比较简单，无法通过少量的复杂规则来等效表示。

❑ 细粒度的分类：扁平语法往往伴随着对词性和句法结构的细粒度分类，每种特定的结构或用法都有专门的规则来描述。

2）举例说明

假设有一个简化的扁平语法来描述简单的英语句子结构，包括主语（Subject）、谓语（Predicate）、宾语（Object）等。在扁平语法中，这些结构的每种变体可能都需要一个单独的规则来描述。

❑ 处理名词短语（NP）：在扁平语法中，不同类型的名词短语可能需要不同的规则来处理。

➢ NP → Det Noun（名词短语可以是一个限定词后面跟一个名词）；

➢ NP → Det Adj Noun（名词短语可以是一个限定词后面跟一个形容词和一个名词）；

➢NP → Noun Noun（名词短语可以是两个名词连用，第一个名词起修饰作用）。
❑ 处理动词短语（VP）：同样，动词短语的不同结构可能需要单独的规则。
➢VP → Verb NP（动词短语可以是一个动词后面跟一个名词短语作为宾语）；
➢VP → Verb NP NP（动词短语可以是一个动词后面跟两个名词短语，如间接宾语和直接宾语）；
➢VP → Verb（动词短语可以只包含一个动词，表示不及物动词）。
❑ 处理特定的句型：扁平语法可能会为特定的句型设定专门的规则。
➢S → NP VP（句子可以是一个名词短语后面跟一个动词短语）；
➢S → Aux NP VP（句子可以是助动词、名词短语和动词短语的组合，表示被动语态或其他特定时态）。

扁平语法通过使用大量简单和直接的规则来描述语言的句法结构，每个规则尝试覆盖特定的句法现象或结构。在扁平语法中，为了细致地描述语言的各种句法可能性，可能会有大量的规则来分别处理看似相似的结构。每一条规则都非常具体，直接描述一种句法结构的可能性。这种方法的优点是能够非常精确地描述语言的句法多样性，但缺点是会产生大量的规则，这可能使得语法变得庞大而复杂，对句法分析的效率和可管理性构成挑战。总之，扁平语法通过细化规则来精确捕捉语言的句法细节，但代价是规则数量大幅增加。这种方法在需要高精度句法分析的场景中非常有效。

5.4　语法等价性和范式

语法等价性和范式不仅是理解 CFG 的基础，也是在设计和分析语言处理系统时必须掌握的关键概念。它们为研究人员提供了一套工具和方法论，用于评估不同语法模型的能力和效率，以及它们在实际应用中的可行性。

1．语法等价性

语法等价性的研究用于帮助比较和评估不同上下文无关语法的功能与效率。通过分析两个 CFG 是否生成相同的语言集合（即字符串集合），可以确定它们在识别某种语言的能力上是否等效，进一步分析它们对相同字符串分配的短语结构是否一致，理解它们在句法分析上的差异和相似。这种分析对于优化语法模型、提高语言处理系统的准确性和效率尤为重要。根据 CFG 对句子的短语结构分配是否一致，语法等价性可以分为两种类型。
❑ 强等价（Strong Equivalence）：当两个语法生成完全相同的字符串集合并且对每个字符串分配完全相同的短语结构树时，即使非终结符的名称有所不同，这两个语法也被认为是强等价的。这种等价性不仅表现在能识别的语言相同，而且对句法结构的解释也是一致的，反映了两个语法在结构层面的相似性。
❑ 弱等价（Weak Equivalence）：如果两个语法能够生成相同的字符串集合，但是它们为相同的字符串分配不同的短语结构树，则这两种语法被认为是弱等价的。这表明，虽然从能够识别的语言角度看这两个语法是相同的，但是它们对句子的结构解析却可能存在差异。

　　简而言之，强等价的语法在生成的语言和句子的短语结构上完全一致，而弱等价的语法虽然能够识别相同的语言，但是其对句子短语结构的解释不必相同。

2. 范式

　　范式是指将 CFG 转换为遵循特定规则格式的标准形式。范式的目的是简化语法分析过程及其转换步骤，使得所有的产生式规则都遵循一致的结构，从而便于处理和分析。

　　乔姆斯基范式（Chomsky Normal Form，CNF）：是一种特殊的 CFG 形式，其中每个产生式规则要么将一个非终结符转换为两个非终结符，要么将其转换为一个终结符。

　　（1）将一个非终结符转换为两个非终结符：

$$A \to BC$$

其中，A、B 和 C 都是非终结符。

　　（2）将一个非终结符转换为单个终结符：

$$A \to a$$

其中，A 是非终结符，a 是终结符。

　　此外，如果语言包含空字符串（ε）则允许有一个特殊的规则 $S \to \varepsilon$，其中，S 是起始符号且这个规则仅在不会通过 S 间接或直接产生更多 S 的情况下使用。

　　假设有一个简单的语法，目标是生成所有由 a 和 b 组成且 a 的数量等于 b 的数量的字符串，目标是把这个语法转换为 CNF。原始语法的规则可能如下：

$$S \to aSb$$

$$S \to SS$$

$$S \to \varepsilon$$

　　为了将这个语法转换为 CNF，需要引入一些额外的非终结符，以确保所有规则都符合 CNF 的要求。转换后的语法可能包括以下规则：

❑ $S \to AB$ 或 $S \to \varepsilon$

❑ $A \to a$

❑ $B \to BS|b$

❑ $C \to SB$

❑ $D \to d$

　　其中，非终结符 A 和 B 被引入为新的辅助符号，用于保证规则符合 CNF 的格式。转换过程中可能需要更多步骤和规则，具体取决于原始语法的复杂度。转换后的 CNF 语法能够生成与原始语法相同的语言，即所有 a 的数量等于 b 的数量的字符串，但每个产生式规则都严格遵循 CNF 的格式要求。CNF 语法的二叉分支（Binary Branching）性质意味着其解析树在到达词汇节点（叶节点）之前，每个节点最多只有两个子节点。这一性质有助于简化解析树的结构，在某些句法分析算法如 CKY 算法中非常有用。任何 CFG 都可以转换为 CNF，尽管这个过程可能会引入额外的非终结符和产生式规则。转换后的语法在生成语言的能力上与原语法弱等价，但它们的短语结构可能不同。

3. 转换步骤

　　通过以上例子，可以总结出将 CFG 转换为 CNF 的步骤：

（1）移除空产生式：除了允许开始符号直接生成空串的特例外，移除所有能生成空串的产生式规则。

（2）移除单一产生式：移除所有形如 A → B 的产生式，其中 A 和 B 都是非终结符。这样的规则可以通过直接将 B 的产生式规则替换到 A 的位置来间接实现。

（3）处理长产生式：将所有长度大于 2 的产生式转换为多个二元产生式。例如，将 A → BCD 转换为 A → BE 和 E → CD，其中 E 是新增加的非终结符。

（4）处理混合产生式：将所有既包含终结符又包含非终结符的产生式转换为只包含非终结符的产生式。通常通过引入新的非终结符来代替终结符。

5.5　句法解析器和结构歧义

在探讨句子的生成之后，本节将介绍句法解析器及其在语言处理中的重要性。句法解析器通过分析句子的结构，帮助理解句子中每个词的功能及其相互关系。然而，在复杂的句子中，解析过程可能会遇到多种解析方式，这会导致出现结构歧义问题。

5.5.1　句法解析器

前面的内容主要关注句子的生成方法，而在自然语言处理和计算语言学中，句法解析器是一个重要的组件，负责识别并分析给定句子的句法结构。句法解析器通过构建句子的句法树（也称为解析树），明确每个词汇在句子中的语法角色和它们之间的关系。这包括识别句子中的主语、谓语、宾语、定语、状语等成分，以及它们如何组合成更大的语法单位，如名词短语（NP）、动词短语（VP）等。

假设有句子"小明在图书馆阅读书籍。"，使用一个句法解析器会对这个句子进行分析，构建一个句法树如下：

- S（句子）
  - NP（名词短语）
    - N（名词）：小明
  - VP（动词短语）
    - PP（介词短语）：在图书馆
    - VP（动词短语）
      - V（动词）：阅读
      - NP（名词短语）
        - N（名词）：书籍

在上面的句法树中，"小明"是句子的主语，由名词短语（NP）表示，"在图书馆"是状语，由介词短语（PP）表示，"阅读"是谓语动作，由动词（V）表示，"书籍"是宾语，也由名词短语（NP）表示。句法解析器通过识别这些成分及其结构关系，帮助理解句子的完整语法结构。

5.5.2 结构歧义

结构歧义为句法解析器带来了重大挑战。对于单个句子存在多个有效解析,如果解析器选择一种解释,那么可能会错过替代含义,如果表示多个解释,则可能会复杂化后续处理。

一个典型的结构歧义例子如句子"老师看见学生用望远镜。",这个句子有两种可能的解释,产生了结构歧义:

解释一:老师用望远镜看见了学生。在这种解释下,短语"用望远镜"修饰的是动词"看见",表明老师是通过望远镜来观察学生的。句法树的结构可能是:老师(主语)+ 看见(动词)+ 学生(直接宾语)+ 用望远镜(方式状语,修饰动词)。

解释二:老师看见了使用望远镜的学生。这里,"用望远镜"修饰的是"学生",意味着被看见的学生正在使用望远镜。句法树的结构可能是:老师(主语)+ 看见(动词)+ 学生用望远镜(宾语短语,其中"用望远镜"作为后置定语修饰学生)。

在自然语言中,存在许多语法上正确但语义上不合理的解析可能性。这意味着,即使一个句子在结构上可以被正确解析,解析的结果可能也与句子真正的意图或含义不符。这个问题对所有句法解析器都是一个挑战,因为它们不仅需要识别句子的语法结构,还要确保这种结构在语义上是合理的。CKY 算法是一种用于句法解析的经典算法,它特别设计用来有效处理结构歧义的问题。结构歧义指当一个句子可以基于同一套语法规则有多种不同的解析方式时所产生的歧义。CKY 算法能够生成所有可能的句法树,从而覆盖句子所有可能的结构解析。

5.6 CKY 解析

CKY(Cocke, Kasami, Younger)算法是一种自底向上、广度优先的句法解析算法,其设计旨在通过动态规划原理来有效处理语法歧义问题。这种方法首先从句子的单个词汇(叶节点)开始逐步向上构建更大的句法单位,如短语或句子,直到形成整个句子的顶层结构。在解析过程中,CKY 算法探索所有可能的句法结构分支,确保找到所有可能的解析结果。这意味着对于句子的任何给定部分,算法会首先尝试所有可能的构成成分组合,然后再移至下一个部分。算法的原始版本假设给定的语法是以乔姆斯基范式(CNF)表示的,其中每个产生式规则要么将一个非终结符映射到两个非终结符(A → BC),要么将其映射到一个终结符(A → a)。这种格式简化了解析过程,因为每一步只需要考虑二元分裂或直接生成。

CKY 算法使用一个图表(或矩阵)来记录句子中每个可能的句法单位。该算法按长度顺序填充图表,只在找到所有长度小于 n 的构成成分后,才寻找长度为 n 的构成成分。这种方法保证算法能够找到所有可能的解析结果并且高效地避免重复计算。通过这种系统性和层次化的方法,CKY 算法能够有效地处理句法歧义,为句子的不同解析提供全面的探索。

CKY 解析的优势源自上下文无关语法规则的特点。一旦在输入的某个段落中发现了一个成分,我们就可以记录它的存在,并在任何可能需要它的后续派生中使用它。这种做法在时间和存储效率上都是有益的，因为子树可以在一个表格中查找而不需要重新分析。

例如句子"小明喜欢在图书馆学习"。CKY 算法首先将句子分割成单词（或更小的单位），然后开始填充表格，每个表格单元表示可能的成分解析。例如，单词"小明"可能被解析为名词短语（NP），"喜欢"为动词（V）等。算法逐步构建更大的成分，如动词短语（VP）"喜欢在图书馆学习"，最终构建出整个句子的解析树。

5.6.1　举例说明 CKY 的计算过程

为了更直观地理解其运行机制，下面以具体的句子和语法规则为例，展示 CKY 算法如何一步步填充解析表并最终得出解析结果。

1. CKY的伪代码

```
# 1. 初始化
# 定义 'sentence' 为输入的句子，其中单词按索引标号 0 到 n
# 初始化 'parseChart' 为二维数组，用于存储句子在不同跨度的可能语法成分
# parseChart[i][j] 表示句子从第 i 个单词到第 j 个单词的语法成分

2. CKY 算法
for spanLength = 1 to n:  # 遍历所有可能的跨度长度，从单词（长度为1）开始到整个句子
    for startIdx = 0 to n - spanLength:  # 遍历所有可能的跨度起始位置
        endIdx = startIdx + spanLength      # 计算跨度的结束索引

        # 处理一元规则
        # 遍历所有形式为 A -> B 的一元规则（A 为非终结符，B 为终结符或成分）
        # 检查当前区间是否匹配规则 B，如果匹配，则将 A 添加到该区间
        for each rule A -> B:
            if B in parseChart[startIdx][endIdx]:
                parseChart[startIdx][endIdx].add(A)      # 添加规则左侧非终结符 A

        # 处理二元规则
        # 当跨度长度大于 1 时，尝试将跨度划分为两部分，应用二元规则
        for splitIdx = startIdx + 1 to endIdx:          # 遍历所有可能的分割点
            # 遍历所有形式为 A -> B C 的二元规则（A 为非终结符，B 和 C 为部分语法成分）
            # 检查分割后的左半部分是否匹配 B，右半部分是否匹配 C
            for each rule A -> B C:
                if B in parseChart[startIdx][splitIdx] and C in parseChart
[splitIdx][endIdx]:
                    parseChart[startIdx][endIdx].add(A) # 添加规则左侧非终结符 A
                    # 记录解析路径，用于回溯生成语法树
                    backpointer[startIdx][endIdx][A] = (splitIdx, B, C)

# 3. 输出结果
# 从 parseChart[0][n] 中提取根节点成分，利用 backpointer 回溯生成完整的语法树
```

CKY 算法的时间复杂度为 $O(Gn^3)$。

其中：

❑ n^3：三重嵌套循环。

➢外层循环：跨度长度从 1 到 n；

➢中层循环：遍历起始索引，最多 n 次；

➢ 内层循环：跨度内所有可能分割点，最多 *n* 次。

❑ G：语法规则数量，表示每次操作中需要检查的规则数。

2. CKY的例子

这里通过一个非常简单的例子，一步步说明 CKY 是如何工作的。

（1）在例子中需要使用到的语法原则如下：

❑ 词性标注

"we" → Pro（代词）

"love" → V（动词）

"fish" → N（名词）

❑ 句法规则

NP （名词短语）规则：

NP → Pro（名词短语可以直接由一个代词构成）

VP （动词短语） 规则：

VP → V NP（动词短语可以由一个动词后跟一个名词短语构成）

S （句子） 规则：

S → NP VP（一个完整的句子可以由一个名词短语后跟一个动词短语构成）

（2）分析过程与回指指针。

❑ 初始化：对于每个单词，根据词性将其作为基础单位添加到表格的对应位置。这时，每个单词是表格的对角线上的条目：

"We" → NP（根据规则 1，NP → Pro）

"eat" → V

"fish" → NP（根据直接词性标注或规则，如 N → fish）

❑ 应用规则构建更高级别的结构：接下来，尝试将这些基础单位组合成更复杂的语法结构。例如，根据规则 2（VP → V NP），可以将"eat"和"fish"组合成一个 VP。

❑ 回指指针：对于 eat fish 形成的 VP，添加两个回指指针，一个指向"eat"的 V，另一个指向"fish"的 NP，表示"eat"和"fish"是如何组合成 VP 的。

同样，对于整个句子，根据规则 3（S → NP VP）组合 we 和 eat fish 并添加 backpointer（指向前一个状态的指针）：一个指向 We 的 NP，另一个指向 eat fish 的 VP，如表 5-1 所示。

表 5-1　CKY的表格形态

NP		S
	V	VP
		NP
we	eat	fish

3. CKY在实践中的注意事项

1）将语法转换为乔姆斯基范式

为了使用某些基于图表的解析方法，如 CKY 算法，通常需要将语法转换为 CNF。这种转换可能会导致语法规则数量的增加，从而影响解析时间。解析时间不仅取决于句子的长度和复杂性，也受到语法规则数量的影响。

2）建立依赖关系

当着手填充表格的(i, j)单元格时，必须依赖于同一行'i'的左侧单元格和同一列'j'下方单元格的值。这意味着，为了准确计算'(i, j)'单元格的值，需要确保行'i'中'j'左侧的所有单元格和列'j'中'i'下方的所有单元格已经被填充。这种依赖性确保在进行计算时所有必要的前提信息都已经就绪。

3）填充顺序的重要性

基于上述依赖性，必须先填充行'i'中'j'左侧的所有单元格和列'j'中'i'下方的所有单元格，然后才能计算'(i, j)'单元格。这一步骤确保在尝试计算任何给定单元格的值之前，它所依赖的所有单元格都已经被正确地填充，从而满足了依赖关系，保证了计算的正确性。

4）从短到长的填充策略

一种常见的做法是首先填充那些表示最短跨度（或最简单情况）的单元格，即从表格的主对角线开始，然后向右上方移动，逐渐填充代表更长跨度的单元格。这种从主对角线开始向右上方扩展的过程，可以想象成沿着对角线"扫描"，确保在处理任何给定的单元格之前，所有依赖的单元格都已经被计算过，如图 5-3 所示。

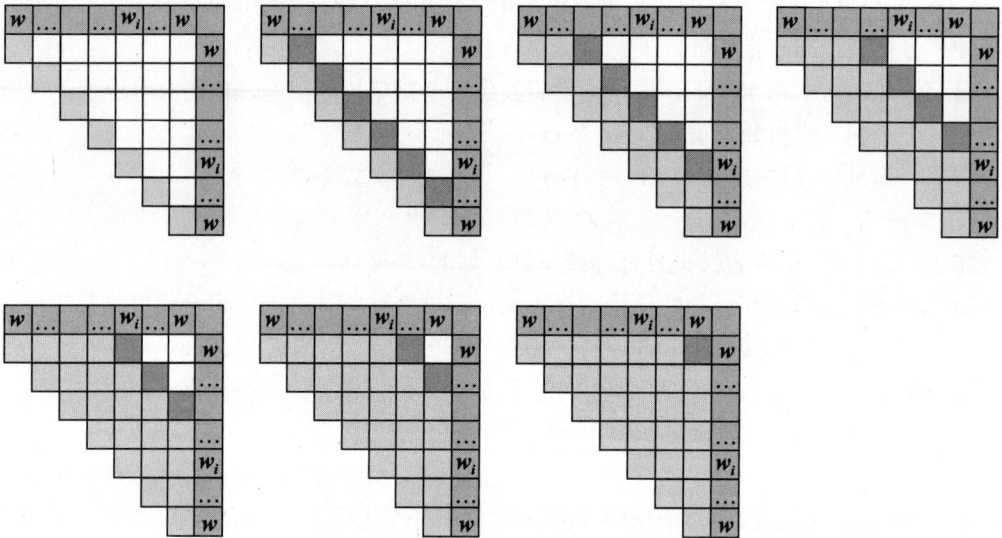

图 5-3　CKY 推演过程

5）其他可能的填充顺序

虽然从主对角线开始向右上方扩展是一种有效的填充策略，但是也存在其他策略。例如，根据 Jurafsky 和 Martin 提出的方法（Speech And Language Processing），可以首先填充在特定结束位置'j'处结束的所有跨度，然后递增'j'。这种策略以不同的方式确保计算单元格时所依赖的信息是按顺序被填充和更新的。

6）计算量

❑避免重复计算子结构：动态规划方法（如基于图表的 CKY 算法）通过存储中间结果来避免重复计算相同的子结构。这种方法比深度优先搜索的解析器在效率上有明显优势，因为深度优先解析器可能会多次重复计算相同的子问题。

❑ 可能会计算大量不必要的解析结果：虽然避免了重复计算，但是动态规划方法可能会计算许多最终不会用到的部分解析结果，尤其是在处理含有大量歧义的语言材料时更是如此。

5.6.2　CKY 的 Python 实现

5.6.1 节介绍了 CKY 算法的计算过程及其核心逻辑。为了更直观地理解如何使用该算法进行句法解析，本节使用 Python 代码进行实现。该代码基于动态规划思想，通过填充解析表（Parse Chart）来逐步构建句子的语法结构。下面的示例代码演示了如何使用一元规则和二元规则解析一个简单句子，并最终填充出可能的语法成分。

```python
from collections import defaultdict

def initialize_chart(n):
    """初始化 CKY 解析表"""
    return [[set() for _ in range(n + 1)] for _ in range(n + 1)]

def cky_fill_chart(sentence):
    # 假设一个简单的语法规则（符合 CNF 格式）
    unary_rules = {
        'we': 'NP',
        'eat': 'V',
        'fish': 'NP'
    }

    binary_rules = {
        ('NP', 'VP'): 'S',
        ('V', 'NP'): 'VP'
    }

    n = len(sentence)                          # 句子长度
    chart = initialize_chart(n)                # 初始化解析表
    # 记录解析路径
    backpointer = [[{} for _ in range(n + 1)] for _ in range(n + 1)]

    # 为终结符填充解析表
    for i, word in enumerate(sentence):
        if word in unary_rules:
            chart[i][i + 1].add(unary_rules[word])

    # 处理不同长度的跨度
    for length in range(2, n + 1):             # 从长度为 2 开始，直到句子长度
        for i in range(n - length + 1):
            j = i + length
            for k in range(i + 1, j):
                # 检查二元规则
                for B in chart[i][k]:
                    for C in chart[k][j]:
                        if (B, C) in binary_rules:
                            A = binary_rules[(B, C)]
```

```
                            if A not in chart[i][j]:                  # 防止重复添加
                                chart[i][j].add(A)
                                backpointer[i][j][A] = (k, B, C) # 记录拆分点

    return chart, backpointer

def build_parse_tree(start, end, label, backpointer, words):
    """递归构建解析树"""
    if start + 1 == end:
        return (label, words[start])                     # 叶子节点是单词

    k, B, C = backpointer[start][end][label]
    return (label,
            build_parse_tree(start, k, B, backpointer, words),
            build_parse_tree(k, end, C, backpointer, words))

# 示例句子
sentence = ["we", "eat", "fish"]
chart, backpointer = cky_fill_chart(sentence)

# 打印解析表
for row in chart:
    print(row)

# 生成解析树
root = 'S' if 'S' in chart[0][len(sentence)] else None
if root:
    parse_tree = build_parse_tree(0, len(sentence), root, backpointer,
sentence)
    print("\n解析树:", parse_tree)
```

5.7　处理歧义：概率上下文无关文法

在自然语言处理领域，多种句法分析算法已经被提出，如 5.6 节介绍的 CKY 算法。CKY 算法能够在多项式时间内穷尽地生成给定句子的所有可能的句法结构。然而，CKY 算法并未提供一个机制来帮助我们在多个解析结果中判断哪一个是正确的。当面对自然语言的复杂性和多义性时，仅仅生成所有可能的解析树远不能满足对准确性和效率的需求，特别是对于那些可以有多种句法解释的句子，还需要一种方法来评估这些解析的相对可能性，从而选择最合理的解析结果作为最终的解析树。概率上下文无关文法（PCFG）正是为了解决这个问题而提出的。通过引入概率模型，就可以对每一条产生式规则和相应的句法结构分配一个概率值。这些概率值基于大量的语言数据和统计信息，反映了各种语法构造在自然语言中出现的相对频率。因此，每个可能的解析树都可以通过其构成的规则的概率值来计算总体概率，这样便可以依据概率值来选择最优的句法解析。这种方法有助于在众多解析中识别出最可能的结构，使得句法分析不仅能够生成多种结构，还能够衡量它们的合理性，从而更有效地选择最适合的解析结果。

1. 基于概率上下文无关文法的句法树概率计算方法

贝叶斯定理提供了一种在给定证据的情况下，计算和更新事件概率的方法。在句法分析的背景下，计算给定句子 S 时，某个特定句法树 τ 的概率 $P(\tau|S)$ 可以通过贝叶斯定理进行计算。在这个过程中，关键在于如何从所有可能的句法树中选出使句子 S 的概率最大的那个句法树 τ。

1）句法树的产出

句法树的产出（Yield）指从句法树的叶节点读出的终结符号串，这个串对应于句法树所表示的句子的表面形式。read book with joy 的句法解析树如图 5-4 所示。

2）推导过程

使用贝叶斯定理有：

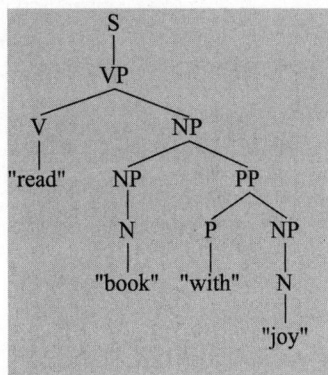

图 5-4　句法解析树示例

$$P(\tau|S) = \frac{P(\tau,S)}{P(S)} \tag{5-1}$$

其中，$P(\tau|S)$ 是句法树 τ 和句子 S 同时发生的联合概率，$P(S)$ 是任意句法树生成句子 S 的概率。由于在选取最可能的句法树时，$P(S)$ 是一个常数，因此可以简化式（5-1）为：

$$\arg\max_{\tau} P(\tau|S) = \arg\max_{\tau} P(\tau,S) \tag{5-2}$$

进一步，如果 S 正是句法树 τ 的产出（即 $S = \text{yield}(\tau)$），那么就可以将（5-2）简化为：

$$\arg\max_{\tau} P(\tau|S) = \arg\max_{\tau} P(\tau) \quad \text{if} \quad S = \text{yield}(\tau) \tag{5-3}$$

当句子 S 恰好是句法树 τ 的产出时，选择最可能的句法树 τ 等价于直接选择具有最大先验概率 $P(\tau)$ 的句法树。这个计算过程说明，在选择最可能的句法树时，可以依据句法树本身的概率进行选择，前提是这个句法树恰好能生成给定的句子 S。这种方法在实际中通常需要通过统计方法来估计句法树的概率，如通过分析语料库中句法树的分布情况来确定。

3）计算 $P(\tau)$

在讨论概率上下文无关文法时，对象是一个无限的树集合 T，该集合包含语言中所有可能的句法树。为了在这个框架下计算任一句法树 τ 的概率 $P(\tau)$，需要满足以下条件：

❑ T 是由上下文无关文法生成的：语言中的每个句法树都可以通过应用一系列上下文无关文法（CFG）规则来生成。CFG 在前面已做过相关介绍，它由一组产生式规则组成，这些规则说明了如何从一个或多个非终结符中生成一个字符串。

❑ 定义 $P(\tau)$ 的条件：对于集合 T 中的每棵树 τ，需要定义一个概率分布 $P(\tau)$，使得任何给定树的概率 $P(\tau)$ 落在 0 和 1 之间（$0 \leqslant P(\tau) \leqslant 1$）。

所有树的概率之和必须等于 1（$\sum_{\tau \in T} P(\tau) = 1$），确保 $P(\tau)$ 构成了一个合法的概率分布。

这样可以保证对于任何给定的非终结符，当其扩展到不同可能性的概率分布时是一个有效的概率分布。

❑ 计算 $P(\tau)$ 的过程：在 PCFG 中，每条产生式规则（NT（Non-Terminal）→ β，β 是

符号序列）都被赋予了一个概率（$P(\beta|\text{NT})$），这个概率表示在特定的语言使用中，某个非终结符被替换为规则右侧的序列的相对频率。换句话说，这个概率表示在所有由非终结符 NT 扩展的可能中，选择特定扩展 β 的相对可能性。

从树库创建 PCFG 的方法：最简单的方法是通过最大似然估计（MLE）从一个树库中创建 PCFG。

计数：在树库中计算所有 $\text{NT} \rightarrow \beta$ 出现的次数。

概率计算：将 $\text{NT} \rightarrow \beta$ 的出现次数除以左手边是 NT 的所有规则的总次数，得到 $P(\beta|\text{NT})$。公式可以表示为：

$$P(\text{NT} \rightarrow C_1, C_2, \cdots, C_n | \text{NT}) = \frac{\text{count}(\text{NT} \rightarrow C_1, C_2, \cdots, C_n)}{\text{count}(\text{NT})} \tag{5-4}$$

其中，count(NT)表示在树库中非终结符 NT 出现的总次数，而 $\text{count}(\text{NT} \rightarrow C_1, C_2, \cdots, C_n)$ 表示特定规则 $\text{NT} \rightarrow C_1, C_2, \cdots, C_n$ 出现的次数。

低频问题与平滑：在实际中，许多规则在树库中的出现频率很低，这可能会导致 MLE 估计不够准确或过于偏向于训练数据中出现过的特定实例。因此，仅仅依靠 MLE 可能不足以得到一个好的概率模型，需要引入平滑技术（如加一平滑、Good-Turing 折扣等）来调整概率分布，以便更好地处理低频规则和未见过的数据。

一个句法树 τ 的概率 $P(\tau)$ 可以通过将该树中所有应用的产生式规则的概率相乘来计算，这反映了生成特定句法结构的整体可能性。

下面举例说明句法树概率。

以"she watched movies with friends"为例，如图 5-5 所示，假设有以下简化的 PCFG 规则及概率：

S　→　NP VP (1.0)

VP　→　V NP (0.7)

VP　→　VP PP (0.3)

NP　→　NP PP (0.4)

NP　→　"she" (0.1)

NP　→　"movies" (0.18)

NP　→　"friends" (0.18)

PP　→　P NP (1.0)

V　→　"watched" (1.0)

P　→　"with" (1.0)

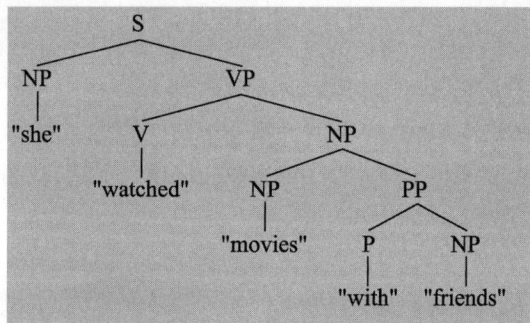

图 5-5　句法解析树示例

概率计算：使用 PCFG 规则，可以计算这棵树的概率为 $1 \times 0.1 \times 0.7 \times 1 \times 0.4 \times 0.18 \times 1 \times 1 \times 0.18 = 0.0009072$。

通过定义和计算句法树的概率 $P(\tau)$，PCFG 不仅能够生成语言中的句子，还能量化不同句法结构的可能性，为句法分析和歧义消解提供一种强有力的工具。通过比较不同解析树的概率，我们可以选择概率最大的解析树作为最终解析树。

5.8　最佳优先概率解析

上一节中使用了概率上下文无关文法，通过为语法规则分配概率来解析句子的结构进行句子解析，然而 PCFG 也存在一些实际问题。

5.8.1　概率上下文无关文法遇到的挑战

在基于语料库（Treebanks）构建的概率上下文无关文法中，语法规则可能会变得极为庞大，这不仅增加了理论上的复杂性，也在实际应用中带来了一系列挑战。

首先，在句法解析过程中，大量的规则和多重标签会显著增加计算负担。一个单词（终结符）往往可以对应多个不同的标签，这种多标签现象使得解析时需要考虑的可能性大幅增加。此外，某些非终结符（类别）可能关联着成百上千条规则，在概率图表解析（Probabilistic Chart Parsing）过程中会产生大量的边，甚至达到数十万条。这种指数级增长的解析路径极大地影响了算法的执行效率，使得解析器在面对复杂句法结构时可能难以高效地处理。

如果处理的是口语，问题会更加严重，因为可能会有多个关于话语中的单词的替代假设。例如：

句子 A: "people can easily recognize speech."

句子 B: "people can easily wreck a nice beach."

这两个句子在发音上可能非常相似，尤其是在快速说话或口音影响下，但它们传达的意义完全不同。句子 A 是关于人们可以轻易地识别语言的能力，而句子 B 则是说人们可以轻易地破坏一个美好的海滩。

雪上加霜的是，由于大规模 PCFG 可能生成大量的解析树，在其中找到最佳解析树往往是不现实的。解析树的数量随着句子长度的增加呈指数级增长，使得穷尽所有可能的解析变得极为困难。例如，Charniak 的研究表明，在布朗语料库（Brown Corpus）中，一个包含 30 个单词的句子可能拥有 130 000 条边，仅为了找到其中 95%的可能解析，就需要遍历如此庞大的搜索空间。这种解析规模的增长大大增加了计算复杂度，从而影响解析的效率和可行性。

此外，解析树的存储需求也极为庞大。近期实验表明，即使采用高度优化的解析树表示方式，完整存储一个大规模 PCFG 解析结果仍然需要 24GB 的存储空间。这凸显了在实际应用中，解析过程不仅受到计算复杂度的限制，还会面临巨大的存储和内存消耗问题。

5.8.2　最佳优先搜索策略的基本概念

由于大规模 PCFG 带来的解析复杂度极高，仅依赖穷尽搜索往往不可行，因此需要更高效的策略来优化解析过程。最佳优先概率解析（Best-first Probabilistic Parsing）便是其中一种方法，它利用子树的概率来决定哪些子树应该进一步构建。

1. 最佳优先搜索策略的基本步骤

（1）使用子树概率做决策：算法在解析过程中会评估各个可能的子树（句子的一部分）的概率，并根据这些概率来决定下一步应该如何构建更大的树结构（即解析整个句子的结构）。

（2）评分和议程（Agenda）：每当算法找到一个新的成分（句子的一部分，如短语或单词组合）时，它会给这个成分一个分数，这个分数是一个"优点指数"（Figure of merit），表示这个成分的概率或重要性。然后，这个成分会被添加到一个按分数排序的列表中，这个列表被称为议程。

（3）从议程中选择并构建：算法接下来会从议程中取出得分最高的项，将其加入解析图（Chart）中，并基于这个新加入的成分查看能构造出哪些新的成分。这些新的成分也会根据它们的分数被添加到议程中。

（4）迭代过程：算法重复上述过程，从议程中取出分数最高的项加入解析图中，寻找新的可能成分，然后将它们加入议程并不断迭代。

（5）非固定顺序填充解析图：这种方法的一个关键特点是，解析图的填充顺序不是固定的。这意味着算法在解析过程中的探索顺序是动态决定的，依据是当前可用的信息和已构建成分的概率评分。

（6）变体和优化：存在许多基于这个基本思想的变体，包括一些增量式的解析策略。为了提高效率和实用性，这些方法通常会限制议程的大小，通过剪枝掉低分的边即使用束搜索（Beam Search）策略避免资源耗费在那些不可能是正确解析的路径上。

2. 举例说明

下面通过一个简化的例子来说明最佳优先概率解析的过程：解析简单句子"小猫睡觉了"。

1）初始化

输入句子："小猫睡觉了"。

初始成分：基于词性标注，我们有初始成分如下：

"小"（形容词，ADJ）

"猫"（名词，NOUN）

"睡觉"（动词，VERB）

"了"（助词，PART）

2）解析步骤

评分和添加到议程：

首先，根据 PCFG 或其他概率模型，给每个成分（词或短语）一个初始得分（或概率）。例如：

ADJ "小"：0.9

NOUN "猫"：0.8

VERB "睡觉"：0.95

PART "了"：0.7

这些成分被加入议程（一个优先队列），按得分排序。

处理议程中的项：

从议程中取出得分最高的项，如 VERB "睡觉"。将其添加到图表中，并考虑它能与图表中的哪些已有成分进行组合。例如，VERB "睡觉"和 PART "了"可以组合成一个新的成分 VERB_PHRASE "睡觉了"，假设这个组合的得分是 0.9。

更新议程：

将新的成分 VERB_PHRASE "睡觉了"添加到议程中，其得分为 0.9。继续从议程中取出得分最高的项，这次可能是 ADJ "小"和 NOUN "猫"，组合它们成为一个新的成分 NOUN_PHRASE "小猫"，假设得分为 0.95。

迭代和构建最终解析树：

继续这个过程，将新的成分加入议程，从议程中取出得分最高的项，并尝试与图表中的其他成分组合，最终就得到一个得分最高的完整句子结构 S "小猫睡觉了"。

这个过程动态地根据概率优先级构建了句子的解析树，而不是静态地按照某个固定顺序。最佳优先概率解析使我们能够高效地探索最有希望的解析路径，减少了对不太可能的路径的探索，从而提高了解析的准确性和效率。

3. 有序边队列

有序边队列（Ordered Edge Queue）是最佳优先概率解析（Best-first probabilistic parsing）策略中使用的一种数据结构。有序边队列的结构及其用途如下：

❑数据结构：有序边队列是一种特定的数据结构，通常实现为优先队列，用于根据某种评估标准（如概率）排序存储边（edges）或任务。

❑用途：在句子解析中，有序边队列用于管理和优先处理解析过程中产生的边，这些边代表句子的部分结构或潜在的句子结构。

有序边队列的 Python 算法实现如下：

```python
import heapq

class OrderedEdgeQueue:
    def __init__(self):
        self.heap = []
        self.counter = 0                    # 计数器，确保相同权重的边按插入顺序排列

    def add_edge(self, edge, weight):
        """将边添加到优先队列中，使用负权重确保最大堆"""
        heapq.heappush(self.heap, (-weight, self.counter, edge))
        self.counter += 1                   # 递增计数器，确保相同权重的边按插入顺序排列

    def pop_edge(self):
        """弹出权重最高的边，返回边名称"""
        if self.is_empty():
            raise IndexError("Cannot pop from an empty priority queue.")
        return heapq.heappop(self.heap)[2]         # 只返回边名称

    def peek(self):
        """查看当前最高优先级的边"""
        if self.is_empty():
            return None
        return self.heap[0][2]                     # 返回边名称

    def is_empty(self):
```

```
            """检查优先队列是否为空"""
            return len(self.heap) == 0

# 示例使用
if __name__ == "__main__":
    queue = OrderedEdgeQueue()

    # 添加边
    queue.add_edge("Edge A", 5)
    queue.add_edge("Edge B", 2)
    queue.add_edge("Edge C", 3)
    queue.add_edge("Edge D", 5)                    # 相同权重测试

    # 应该是 Edge A 或 Edge D，因按插入顺序存储
    print("当前权重最高的边:", queue.peek())

    # 按权重弹出
    while not queue.is_empty():
        print("弹出边:", queue.pop_edge())
```

最佳优先概率解析包括使用概率信息来指导解析过程的整体方法和步骤，而有序边队列是这一过程中用于管理和排序解析任务的数据结构。

4. 最佳优先搜索策略的基本构成

在最佳优先概率解析过程中，有序边队列用于管理和优先处理解析任务，以支持动态地构建解析树的过程。

❑ 议程（Agenda）：议程或有序边队列用于存储待处理的解析任务，这些任务按照某种评估标准（如概率或得分）进行排序。在最佳优先概率解析中，议程可以确保解析器首先考虑那些最有可能导向正确解析结果的选项。

❑ 图表（Chart）：是存储解析过程中间结果的数据结构，记录了句子的部分解析结果和可能的句子结构。当从议程中取出一个任务并进行处理时，其结果（新的部分结构）将被添加到图表中。

❑ 评分机制：每当发现一个新的成分（Constituent）或构建一个新的部分结构时，解析系统依据概率模型为其评分。这个得分决定了该成分被添加到议程中的优先级。

5. 内部概率和外部概率

在使用最佳优先搜索策略进行句子解析时，在讨论如何对待处理队列（即议程）进行排序的问题之前，需要了解关于内部概率（Inside Probability）和外部概率（Outside Probability）的概念。

1）内部概率

内部概率是指某个节点（如一个句法成分或短语）生成其所有内部成分（即它所覆盖的词或短语）的概率。其反映的是一个句法结构内部的合理性或可能性，不考虑它与句子中的其他部分的关系。内部概率通常用于评估句子中的某个部分作为一个整体出现的可能性有多大。更正式地说，内部概率是指某个非终端节点（如语法中的一个规则或符号 X）展开并覆盖其下属结构的概率。这是一个衡量给定子树在更大树结构（如整个句子 S）中作为一个组成部分的可能性的方式。在这里，→表示通过一系列语法规则的展开，从非终端节点（NT）

到达其覆盖的终端节点（如实际的词或短语）的过程：

$$P(\text{NT} \rightarrow w_i, \cdots, w_j | \text{NT}) \tag{5-5}$$

2）外部概率

外部概率关注的是给定节点在整个句子结构中的上下文中出现的概率。它反映的是除了当前考虑的句法结构以外，句子其余部分形成特定结构的概率。外部概率有助于评估一个句法成分与句子中其他成分相结合的合理性或可能性。更准确的定义是，外部概率是指除了当前考虑的节点或结构外，其余部分构成特定树状结构的概率。简而言之，它是给定部分在整个句子结构中所处位置的上下文概率。

$$P(\text{S} \rightarrow w_1, \cdots, w_{i-1} X w_{i+1}, \cdots, w_n | \text{NT}) \tag{5-6}$$

3）议程的排序问题

当使用内部概率对议程进行排序时，这种方法倾向于那些较小的树结构，因为较小的树通常有较高的内部概率（它们更紧凑，涉及的规则和扩展步骤更少）。这种倾向可能会导致解析过程忽视那些在早期看起来不可能，但实际上是正确解析的较大结构。

为了避免议程排序问题，需要引入某种形式的规范化（Normalization）方法。这种规范化的目的是调整评分机制，使之不仅偏好小的树结构，可以更全面地考虑所有可能的解析路径。然而，引入规范化的同时也带来了一个风险：可能会影响最初的目标，即优先找到最佳解析。如果规范化处理过度或不当，可能会使一些实际上更优的解析路径在评分时受到不利影响，从而延迟或错过发现最佳解析结构。

6. 成本

将概率转换为成本（Cost）有助于在处理概率乘积时避免数值下溢的问题，并且使比较不同解析路径的效率更高，因为加法运算比乘法运算更简单和直观。将概率转换为成本使用的是负对数概率（$-\log_2(\text{probability})$），下面通过一个简化的例子来说明这一点。

概率与成本转换的例子：

```
### 计算示例

import math
# 概率
P_R1 = 0.8
P_R2 = 0.6

# 转换为成本
C1 = -math.log2(P_R1)
C2 = -math.log2(P_R2)

# 累积成本
total_cost = C1 + C2

C1, C2, total_cost
```

在这个例子中，可以简单地将成本相加来评估两个规则连续应用的"代价"。这种将概率转换为成本的方法使比较不同解析路径变得更加直观和高效。这种方法在处理多个概率值时尤其有用，因为它避免了因多次乘以小于 1 的数而迅速减小到接近 0 的数值，这在计算机中可能导致精度问题。通过使用成本，可以更直观地比较不同的解析路径，路径的总成本越低，意味着其对应的概率乘积越高，因此被认为是更优的路径。

7．优点指数

在句子解析中，评估和选择待处理任务（或称为解析任务）的方法主要是通过一个称为优点指数（Figure Of Merit）的度量来进行的。这个度量标准是用来评价子树（或部分子树）的成本或概率的一个非递减的度量方法，目的是帮助决定哪些解析任务应该优先处理。

优点指数的目的如下：

❑评估子树的贡献：优点指数的核心目的是找到一个能够有效评估子树对整体句子解析贡献的方法。它反映了量化子树在形成正确句子结构中的作用和重要性。

❑指导解析决策：通过为每个子树分配一个优点指数，解析器可以更好地决定哪些子树应该被优先处理。子树的优点指数越高，则它对完成整体解析越有价值。

常见的优点指数中最简单也最明显的方法是使用内部成本（Inner Cost）。

$$\text{FOM} = -\frac{\text{成本}(子树)}{子树长度 n} \tag{5-7}$$

也可以直接使用概率：

$$\text{FOM} = -\frac{\log P(子树)}{子树长度 n} \tag{5-8}$$

P(子树)表示子树的概率，而子树长度可以是词的数量。使用对数概率可以避免数值下溢，通过对子树长度进行归一化处理，有助于在模型评价时抵消结构规模的影响，从而实现不同子树之间的公平比较。

1）按词数规范化

在式（5-8）中，将 $\log P$（所有单独概率对数的和）除以词数 n，实际上计算的是子树每个词的平均对数概率，这是一个与子树大小无关的概率密度度量，是按照成分中的词数规范化评分的结果。其与在比较语言模型中使用的每词交叉熵（Per-word Cross-entropy）的概念类似。通过这种方式，成分的评分会考虑到该成分本身的长度，使评分更加公平地反映成分的概率密度而不仅仅是绝对概率。这样的调整有助于避免系统偏向于无条件地优先处理较小的成分，从而提高解析过程的整体效率和平衡性。这种方法可以确保评分机制能够公平地比较不同长度的子树。

2）成本域与概率域的规范化

❑在成本域中使用算术平均值进行规范化，这是因为解析过程中成本是被累加的。

❑在概率域中则使用几何平均值，因为概率值在解析过程中是相乘的。

8．束搜索

在实际应用中，即使使用了有效的优点指数，议程（即待处理的边缘队列）的大小仍然可能非常大。这就是议程膨胀问题。束搜索（Beam Search）算法可以通过限制议程中的假设数量来管理资源和提高效率。束搜索是一种启发式图搜索算法，用于在大型搜索空间中找到近似最优解，通过限制考虑的候选项数量（即"束宽"）来减少计算复杂度。

1）束搜索的工作原理

❑剪枝操作：为了控制资源使用并提高效率，标准做法是对议程进行剪枝，即设置议程中可以持有的边的最大数量，或者设置议程中最佳边和最差边之间可接受的最大差异（Delta）。

- 束宽参数：剪枝操作的结果被称为束搜索，而控制议程大小的参数被称为束宽（Beam Width）。束宽决定议程可以同时保持的条目数。

2）束搜索的决策过程

当议程满即其条目数达到由束宽指定的数量且需要插入一个新的边时，将有两种可能性（忽略平局情况）。

- 如果新边比议程中最昂贵的边还要昂贵：在这种情况下新边将被丢弃，不会被添加到议程中。这是因为新边的加入几乎不可能改善当前的最佳解析结果。
- 否则：如果新边的成本低于或等于议程中最昂贵的边的成本，那么最昂贵的边将会被移除，新边则根据其优点指数被插入到合适的位置。这样做是为了保持议程集中在更有前景的假设上，同时排除成本较高、不可能是最佳解析的边。

3）束搜索的效果

通过限制议程中保留的边数并且有选择地替换高成本边的方式，束搜索能够有效地平衡搜索质量和计算资源的使用，尤其是在面对庞大的搜索空间时。它通过有选择性地探索搜索空间的一部分来找到一个好的近似解，避免对每个可能的解析路径的全面探索，从而显著减少所需的计算资源和时间。然而，束搜索的效果很大程度上依赖于束宽的选择：太小的束宽可能会错过最佳解析路径，而太大的束宽则会降低其减少计算复杂度的优势。

4）束搜索的例子

下面通过一个简单的例子来解释束搜索（Beam Search）的概念和工作原理。这里将使用一个虚构的情景来说明如何在搜索过程中应用束宽来限制搜索空间。

- 背景：假设正在进行一个简单的路径搜索任务，目标是从起点（A）到达终点（D）有多条路径可供选择。搜索空间如下：

```
'''
A -> B -> D
A -> C -> D
A -> E -> D
'''
```

在这个任务中，每一步都有多个选择（如从 A 出发可以到达 B、C 或 E），而目标是找到一条最优路径（假设成本最低的路径）。

使用束搜索：为了简化问题，设定束宽为 2，这意味着在搜索过程中，每一步只保留成本最低的两个选项进行进一步的搜索。

步骤：

起始点 A：从 A 开始，有 3 个直接可达的点，即 B、C 和 E。假设到达这些点的成本分别为 1（A->B）、3（A->C）和 2（A->E）。

应用束宽：按照成本，选择两个成本最低的选项，即 A->B 和 A->E，因为它们的成本分别为 1 和 2，而 A->C 的成本为 3。这样，A->C 被剪枝，不再考虑。

扩展搜索：

从 B 到 D 的成本是 2，所以总成本是 1（A->B）+ 2（B->D）= 3。

从 E 到 D 的成本是 1，所以总成本是 2（A->E）+ 1（E->D）= 3。

选择最终路径：在这个简化的例子中，最终两条路径的总成本相同，所以可以选择任意一条路径作为结果，但在实际应用中会根据具体的成本或概率等指标来确定最优路径。

通过上面这个例子，可以看到束搜索如何通过限制每一步的选项数量（即束宽）来减少搜索空间，从而在复杂搜索任务中提高效率。尽管这个例子非常简化，但它说明了束搜索在处理更大搜索空间时的基本思想和潜在的效率优势。实际上，束搜索广泛应用于自然语言处理、机器学习模型的解码过程等领域，特别是需要从大量可能的选项中快速找到最优解的场景。

5）束搜索的 Python 代码

下面是一个简化版的束搜索算法的 Python 代码示例。这个示例假设正在处理一个优先队列（即议程）并根据每个条目的成本进行排序。为了简化，不涉及具体的解析任务，只是展示如何根据束宽来管理这个优先队列。

```python
import heapq

class BeamSearch:
    def __init__(self, beam_width):
        self.beam_width = beam_width                          # 定义束宽
        self.agenda = []                                     # 优先队列，使用堆来实现

    def add(self, edge, cost):
        # 添加新边到议程中，如果超过束宽则根据成本剪枝
        heapq.heappush(self.agenda, (cost, edge))
        if len(self.agenda) > self.beam_width:
            # 如果议程的大小超过束宽，则移除成本最高的边，保留成本低的边
            self.agenda = heapq.nsmallest(self.beam_width, self.agenda)
            heapq.heapify(self.agenda)

    def pop(self):
        # 从议程中弹出成本最低的边
        if self.agenda:
            return heapq.heappop(self.agenda)[1]   # 返回边，忽略成本

# 示例使用
if __name__ == "__main__":
    beam_width = 3                                            # 设置束宽为 3
    beam_search = BeamSearch(beam_width)

    # 假设的边和它们的成本
    edges_with_costs = [
        ("edge1", 5),
        ("edge2", 2),
        ("edge3", 4),
        ("edge4", 1),
        ("edge5", 3)
    ]

    # 添加边到束搜索中
    for edge, cost in edges_with_costs:
        beam_search.add(edge, cost)

    # 按成本从低到高弹出和打印所有边
    while beam_search.agenda:
        edge = beam_search.pop()
        print(edge)
```

9. 最佳优先搜索策略的Python代码实现基本框架

最佳优先搜索策略的 Python 代码如下：

```python
import heapq

class BestFirstProbabilisticParser:
    def __init__(self, beam_width=5):
        self.agenda = []                    # 优先队列，用于存储待处理的解析任务
        self.chart = {}                     # 图表，用于存储解析过程的中间结果
        self.beam_width = beam_width        # 设置束宽

    def add_to_agenda(self, task, cost):
        # 将新任务按成本添加到议程中
        heapq.heappush(self.agenda, (cost, task))        # 优先处理成本低的任务
        # 保持议程大小不超过束宽
        if len(self.agenda) > self.beam_width:
            # 获取成本最低的 beam_width 个任务并重建堆
            self.agenda = heapq.nsmallest(self.beam_width, self.agenda)
            heapq.heapify(self.agenda)

    def pop_from_agenda(self):
        # 从议程中弹出成本最低的任务
        if self.agenda:
            return heapq.heappop(self.agenda)[1]
        return None

    def add_to_chart(self, constituent, structure):
        # 将新的部分结构添加到图表中
        if constituent not in self.chart:
            self.chart[constituent] = []
        if structure not in self.chart[constituent]:
            self.chart[constituent].append(structure)

    def cost_task(self, task):
        # 简单的成本计算机制，如根据任务字符串长度作为成本
        return len(task)

    def process_task(self, task):
        # 处理一个解析任务，生成新的部分结构
        words = task.split()
        new_structures = []
        # 如果任务中至少有两个词，则生成拆分任务
        if len(words) > 1:
            for i in range(1, len(words)):
                left = " ".join(words[:i])
                right = " ".join(words[i:])
                new_structures.append((left, right))
        return new_structures

    def parse_sentence(self, sentence):
        # 初始化：将句子的初步解析任务添加到议程中
        initial_tasks = self.initial_parse_tasks(sentence)
        for task in initial_tasks:
            cost = self.cost_task(task)
            self.add_to_agenda(task, cost)

        # 解析循环：持续处理议程中的任务，直到议程为空
```

```
        while self.agenda:
            task = self.pop_from_agenda()
            if task is None:
                break
            new_structures = self.process_task(task)
            for constituent, new_task in new_structures:
                cost = self.cost_task(new_task)
                self.add_to_agenda(new_task, cost)
                self.add_to_chart(constituent, new_task)

        # 返回图表作为最终的解析结果
        return self.chart

    def initial_parse_tasks(self, sentence):
        # 根据句子生成初步的解析任务
        return [sentence]                        # 整个句子作为一个初步任务

# 示例使用
if __name__ == "__main__":
    beam_width = 3                               # 定义束宽为 3
    parser = BestFirstProbabilisticParser(beam_width)
    sentence = "This is a sample sentence"
    parse_result = parser.parse_sentence(sentence)
    print(parse_result)
```

5.8.3　最佳优先搜索策略的调整及对应策略

最佳优先搜索旨在优先考虑那些最有希望达到目标的路径。在句子解析的上下文中，这意味着算法会优先考虑那些基于当前信息最符合语法规则的解析路径。

（1）原则上的最佳优先搜索：原则上，通过维护一个有序的边缘队列（Ordered Edge Queue），图表解析器可以实现最佳优先搜索策略。这意味着解析器会根据某种评分机制（如概率）来排序待考虑的解析选项，并优先处理得分最高的选项。

（2）实践中的挑战：在实际应用中，实现一个有序队列的成本非常高，对于广泛覆盖的概率语法（Broad-coverage Probabilistic Grammars）来说，这个成本是禁止性的。这是因为这种方法实际上会变成一种广度优先搜索（Breadth-first Search），需要横跨所有可能的从左到右构造的解析进行搜索。在广度优先搜索中，算法会在每一层上探索所有可能的节点，然后再移至下一层。在句子解析的场景中意味着要考虑每一个可能的解析步骤和分支，随着句子长度的增加，解析数量会呈指数级增长，导致计算成本极高。

（3）束搜索：为了解决广度优先搜索产生的计算成本问题，可以使用束搜索来限制每层考虑的节点数。通过设置束宽，束搜索算法只扩展得分最高的几个节点，而不是所有可能的节点，减少了计算量并避免了解析数理呈指数级增长。

（4）概率乘积问题：在概率模型中，路径的总概率是由构成该路径的各个步骤的概率相乘得到的。这个问题在处理大量的可能解析时尤为显著，因为需要维护和更新巨大数量的概率乘积，这在计算上是不切实际的。当进行概率解析时，不同路径的概率是通过乘以构成该路径的各个概率值来计算的。由于概率值介于 0~1 之间，多个概率值相乘会迅速导致非常小的数值。随着分析路径的延伸，其累积概率会迅速减小。又因为短路径和浅路径涉及较少的乘法运算，它们的累计概率相对较高，这导致最佳优先解析策略倾向于优先考虑更短和更浅的分析路径，而不是可能更准确但较长或较深的路径。

❏ 规范化概率（Probability Normalization）：对于概率乘积问题，一种解决方法是引入规范化，如使用对数概率。这样可以防止数值下溢，因为在对数域中相乘变成了相加，从而避免了小数值的快速下降。

❏ 优点指数（Figure of Merit，FOM）：为了克服对短路径和浅路径的偏好，可以引入一种优点指数，如通过词汇范围来规范化内部成本。这种方法可以平衡不同路径的长度和深度，使得算法能够更公平地评估所有可能的解析路径。

❏ 外部概率（Outside Probability）：使用外部概率也是一个可行的解决方案。它考虑了一个给定子树外的上下文概率，并在评估时结合了子树的内部概率。虽然这样在计算上更麻烦，但是它提供了更全面的解析路径评估方案。

5.9　解析的评价方法

PARSEVAL 是用于评估句法分析器性能的一组标准度量方法，由 Black 等人在 1991 年提出。PARSEVAL 度量的核心是比较假设解析树（即句法分析器生成的解析树）中的成分与人工标注的参考解析树（或称"黄金标准"）中的成分的相似度。PARSEVAL 需要将测试集中每个句子的人工标注的参考解析树作为标准，用于与模型生成的解析树进行对比评估。这些参考解析通常来源于如宾夕法尼亚树库（Penn Treebank）这样的语料库。

1）成分的正确性：

假设解析树 T_h 中的一个成分与参考解析树 T_r 中有相同起始点、结束点和非终结符标签的成分，则该成分被标记为正确。

2）精确度和召回率

❏ 计算方法：使用精确度和召回率来衡量句法分析器的性能，其中，精确度是指在假设解析树中正确成分的数量与假设解析树中总成分数量的比率，召回率是指在假设解析树中正确成分的数量与参考解析树中总成分数量的比率。

❏ 标记精确率（Labeled Precision）的计算公式为：

标记精确率 ＝ 假设解析中正确的成分数量 / 假设解析中的总成分数量　　（5-9）

"假设解析中正确的成分数量"是指在假设的解析结果中正确识别并且正确标记的成分数量。

"假设解析中的总成分数量"是指在假设解析结果中识别出的所有成分的总数，无论它们是否正确。

标记召回率（Labeled Recall）的计算公式为：

标记召回率 ＝ 假设解析中正确的成分数量 / 参考解析中的总成分数量　　（5-10）

其中，"假设解析中正确的成分数量"是指在假设的解析结果中正确识别并且正确标记的成分数量。"参考解析中的总成分数量"是指在标准或参考解析结果中的成分总数。

3）F1 分数

通常会报告精确度和召回率的综合指标，即 F1 分数，它是精确度和召回率的调和平均数。F1 分数是精确率（P）和召回率（R）的调和平均数，它被定义为：

$$F1 = \frac{2PR}{P+R} \tag{5-11}$$

P 代表精确率，即假设解析中正确的成分数量占假设解析中总成分数量的比例。

R 代表召回率，即假设解析中正确的成分数量占参考解析中总成分数量的比例。

F1 分数综合考虑了精确率和召回率，以提供对解析器综合性能的单一衡量。当精确率和召回率中的任何一个较低时，F1 分数将会下降，从而确保只有在两者都相对较高时，评估结果才会显示出较高的性能。因此，F1 分数是一个在比较不同系统或模型时常用的指标，尤其在解析任务的评估中，它可以有效地平衡偏向于任一度量的倾向，提供一个更全面的性能评价。

4）标准化算法

不同语法间的比较：为了比较使用不同语法的分析器，PARSEVAL 度量包括一个规范化算法，用于移除可能特定于语法的信息（如助动词、不定式 to 等）并计算简化分数。

5）实现

evalb 工具：PARSEVAL 度量的典型实现是'evalb'工具，由 Sekine 和 Collins（1997 年）开发。'evalb'是评估句法分析器性能广泛使用的工具。

总的来说，PARSEVAL 提供了一套全面的度量标准，用于评估句法分析器的性能，包括精确度、召回率、F1 分数及交叉括号数等指标。通过比较分析器生成的解析树与人工标注的参考解析树，PARSEVAL 可以帮助研究者和开发者理解句法分析器在哪些方面表现良好以及可能需要改进的地方。

参 考 文 献

[1] Black E, Abney S, Flickinger D, et al. A procedure for quantitatively comparing the syntactic coverage of English grammars[C]//Proceedings of the Workshop on Speech and Natural Language. Pacific Grove: Association for Computational Linguistics, 1991: 306-311.

[2] Hockenmaier J. Parsing with context-free grammars [OL]. Urbana-Champaign: University of Illinois at Urbana-Champaign, 2018. [2024-03-26]. Available: https://courses.grainger.illinois.edu/cs447/fa2018/Slides/Lecture09.pdf.

[3] Nelson R. Context-Free Grammars[EB/OL]. [2024-11-13]. https://www.cs.rochester.edu/users/faculty/nelson/courses/csc_173/grammars/cfg.html.

[4] Sekine S, Collins MJ. The EVALB software[EB/OL]. New York: New York University, 1997. http://cs.nyu.edu/cs/projects/proteus/evalb.

第 6 章 依存句法分析

第 5 章我们从"构成成分"（Constituency）或"短语结构语法"（Phrase Structure Grammar，也称为上下文无关语法）的角度介绍了语言结构。这种视角在现代语言学中用于分析句子结构，重点在于如何将单词组合成嵌套的成分（或短语），从而形成更复杂的句子结构。本章将介绍另一种解析方法：依存结构（Dependency Structure）。

6.1 构成成分和依存结构的区别与联系

构成成分理论和依存结构是分析句子语言结构的两种主要理论框架，它们从不同的角度描绘句子的内部组织和词汇之间的关系。虽然这两种理论都旨在解释句子是如何构建的，但是它们在方法和侧重点上有着根本的差异。

1. 构成成分理论

构成成分理论关注于句子的分段和层次结构。它基于这样一个观点：句子可以被分解成若干构成成分（或称为短语），这些短语进一步分解成更小的成分，直到达到单词层面。这些成分通常是通过语法规则定义的，如名词短语（NP）、动词短语（VP）等，它们通过特定的方式组合起来构成更大的句子。

- ❑ 关键特征：强调嵌套和层次结构，即如何通过分层的短语结构来构建句子。
- ❑ 表现形式：通常使用树状图（短语结构树）来表示，其中，节点代表构成成分，边表示成分之间的层次关系。

2. 依存结构

依存结构关注词与词之间的直接关系。它基于这样一个观点：句子中的词汇通过直接的依存关系连接，形成一个网络或树状结构，其中的每个词都依赖于一个中心词（除了整个句子的主要谓词），而这种依赖关系定义了它们的语法功能和语义角色。

- ❑ 关键特征：强调直接依存关系，即每个词如何依赖或连接到其他词来表达完整的意义。
- ❑ 表现形式：使用依存树来表示，其中，节点是词汇，箭头表示依存关系，指向依赖词的中心词。

3. 主要区别

- ❑ 侧重点不同：构成成分理论侧重于句子的分段和层次结构，而依存结构侧重于词与词之间的直接依存关系。

- □ 分析方法：构成成分理论通过短语结构树展示嵌套的短语和层次关系；依存结构通过依存树展示词汇之间的直接关联和依赖模式。
- □ 语言描述：构成成分理论适合描述短语和句子的内部结构，尤其适用于分析复杂句子和嵌套结构；依存结构在描绘句子中的词汇功能和语法角色方面更高效，特别是在处理词序较为自由的语言时，依存结构因其对线性顺序的依赖较少，所以适应性更强。

虽然这两种理论在分析句子结构时采取了不同的方法，但是它们都为理解语言提供了重要的视角和工具。在实际应用中，如自然语言处理和语言教学，两种理论常常互补使用，从而更全面地分析和理解语言。

6.2　依存结构的基本概念

依存结构展示了句子中的单词如何相互依赖，即哪些单词依赖于其他单词。这种依存关系说明句子构成的层次和逻辑结构对理解句子的语法和语义至关重要。依存句法分析是自然语言处理中的一个任务，旨在分析给定输入句子 S 的句法依存结构。简单来说，这个任务的目标是确定句子中的单词之间的依存关系以及这些关系的类型。

6.2.1　举例说明依存结构

下面通过一个例子来展示依存语法的应用，并分析句子中词与词之间的依存关系。

（1）示例句子：

John donated books to the library last week.

（2）依存关系分析：在依存语法框架下，这个句子的结构可以通过分析词与词之间的直接语法关系来描述。下面是对该句子依存关系的分析。

- □ 核心动词（根）：donated 是句子的核心动词，表示主要的行动，因此是依存树的根节点。
- □ 主语：John 是 donated 的主语，说明是谁进行了捐赠行动，与 donated 之间的关系是主语（nsubj）。
- □ 直接宾语：books 是 donated 的直接宾语，说明捐赠的对象是什么，与 donated 之间的关系是宾语（obj）。
- □ 间接宾语（介词宾语）：to the library 是一个介词短语，表示捐赠的目的地，其中，to 是介词，the library 是介词的宾语。这个介词短语整体作为 donated 的间接宾语，与 donated 之间的关系是介词宾语（obl）。
- □ 时间状语：last week 表示捐赠发生的时间，与 donated 之间的关系是时间状语（advmod）。

（3）依存结构如图 6-1 所示。

在这个依存结构中，每个单词的位置和层级关系清楚地反映了它们之间的依存关系，其中，donated 作为中心词连接所有的依赖项，包括主语 John、直接宾语 books、间接宾语 to the library，以及时间状语 last week。

通过这样的分析，揭示了句子中词与词之间的直接关系，而不是依赖于短语结构的层次。

这种方法使语法结构的表示更直观和精简，特别适用于处理句子的语法和语义分析。

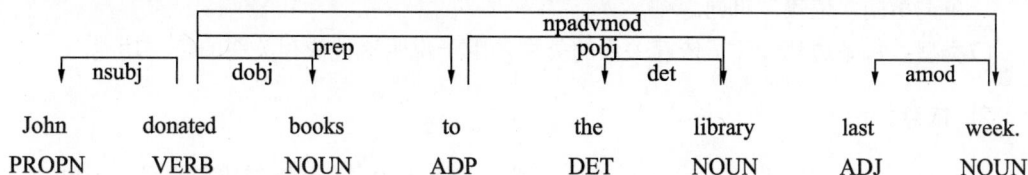

图 6-1　John donated books to the library last week.的依存结构

6.2.2　依存结构的基本组成部分

依存结构是句法结构的一种表现形式，它描述了句子中词汇项（Lexical Items）之间的关系。在依存句法分析中，输出结果是一个依存树（Dependency Tree）。在这个树结构中，输入句子中的单词通过带类型的依存关系连接起来。每种类型的依存关系都具有特定的语法功能，如主语、宾语、定语等，这些关系揭示了句子成分之间的语法依存关系。

1．依存结构的基本组成部分

❏ 词汇项（Lexical Items）：是构成句子的基本元素，包括词汇、短语或标点符号等。在依存结构中，每个词汇项都充当图中的一个节点。

❏ 二元非对称关系（Binary Asymmetric Relations）：这些关系也就是依存关系，用于连接句子中的词汇项，形成有向图。每条依存关系都是有方向的，从一个词（称为头或主导词）指向另一个词（称为依赖项或从属词），表示后者在某种程度上依赖于前者来获得完整的语法或语义。

依存关系不仅指示了词汇项之间的连接，而且是有类型的，每种类型都对应一个特定的语法关系名称，具体如下：

❏ nsubjpass（被动主语）：句子的主语并且动作是被动接受的。

❏ auxpass（被动助动词）：用于构成被动语态的助动词。

❏ prep（介词）：指明一个介词，用于连接介词短语。

❏ pobj（介词宾语）：跟在介词后面的名词或代词，作为介词的宾语。

❏ nn（名词修饰词）：用于连接两个名词，其中一个名词修饰另一个名词。

❏ conj（并列连接词）：连接并列结构，如两个并列的名词或短语。

❏ cc（并列连词）：用于连接并列结构的连词，如"和""或"。

❏ appos（同位语）：表示两个紧密相关的名词短语，其中一个说明或重述另一个。

更正式的表述：依存结构可以表示为一个有向图 G=(V,A)，由一组顶点 V 和一组有序顶点对 A 组成，这些顶点对称为弧（Arcs）。顶点集 V 精确对应于给定句子中的词项集合，包括单词和标点符号。在处理形态结构复杂的语言（如芬兰语、土耳其语等）时，顶点还可以细化为由词干与词缀构成的更小的语言单位，从而更精确地捕捉句子的形态学特征。弧集 A 捕获了 V 中元素之间的中心词-依赖词和语法功能关系。有向图中的组成部分如下：

❏ 节点：树的每个节点代表句子中的一个单词。

□ 边：节点之间的连接线表示单词之间的依存关系，方向通常从"支配"（或"主导"）
　　单词指向"依赖"单词。

□ 类型：每条边都标注了依存关系的类型，用于说明这种依存关系的语法功能。

2. 依存关系

头（Head）或主导词（Governor）：在二元非对称关系中，头是控制或影响另一个单词（依赖词）的单词，它是依存箭头的起点。

依赖（Dependent）或修饰词（Modifier）：依赖词是被头单词控制或影响的单词。它是依存箭头的终点。

3. 依存树的约束条件

依存树是一种特殊类型的有向图，它用于表示句子的层次结构，并确保句子结构的清晰和一致性。依存树的几个重要特点有：首先，连通性是依存树的基本要求，即树中的所有词汇项必须相互连接，以保证句子的整体连贯性。其次，无环性确保句子结构中不存在循环依赖，即任何词不能通过依存关系回到自身，否则将导致逻辑混乱。

此外，依存树只有一个根节点，通常是句子的主要谓语，其他词汇项都直接或间接地依赖于这个根节点。这一特性使得句子的核心语义更加明确。最后，依存树符合有根树的特性：它有一个唯一指定的根节点，该节点没有进入的弧（即没有任何词依赖于它）；而除根节点外的每个词汇项都恰好有一个进入的弧，即每个词只能依赖于另一个词；同时，从根节点到树中的任意一个词汇项都存在唯一的一条路径，确保依存结构的清晰性。这些特性共同作用，使依存树成为句法分析中的重要工具，能够准确地表示单词之间的依赖关系，并清晰地展现句子的层次结构。

4. 根节点

在依存树的表示中，根节点（Root）和虚拟根节点（Virtual Root）扮演着至关重要的角色，它们共同确保依存结构的完整性和一致性。

1）根节点

根节点是依存树中唯一没有被其他节点支配的节点，它在句子的依存结构中起着核心作用。通常，根节点对应于句子的主要谓语，即句子的核心动作或状态，是整个句子语义和语法结构的关键。作为依存树的起点，根节点定义了句子的主要信息。从这个节点出发，通过依存关系可以找到句子中的每个词，进而揭示句子的层次结构和意义。换句话说，根节点是依存分析的中心，它决定其他成分的组织方式，并影响整个句子的理解。在一个正确构建的依存树中，必须且只能有一个根节点。这一特性确保了句法结构的清晰性和一致性，避免了多个核心导致的歧义或逻辑混乱。因此，根节点不仅是依存树的基础，也是在自然语言处理任务中进行句法分析的重要依据。

2）虚拟根节点

虚拟根节点是依存树中人为添加的一个特殊节点，位于树的最顶端。与普通的根节点不同，虚拟根节点并不对应于句子中的任何实际词汇，而是作为所有句子成分的超级头部提供一个统一的依赖起点。引入虚拟根节点的主要目的是在需要一个统一出发点的情况下，简化句子结构的表示和分析，特别是在自然语言处理任务中，它可以确保依存结构的连通性和一致性，方便模型训练和对输出结果统一处理。虚根节点可以确保句子中的每个词包括原本的根节点都能依赖一个统一的目标，从而保持依存树的完整性和一致性。这种设计有助于避免结构上的混乱，使依存关系更加清晰可控。

虚拟根节点的应用场景主要包括复杂句子的分析，尤其是当句子包含多个并列谓语或子句时，它可以提供一个有效的方式来统一这些并列结构。此外，在许多依存句法分析工具和框架中，虚拟根节点被广泛使用，以标准化树的表示方式，提升句法分析的稳定性和泛化能力。

通过这种方式，依存句法分析揭示了句子内部的复杂结构，使我们能够精确地理解单词如何组合在一起，形成具有特定意义和功能的句子。依存结构的这种表达形式在自然语言处理中非常有用，它为机器学习模型提供了一种强大的方式来捕捉和理解语言的深层次结构。

6.2.3　需要解决的问题

依存句法分析作为自然语言处理中的一个核心任务，涉及理解句子中单词之间的语法依赖关系。更准确地说，这个任务可以分为两个子问题：学习（Learning）和解析（Parsing）。这两个子问题是依存句法分析成功实现的基础，并由 Kuebler 等人在其著作中提出。

1. 学习

学习阶段的目标是构建一个解析模型 M，使其能够理解并学习句子中单词之间的依存关系，从而准确地进行句法分析。这一过程始于一个训练集 D，其中包含大量已经用依存图标注好的句子。这些依存图明确展示了句子中每个单词之间的依存关系及其类型，为模型提供了学习和归纳的基础。为了训练解析模型 M，机器学习算法（如深度学习模型）会对训练集 D 进行分析，从中提取句子的特征，并学习如何预测单词间的依存关系。随着训练的进行，模型不断优化，从而能更准确地捕捉语言的语法规律。最终，训练得到的解析模型 M 能够应用于新的句子，自动识别并构建其依存结构，使其具备广泛的自然语言解析能力。

2. 解析

解析阶段的目标是使用已经训练好的解析模型 M 来分析一个新的句子 S，并为其生成最优的依存图 D，以揭示句子内部的语法结构和依存关系。

解析过程的核心是应用模型 M 来预测句子 S 中每对单词之间的依存关系及其类型。给定一个句子，模型会自动分析其结构，并为其中的词语分配适当的依存标签，从而构建完整的依存树。最终，模型 M 生成的依存图 D 清晰地展示了句子中单词之间的依存关系。这一结果不仅有助于深入理解句子的句法结构，还在许多自然语言处理任务（如机器翻译、语义分析和信息提取）中发挥着重要作用，使计算机能够更精确地处理和理解人类语言。

3. 实践应用

在实际应用中，学习和解析两个阶段是紧密相连的。首先，通过大量标注好的数据训练出一个强大的解析模型，这需要深入理解句子结构和依存关系的复杂性。接着，使用这个模型自动分析未标注的句子，生成依存图，从而支持各种自然语言处理任务，如信息提取、问答系统、机器翻译等。

6.3　依存关系的确立

在自然语言处理过程中，依存句法分析是一项关键任务。它通过识别句子中词与词之间的依赖关系，明确各词的支配和从属关系来揭示句子结构的核心。相较于成分句法分析的层次化结构，依存句法更注重单词之间的直接联系。本节将介绍依存句法分析的主要步骤和关键技术。

6.3.1　依存句法分析的步骤

依存句法分析（Dependency Parsing）的目标是识别句子中单词之间的依存关系，即哪个词是另一个词的支配词（Head），以及它们之间的关系类型。与成分语法分析相比，依存句法分析关注的是词与词之间的直接关系，而不是将词组织成嵌套的成分。依存句法分析的基本步骤如下：

1．词性标注（Part-of-Speech Tagging）

与成分语法分析相似，依存句法分析的第一步是确定句子中每个单词的词性。通常，这一过程借助自动化的词性标注器来完成，这些标注器基于机器学习模型，能够高效地识别并标注单词的词性，为后续的依存关系解析奠定基础。

2．依存关系识别（Dependency Relation Identification）

依存句法分析的核心在于识别句子中每对单词之间的依存关系，包括确定哪个词是头（Head）、哪个词是依赖（Dependent），以及它们之间的依存类型（如主宾关系、定语关系等）。实现这一目标的方法可以是基于规则的方法，也可以是基于机器学习的方法。现代依存句法分析通常依赖于深度学习模型，如基于循环神经网络或 Transformer 架构的模型，以提高解析的准确性和效率。

3．构建依存树（Building Dependency Trees）

依存关系的组织目的是将识别出的依存关系构建成一棵依存树，这棵树反映句子的句法结构。每个词直接连接到它的头词，形成一个无环的有向图。该方法通常从句子的根（通常是主要动词或谓语）开始，递归地添加各个依赖项，直到所有单词都被包含在树中。

4．应用依存关系类型（Applying Dependency Types）

依存树的类型标注旨在为树中的每个依存关系指定一个具体类型，明确句子中词与词之间的语法或语义角色。此过程通常基于词性标注和句子结构，结合句法规则或经过训练的模型来准确识别和标注这些依存关系的类型。

5．分析和优化（Analysis and Optimization）

依存树校正的目的是确保生成的依存树准确地反映句子的句法结构，必要时对其进行调整或优化。这通常通过句法分析工具自动检查，或在需要时手工校正，以修正依存关系或关系类型中的潜在错误。

依存句法分析的结果是一棵树，其中，节点是单词，边代表单词之间的依存关系，这种分析揭示了句子的直接句法关系而非成分结构。在依存句法分析的各个步骤中，最困难的部分往往是"依存关系识别"（Dependency Relation Identification），原因主要是依存关系识别需要准确地判断句子中每对单词之间的依存关系，包括确定头词和依赖词以及它们之间的关系类型。这一过程需要对句子的深层句法和语义结构有深入理解。同时，自然语言中存在大量的模糊性，同一句子可能有多种合理的解析方式。确定最合适的依存关系需要复杂的推理能力和对上下文的敏感理解。在 6.3.2 节中将详细介绍识别依存关系的主流方法。

6.3.2　常见的依存关系

Universal Dependencies（UD）是一个具有创新意义的国际项目，它汇聚了来自全球的语言学家、计算机科学家及语言技术专家的智慧和努力，共同致力于建立一个全面、跨语言的依存语法标注体系。该项目涵盖超过 100 种语言，旨在通过提供 37 种详细定义的依存关系来标注句子中词与词之间的语法和语义依赖，进而形成一个统一的语法标注框架。UD 的宗旨在于促进语言学的比较研究，同时为自然语言处理技术的发展如依存句法分析、语义理解等领域提供坚实的语言学基础。

在 UD 中定义的依存关系分为两大主要类别，分别是从句关系（Clausal Relations）和修饰关系（Modifier Relations），这两类关系共同构成了句子结构的基础。

1．从句关系

从句关系主要描述了句子中成分相对于中心谓语的句法角色，包括但不限于：

❑ nsubj（主语）：标识执行动作或处于某种状态的实体，是谓语动作的发出者。

❑ obj（直接宾语）：指出动作的直接接受者，通常是谓语动词的影响对象。

这些关系揭示了句子的主要动作框架，对于理解句子的基本意义至关重要。

2．修饰关系

修饰关系关注于单词如何通过提供额外信息来修饰其头部词汇，主要包括：

❑ nmod（名词修饰语）：用于连接两个名词，其中一个名词作为修饰语，为另一个名词提供附加信息。

❑ det（限定词）：通常是冠词或指示代词，用于明确指出或限定名词的范围或特性。

❑ case（格）：标明名词或代词在句子中的功能或与其他词的关系，经常通过介词来实现。

❑ compound（复合构成）：连接两个紧密相关的词汇项，共同作为一个复合名词或修饰语出现。

6.3.3　判断依存关系的依据

在依存句法分析中，有几个直接来源的信息可以用来帮助确定句子中词与词之间的依存关系。这些信息来源对于理解如何构建依存树尤为重要。

1．双词汇亲和性

双词汇亲和性（Bilexical Affinities）指两个词之间存在依存关系的可能性。这是基于语料库中观察到的模式，某些词对更有可能形成依存关系。例如，discussion 和 issues 组合在一起形成依存关系（discussion → issues）是合理的，因为经常可以在语料中观察到这样的组合。

2．依存距离

大多数依存关系发生在相邻或相对较近的单词之间。依存距离（Dependency Distance）较短通常意味着更强的依存关系，这是因为语言倾向于将相关的词汇放在彼此较近的位置，以减少处理和理解的复杂性。

3．介入材料（Intervening material）

依存关系很少跨越介入的动词或标点符号。如果句子中的两个词之间有一个或多个动词、标点符号，则它们之间形成直接依存关系的可能性较低。这是因为动词通常引入新的谓语-论元结构，而标点符号往往标志着句子或短语的边界。

4．中心词的配价（Valency of heads）

配价指中心词通常与多少个依赖项关联，以及这些依赖项通常位于中心词的哪一侧。不同的词汇（尤其是动词）根据其语法和语义特性，倾向于有固定数量的依赖项，这些依赖项可能位于词的左侧、右侧或两侧。

5．示例句子分析

ROOT Discussion of the outstanding issues was completed.

在这个句子中，可以应用上述信息源来构建依存树：

❑ 双词汇亲和性：词对 discussion of 和 outstanding issues 显示出自然的依存关系。

❑ 依存距离：Discussion 和 issues 相对接近，中间只有介词 of，表明它们之间可能有依存关系。

❑ 介入材料：句子中没有介入的动词或标点打断 discussion 和 issues 之间的关系。

❑ 中心词的配价：Discussion 作为名词，通常有限的依赖项，如此处的 of the outstanding issues。

通过考虑这些信息来源，依存句法分析可以更准确地识别和构建句子中的依存关系，从而揭示句子的深层结构和语义。这些原则对于自然语言处理系统来说至关重要，因为它们提供了一种系统性方法来解析和理解句子结构。

6.3.4　投射性

在依存句法分析的研究和实践中，处理"箭头交叉"现象，即决定是否允许非投射性依存关系是一个核心问题。这个问题的重要性在于它直接影响依存分析算法能否准确捕捉和表示句子的真实句法结构。投射性（Projective）和非投射性（Non-Projective）依存关系的区分，提供了一种方法来描述和处理句子中的复杂语法现象。

1．投射性依存关系

定义：在一个句子的依存结构中，如果头词和依赖词之间的路径上的所有词都在它们之间的线性顺序内，那么这种依存关系被认为是投射性的。简而言之，投射性依存关系允许以不交叉的方式在句子上绘制所有的依存箭头。

特点：投射性依存关系反映了句子的线性顺序与其依存结构的层次顺序之间的兼容性。这种类型的依存关系通常在语法结构相对严格的语言中更为常见。

句子：She eats an apple.

依存关系：eats 是句子的主谓结构中的主要动词，是 she 和 apple 的支配词；an 是 apple 的修饰词。

投射性特性：在这个例子（图 6-2）中，所有依存关系的箭头（she ← eats，eats → apple，apple → an）都能在句子的线性顺序上不交叉地绘制。也就是说，在每个依存关系对中，头词和依赖词之间的线性位置上没有其他不属于该依存关系的词，因此这是一个投射性依存结构。

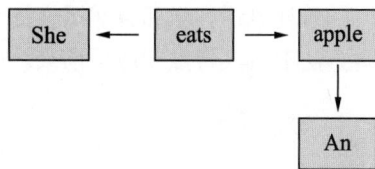

图 6-2　She eats an apple.的依存关系示意

2．非投射性依存关系

当一个句子中至少存在一个依存关系必须以交叉其他单词或关系的方式表示时，我们称这种依存关系为非投射性依存关系。换句话说，句子的线性顺序与其依存结构的层次顺序并不完全匹配。非投射性依存关系通常出现在词序较为自由的语言中，如斯拉夫语系的语言。此外，在某些包含插入语或长距离依赖的句子中也可能出现这种现象。这些因素使得句子的句法结构变得更加复杂，不再是简单的线性层次关系，而是需要更灵活的方式来描述依存关系。

句子：The book that I read yesterday was interesting.

非投射性特性：为了表示 book 和 read 之间的关系，箭头（图 6-3）必须跨过 was interesting 的路径，因此无法按线性顺序不交叉地画出依存关系。这种结构反映了句子中复杂的依存结构，句子的层次结构不再与表面上的词序完全对应。

3．应用和挑战

许多现代的依存句法分析工具和算法被设计为既能处理投射性依存关系，又能应对非投射性依存关系，以适应不同语言的特性和各种复杂句式的分析需求。这种灵活性是理解和处理自然语言多样性的关键。然而，正确识别和分析非投射性依存关系对算法和模型提出了额外的挑战，需要更复杂的策略和技术来确保分析的准确性和效率。

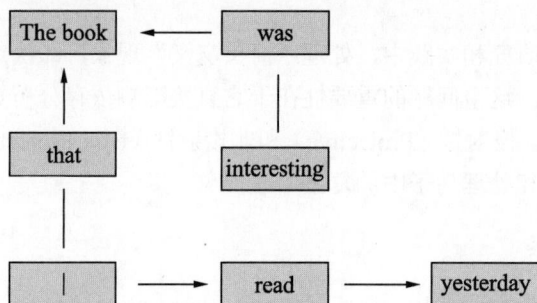

图 6-3 The book that I read yesterday was interesting. 的依存关系示意

理解投射性和非投射性依存关系的区别及其在句法分析中的应用，对于深入掌握依存句法分析的原理和方法至关重要。这不仅有助于开发更高效、准确的句法分析工具，也为自然语言处理中的高级应用如语义分析、信息提取和机器翻译等提供了坚实的句法结构基础。

6.3.5 依存句法分析的发展

随着计算语言学和自然语言处理技术的发展，已经有了多种方法来实现依存句法分析，每种方法都有其特点和应用场景。以下是几种主要的依存句法分析方法。

1．动态规划

Eisner（1996）：提出了一种基于动态规划（Dynamic Programming）的依存句法分析算法，时间复杂度为 $O(n^3)$。该算法能够高效地解析句子中的依存结构，尤其适用于寻找最优依存树。动态规划将问题分解为子问题并存储这些子问题的解来避免重复计算，从而提高解析效率。

2．图算法（Graph Algorithms）

McDonald et al. (2005)：这个方法先独立地为每条边打分，然后使用最大生成树算法（如克鲁斯卡尔或普里姆算法）来找到最优的依存树。这种方法的关键在于利用分类器（如支持向量机或神经网络）来评估句子中可能的每一条边的得分，并基于这些得分构建依存树。

3．约束满足（Constraint Satisfaction）

约束满足方法从包含所有可能边的完全图开始，然后根据一系列硬性约束（如语法规则）逐步消除不符合条件的边。最终得到的图表示满足所有约束的依存结构。约束满足方法的关键在于定义有效的约束条件，这些条件有助于精确地筛选出合法的依存关系。

4．确定性解析

确定性解析（Deterministic Parsing）是一种从左到右逐步构建依存树的方法，每一步决策都由一个分类器来完成。这种方法通常速度较快，因为它避免了对所有可能的树结构进行穷举搜索。分类器根据当前的句法分析状态来预测下一个最佳动作，这些动作包括添加新的依存关系、移动分析焦点等。

依存句法分析的不同方法各有优缺点。动态规划和图算法在寻找最优依存树方面表现出色，但在复杂度和计算时间上存在挑战。约束满足方法能够确保生成的依存树满足特定的语法规则，但可能需要复杂的约束定义。确定性解析以其高效和实用性著称，特别适合实时或资源受限的应用场景。选择哪种方法取决于具体的应用需求、可用资源和预期的准确性。

6.4 基于转移的依存句法分析

转移基础的依存句法分析（Transition-based Dependency Parsing）是一种使用状态机来识别句子中词语之间依存关系的方法。这种方法的核心思想是将依存树的构建过程视为一系列的转移（或操作），这些转移逐步将输入句子转换成一个依存树。状态机定义了可能的转移，并指导如何从初始状态逐步达到最终状态，即完整的依存树。

由 Nivre 在 2003 年引入的贪心确定性基于转移的解析系统（Greedy Deterministic Transition-Based Parsing）在当时与其他解析方法截然不同。这个系统采用了状态机的概念，其核心包括一系列的状态以及状态之间的转移。该系统从某个初始状态出发，诱导一系列转移操作，直至达到某个终止状态。Nivre 的这一系统在依存句法分析领域具有开创性意义，它不仅简化了解析过程，而且通过贪心策略和机器学习模型的应用显著提高了解析的速度和效率，为后续依存句法分析的研究和发展奠定了坚实的基础。

在贪婪转移基础的依存句法分析（Greedy Transition-based Dependency Parser）模型中，贪婪意味着模型在每一步决策中都会尝试做出最佳的单一选择，而不是考虑多步的后果。这里，模型的目标是在给定的当前配置 $c = (\sigma, \beta, A)$ 下，正确预测单一转移操作 T，这些操作包括{shift, Left-Arc, Right-Arc, Reduce}。

转移基础的依存句法分析系统主要由 3 个核心组成部分构成：状态（State）、转移（Transitions）和终止条件（Termination）。此外，还包括具体的分析过程、转移解析系统的形式化定义，以及相关符号的含义说明。

1. 状态

状态（State）是当前分析过程的一个快照，通常包括：

❑ σ：一个栈（Stack），用于存储已经处理的词或正在处理的词。

❑ β：一个队列（Buffer），包含还未处理的词。

❑ A：依存关系集合（Dependencies），记录已经识别的依存关系，或者到目前为止已经确定的依存关系集合。

$$A = \left\{ \left(w_i, r, w_j \right) \middle| w_i \quad w_j \quad r \right\} \tag{6-1}$$

式（6-1）定义的是依存关系集合 A，用于记录句子中已经确定的词与词之间的语法依赖关系。每个依存关系表示为一个三元组 $\left(w_i, r, w_j \right)$，其中：

- w_i：依存词（Dependent Word），也就是被依赖的词。
- r：依存关系的类型，表示 w_i 和 w_j 之间的具体语法或语义关系。例如，这个关系类型可以是主语关系、宾语关系或修饰关系等。
- w_j：支配词（Head Word），也就是句法上支配 w_i 的词。

竖线（|）后面的内容 w_i　w_j　r 表示构成集合中每个三元组的条件，即支配词 w_i 与依赖词 w_j 的关系类型为 r。

2. 转移

转移（Transitions）定义了状态之间的可能变化。在依存句法分析中，常见的转移操作包括：

- SHIFT：将队列的第一个词移动到栈顶。
- LEFT-ARC：添加一条从栈顶第二个词到栈顶词的依存关系，并将栈顶第二个词从栈中移除。
- RIGHT-ARC：添加一条从栈顶词到栈顶第二个词的依存关系，并将栈顶词移除栈。

3. 终止条件

终止条件（Termination）指当队列为空且栈中只剩下根节点时，分析过程结束，此时的依存关系集合表示最终的依存树。

4. 分析过程

转移基础的依存句法分析的过程大致如下：

（1）初始化：开始时，栈仅包含一个特殊的根节点，队列包含输入句子的所有词。

（2）转移选择：在每一步，根据当前状态选择一个合适的转移操作。这个选择可以通过规则或使用机器学习模型（如支持向量机或神经网络）来自动确定。

（3）执行转移：应用选定的转移操作，更新状态（包括栈、队列和依存关系集合）。

（4）重复：重复步骤（2）和（3），直到满足终止条件。

在每一步中，模型基于当前配置（包括栈的状态、缓冲区中的词以及已确定的依存关系）来提取特征，然后决定执行哪一个转移操作。这个决策过程通常由机器学习模型（如神经网络）来完成，该模型根据从当前配置提取的特征来预测最有可能的转移操作。由于是贪婪决策，模型在每一步都会尽可能选择最佳操作，以逐渐构建出整个句子的依存树。

5. 转移解析系统的正式定义

转移解析系统的正式定义如下：

Start:　$\sigma = [\text{ROOT}], \beta = w_1, w_2, \cdots, w_n, A = \varnothing$

Shift:　$\sigma, w_i | \beta, A \rightarrow \sigma | w_i, \beta, A$

Left-Arc$_r$:　$\sigma | w_i | w_j, \beta, A \rightarrow \sigma | w_j, \beta, A \cup \{ r(w_j, w_i) \}$

Right-Arc$_r$:　$\sigma | w_i | w_j, \beta, A \rightarrow \sigma | w_i, \beta, A \cup \{ r(w_i, w_j) \}$

Finish: $\beta = \varnothing$

1）$\sigma | w_j$ 的含义

❑ σ：代表栈，栈是用来暂时存储已经处理过或正在处理中的词的数据结构。栈支持后进先出（LIFO）的操作特性，即最后被加入栈的元素首先会被移除。

❑ |：用来分隔栈 σ 和缓冲区中的当前词 w_j。它的作用是在表示状态时清晰地区分栈中的元素和即将从缓冲区处理的元素。

❑ w_j：缓冲区中当前考虑的词或下一个输入令牌。缓冲区包含所有尚未处理的输入令牌，在解析过程中，令牌会逐个从缓冲区移动到栈中进行进一步的处理。

2）$\sigma | w_i | w_j$ 的含义

❑ σ：当前的栈（Stack）状态，栈中可能包含一个或多个已经处理过的词或特殊符号，如根节点。

❑ w_i：缓冲区（Buffer）中的当前词，即下一个将要处理的词。

❑ w_j：紧随 w_i 之后的下一个词，也在缓冲区中，但是在 w_i 处理之后才会被考虑。

3）$A \cup \left\{ r\left(w_j, w_i \right) \right\}$ 的含义

A：当前已经存在的依存关系集合。

$\cup$：集合的并（union）操作，用于将两个集合合并为一个集合，包含两个集合中的所有元素，但不包含重复元素。

$r\left(w_j, w_i \right)$：一个包含单个依存关系的集合，其中，r 表示依存关系的类型，w_j 是头（Head）词，而 w_i 是依赖（Dependent）词。

整个表达式 $A \cup \left\{ r\left(w_j, w_i \right) \right\}$ 的含义是将新的依存关系 $r\left(w_j, w_i \right)$ 添加到现有的依存关系集合 A 中。通常，在基于转移的依存句法分析过程中，当算法决定在两个词 w_j 和 w_i 之间添加一个特定类型的依存关系时执行这个操作。这种更新反映了解析过程的动态性质，随着新的依存关系被识别并加入，依存关系集合 A 不断扩展，直至整个句子被完全解析。

6. Python代码

创建一个简化版本的贪心确定性基于转移的解析系统的 Python 代码，需要一个状态机、一个贪心策略决策器以及进行一些基本的转移操作。以下是一个简化的例子，注意，这个例子没有使用实际的机器学习模型来预测转移操作，而是用预先定义的规则来模拟转移决策过程。这个简化的例子将实现以下功能：

（1）初始化状态机，包括栈、缓冲区和依存关系集合。

（2）定义基本的转移操作：SHIFT、LEFT-ARC、RIGHT-ARC。

（3）实现一个简单的贪心策略来选择转移操作。

下面演示如何对一个简单句子进行解析。

```python
import random

class TransitionParser:
    def __init__(self, sentence):
        self.stack = ['ROOT']                      # 初始化栈，包含根节点
        self.buffer = sentence.split()             # 将输入句子转换为缓冲区列表
```

```
        self.dependencies = []                      # 用于存储依存关系的列表

    def shift(self):
        """SHIFT 操作：将缓冲区的第一个元素移动到栈上"""
        if self.buffer:
            self.stack.append(self.buffer.pop(0))

    def left_arc(self):
        """LEFT-ARC 操作：将栈中第二个元素设为栈顶元素的依赖词"""
        if len(self.stack) > 1:
            dependent = self.stack.pop(-2)
            self.dependencies.append((self.stack[-1], dependent))

    def right_arc(self):
        """RIGHT-ARC 操作：将栈顶元素设为栈中第二个元素的依赖词"""
        if len(self.stack) > 1:
            dependent = self.stack.pop(-1)
            self.dependencies.append((self.stack[-1], dependent))

    def parse(self):
        """解析过程：模拟贪心决策过程"""
        while self.buffer:
            self.shift()                          # 假设先执行 SHIFT 操作
            # 示例贪心决策：随机选择 LEFT-ARC 或 RIGHT-ARC
            if len(self.stack) > 2 and random.choice([True, False]):
                self.left_arc()

        # 处理栈中剩余的元素
        while len(self.stack) > 1:
            self.right_arc()

        print("依存关系: ", self.dependencies)

# 示例句子
sentence = "Rahul is eating an apple"
# 创建解析器实例
parser = TransitionParser(sentence)
# 执行解析
parser.parse()
```

　　上面这段代码段展示了一个非常基础的贪心确定性基于转移的解析过程。在实际应用中，转移操作的选择将由一个训练有素的模型（如支持向量机、神经网络等）基于当前状态来决策，而不是简单地按照预定顺序执行。此外，真实的解析系统还会涉及更复杂的状态表示、更多的转移操作类型以及错误处理机制等。

6.5　神经网络依存句法分析器

　　基于特征的依存句法分析器，尤其是基于转移的分析器，以其快速解析的特点备受青睐。然而，这些分析器面临一些问题：首先，依赖的大量特征权重估计往往不够准确；其次，手动设计的特征模板需要大量专业知识且通常不够全面；此外，大量特征模板使得运行时间主要消耗在特征提取上，而非核心解析算法。本节特别关注使用贪心策略的神经网络解析器。

该解析器通过采用密集的特征表示而非传统的稀疏表示，在效率和性能上表现优异。与传统方法相比，这类新型解析器在处理速度和解析精度方面均有显著提升。本节介绍的模型采用了一种标准的转移方法进行依存句法解析。Danqi Chen 和 Christopher Manning 于 2014 年发表的论文 "A Fast and Accurate Dependency Parser using Neural Networks" 被认为是首个简单且成功的神经网络依存句法分析器。它的核心目标是从初始状态出发，通过一系列的操作最终构建出完整的句法依存结构。模型在每一步都将尝试做出最佳选择，以确保每次转移都是基于当前句子状态的最优决策。在这个过程中，模型依赖于对句子当前状态的深入分析，这个状态包括已处理的词（栈），待处理的词（缓冲区）以及已经确定的依存关系集合。

6.5.1 特征选择

前面介绍了基于转移的句法分析的基本步骤。在标记的解析版本中，总共有 $|T| = 2N_l + 1$ 个转移操作，其中 N_l 是不同弧标签的数量。在标记的依存句法分析中，转移操作包括为两个词之间添加依存关系并标记这个关系。由于每种依存关系标签都可以作为头词向左或向右添加依存弧，所以对于 N_l 种不同的弧标签，存在 $2N_l$ 种添加依存弧并标记的转移操作。加上一个不涉及添加依存关系的 SHIFT 操作，总共就有 $2N_l + 1$ 种转移操作。

贪心解析器的主要目标是基于给定的配置，从 T 中预测正确的转移操作。一个配置可以提供的信息包括：

（1）所有单词及其对应的词性标签。

（2）如果适用，单词的头及其标签（如 nsubj、dobj）。

（3）单词在堆栈/缓冲区中的位置或它是否已经从堆栈中移除。

传统方法通过使用它们的单词、词性标签或弧标签，从堆栈/缓冲区中提取指标特征，如上面的（1）～（3）元素的结合。然而这种方法存在很大的局限性。首先，特征的稀疏性体现在大量依赖于特定单词和词对的特征，这些特征在大数据集中可能难以得到充分的训练。其次，即便是经验丰富的专家设计的特征模板，也无法完全覆盖所有有用的词组合，导致模型不完整。最后，计算这些特征非常耗时，需要将单词、词性标签或弧标签组合起来生成特征字符串，并在包含数百万特征的巨大表中查找，这会导致解析过程中大部分时间被特征计算所消耗。

1. 神经网络的特征选择

在构建基于神经网络的依存句法分析模型时，特征选择是一个重要环节。模型的复杂度和性能在很大程度上取决于输入特征的定义。对于给定的句子 S，通常包括以下一些子集的特征。

- ❑ S^{word}：位于栈 σ 和缓冲区 β 顶部的一些词（及其依赖词）的向量表示。这些向量表示可以从预训练的词嵌入中获得，或者在模型训练过程中学习得到。向量表示能够捕捉词汇的丰富语义信息，对于理解词之间的依存关系至关重要。
- ❑ S^{tag}：句子中一些词的词性标签（Part of Speech，POS）。词性标签是一个小的、离散的集合，如 P={NN,NNS,NNP,DT,JJ,⋯}。词性信息有助于模型理解词汇的语法角色，对于预测依存关系尤其重要。

❏ S^{label}：句子中一些词的弧标签。弧标签也是一个小的、离散的集合，描述了依存关系的类型，如 $L = \{amod, tmod, nsubj, csubj, dobj, \cdots\}$。弧标签对于明确词之间的具体依存关系（如修饰关系、主题修改关系等）至关重要。

对于每种特征类型，将有一个相应的嵌入矩阵，该矩阵将特征的独热编码映射到一个 d 维的密集向量表示中。单词特征的完整嵌入矩阵为 $\boldsymbol{E}^w \in \mathbb{R}^{d \times N_w}$，其中，$N_w$ 是词典或词汇表的大小。同样，词性（POS）和依存关系标签的嵌入矩阵分别为 $\boldsymbol{E}^t \in \mathbb{R}^{d \times N_t}$ 和 $\boldsymbol{E}^l \in \mathbb{R}^{d \times N_l}$，其中，$N_t$ 和 N_l 分别是不同词性标签和弧标签的数量。从每组特征中选取的元素数量分别用 n_{word}、n_{tag} 和 n_{label} 来表示。子集特征的选择上和传统的基于转移的方法差别不大，但其编码方式和组合方式有很大不同。

2. 特征选择的例子

在选择特征时需要平衡模型的复杂度和预测性能。更多的特征能提供更丰富的信息，但也会增加模型的计算负担并引入噪声。在此使用一个例子来说明如何从栈和缓冲区中选取词汇、词性标记（POS tags）和依存关系标签（Arc Labels）作为特征。

❏ S^{word}：选择栈顶和缓冲区中的前三个词（共 6 个词），以及栈顶两个词的第一和第二个的最左/最右子节点，以及这些子节点的最左/最右子节点，总共包含 18 个元素。选择栈顶和缓冲区中的前 3 个词及其相关子节点作为特征的原因是这样的配置能够捕获句子中重要的局部句法信息。栈顶的词反映了当前解析过程中的焦点，而缓冲区中的词则代表接下来待处理的元素。同时，考虑这些词的子节点能够提供关于它们句法结构的深入见解。这种特征选择方法旨在平衡模型的复杂度与性能，通过提供足够的上下文信息来指导解析决策，同时避免引入过多的噪声或不必要的计算负担。

❏ S^{tag}：对应于 S^{word} 中选取的词的词性标记，也有 18 个。

❏ S^{label}：选取的词的依存关系标签，不包括栈和缓冲区中的 6 个词，共 12 个。

6.5.2　前馈神经网络模型

使用一个标准的神经网络来构建模型，它只包含一个隐藏层，如图 6-4 所示。选取的特征元素来自 (S^w, S^t, S^l) 的相应嵌入将被加入输入层。对于不存在的元素，使用一个特殊的空标记（Null token），从给定句子中选取词、词性标记和依存标签，提取它们对应的密集特征表示，这些表示是通过嵌入矩阵 $\boldsymbol{E}^w$、$\boldsymbol{E}^t$ 和 $\boldsymbol{E}^l$ 生成的，然后将这些向量拼接成输入 $[\boldsymbol{x}^w, \boldsymbol{x}^t, \boldsymbol{x}^l]$。在训练时，对这些密集向量表示及后续层的参数进行反向传播。对于单词特征，将 $\boldsymbol{x}^w = [e_{w_1}^w, e_{w_2}^w, \cdots, e_{w_{n_w}}^w]$ 加入输入层，同样，也将词性标签特征 $\boldsymbol{x}^t$ 和依存关系标签特征 $\boldsymbol{x}^l$ 加入输入层。输入层通过一个立方激活函数映射到具有 d_h 个节点的隐藏层：

$$\boldsymbol{h} = (\boldsymbol{W}_1^w \boldsymbol{x}^w + \boldsymbol{W}_1^t \boldsymbol{x}^t + \boldsymbol{W}_1^l \boldsymbol{x}^l + \boldsymbol{b}_1)^3 \qquad (6\text{-}2)$$

最后在隐藏层上添加一个 softmax 层，用于建模多类概率 $p = \text{softmax}(\boldsymbol{W}_2 \boldsymbol{h})$

softmax layer:
$p = \text{softmax}(W_2 h)$
Hidden layer:
$\boldsymbol{h} = (\boldsymbol{W}_1^w \boldsymbol{x}^w + \boldsymbol{W}_1^t \boldsymbol{x}^t + \boldsymbol{W}_1^l \boldsymbol{x}^l + \boldsymbol{b}_1)^3$
Input layer: $[x^w, x^t, x^l]$

words　　POS tags　　arc labels

Stack　　　　　　Buffer

Configuration

ROOT has_VBZ good_JJ　　control_NN ._.

nsubj

He_PRP

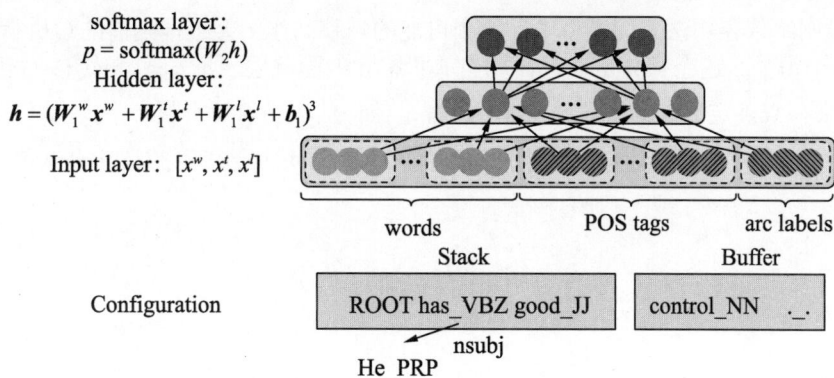

图 6-4　前馈神经网络结构

1．立方激活函数

前馈神经网络模型中引进了一个不常见的激活函数——立方函数 $g(x) = x^3$，用于在模型中替代常用的 tanh 或 sigmoid 函数。直观地说，每个隐藏单元通过对输入单元加权和加偏置的非线性映射来计算。使用立方函数能够直接模拟输入层任意三个不同元素的乘积项 $x_i x_j x_k$。在句法分析前提下，(x_i, x_j, x_k) 可以来自 3 个嵌入的不同维度。这样可以更好地捕捉 3 个元素的交互，这是依存句法分析非常需要的属性。

2．训练过程

生成训练样本的方法：从训练句子及其正确的解析树中，使用"最短栈"启发式方法，该方法总是优先选择 LEFT-ARC 操作而不是 SHIFT 操作。这里的 c_i 表示配置状态，$t_i \in T$ 是启发式方法推荐的转移操作。训练的最终目标是最小化交叉熵损失加上 L2 正则化项：

$$L(\theta) = -\sum_i \log\left(p_{t_i} \middle| c_i\right) + \frac{\lambda}{2}\|\theta\|^2 \tag{6-3}$$

其中，θ 是所有参数的集合。p_{t_i} 是模型基于当前的输入和已学习的参数 θ，预测每个可能的转移动作 t_i 是正确步骤的概率。参数初始化时，使用预训练的词嵌入来初始化 $\boldsymbol{E}^w$，并对 $\boldsymbol{E}^t$ 和 $\boldsymbol{E}^l$ 使用（$-0.01, 0.01$）范围内的随机初始化。

3．解析过程

在解析过程中采用了贪心解码。每一步中，从当前配置 c 提取所有对应的词、词性和标签嵌入，计算隐藏层 $\boldsymbol{h}(c) \in \mathbb{R}^{d_h}$（当前配置或状态 $\boldsymbol{h}(c)$ 经过神经网络处理后得到的隐藏层输出是一个具有 d_h 个元素的实数向量，每个元素反映了解析状态的不同方面），并选择得分最高的转移：

$$t = \underset{t \text{ is feasible}}{\arg\max}\, \boldsymbol{W}_2(t, \cdot)\boldsymbol{h}(c) \tag{6-4}$$

然后执行转移 $c \to t(c)$。与指示特征相比，神经网络解析器无须组合计算特征并在庞大的特征表中查找，大大减少了特征生成时间。相反，它涉及许多矩阵加法和乘法操作。

在神经网络依存句法分析模型中，每个可能的转移动作 t 会根据当前的解析状态或配置 c 被评估一个得分。这个得分是通过计算当前状态 c 的隐藏层表示 $h(c)$ 与转移 t 相关的权重 $W_2(t, \cdot)$ 的乘积来确定的。简单来说，这个过程是在评估在当前解析状态下，执行每个可能转移动作的潜在有效性或适用性，以便选择得分最高即最有可能是正确的转移来继续解析过程。

参 考 文 献

[1] Chen D, Manning C D. A fast and accurate dependency parser using neural networks[C]//Proceedings of the 2014 Conference on Empirical Methods in Natural Language Processing （EMNLP）. Doha, Qatar: Association for Computational Linguistics, 2014: 740-750.

[2] Eisner J. Efficient normal-form parsing for Combinatory Categorial Grammar[EB/OL]. [2024-11-06]. https://arxiv.org/abs/cmp-lg/9605038.

[3] de Marneffe M C, Manning C D, Nivre J, et al. Universal dependencies[J]. Computational Linguistics, 2021, 47(2): 255-308.

[4] Kübler S, McDonald R, Nivre J. Dependency parsing[M]. Synthesis Lectures on Human Language Technologies, 2009, 1 （1）: 1-127.

[5] McDonald R, Pereira F, Ribarov K, et al. Non-projective dependency parsing using spanning tree algorithms[C]//Proceedings of the Human Language Technology Conference and the 2005 Conference on Empirical Methods in Natural Language Processing （HLT-EMNLP）. Vancouver, Canada: Association for Computational Linguistics, 2005: 523-530.

[6] Nivre J. An efficient algorithm for projective dependency parsing[C]//Proceedings of the Eighth International Conference on Parsing Technologies （IWPT）. Nancy, France: Association for Computational Linguistics, 2003: 149-160.

第3篇
序列建模与深度学习方法

▶▶ 第7章 循环神经网络

▶▶ 第8章 长短期记忆网络与门控循环单元

▶▶ 第9章 序列到序列模型

▶▶ 第10章 注意力机制与 Transformer 架构

第7章　循环神经网络

在自然语言处理领域，尤其使用 N-gram 模型时，常会面临稀疏性问题和维度灾难。稀疏性问题指的是数据集中的大量特征值为 0，使得模型难以学习有效模式。维度灾难则意味着随着维度增加，数据所需的特征组合数量呈指数增长，从而需要更多数据才能找到有意义的模式。例如，即使在简单的词汇表中，N-gram 模型需要考虑的不同 N-gram 数量也会迅速增长，而实际应用中的词汇表远大于 10 个词，使问题更为复杂。第 4 章介绍了缓解 N-gram 模型稀疏性问题的技术，包括回退（Backoff）和平滑（Smoothing）方法。回退技术通过使用低阶 N-gram 信息来估计缺少的高阶 N-gram 数据的概率，而平滑技术用于调整 N-gram 频率分布，为未见 N-gram 分配小概率。虽然这些方法提高了模型对未见数据的预测能力，但是牺牲了训练数据上的精度并且不能真正解决根本问题。

N-gram 模型基于马尔可夫假设，限制了模型捕捉长距离依赖的能力。自然语言的多样性意味着大型语料库可能无法覆盖所有的词序列组合。因此，研究者提出了如循环神经网络及其变体（LSTM、GRU）等复杂模型，虽然引入了新挑战如计算复杂性，但是它们能更好地捕捉长距离依赖，通过词嵌入在低维空间中共享词汇语义信息，从根本上改进了处理稀疏性的能力。

7.1　神经概率语言模型简介

"A Neural Probabilistic Language Model" 这篇文章由 Yoshua Bengio 及其合作者在 2003 年发表，标志着深度学习在自然语言处理领域的一个重要里程碑。该论文不仅提出了一种新的语言模型，而且为后续的研究奠定了基础，尤其是在词嵌入和循环神经网络用于处理序列数据方面。

❑ Bengio 等人提出的模型（如图 7-1 所示）通过引入分布式词表示（即每个单词由一个密集的向量表示）来克服这些局限。这些词向量能够捕捉词之间的语义和语法相似性，让模型去学习它们，使得相似的词具有相似的向量表示。分布式词表示：与 N-gram 模型使用稀疏、高维的 one-hot 编码不同，神经概率语言模型使用低维、密集的词向量，大大减少了模型参数的数量，同时提高了模型捕捉词汇之间相似性的能力。

❑ 连续空间模型：通过将词映射到连续的向量空间，模型可以利用这些向量的细微差异进行更准确的预测，从而解决了传统 N-gram 模型中的数据稀疏性问题。

神经网络构成的关键公式如下：

$$\hat{\boldsymbol{y}} = \text{softmax}\left(\boldsymbol{W}^{(2)} \tanh\left(\boldsymbol{W}^{(1)}\boldsymbol{x} + \boldsymbol{b}^{(1)}\right) + \boldsymbol{W}^{(3)}\boldsymbol{x} + \boldsymbol{b}^{(3)}\right) \tag{7-1}$$

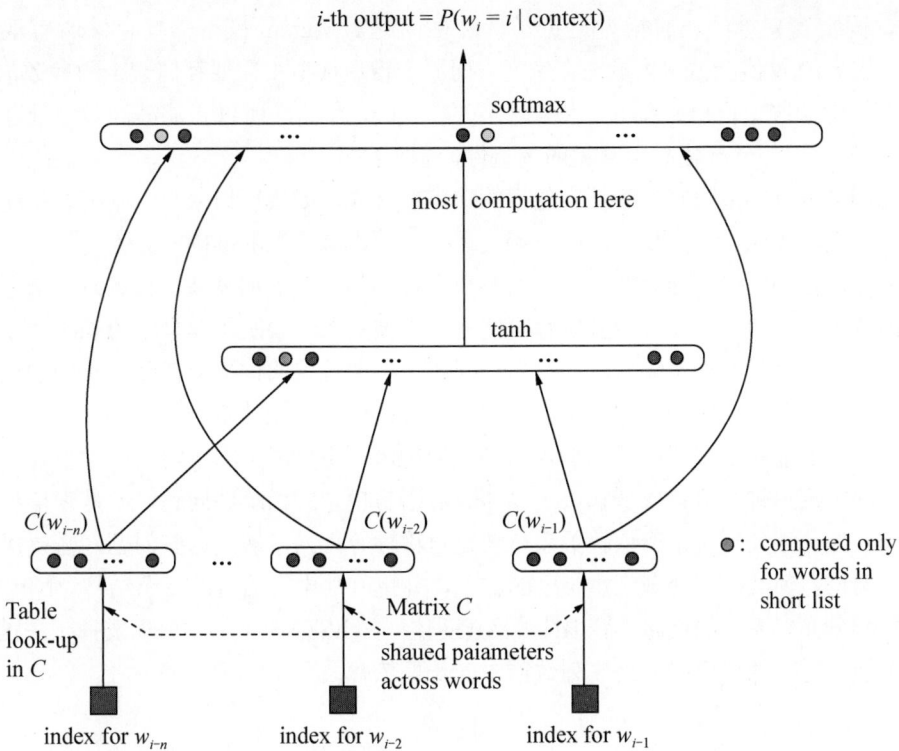

i-th output = $P(w_i = i \mid \text{context})$

softmax

most computation here

tanh

$C(w_{i-n})$ $C(w_{i-2})$ $C(w_{i-1})$

● : computed only
for words in
short list

Table
look-up
in C

Matrix C

shaued paiameters
actoss words

index for w_{i-n} index for w_{i-2} index for w_{i-1}

图 7-1　Bengio 等人提出的首个用于自然语言处理的深度神经网络架构模型

这里对词向量（x）施加了 3 次权重：

第 1 次和第 3 次：$W^{(1)}x + b^{(1)}$，l=1,3

$W^{(1)}$ 以及 $W^{(3)}$ 是一个权重矩阵，它将词向量（Word Vector）乘以不同的权重，然后进行求和。这个过程可以帮助模型学习到词语之间的关系。

第 2 次：$W^{(2)} \tanh\left(W^{(1)}x + b^{(1)}\right)$

这一部分是对词向量进行非线性变换。tanh 函数可以将输入值映射到[-1，1]范围之间，这样有助于模型学习到更复杂的语言结构。

神经概率语言模型（Neural Probabilistic Language Model）使用一个固定大小的窗口来限制模型的上下文范围。

当使用神经概率语言模型（NPLM）来预测下一个词时，模型只能记住设定窗口内最近的几个词，无法利用整个句子的上下文信息。例如，对于句子 The cat sat on the mat，假设使用的窗口大小为 3，NPLM 将仅记住最后 3 个词 sat on the，并基于这 3 个词预测下一个可能的词为 mat，因为 sat on the mat 是常见的短语。

如果将窗口大小设为 2，则 NPLM 只会记住最近的 2 个词 on the。在这种情况下，模型可能仍是预测 mat，但由于上下文较短，预测的准确性会有所下降，其他高频词（如 the）也可能成为候选词。这种固定窗口的限制意味着窗口越小，模型记住的上下文信息越少，预测时的可能性就越多。因此，当使用 NPLM 时，需要在窗口大小和上下文信息的覆盖之间找到平衡，以确保预测的准确性。可以看到，固定窗口大小会影响 NPLM 的预测结果。

神经概率语言模型的优点在于解决了在前面提到的主要问题：与传统的 N-gram 语言模

型不同，固定窗口神经语言模型避免了稀疏性问题。N-gram 模型需要存储所有观察到的 N-gram，较大的 N 值会占用大量内存空间，而固定窗口模型仅需要存储较少的参数，大幅节省了内存。由于固定窗口模型并不依赖完整的 N-gram 存储，所以它能够高效地处理语言数据，避免在传统 N-gram 模型中常见的稀疏性问题。

然而神经概率模型也有一些不容忽视的缺点：首先，如果窗口太小，则模型只能考虑短距离的上下文，无法学习到长距离的依赖关系，从而影响预测的准确性。为了解决此问题，可以增大窗口范围，但这样会增加模型的参数数量，使模型更加复杂，计算量也随之上升。此外，即便扩大窗口，仍无法涵盖所有可能的上下文关系，限制了模型学习长距离依赖的能力。固定窗口还会导致处理输入时的对称性问题，不同位置的词语会被赋予不同的权重，这与实际语言使用不符。例如，句首和句尾的感叹号或引号可能被赋予不同权重。为了克服这些局限性，需要能够处理任意长度输入的神经架构，而不局限于固定的窗口大小。

虽然固定窗口神经语言模型解决了 N-gram 语言模型的稀疏性问题，但是它自身也存在一些缺点，如无法处理长距离依赖关系、缺乏对称性等。为了解决这些问题，需要探索新的神经网络架构，使其能够处理任意长度的输入，并更好地学习语言的复杂结构。NPLM 提出的词向量和分布式表示的概念，在 RNN 及其变体（如 LSTM 和 GRU）中发挥了关键作用，这些模型能够通过循环连接捕捉序列数据中的长期依赖关系。

7.2　循环神经网络的原理、评估与优化策略

循环神经网络（Recurrent Neural Network，RNN）在与传统模型的比较中显著不同，它的特点是不仅依赖于有限的前置词窗口来构建语言模型，而是综合考虑语料库中当前时间点之前的所有词汇。RNN 通过在每个时间点设立的隐藏层来实现此功能，每个隐藏层包含多个神经元，这些神经元先对输入执行线性矩阵变换，随后应用非线性函数（如 tanh）来增强模型的表达能力，然后引入非线性关系，使网络能够捕捉更复杂的特征模式。每个时间点的隐藏层接收两个输入：一个是前一层的输出 h_{t-1}，另一个是当下时间点的输入 x_t。这两个输入各自与权重矩阵相乘，产生新的输出特征 h_t，该特征经过另一权重矩阵乘法运算并通过 softmax 函数进行处理来预测下一个词的概率分布。此机制让 RNN 得以在每个时间点积累信息，为语言模型提供更丰富的条件依据。如图 7-2 所示为 RNN 的基本模型。

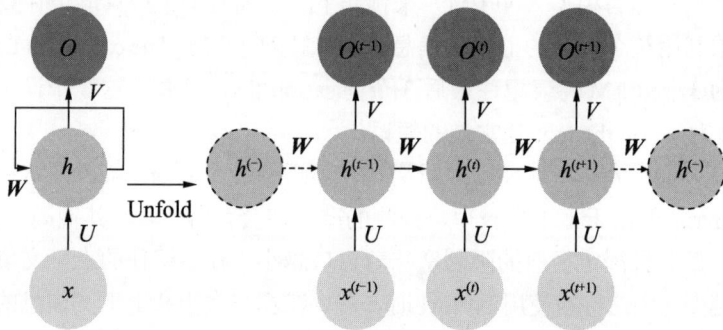

图 7-2　RNN 的基本模型

从定义上看，RNN 是网络连接中至少包含一个循环的网络结构，使得某些单元的值直接或间接依赖于其之前的输出作为输入。虽然这类网络强大，但是其工作原理和训练过程理解起来较为复杂。在循环网络的广阔类别中，有一些特定的架构在处理语言数据时表现出色，如 Elman 网络（也称为简单循环网络）。这些网络本身具有实用价值，并为开发更复杂的网络架构如长短期记忆（LSTM）网络提供了基础。

7.2.1 循环神经网络的定义

与普通的前馈网络相似，RNN 在每个时间点 t 接收输入向量 x_t，该向量乘以权重矩阵并通过非线性激活函数计算隐藏单元层的值，从而生成相应的输出 y_t。与普通的前馈网络的不同是，RNN 通过逐个输入序列项的方式，利用前文的所有词汇来调整模型，而不是依赖于固定大小的上下文窗口。

RNN 的每个隐藏层包含多个执行线性矩阵运算后跟随非线性运算 σ（如 tanh）的神经元。每个时间步的隐藏层接收两个输入：前一层的输出 h_{t-1} 和当前时间步的输入 x_t。这些输入通过权重矩阵 W（W_{hh}）和 U（W_{hx}）分别处理，产生输出特征 h_t，该特征再乘以权重矩阵 V（W_{hy}并通过 softmax 函数处理来预测下一个词的概率分布)，公式如下：

$$h_t = \tanh\left(Wh_{t-1} + Ux_t\right) \tag{7-2}$$

$$y_t = \text{softmax}\left(Vh_t\right) \tag{7-3}$$

这种架构的关键在于，相同的权重 W 和 U 在每个时间步被反复应用，从而减少了模型需要学习的参数数量。更重要的是，这些参数的总数与输入序列的长度无关，有效地解决了维数灾难问题。因此，RNN 不仅能够为后续时间点的决策提供一个编码来处理信息的记忆或上下文，而且这种上下文的范围可以延伸到序列的起始，没有固定长度的限制。虽然加入时间维度让 RNN 看似比非循环架构更复杂，但是实质上它仍执行标准的前馈计算流程，并且可以通过反向传播进行训练，使其成为处理序列数据的强大工具。

1. 直观理解RNN语言模型

想象你在玩一个猜字谜游戏，每个谜语给你一部分句子作为提示，你要猜出下一个词，也就是说我们需要根据已有的线索（句子部分）猜出下一个词。

- ❑ 普通方法（N-gram）：只能根据最近的几个词（如前两个词）来猜。
- ❑ 局限窗口法（feedforward）：可以看稍微长一点的句子（如最近 5 个词），但窗口长度是固定的。
- ❑ RNN 语言模型：它就像一个超级记忆者，可以记住听到的所有词并且不局限于窗口！RNN 通过隐藏状态（相当于你的记忆）记住所有的词，因此可以更准确地预测下一个词，就像超级猜谜高手一样。

2. 输入层、隐藏层和输出层的维度

在处理 RNN 时，指定输入层、隐藏层和输出层的维度及权重矩阵的维度是非常重要的，这有助于确保计算的正确性。这里将输入层、隐藏层和输出层的维度分别称为 d_{in}、d_h 和 d_{out}。

基于这些定义可以具体描述 3 个参数矩阵的维度：

- ❑ 权重矩阵 U：连接输入层到隐藏层，其维度为 $\mathbb{R}^{d_h \times d_{in}}$。这意味着每个输入向量的维度是 d_{in}，而隐藏层每个单元的数量是 d_h。
- ❑ 权重矩阵 W：连接隐藏层在前一时间步到当前时间步的隐藏层，其维度为 $\mathbb{R}^{d_h \times d_h}$，表示隐藏层的状态是通过前一时间步的隐藏层状态来更新的且这两个隐藏层的维度相同。
- ❑ 权重矩阵 V：连接隐藏层到输出层，其维度为 $\mathbb{R}^{d_{out} \times d_h}$，表示每个隐藏层单元可以贡献到输出层的每个维度，输出层的维度是 d_{out}。

精确指定这些维度，可以确保在前向传播过程中输入数据通过网络的每一层时的矩阵乘法操作是正确的。这样的维度规定还有助于在设计网络架构时预先规划资源需求，以及在实现网络时避免维度不匹配的错误。

7.2.2　循环神经网络作为语言模型的结构、训练与损失函数

1. RNN语言模型的前馈过程

RNN 作为语言模型的定义过程与 7.2.1 节中介绍的 RNN 的基本原理大致相同，但在语言模型的上下文中，每个变量的具体含义更加明确，这有助于更好地理解 RNN 处理语言数据的功能。

（1）输入：一段由单词组成的序列 $X = [x_1, \cdots, x_t, \cdots, x_N]$，每个单词用一个独热编码（one-hot encoding）向量表示（大小为 $|V| \times 1$，V 为词汇表）。

（2）词嵌入：使用词嵌入矩阵 E 将每个单词转换成对应的词向量。

$$e_t = Ex_t \tag{7-4}$$

（3）隐藏层更新：将当前词向量 e_t 和上一步的隐藏层状态 h_{t-1} 通过矩阵 W 和 U 进行运算，得到新的隐藏层状态。

$$h_t = f(Wh_{t-1} + Ue_t) \tag{7-5}$$

$f(x)$ 是激活函数，用于增加模型的非线性表达能力，在 RNN 中常用 tanh。

（4）输出层：将新的隐藏层状态 h_t 乘以矩阵 V，得到一个向量（Vh_t）。这个向量可以理解为根据隐藏层（包含之前单词的信息）来计算每个词的得分。

（5）softmax 层：将上一步得到的向量经过 softmax 层转换成一个概率分布。

$$y_t = \text{softmax}(Vh_t) \tag{7-6}$$

softmax 层会将得分归一化成每个词出现的概率。

（6）预测：$y_t^{[k]}$ 表示第 k 个词（根据词典顺序）的预测概率，代表句子中下一个词是该词的可能性。

$$y_t^{[k]} = P(w_{t+1} = k | w_1, \cdots, w_t) \tag{7-7}$$

（7）序列概率：整个句子的概率可以由每个词的预测概率相乘得到。

$$P(w_{1:n}) = \prod_{i=1}^{n} P(w_i | w_{1:i-1}) = \prod_{i=1}^{n} y_i^{[w_i]} \tag{7-8}$$

其中，$y_i^{[w_i]}$ 表示第 i 步中真实单词 w_i 的预测概率。

通过词嵌入、隐藏层更新、输出层和 softmax 层，RNN 语言模型可以一步步处理序列中的每个单词，并最终预测出整个句子的概率分布。

2．RNN语言模型的损失函数

自我监督学习（Self-Supervised Learning）是一种机器学习范式，它从无标签数据中学习。与传统的监督学习需要人工标注数据不同，自我监督学习从数据本身中构造监督信号，并使用这些信号来训练模型。RNN 是自我监督学习的一种典型应用。RNN 语言模型可以利用语言的上下文来预测下一个词，不需要人工来标注数据。通过预测下一个词，RNN 可以学习到语言的统计规律，如词序、句法和语义等。

RNN 的训练是一个复杂的过程，它结合了反向传播算法和自我监督学习的思想。

（1）最小化预测误差与交叉熵损失

❑目标：训练模型准确预测序列中的下一个词。

❑方法：交叉熵损失函数被用来最小化模型对下一个词的预测误差。

❑交叉熵损失：作为量化两个概率分布之间差异的普遍指标，交叉熵反映了将一个分布拟合到另一个分布的挑战。交叉熵的计算表达式如下：

$$L_{CE} = -\sum_{w \in V} y_t[w] \log(\hat{y}_t[w]) \tag{7-9}$$

其中：

❑w：遍历所有词汇表中的词。

❑$y_t[w]$：在真实分布中，下一个词为 w 的概率（在 one-hot 编码中，这个概率非 0 的仅有一个词为 1，其余为 0）。

❑$\hat{y}_t[w]$：模型预测下一个词是 w 的概率（预测分布）。

3．反向传播：时间序列的处理

通过最小化交叉熵损失函数，RNN 语言模型可以有效减少下一个词预测的误差。较低的交叉熵损失意味着模型的预测分布与真实分布更加接近。本质上，RNN 语言模型在训练过程中通过最小化交叉熵损失来逐步学习语言模式，从而增强对下一个词的预测能力。这种训练过程类似于人类学习语言的方式：通过不断纠正错误（即减少预测误差）逐渐掌握语言模式，最终提高理解和生成语言的能力。

反向传播通过时间（Backpropagation Through Time，BPTT）是一种在 RNN 中应用的反向传播算法，用于训练时间序列数据。因为 RNN 会通过时间步长处理数据，BPTT 通过展开 RNN 的时间步骤，将每一个时间步都视为一层网络节点，并在展开的网络上进行反向传播。

下面通过一个简单的 3 层 RNN 模型来说明 BPTT 的具体应用过程。

1）模型介绍

假设有一个 3 层的 RNN 模型，只有 3 个需要优化的参数：

❑U：将输入 x 映射到隐藏层 h 的权重矩阵。

❑W：将上一个隐藏层 h_{t-1} 的输出映射到当前隐藏层 h_t 的权重矩阵。

❑V：将隐藏层 h_t 的输出映射到输出层 y_t 的权重矩阵。

2）模型计算过程

激活值计算：

- z_t 为当前时刻的内部状态，由输入 x 和上一个隐藏层 h_{t-1} 的输出通过 U 和 W 加权求和得到。

$$z_t = Ux + Wh_{t-1} \tag{7-10}$$

- h_t 为当前时刻的隐藏层输出，由 z_t 经过激活函数 tanh 运算得到：

$$h_t = \tanh(z_t) \tag{7-11}$$

- y_t 为当前时刻的输出层输出，由 h_t 和 V 加权求和得到：

$$y_t = V(h_t) \tag{7-12}$$

- p_t 为当前时刻的输出经过 softmax 函数归一化得到概率分布：

$$p_t = \text{softmax}(y_t) \tag{7-13}$$

损失函数(J_t)：当前时刻的损失，使用交叉熵函数计算模型预测的概率分布 p_t 和真实标签 label_{S_t} 之间的差异：

$$J_t = \text{crossentropy}\left(p_t, \text{label}_{S_t}\right) \tag{7-14}$$

3）反向传播过程

理解 softmax 和交叉熵：在着手以下的数学运算之前，理解 softmax 和交叉熵的含义以及如何手动计算它们的梯度非常重要。

- 偏导数回顾：偏导数如 $\partial y / \partial x$，表示当 x 增加 1 个单位时，y 增加多少。
- 总损失：J_t 是给定序列的总损失，而非平均损失。因此，V 的 1 个单位变化会分别影响 J_1、J_2 和 J_3。
- 梯度计算：针对每个参数，需要计算每个时间步 t 的梯度之和，即

$$\frac{\partial J}{\partial V} = \sum_t \frac{\partial J_t}{\partial V} = \frac{\partial J_3}{\partial V} + \frac{\partial J_2}{\partial V} + \frac{\partial J_1}{\partial V} \tag{7-15}$$

$$\frac{\partial J}{\partial W} = \sum_t \frac{\partial J_t}{\partial W} = \frac{\partial J_3}{\partial W} + \frac{\partial J_2}{\partial W} + \frac{\partial J_1}{\partial W} \tag{7-16}$$

$$\frac{\partial J}{\partial U} = \sum_t \frac{\partial J_t}{\partial U} = \frac{\partial J_3}{\partial U} + \frac{\partial J_2}{\partial U} + \frac{\partial J_1}{\partial U} \tag{7-17}$$

反向传播通过时间是反向传播算法在 RNN 中的应用，用于计算每个参数的梯度。通过计算每个时间步的梯度之和就可以更新模型参数，使模型能够更好地学习处理序列数据。

4）反向传播微分（Backpropagation Derivatives）

在反向传播算法（Backpropagation）中用于计算 RNN 参数梯度的关键步骤是计算每个参数的梯度。接下来逐个计算模型中每个参数的梯度。

（1）权重矩阵 V 的梯度（$\partial J_t / \partial V$）：

从最后一个时间步 $t=T$ 开始反向传播误差 δ_t。

对于每个时间步 t：

$$\frac{\partial J_t}{\partial V} = \frac{\partial J_t}{\partial p_t} \cdot \frac{\partial p_t}{\partial y_t} \cdot \frac{\partial y_t}{\partial V} \tag{7-18}$$

计算输出层权重矩阵 V 的梯度 $\dfrac{\partial J_t}{\partial V}$ 不需要考虑时间回溯，这是因为 V 只与当前时间步 t 的输出 p_t 相关，而与之前的隐藏层状态 h_{t-1} 无关。

（2）权重矩阵 W 的梯度（$\partial J_t/\partial W$）：当改变权重矩阵 W 时，它会对损失函数 J_t（t 为任意时间步）产生影响。这种影响会在计算隐藏层 h_t 的值时体现，具体体现在以下 3 个方面：

□ 直接影响到当前时间步 t 的隐藏层 h_t 的值。

□ 间接影响到稍后时间步 $t+1$ 的隐藏层 h_{t+1} 的值，因为 h_{t+1} 依赖于 h_t。

□ 逐级传递，依次影响到更后面的所有隐藏层值，直到最后一个时间步 T 的隐藏层 h_T。

综上所述，W 权重的梯度可以表示为所有时间步 t 上损失函数 J_t 对 W 的微分的乘积之和：

$$\frac{\partial J_t}{\partial W} = \sum_{k=0}^{t} \frac{\partial J_t}{\partial h_t} \cdot \frac{\partial h_t}{\partial h_k} \cdot \frac{\partial h_k}{\partial z_k} \cdot \frac{\partial z_k}{\partial W} \tag{7-19}$$

其中：

□ $\displaystyle\sum_{k=0}^{t} x$ 表示对所有时间步 k（从 0 到 t）进行累加。

□ $\dfrac{\partial J_t}{\partial h_t}$ 代表损失函数 J_t 对当前时间步 t 隐藏层 h_t 的影响程度。

□ $\dfrac{\partial h_t}{\partial h_k}$ 和 $\dfrac{\partial h_k}{\partial z_k}$ 等于链式法则中的中间导数，表示隐藏层 h_t 的变化如何逐层传递。

□ $\dfrac{\partial z_k}{\partial W}$ 代表 W 的变化如何影响隐藏层 h_k 的内部状态 z_k。

下面通过具体的例子（每个时间步）计算来说明。

最后一步（$t=3$），之前所有的时间步（W）都对 J_3 有影响。

$$\begin{aligned}
\frac{\partial J_3}{\partial W} = & \frac{\partial J_3}{\partial p_3} \cdot \frac{\partial p_3}{\partial y_3} \cdot \frac{\partial y_3}{\partial h_3} \cdot \frac{\partial h_3}{\partial z_3} \cdot \frac{\partial z_3}{\partial W} \\
& + \frac{\partial J_3}{\partial p_3} \cdot \frac{\partial p_3}{\partial y_3} \cdot \frac{\partial y_3}{\partial h_3} \cdot \frac{\partial h_3}{\partial z_3} \cdot \frac{\partial z_3}{\partial h_2} \cdot \frac{\partial h_2}{\partial z_2} \cdot \frac{\partial z_2}{\partial W} \\
& + \frac{\partial J_3}{\partial p_3} \cdot \frac{\partial p_3}{\partial y_3} \cdot \frac{\partial y_3}{\partial h_3} \cdot \frac{\partial h_3}{\partial z_3} \cdot \frac{\partial z_3}{\partial h_2} \cdot \frac{\partial h_2}{\partial z_2} \cdot \frac{\partial z_2}{\partial h_1} \cdot \frac{\partial h_1}{\partial z_1} \cdot \frac{\partial z_1}{\partial W}
\end{aligned} \tag{7-20}$$

第二步（$t=2$），第一步和第二步对 J_2 有影响。

$$\begin{aligned}
\frac{\partial J_2}{\partial W} = & \frac{\partial J_2}{\partial p_2} \cdot \frac{\partial p_2}{\partial y_2} \cdot \frac{\partial y_2}{\partial h_2} \cdot \frac{\partial h_2}{\partial z_2} \cdot \frac{\partial z_2}{\partial W} \\
& + \frac{\partial J_2}{\partial p_2} \cdot \frac{\partial p_2}{\partial y_2} \cdot \frac{\partial y_2}{\partial h_2} \cdot \frac{\partial h_2}{\partial z_2} \cdot \frac{\partial z_2}{\partial h_1} \cdot \frac{\partial h_1}{\partial z_1} \cdot \frac{\partial z_1}{\partial W}
\end{aligned} \tag{7-21}$$

第一步（$t=1$），只有第一步对 J_1 有影响。

$$\frac{\partial J_1}{\partial W} = \frac{\partial J_1}{\partial p_1} \cdot \frac{\partial p_1}{\partial y_1} \cdot \frac{\partial y_1}{\partial h_1} \cdot \frac{\partial h_1}{\partial z_1} \cdot \frac{\partial z_1}{\partial W} \tag{7-22}$$

通过计算并累加所有时间步的梯度就可以得到 W 权重的整体影响，为更新模型参数提供依据。

（3）权重矩阵 U 的梯度（$\partial J_t/\partial U$）：与 $\partial J_t/\partial W$ 的计算极为相似，在此不再赘述。

反向传播通过时间算法利用链式法则，将输出误差逐层传递回模型，计算每个参数的梯度。通过累加所有时间步的梯度，可以考虑序列数据的依赖关系，从而更新模型参数，使模型能够更好地处理序列数据。

（4）教师强制：在训练过程中，为了加速模型收敛并提高预测的准确性，使用教师强制（Teacher Forcing）策略，即在每个时间步 t 内，无论模型预测的下一个词是什么，都将真实的下一个词 w_{t+1} 作为输入并使用 $w_{1:t+1}$ 序列计算损失。教师强制可以帮助模型学习到更准确的语言规律。该训练过程可以有效地训练循环语言模型，使其能够学习语言的统计规律，并用于各种自然语言处理任务。

（5）RNN 的 Python 代码示例。

使用 sin 函数作为数据（简单易懂），深入理解 RNN 的结构，尤其是反向传播过程。

```python
import numpy as np
import matplotlib.pyplot as plt
from tqdm import tqdm

# 设置随机种子
np.random.seed(42)

# 生成基于正弦波的数据集的函数
def generate_dataset(size=200, timesteps=25):
    x, y = [], []
    sin_wave = np.sin(np.arange(size))
    for step in range(sin_wave.shape[0] - timesteps):
        x.append(sin_wave[step:step + timesteps])
        y.append(sin_wave[step + timesteps])
    return np.array(x).reshape(len(y), timesteps, 1), np.array(y).reshape
(len(y), 1)

# 数据集划分
def split_dataset(size=200, timesteps=25, train_ratio=0.8):
    x, y = generate_dataset(size, timesteps)
    train_size = int(len(x) * train_ratio)
    x_train, y_train = x[:train_size], y[:train_size]
    x_test, y_test = x[train_size:], y[train_size:]
    return x_train, y_train, x_test, y_test

# 初始化数据集
x_train, y_train, x_test, y_test = split_dataset()

# 可视化数据示例
plt.plot(x_train[-1], label="Input sequence")
plt.plot(range(len(x_train[-1]), len(x_train[-1]) + 1), y_train[-1], 'o',
label="Target")
plt.legend()
plt.title("Example of Input and Target")
plt.show()

# Simple RNN 类
class SimpleRNN:
    def __init__(self, x, y, hidden_units):
        self.x = x
        self.y = y
        self.hidden_units = hidden_units
        # 使用 Xavier 初始化权重
        self.Wx = np.random.randn(self.hidden_units, self.x.shape[2]) *
```

```
np.sqrt(1 / self.x.shape[2])
        self.Wh = np.random.randn(self.hidden_units, self.hidden_units) *
np.sqrt(1 / self.hidden_units)
        self.Wy = np.random.randn(self.y.shape[1], self.hidden_units) *
np.sqrt(1 / self.hidden_units)

    # 单个 RNN 单元的函数
    def cell(self, xt, ht_1):
        ht = np.tanh(np.dot(self.Wx, xt.reshape(-1, 1)) + np.dot(self.Wh,
ht_1))
        yt = np.dot(self.Wy, ht)
        return ht, yt

    # 网络的前向传播
    def forward(self, sample):
        sample_x, sample_y = self.x[sample], self.y[sample]
        ht = np.zeros((self.hidden_units, 1))
        self.hidden_states = [ht]
        self.inputs = []
        for step in range(len(sample_x)):
            ht, yt = self.cell(sample_x[step], ht)
            self.inputs.append(sample_x[step].reshape(-1, 1))
            self.hidden_states.append(ht)
        self.error = yt - sample_y
        self.loss = 0.5 * self.error**2
        self.yt = yt

    # 网络的反向传播
    def backward(self):
        n = len(self.inputs)
        dyt = self.error
        dWy = np.dot(dyt, self.hidden_states[-1].T)
        dht = np.dot(self.Wy.T, dyt)
        dWx = np.zeros(self.Wx.shape)
        dWh = np.zeros(self.Wh.shape)
        for step in reversed(range(n)):
            temp = (1 - self.hidden_states[step + 1]**2) * dht
            dWx += np.dot(temp, self.inputs[step].T)
            dWh += np.dot(temp, self.hidden_states[step].T)
            dht = np.dot(self.Wh.T, temp)
        # 梯度裁剪
        max_grad_norm = 5.0
        for grad in [dWy, dWx, dWh]:
            grad_norm = np.sqrt(np.sum(grad**2))
            if grad_norm > max_grad_norm:
                grad *= max_grad_norm / grad_norm
        # 更新权重
        self.Wy -= self.lr * dWy
        self.Wx -= self.lr * dWx
        self.Wh -= self.lr * dWh

    # 训练函数
    def train(self, epochs, learning_rate, decay_rate=0.01, batch_size=32):
        self.Ovr_loss = []
        self.lr = learning_rate
        for epoch in tqdm(range(epochs)):
            epoch_loss = 0
            # 遍历 mini-batch
            for batch_start in range(0, self.x.shape[0], batch_size):
                batch_size_actual = min(batch_size, self.x.shape[0] - batch_
```

```
start)
                for sample in range(batch_size_actual):
                    # 使用全局索引确保使用当前 batch 内的数据
                    self.forward(batch_start + sample)
                    self.backward()
                    epoch_loss += np.squeeze(self.loss)
            self.Ovr_loss.append(epoch_loss / self.x.shape[0])
            self.lr = learning_rate / (1 + decay_rate * epoch)    # 动态学习率

    # 测试函数
    def test(self, x, y):
        self.x = x
        self.y = y
        self.outputs = []
        for sample in range(len(x)):
            self.forward(sample)
            self.outputs.append(self.yt)
        self.outputs = np.array(self.outputs).reshape(y.shape)

# 创建 SimpleRNN 实例并训练
rnn = SimpleRNN(x_train, y_train, 100)
rnn.train(25, 0.01)

# 测试训练好的 SimpleRNN
rnn.test(x_test, y_test)

# 绘制结果
plt.figure(dpi=120)
plt.subplot(121)
plt.plot(rnn.Ovr_loss, label="Training Loss")
plt.title("Training Loss over Epochs")
plt.xlabel("Epochs")
plt.ylabel("Loss")
plt.legend()

plt.subplot(122)
plt.plot(range(len(x_test)), y_test, label='True')
plt.plot(range(len(x_test)), rnn.outputs, label='Predicted')
plt.title("True vs Predicted on Test Data")
plt.legend()
plt.show()
```

7.2.3　循环神经网络的评价指标

在 7.2.2 节中提到了一个重要的评价 RNN 的损失函数——交叉熵，其定义如下：

$$J = L_{\text{CE}} = -\sum_{w \in V} y_t[w] \log(\hat{y}_t[w]) \tag{7-23}$$

在实际训练中，当需要衡量整个语料库的平均预测性能时，可以计算其平均交叉熵误差：

$$J = -\frac{1}{T} \sum_{t=1}^{T} \sum_{w \in V} y_t[w] \log(\hat{y}_t[w]) \tag{7-24}$$

困惑度（Perplexity）是衡量语言模型性能的一个重要指标，特别是在预测下一个词的任务中。它的定义如下：

$$\text{perplexity} = \exp^{(J)} \tag{7-25}$$

其中，J 是上面定义的平均交叉熵误差。困惑度可以看作模型预测下一个词的平均不确定性或多义性。困惑度的值越低,表示模型对预测下一个词的"确信度"越高。

困惑度实际上是整个语料库交叉熵误差的指数函数。将交叉熵误差代入困惑度公式后,可以得到衡量模型在给定语料库上的性能指标。在实际应用中,困惑度提供了一种直观的方式来评估语言模型的质量,即高质量的语言模型能够更准确地预测下一个词,因此具有较低的困惑度。

7.2.4　循环神经网络的应用场景

RNN 的独特结构使其在处理序列数据方面表现出色,因此在自然语言处理领域有广泛的应用。除了上述应用场景外,RNN 的使用还扩展到以下领域。

- ❑ 语言模型和文本生成:RNN 能够基于给定的文本序列预测下一个最可能的单词,从而用于构建语言模型。这些模型不仅可以用于文本自动完成和修正,还能生成连贯的文本内容,如编写诗歌、故事或新闻稿件。
- ❑ 机器阅读理解:RNN 在机器阅读理解任务中如问答系统,通过分析给定文本的内容来回答特定的问题。RNN 通过捕捉文本中的长期依赖关系来理解问题和文本之间的关系,从而提取或生成答案。
- ❑ 序列到序列(Seq2Seq)学习:在机器翻译、自动摘要和语音识别等任务中,RNN 可以构建端到端的 Seq2Seq 模型。在这种模型中,编码器 RNN 负责"理解"输入序列并将其转化为一个固定的向量,而解码器 RNN 则根据这个向量"翻译"出对应的输出序列。
- ❑ 文本相似性和匹配:RNN 可以用于确定两段文本的相似度或匹配程度,这在信息检索、问答系统和对话系统中尤为重要。通过学习文本序列的深层表示,RNN 能够捕捉语义上的相似性,而不仅仅是表面的词汇匹配。
- ❑ 视频字幕生成:将 RNN 应用于视频内容分析,可以自动生成视频字幕。这通常涉及将视频帧序列(视觉信息)和相应的音频转录(文本信息)结合起来,RNN 在此过程中可用于理解视频内容并生成描述性字幕。
- ❑ 音乐生成:虽然 RNN 不是传统的自然语言处理应用,但是也可以用于生成音乐。音乐可以视为一种序列数据,RNN 通过学习音符和旋律的长期依赖关系,能够创作出新的音乐作品。

RNN 在处理这些任务时的关键优势在于其能够处理变长序列数据并捕捉其中的时间依赖关系,这使得 RNN 在自然语言处理和其他序列分析任务中成为一种强大的工具。然而,随着深度学习领域的发展,RNN 的一些变体如 LSTM 和 GRU,因其在处理长期依赖问题上的优势,已经在很多应用中取代了传统的 RNN 模型。

7.2.5　循环神经网络的优缺点

1. RNN的优点

RNN 在处理序列数据方面有独特的优势,使其成为许多自然语言处理任务的理想选择,

RNN 的优点如下：

1）灵活处理任意长度的序列

RNN 的循环结构使其能够以递归的方式处理序列数据，不需要预先设定固定长度，完美契合自然语言中句子长度不固定的特点。相比之下，传统前馈神经网络对输入序列长度的限制使其在处理自然语言时捉襟见肘，如需要人为截断或填充句子，造成信息损失或引入偏差。RNN 的灵活性使其能够高效处理各种长度的文本数据，如长篇新闻报道、法律文书以及以短句为主的社交媒体文本和短信，展现出了强大的适应性和普适性。

2）捕捉长期依赖关系

RNN 的循环结构赋予其记忆能力，能够有效捕捉序列中远距离的依赖关系，这对于理解上下文语义和全局信息至关重要。传统的局部特征提取方法，如 *N*-gram 模型无法跨越较长的距离，难以捕捉到上下文之间的深刻联系，导致语义理解不准确。RNN 在机器翻译、语音识别、语义分析等任务中展现出了强大的优势，能够充分利用上下文信息进行更准确的语义理解和预测。

3）模型规模与序列长度无关

RNN 的模型规模由其隐藏层单元数决定，与输入序列长度无关，有效避免了模型复杂度和计算资源需求随序列长度增长而爆炸的现象。传统的基于 Transformer 架构的模型，如 BERT 和 GPT-3，虽然参数量固定，但是其计算和内存开销会随着序列长度的增加而呈现二次增加膨胀，这给计算资源和存储带来了巨大挑战。RNN 的这一优势使其在处理超长文本数据时更加经济、高效，特别是在资源受限的情况下，如移动设备或嵌入式系统，能够以更低的成本实现高质量的自然语言处理。

4）时间步的一致性处理

RNN 在所有时间步中使用相同的参数和权重，对序列中的每个元素进行一致的处理，保证模型的简洁性和可解释性。这使得 RNN 易于训练和调试并能够有效避免过拟合问题。相比之下，一些注意力机在不同时间步使用不同的权重，虽然能够提升模型性能，但是增加了模型的复杂度和解释难度，降低了模型的健壮性和可维护性。

RNN 在自然语言处理领域的优点能够有效处理任意长度的序列、避免模型复杂度爆炸、捕捉长期依赖关系以及保持时间步的一致性处理，使其成为自然语言处理领域不可或缺的工具。

2. RNN的缺点

虽然 RNN 在序列数据处理方面有显著优势，但是也面临一些挑战和限制。

1）顺序计算导致的速度慢

RNN 的计算过程是逐个时间步进行的，这使得数据处理无法并行进行，导致其在处理长序列时速度较慢。对于长度为 T 的序列，RNN 需要进行 T 次计算才能完成整个序列的处理。这种串行计算模式在处理短序列时效率尚可，但在处理长序列如视频或音频数据时，则会造成显著的性能瓶颈。

- ❑ 为提升速度，人们提出了多种改进方法，如并行计算，尽可能地将 RNN 的计算过程并行化，使用 GPU 或 TPU 等硬件加速器。
- ❑ 剪枝：移除不重要的连接，减少计算量。

❑近似计算：使用低精度计算或其他近似方法来加速计算。

2）长距离依赖难以捕获

RNN 在学习长距离依赖关系方面存在困难，这主要源于梯度消失和梯度爆炸问题。梯度消失问题指随着时间步的增加，梯度会不断缩小，最终导致模型无法有效学习到远距离的依赖关系。梯度爆炸问题则指梯度会不断增大，导致模型参数更新失控，最终无法收敛。

为了解决长距离依赖问题，研究人员提出了各种改进方法，包括：

❑改进激活函数：使用 ReLU 或 tanh 等激活函数可以缓解梯度消失问题。

❑梯度截断：对梯度进行限制，避免梯度爆炸问题。

❑LSTM 和 GRU 等门控机制：能够有效地控制信息流，缓解梯度消失和爆炸问题。

RNN 在序列数据处理方面具有强大的优势，但也面临着速度慢和长距离依赖难以捕获等挑战。为了克服这些挑战，研究人员提出了各种改进方法并取得了一定进展。

3. RNN的存储需求

RNN 在处理序列数据方面具有强大的优势，但其存储需求也与处理的数据量密切相关。

1）与词汇数量成正比

RNN 需要为每个词汇建立一个唯一的向量表示，称为词嵌入。词嵌入的维度决定向量表示的丰富程度，通常为几十到几百维。因此，RNN 的内存需求与词汇数量成正比，词汇数量越多，所需的存储空间就越大。

2）固定大小的权重矩阵

除了词嵌入之外，RNN 还需要存储模型参数，即权重矩阵。权重矩阵的大小取决于模型的结构和参数数量，但通常是固定的，不会随着语料库的增长而增加。这与传统语言模型不同，如 N-gram 模型，其参数数量会随着语料库的扩大而呈线性增长，导致存储需求不断增加。

3）为了降低 RNN 的存储需求，可以采取以下措施：

❑减少词汇表大小：移除低频词汇或使用哈希等方法压缩词汇表。

❑降低词嵌入维度：使用降维技术或预训练词向量来降低词嵌入的维度。

❑模型压缩：使用剪枝或量化等技术压缩模型参数。

RNN 的存储需求与词汇数量成正比，但其权重矩阵大小是固定的，不会随着语料库的增长而增加。为了降低存储需求，可以采取减少词汇表大小、降低词嵌入维度以及模型压缩等措施。

7.2.6　循环神经网络的梯度消失和梯度爆炸问题

1. 直观理解RNN的梯度问题

在介绍数学公式之前，先从迭代函数的角度来说明 RNN 中的梯度爆炸或消失现象，以便从定性角度理解其背后的机制。在 RNN 中，每个时间步的隐藏状态 h_t 是当前输入 x_t 和前一个时间步隐藏状态 h_{t-1} 的函数，可以表示为 $h_t = f(x_t, h_{t-1})$。如果将这个关系递归展开，可以看到 RNN 实际上在每个时间步重复应用同一个函数 f，这种结构类似于迭代函数。

1）迭代函数的直观理解

迭代函数是指重复多次应用同一个函数的过程。这种迭代可以产生复杂的行为，即使简单的函数也不例外。例如，考虑一个非常简单的二次函数 $g(x)=4x(1-x)$，如果对这个函数进行多次迭代，即不断地将函数的输出作为下一次的输入，则会发现结果表现出非常复杂的动态行为。从迭代函数的角度来看，RNN 的每一层都可以看作对前一层的输出进行再次处理。这种重复迭代的过程可以导致两种极端情况：一方面，如果迭代过程中的梯度持续增大，那么最终这些梯度可能会增长到非常大的值，导致梯度爆炸；另一方面，如果梯度持续减小，那么这些梯度可能会减少到几乎为 0 的程度，导致梯度消失。就像简单的迭代函数可以产生复杂和不可预测的行为一样，RNN 在处理序列数据时也可能遇到类似的复杂动态。这种复杂性既体现在模型的长期依赖上，体现在训练过程中梯度的不稳定性上。

2）RNN 作为动态系统

在动态系统理论中，吸引子（Attractors）是系统状态随时间演化趋向稳定的集合。这些状态表示系统在长时间运行后可能达到的"稳态"或重复的行为模式。在将 RNN 视为动态系统时，可以通过吸引子的概念来理解 RNN 如何处理和记忆时间序列数据。

- 离散计算：RNN 通过一系列离散的步骤处理数据，每一步都基于当前输入和前一时间步的隐藏状态计算新的隐藏状态。虽然这些计算是离散的，但是它们可以串联起来，形成对输入数据序列的连续响应。

- 动态系统视角：从动态系统角度看，RNN 的隐藏状态可以视为系统的"状态空间"，而每一时间步的更新可以视为系统状态在该空间中的演化。这个状态空间内的动态可以揭示复杂的行为模式，包括吸引子。

- 吸引区域：在 RNN 的隐藏层激活空间中，吸引子对应于某些特定的行为或记忆模式。这意味着，根据输入序列不同，RNN 的状态会趋向于稳定在特定的吸引子上（如图 7-3 所示）。这些吸引子可以被视为网络在学习过程中形成的内部表示，它们捕捉了数据中的重要特征或模式。

- 例子：如果 RNN 被训练用来识别和生成特定模式的序列，那么各个吸引子则是这些模式的内部表示。例如，在处理文本时，一个吸引子可能对应于一种语言结构，而另一个吸引子可能对应于另一种结构。RNN 的状态会根据当前处理的序列内容趋向于相应的吸引子，这样就能在给定上下文中生成或预测合理的续集。

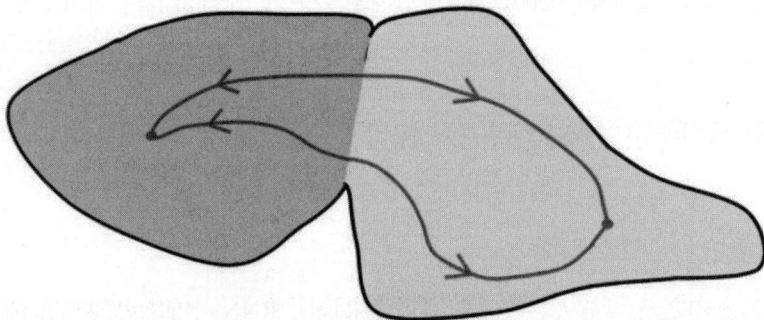

图 7-3　动态系统中的吸引子

2. 通过简化模型来理解RNN的梯度问题

在 7.2.5 中提到了 RNN 的一些缺点，其中，长距离依赖难以捕获涉及梯度爆炸和梯度消失问题。其根本原因在于 RNN 的结构局限性，使其难以有效传递关键信息，主要表现在以下两个方面：

1）隐藏层的双重任务

RNN 的隐藏层及与其对应的权重需要同时完成两项任务：

❏ 提供当前决策所需的信息。

❏ 更新并携带未来决策所需的信息。

这就使得隐藏层难以同时高效地完成这两项任务，可能会导致关键信息丢失。

2）梯度消失问题

在 7.2.2 节的反向传播中提到，当训练 RNN 时，误差信号需要通过时间进行反向传播。在时间步 t 的隐藏层会影响到下一个时间步的损失，因为它参与了该步的计算。因此，在反向传播过程中，隐藏层的梯度需要根据序列长度经历多次乘法运算。这种连续的乘法运算容易导致梯度的指数级变化，从而引发梯度消失或梯度爆炸问题。以更简练的方式重新审视反向传播：如何通过解码器网络反向传播误差信号 $\overline{h}^{(T)}$ 来更新编码器中的隐藏状态。这里 T 代表时间步长，用于在 RNN 中标记序列的位置。W 表示 RNN 的共享隐藏-隐藏权重矩阵；为了便于后续推导直观呈现梯度的连乘次数并避免层/时间下标带来的符号冗余，这里统一省去层标，将其记作 w

首先，有两个交替使用的反向传播规则：

$$\overline{h}_t = \overline{z}_{t+1}w \tag{7-26}$$

$$\overline{z}_t = \overline{h}_t\phi'\left(z_t\right) \tag{7-27}$$

其中，h_t 是在时间步 t 的隐藏状态，z_t 是在时间步 t 的前向传播的中间值，w 是权重矩阵，ϕ' 是激活函数的导数。通过迭代这些规则可以得到一个从 h_T 到 h_1 的公式，显示如何通过整个网络反向传播误差信号。$\overline{h}_1$ 可以通过以下公式计算：

$$\overline{h}_1 = w^{T-1}\left(\prod_{t=1}^{T-1}\phi'\left(z_{t+1}\right)\right)\overline{h}_T = \frac{\partial h_T}{\partial h_1}\overline{h}_T \tag{7-28}$$

$\frac{\partial h_T}{\partial h_1}$ 表示 h_1 发生了微小变化时 h_T 的变化情况。这种变化是整个网络从 h_1 到 h_T 的所有层的变化的累积。式（7-28）表明 h_1 是 h_T 的线性函数，系数是偏导数 $\frac{\partial h_T}{\partial h_1}$。如果假设激活函数是线性的（即 $\phi'\left(z\right)=1$），那么偏导数可以被简化为 w^{T-1}：

$$\frac{\partial h_T}{\partial h_1} = w^{T-1} \tag{7-29}$$

注意，这里 w^{T-1} 的 $T-1$ 表示权重矩阵被应用（或者说累乘）的次数，相当于网络深度或者时间步的数量减 1，而不是时间步（因为 RNN 的所有 W 都是共享的，并不区别时间步骤）。假设激活函数是线性的，则 $\phi'\left(z_t\right)$ 将是一个常数。这样，每一步的反向传播可以被简化为权重和常数的乘积。

在这个简化的模型（7-29）中，权重 w 用于从一个时间步到下一个时间步传递信息。当考虑从最后一个时间步 T 反向传播到第一个时间步 h_1 的影响时，这个影响可以通过连续乘以权重 w 来累积，经过 T-1 次乘积后就得到 $\dfrac{\partial h_T}{\partial h_1}$ 的表达式。

□ 当 $w>1$（如 $w=1.01$）时，这个导数会随着 T 的增加而呈指数级增长，这就是所谓的梯度爆炸问题。在这个例子中，如果 $T=50$，那么 $\dfrac{\partial h_T}{\partial h_1}=1.628$，这意味着微小的变化在传播过程中会被放大，导致训练过程中的数值不稳定。

□ 当 $w<1$（如 $w=0.99$）时，导数会随着 T 的增加而迅速趋向于 0，这就是所谓的梯度消失问题。在这个例子中，如果 $T=50$，那么 $\dfrac{\partial h_T}{\partial h_1}=0.61$，这意味着信息在长距离传播过程中会迅速丢失，导致网络难以学习长期依赖。

在实际应用中，尤其是使用非线性激活函数时，权重值 $W=1$ 并没有特别的意义，因为激活函数的非线性特性会影响梯度的传播方式。梯度爆炸或消失的界限将取决于隐藏状态 $h^{(t)}$ 的具体值以及网络的其他参数。

一般来说，在多变量情况下，这个概念通过雅可比矩阵（Jacobian）来扩展，它是向量值函数的所有一阶偏导数构成的矩阵。对于神经网络中的每一步 t，梯度 $\dfrac{\partial h_{t+1}}{\partial h_t}$ 可以表示为一个雅可比矩阵。在线性激活函数情况下，这个雅可比矩阵简化为权重矩阵 W。因此，从 h_T 到 h_1 的梯度（即从最终输出到初始输入的总偏导数）可以表示为 W^{T-1}，与单变量情况相似。这个梯度会爆炸或消失取决于权重矩阵 W 的最大特征值。如果最大特征值大于 1，梯度会爆炸；如果小于 1，梯度会消失。这与单变量情况下 w 的值直接影响梯度行为的原理相似。

在上述例子中，为了简化，使用了线性激活函数，因此整个过程是线性的，缺少类似的机制来防止梯度爆炸，因为梯度的计算仅依赖于权重的乘积或特征值。在实际情况中，激活函数通常是非线性的，如 sigmoid 或 ReLU。

3）小结

□ 梯度爆炸：在神经网络的训练过程中，梯度（即损失函数相对于网络权重的导数）的幅度可能会变得非常大，导致更新后的权重值偏离合理范围，从而使训练过程不稳定或者模型发散：

$$\left\|\frac{\partial h_{t+1}}{\partial h_t}\right\|_2 > 1 \tag{7-30}$$

□ 梯度消失：相反的情况是梯度的幅度变得非常小，几乎为 0，这会使得权重更新缓慢到几乎停止，从而阻碍学习过程：

$$\left\|\frac{\partial h_{t+1}}{\partial h_t}\right\|_2 < 1 \tag{7-31}$$

7.2.7　循环神经网络的梯度爆炸问题解决方法

梯度裁剪是深度学习中用来防止梯度爆炸问题的一种技术。梯度爆炸指的是梯度大小急剧增加，导致权重更新过大，从而使模型无法收敛或者导致数值计算溢出（如无穷大 Inf 或不是数字 NaN 的值）。这种情况下，模型的参数会变得异常，导致损失函数的值非常大。

1. 梯度裁剪的具体操作

（1）计算梯度的范数：计算梯度向量的范数（如 L2 范数）。

（2）比较范数与阈值：将计算得到的范数与一个预设的阈值进行比较。

（3）裁剪梯度：如果梯度的范数超过这个阈值，则将梯度向量缩放至该范数等于阈值，保持其方向不变。

当计算得到的梯度 g 的范数（即大小）大于阈值 η 时，将梯度 g 缩放至范数等于 η：

$$g \leftarrow \frac{\eta g}{\|g\|} \tag{7-32}$$

$\|g\|$ 表示梯度 g 的范数。

2. 梯度裁剪的效果

❑ 稳定训练过程：通过限制梯度的大小，梯度裁剪防止了因梯度爆炸而导致的训练不稳定问题。这使得训练过程更加平滑，避免了因过大的权重更新而跳出优化的"好区域"。

❑ 偏差与权衡：虽然梯度裁剪会引入偏差（因为调整后的梯度不再是成本函数的真正梯度），但是这种偏差通常是可以接受的，特别是它有助于保持训练过程的稳定性。梯度裁剪通过限制梯度大小，防止因梯度过大而导致的突然大幅度更新，从而避免了训练过程中的不稳定现象。这类似于在一个陡峭的山崖和狭窄的山谷中行走，梯度裁剪确保即使面临陡峭的山崖，也能通过小步行走保持在安全的山谷内。

总之，梯度裁剪是一种简单而有效的技术，用于处理梯度爆炸问题，以保证神经网络训练的稳定性，在深层网络和复杂模型的训练中尤为适用。

3. 梯度裁剪的Python代码

梯度裁剪的 Python 代码如下：

```python
import numpy as np

def gradient_clipping(gradients: list[np.ndarray], max_norm: float) ->
list[np.ndarray]:
    """
    对梯度进行裁剪以防止梯度爆炸

    参数：
    gradients -- list[np.ndarray]，网络参数的梯度列表
    max_norm -- float，梯度的最大模长

    返回：
    clipped_gradients -- list[np.ndarray]，裁剪后的梯度列表
    """
    # 计算梯度的总模长
    total_norm = np.sqrt(sum(np.sum(grad**2) for grad in gradients))

    # 如果总模长过小，直接返回原梯度
    if total_norm < 1e-6:
```

```
    return gradients

# 计算裁剪比例
clip_coef = max_norm / total_norm

# 裁剪梯度
if clip_coef < 1:
    clipped_gradients = [grad * clip_coef for grad in gradients]
else:
    clipped_gradients = gradients

return clipped_gradients
```

7.2.8　循环神经网络的梯度消失问题解决方法

1. 输入反转

在序列处理任务中，如语言翻译，输入反转（Input Reversal）是一种用来解决长距离依赖问题的有效方法。长距离依赖问题指输入序列中的某些词与输出序列中对应的词可能相隔很远，导致模型难以捕捉到它们之间的关联。这种情况在像英语和法语这样的语言中尤为常见。虽然两种语言的结构相似，但是由于语序的差异，在翻译中有些词的关联可能需要跨越整个句子。对于依赖时间步传播的神经网络（如 RNN）来说，这种远距离关系会增加学习难度。

输入反转通过将输入序列的顺序颠倒，巧妙地缩短了这些依赖关系的距离，从而降低了模型学习的难度。以一句话"我爱机器学习"为例，正常情况下，模型需要从"我"开始一步步处理到"学习"，而"学习"可能对应于输出句子的开头，这是一种典型的长距离依赖关系。如果将输入反转为"学习机器爱我"，模型在处理"学习"时，会直接与输出句子的开头建立联系。这种调整让模型更容易捕捉句子开头部分的关联关系。

输入反转这种方法的优势在于，它可以让网络优先掌握短距离依赖的规律，再逐步学习句子中更复杂的依赖关系。特别是在序列到序列模型中，输入反转显著地简化了模型对序列数据的学习。通过这种方式，模型性能和稳定性可以得到明显提升，在需要处理长序列的任务中尤为明显。输入反转看似简单，却是一种非常实用的优化技巧。

2. ReLU激活函数

ReLU（Rectified Linear Unit）激活函数主要用于解决梯度消失（Vanishing Gradient）问题，如训练深度神经网络。ReLU 函数定义为 $f(x)=\max(0,x)$，这意味着当输入为正数时，其导数为 1，当输入为负数时，导数为 0。

在传统的激活函数如 sigmoid 或 tanh 中，当输入的绝对值较大时，函数饱和，其导数接近于 0。这导致在深度网络中，梯度在反向传播过程中迅速减小到接近 0 的水平，从而使得网络深层的权重难以更新——这就是梯度消失问题。ReLU 通过提供一个线性（非饱和）正区间来避免这个问题，使得正输入的梯度保持不变，从而有助于深度网络的训练。

ReLU 的优势和劣势如下：

❑ 优势：使用该方法可以有效解决梯度消失问题，尤其是在网络的早期层中，从而增强梯度在深层网络中的传播。其计算过程简单，进一步加速了神经网络的训练。此外，这种方法有助于生成稀疏表示，因为负输入的输出为 0，使模型在处理某些输入时能够更高效地忽略无关特征。

- 劣势：ReLU 激活函数存在死亡 ReLU 问题（Dying ReLU Problem）：当输入为负数时，ReLU 的梯度为 0，这可能导致神经元"死亡"，即永远不再对任何数据激活。此外，ReLU 并不能解决梯度爆炸问题，因此在一些应用中可能需要结合使用梯度裁剪等技术来控制梯度的大小，以保证训练过程的稳定性。

ReLU 激活函数通过提供一个非饱和的正区间有效解决了梯度消失问题，使得深度神经网络的训练变得更加可行。然而，对于梯度爆炸问题，还需要采用其他方法进行控制和缓解。

3．RMSprop

RMSprop（Root Mean Square Propagation）是一种自适应学习率调整方法。通过调整学习率，RMSprop 能够确保每个参数以其特定的速率更新，从而提高训练的稳定性和效率。RMSprop 主要解决的是在训练深度神经网络时遇到的学习率调整问题，尤其是针对非凸优化问题如梯度消失（Vanishing Gradient）或梯度不稳定的情况。RMSprop 通过自适应地调整每个参数的学习率，可以加快训练过程并提高收敛性，在处理复杂、深层的网络结构时效果尤为明显。

1）RMSprop 解决的核心问题

- 梯度消失：在深度网络中，远离输出层的梯度可能会急剧减小，导致网络这部分难以学习。
- 梯度不稳定：在某些情况下，网络的某些部分可能会遇到梯度剧烈变化的情况，这使得使用单一学习率更新所有参数变得不够有效，甚至可能会导致训练过程不稳定。

2）RMSprop 的工作原理

RMSprop 通过维护一个移动平均值来调整每个参数的学习率，这个移动平均值是对每个参数梯度平方的加权平均。RMSprop 的更新规则如下：

- 计算梯度平方的移动平均值：对于每个参数的梯度，RMSprop 计算其平方的指数移动平均值（EMA）。这个平均值反映了最近梯度大小的变化趋势。

$$\mathbb{E}\left[g^2\right]_t = \beta\mathbb{E}\left[g^2\right]_{t-1} + (1-\beta)g_t^2 \tag{7-33}$$

其中，$\mathbb{E}\left[g^2\right]_t$ 是时间步 t 的梯度平方的移动平均，gt 是时间步 t 的梯度，β 是衰减率，通常接近 1。

- 调整学习率：RMSprop 使用这个移动平均值来调整每个参数的学习率。具体通过将梯度除以其移动平均的平方根（加上一个小的平滑项以避免除以 0）来实现。

$$\theta_{t+1} = \theta_t - \frac{\eta}{\sqrt{\mathbb{E}\left[g^2\right]_t + \varepsilon}}g_t \tag{7-34}$$

其中，θ_{t+1} 是下一个时间步的参数值，η 是初始学习率，ε 是一个很小的数以保证数值稳定性。

3）如何解决梯度问题

RMSprop 使得频繁更新的参数（即经常出现大梯度的参数）的学习率降低，而那些不经常更新或梯度较小的参数的学习率则相对较高。这种方式使得学习过程在不同参数间更加平衡，对于快速变化和慢变化的参数都能有效地进行更新。当梯度很小，导致学习缓慢或停滞不前时，RMSprop 通过调整学习率保证参数仍然能够得到有效地更新。通过自适应调整，即使在梯度较小的情况下，RMSprop 也能保持一定的更新幅度。RMSprop 特别适用于处理非稳定梯度的复杂优化问题，如深度神经网络训练。通过细致地调整每个参数的更新速率，RMSprop 可以帮助模型更快地收敛并提高了训练过程的健壮性。

4. 身份初始化

身份初始化（Identity Initialization）是一种特别设计的网络初始化方法，旨在解决 RNN 在处理长期依赖问题时遇到的梯度消失问题，同时间接地减轻梯度爆炸问题。这种方法通过将 RNN 的递归权重初始化为接近或等同于身份矩阵（Identity Matrix），使得网络在初期能够近似实现身份映射，即网络的每一层输出尽可能保持与输入相同，从而保持梯度在反向传播过程中的稳定性。这是因为身份矩阵的雅可比矩阵也是身份矩阵，从而使梯度不会在传播过程中显著衰减。

身份 RNN 架构采用 ReLU（线性整流单元）作为激活函数，并将循环权重初始化为身份矩阵，偏置初始化为 0。这样的配置不仅保持了激活值的非负性，而且在非负激活值的情况下，ReLU 实质上等同于身份函数。这种简单的初始化技巧使得网络在一些任务上如逐像素分类 MNIST 数字（将单个像素作为长度为 784 的序列输入），能够达到与基于 LSTM 的 RNN 相似的性能，展示了即便是简单的 RNN 架构，也可以通过巧妙的初始化策略有效学习处理长期依赖的复杂任务。

身份初始化策略的核心优势在于其简单性和效率。它通过鼓励计算结果接近身份函数来维持整体的稳定性，从而帮助网络在初期阶段保持激活值不变，避免梯度消失或爆炸的问题。随着训练的进行，网络需要逐渐学习根据任务需求调整这些"复制"的信息，而初始的稳定性为学习提供了坚实的基础。这种方法在深度学习的梯度消失问题中提供了一个有效的解决方案，尤其适用于需要处理长序列数据的场景。

5. 长短期记忆网络

长短期记忆网络（Long Short-Term Memory，LSTM）和门控循环单元（Gated Recurrent Units，GRUs）主要用来解决 RNN 在处理长序列数据时面临的梯度消失（Vanishing Gradient）问题。这两种网络结构通过引入门控机制，使网络能够更有效地捕捉长距离依赖关系，同时保持短期内的信息流动。

LSTM 和 GRU 的解决方案：

❑ LSTM：LSTM 通过引入三个门（遗忘门、输入门和输出门）和一个细胞状态来解决梯度消失问题。细胞状态允许网络在整个序列中携带信息，而门控机制则决定信息的存储、更新和抹除。这样，LSTM 能够在必要时保留早期输入的信息，并在后续时间步中使用这些信息，从而有效地学习长距离依赖。

❑ GRU：是对 LSTM 的简化版本，它将 LSTM 中的遗忘门和输入门合并为一个更新门，同时将细胞状态和隐藏状态合并，简化了模型结构。GRU 同样能够通过门控机制来调节信息的流动，使得网络能够捕捉长序列数据中的长期依赖，但其结构更为简洁，训练起来通常更快、需要的参数更少。

LSTM 和 GRU 都是为了克服标准 RNN 在处理长序列数据时遇到的梯度消失问题而设计的。通过引入门控机制，这两种网络结构能够在保持长期依赖的同时有效地管理和保护信息流，提高了模型对序列数据的处理能力。虽然它们的设计有所不同，但是 LSTM 和 GRU 都在许多涉及序列数据的任务中表现出了优异的性能，如语言模型、机器翻译、语音识别等领域。

7.2.9　同时解决梯度消失与爆炸问题的方法

截断反向传播（Truncated Backpropagation Through Time，TBPTT）是一种特别适用于 RNN 的训练技术，用来解决长序列训练时遇到的梯度爆炸和梯度消失问题。这种方法通过限制反向传播时考虑的时间步数来"截断"梯度传播，从而减轻梯度爆炸问题，并使训练过程更加高效。

1．TBPTT的工作原理

在传统的 TBPTT 中，梯度从输出层反向传播至网络的最初输入，跨越所有时间步。对于长序列，这意味着梯度必须通过许多层传播，因此会导致两个主要问题：梯度爆炸和梯度消失。

TBPTT 通过将梯度反向传播一定数量的时间步来解决这个问题，主要分为以下步骤：

（1）分段处理序列：将长时间序列分成较短的子序列。

（2）独立训练子序列：对每个子序列独立进行前向传播和反向传播，计算梯度并更新权重。

（3）限制反向传播的深度：梯度仅在这些较短的序列内部传播，避免通过极长的时间步传播梯度。

2．如何解决梯度问题

（1）限制梯度传播路径：通过限制梯度反向传播的时间步数，TBPTT 减少了梯度在传播过程中累积的机会，从而降低了梯度风险。

（2）局部更新：每个子序列的训练更加关注局部依赖，减少了因长距离依赖导致的不稳定梯度。

（3）提高训练稳定性：通过避免梯度爆炸，TBPTT 使得训练过程更加稳定，从而提高了模型的学习效率和性能。

3．计算资源的有效管理

除了梯度问题，处理长序列数据还会引起计算资源（如内存）的大量消耗。随着序列长度的增加，需要存储的中间状态（梯度信息和激活值）也随之增加，可能会导致显著的性能下降或资源耗尽。TBPTT 限制了需要同时处理的时间步数，从而降低了每次训练迭代中所需的内存和计算资源。这使得 TBPTT 更适合在资源受限的环境下训练复杂的 RNN 模型。

4．TBPTT的局限性

虽然 TBPTT 有效地缓解了梯度问题，但是有一定的局限性，即可能忽略长距离依赖。由于梯度不会传播超过预设的时间步长，模型可能难以学习那些跨越多个子序列的依赖关系，因此，选择合适的子序列长度和训练策略对于 TBPTT 的成功至关重要。

参 考 文 献

[1] Bengio Y, Ducharme R, Vincent P. A neural probabilistic language model[C]//Proceedings of the 13th Annual Conference on Neural Information Processing Systems（NeurIPS）. Denver, CO: MIT Press, 2000: 932-938.

[2] Elman J L. Finding structure in time[J]. Cognitive Science, 1990, 14（2）: 179–211.

[3] Hinton G, University of Toronto. CSC413: Deep Learning — Lecture 7: Recurrent Neural Networks [EB/OL]. Toronto: CSC413 Course Website, 2020. Available: https://csc413-2020.github.io/assets/slides/lec07.pdf

[4] Rumelhart D E, Hinton G E, Williams R J. Learning representations by back-propagating errors[J]. Nature, 1986, 323（6088）: 533-536.

[5] Zhang J, He T, Sra S, et al. Why gradient clipping accelerates training: A theoretical justification for adaptivity[EB/OL]. [2024-11-06]. https://arxiv.org/abs/1905.11881.

第 8 章　长短期记忆网络与
门控循环单元

在实践中，训练 RNN 来处理涉及长距离信息依赖的任务面临巨大挑战。虽然 RNN 可以访问前序序列的整体信息，但是其隐藏状态反映了近期的输入和决策，限制了其处理远距离依赖信息的能力，而在语言处理任务中，长距离信息的重要性不言而喻。

RNN 在维持关键长期信息方面的不足部分源于其结构：隐藏层需要同时为当前决策提供信息并更新未来所需的信息，这造成了信息处理上的困难。此外，通过时间反向传播误差信号时，由于重复的乘法运算，梯度很可能消失，这进一步加剧了训练难度。

在第 7 章的最后探讨了很多种实用的 RNN 训练及修补方法，包括身份初始化技巧，这揭示了一个深层次的原理：为何接近身份函数的计算对 RNN 有益。这与计算机存储系统的工作方式相似，其中大部分内存在大多数操作中保持不变，只有少数位置会更新。这种近似身份映射的能力是我们对记忆系统的期望：在需要之前，能够稳定地保持信息。IRNN 通过静态的方式（即权重初始化）来尝试改善信息的传递，但它缺乏动态调节信息流的能力。

为了应对上面这些挑战，研究者们设计了更复杂的网络架构，如长短期记忆网络（LSTM）（Hochreiter 和 Schmidhuber，1997）。LSTM 通过引入门控机制（包括输入门、遗忘门和输出门），精细控制信息流，允许网络根据需要选择性地保留或忽略信息。这种结构可以有效地管理长期依赖，支持网络在适当的时候回顾旧信息，同时更新或忽略不再相关的信息。这种机制可以确保网络能在必要时刻访问过去的信息，极大地提升了 LSTM 对时间序列数据的处理能力。因此 LSTM 相较于 RNN 可以显式地管理随时间维持相关上下文的任务，使网络能够遗忘不再需要的信息并记住未来决策所需的信息。

8.1　长短期记忆网络

本节将介绍 LSTM 的基本构成与核心机制。LSTM 通过门控机制来调控信息流动，从而有效地处理长期依赖关系，解决传统 RNN 网络中长期依赖难以捕捉的问题。

1. LSTM的基本设置

在 LSTM 中，门控机制采用了一种统一的设计模式，以精细地控制信息的流动，确保网络能够有效地处理长期依赖信息。这个设计模式包括 3 个关键步骤，使每个门能够根据需要选择性地保留或丢弃信息。

前馈层：每个门都包含一个前馈层，这个层的主要作用是接收并处理输入数据。这一步骤确保网络能够针对每个特定的输入进行响应，为后续的决策提供基础。

激活函数：前馈层的输出会通过一个 sigmoid 激活函数。选择 sigmoid 函数是因为它特有的性质——能够将输出值限制在 0~1 之间。这个特性类似于创建了一个二进制掩码，允许网络以非常精确的方式决定哪些信息在接下来的时间步骤中被保留，哪些被丢弃。通过这种方式，sigmoid 函数起到了一个关键的调节作用，使得门控机制能够基于当前的上下文条件做出灵活的决策。从另一个角度来看，sigmoid 函数将任意实数值压缩到 0~1 之间的范围内，这可以解释为概率值，表示某个事件发生的可能性。每个门（输入门、忘记门、输出门）的 sigmoid 输出可以被视为信息流通过门的"概率"。

逐点乘法（Pointwise Multiplication）：sigmoid 函数的输出与门控层接收的输入信息进行逐点相乘。这一步实际上决定了哪些信息最终会被保留下来。当掩码值接近 1 时，相关的信息几乎不受影响地通过；当掩码值接近 0 时，相关的信息则被有效地抹消，从而防止不相关或过时的信息干扰网络的决策过程。

LSTM 的设计目的是允许网络学习何时忘记无关的过去信息（通过忘记门），何时加入新的重要信息到记忆细胞中（通过输入门）。同时，输出门控制着从记忆细胞到隐藏状态（即输出）的信息流。这种细粒度的控制机制使得 LSTM 在处理长序列和具有长期依赖关系的数据时，相较于传统的 RNN 能够更好地保持和管理信息。

2．LSTM的结构详解

LSTM 是一种用于 RNN 中的特殊模块设计，旨在解决传统 RNN 在长序列学习中面临的梯度消失与记忆能力不足的问题。它通过一系列精巧的门控机制来实现对信息的选择性保留与遗忘，包括忘记门、输入门、输出门以及新记忆细胞的生成机制。每个门都通过特定的数学公式进行计算并共同作用于记忆细胞和隐藏状态的更新过程。LSTM 的结构示意如图 8-1 所示。

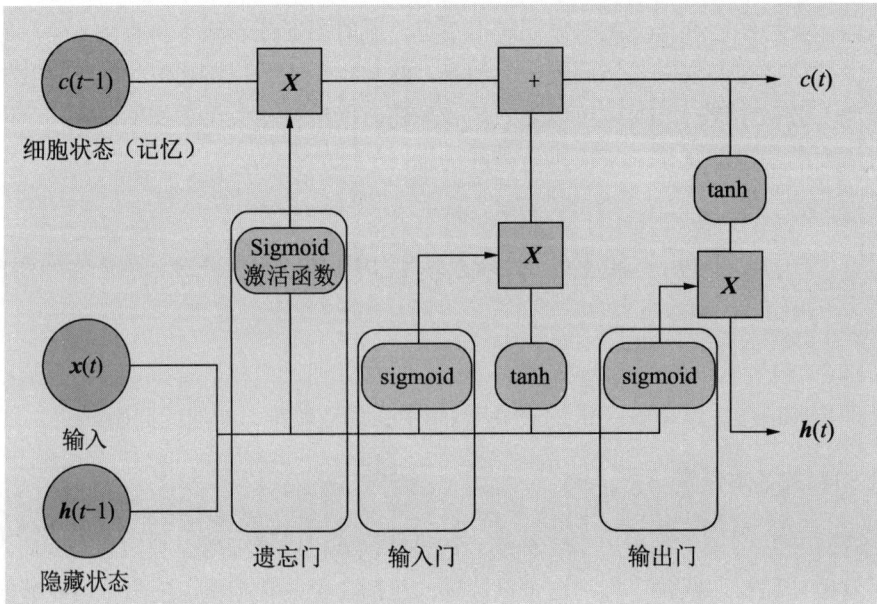

图 8-1　LSTM 的结构

1）变量及函数

x_t：代表在时间步 t 的输入向量。在序列数据处理任务中，x_t 可以是词嵌入向量（在自然语言处理任务中）或任何形式的特征向量（如时间序列数据的特定时间点）。x_t 提供了当前时间步的外部输入信息。

c_{t-1}：前一时间步的细胞状态（Cell State）。细胞状态是 LSTM 的核心概念之一，它允许网络跨越多个时间步长期保存信息。细胞状态可以被视为网络的"内存"，用于存储过去信息的累积，这使得 LSTM 特别擅长处理和记忆长期依赖关系。

h_{t-1}：前一个时间步的隐藏状态（Hidden State）。隐藏状态与细胞状态（Cell State）一起构成了 LSTM 两个主要的内部状态，它们共同决定网络在时间序列数据上的行为和记忆能力。

σ：Sigmoid 激活函数，它将任意实数映射到区间(0, 1)上。sigmoid 函数的输出可以被解释为在 0～1 之间的权重或概率，指示新信息的重要性。

2）输入门

$$i_t = \sigma\left(W^{(i)}\left[h_{t-1}, h_t\right] + b^{(i)}\right) \tag{8-1}$$

$W^{(i)}$：与输入门（Input Gate）相关的权重矩阵，用于调节连接前一隐藏状态 h_{t-1} 和当前输入 x_t 到输入门激活值的影响。

这一步决定了多少新记忆应被加入记忆细胞中。输入门使用输入词和过去的隐藏状态来确定输入是否值得保留，因此用来控制新记忆的生成。它产生的指标表明了这个信息的重要性。

3）忘记门

忘记门（Forget Gate）的目的是从上下文中删除不再需要的信息。忘记门计算先前状态的隐藏层和当前输入的加权和，并通过 sigmoid 函数处理，得到一个保留信息比例的向量，这个由 sigmoid 输出的向量作为"遗忘掩码"，然后通过元素级乘法（Hadamard 乘积）与上下文向量相乘，从而移除上下文中不再需要的信息，可以表示为：

$$f_t = \sigma\left(W^{(f)}\left[h_{t-1}, h_t\right] + b^{(f)}\right) \tag{8-2}$$

这里的 f_t 是忘记门的输出，决定从旧记忆细胞 c_{t-1} 中忘记什么信息，通过与 c_{t-1} 进行元素级乘法来实现。

4）输出门

最后一个门是输出门（Output/Exposure Gate），用于决定当前隐藏状态所需的信息（与需要为未来决策保留的信息相对）。输出门的计算如下：

$$o_t = \sigma\left(W^{(o)}\left[h_{t-1}, x_t\right] + +b^{(o)}\right) \tag{8-3}$$

接下来需要从先前的隐藏状态和当前输入中提取实际需要的信息——这是在所有循环网络中使用的基本计算：

5）新记忆细胞

新记忆细胞（New Memory Cell）生成了基于当前输入和过去隐藏状态的新候选值。

$$\tilde{c}_t = \tanh\left(W^{(c)}\left[h_{t-1}, x_t\right] + b^{(c)}\right) \tag{8-4}$$

$\tilde{c}_t$ 表示新记忆细胞的候选值，而波浪线通常用来表示这个值是临时的或者候选的。新记忆细胞的候选值 $\tilde{c}_t$ 是基于当前的输入 x_t 和前一时间步的隐藏状态 h_{t-1} 生成的，通过 tanh 激活函数来确保其值在-1 到 1 之间。tanh 函数的使用是关键，输出范围为（-1, 1）这个特性使得新生成的记忆细胞候选值能够包含正向（正值）和反向（负值）的信息，同时保持输出值的范围控制在一个相对稳定的区间内，有助于防止梯度爆炸问题。tanh 函数提供了一种有效的方式来融合新的输入信息和过去的状态信息，生成一个平衡并且富有表达力的新状态候选。总之，这个阶段通过使用输入词 x_t 和过去的隐藏状态 h_{t-1} 来生成一个新的记忆，这个新记忆包含新词 x_t 的相关信息。

6）最终记忆细胞

最终记忆细胞（New Memory Cell）结合了忘记旧信息和添加新信息的操作来更新记忆细胞。

$$c_t = f_t \odot c_{t-1} + i_t \odot \tilde{c}_t \tag{8-5}$$

$f_t \odot c_{t-1}$：表示忘记门的作用。忘记门 f_t 决定从前一时间步的记忆细胞状态 c_{t-1} 中保留多少信息。通过与 c_{t-1} 进行元素级乘法（$\odot$ 表示 Hadamard 乘积，即元素级的乘法），忘记门可以动态、选择性地"忘记"或保留过去的信息。如果 f_t 的某个元素接近 0，则对应的 c_{t-1} 中的信息就会被忘记；如果接近 1，则信息被保留。同理，$i_t \odot \tilde{c}_t$ 表示输入门的作用和新的记忆细胞候选值如何被加入最终的记忆细胞状态。这个阶段首先根据忘记门 f_t 的建议忘记过去的记忆 c_{t-1}。同样，记忆更新机制根据输入门 i_t 的建议相应地控制新记忆 $\tilde{c}_t$，然后将这两个结果相加以产生最终的记忆 c_t。

7）最终隐藏状态

最终隐藏状态（New Hidden State）决定最终输出，即当前隐藏状态，它由输出门调节并取决于最终记忆细胞的状态。

$$h_t = o_t \odot \tanh\left(c_t\right) \tag{8-6}$$

这里使用 tanh 函数处理最终记忆细胞的值，因为 tanh 的输出范围是（-1, 1），有助于保持隐藏状态的值在一个合理的范围内，便于后续处理。o_t 决定多少记忆细胞的信息应该被用于当前的输出。此门的目的是将最终记忆与隐藏状态分开。最终记忆 c_t 包含很多不一定需要保存在隐藏状态中的信息。tanh 函数提供的非线性转换确保这些信息在传递过程中保持丰富的表达能力。

3. cell memory的有效性解释

正如前面关于梯度问题的解释一样，导致梯度消失的最大元凶是那个让人非常头疼的递归导数：$\dfrac{\partial h_t}{\partial h_i}$。如果这个导数能够在通过多层进行反向传播时不趋向于 0 或无穷，就能够学习到长期依赖关系了。LSTM 的记忆细胞（Cell Memory）能够有效地避免在反向传播时遇到梯度消失或爆炸问题，这得益于其独特的结构和工作原理。

1）线性通过路径

LSTM 的设计中包含一个几乎是线性的路径，见式（8-5），这个路径通过时间直接连接记忆细胞。这个更新机制的关键在于，记忆细胞状态的更新包含一个直接从 c_{t-1} 到 c_t 的路径，其中的乘法操作(∘)是元素级的，并且忘记门 f_t 和输入门 i_t 的激活值通过 sigmoid 函数限制在 $0\sim1$ 之间。这意味着信息可以在不受非线性变换影响的情况下传递，因为 f_t 和 i_t 的值决定保留多少旧信息和加入多少新信息而不改变信息的本质。特别是当 f_t 接近 1 时，几乎所有的旧记忆细胞状态 c_{t-1} 都可以不变地传递到下一时间步 c_t，这提供了一条几乎是线性的路径，有助于梯度在时间上的稳定传播。这个线性路径允许梯度在很长的序列中传播而不会显著衰减或增长，因为线性操作（比如加法）不会像非线性操作那样改变梯度的规模。这种几乎不受干扰的梯度流动是 LSTM 能够捕捉长期依赖关系的关键。

2）用公式说明

要深入理解为什么使用完整梯度时递归梯度保持稳定几乎没有什么变化的原因，需要观察在取得完整梯度时递归梯度会发生什么。正如之前提到的，递归导数是导致梯度消失的主要原因，因此，此处将展开对 $\dfrac{\partial c_t}{\partial c_{t-1}}$ 的完整导数计算。在长短期记忆网络（LSTM）中，c_t 是遗忘门 f_t、输入门 i_t 和候选细胞状态 $\tilde{c}_t$ 的函数，每个都是 c_{t-1} 的函数（因为它们都是 h_{t-1} 的函数）。通过多元链式法则得到：

$$\frac{\partial c_t}{\partial c_{t-1}} = f_t + \frac{\partial c_t}{\partial f_t} \cdot \frac{\partial f_t}{\partial h_{t-1}} \cdot \frac{\partial h_{t-1}}{\partial c_{t-1}} + \frac{\partial c_t}{\partial i_t} \cdot \frac{\partial i_t}{\partial h_{t-1}} \cdot \frac{\partial h_{t-1}}{\partial c_{t-1}} + \frac{\partial c_t}{\partial \tilde{c}_t} \cdot \frac{\partial \tilde{c}_t}{\partial h_{t-1}} \cdot \frac{\partial h_{t-1}}{\partial c_{t-1}} \tag{8-7}$$

3）显式导数表达

可以将式（8-7）中细胞状态 c_t 对前一细胞状态 c_{t-1} 的偏导数展开并代入具体值：

$$\frac{\partial c_t}{\partial c_{t-1}} = f_t + \left[c_{t-1} \odot f_t (1 - f_t) \cdot W^{(f)} + \tilde{c}_t \odot i_t (1 - i_t) \cdot W^{(i)} + i_t \odot \left(1 - \tilde{c}_t^2\right) \cdot W^{(c)} \right] \cdot o_{t-1} \odot \left(1 - \tanh(c_{t-1})^2\right)$$

$$\tag{8-8}$$

4）反向传播中的递归梯度

在向回传播 k 个时间步时，只需要简单地将上述形式的项乘以 k 次。这里的关键差异在于，与传统 RNN 的递归梯度相比，LSTM 允许在任何时间步的 $\dfrac{\partial c_t}{\partial c_{t-1}}$ 取值可以大于 1 或在[0, 1]范围内。如果扩展到无限数量的时间步，并且梯度开始趋向于 0，可以通过调整遗忘门 f_t（和其他门的值）来使 $\dfrac{\partial c_t}{\partial c_{t-1}}$ 的值更接近于 1，从而防止梯度消失（或至少防止它们过快消失）。f_t、o_t、i_t 和 $\tilde{c}_t$ 这些值是网络根据当前输入和隐藏状态通过学习得出的设置结果。因此，网络学习决定何时让梯度消失，何时保留梯度，通过设置门的值来实现。总之，LSTM 通过其复杂的门控机制，赋予网络学习如何根据当前任务的需求动态调整梯度流动的能力。这种设计大大增强了模型捕捉长期依赖性的能力，同时避免了传统 RNN 面临的梯度消失或爆炸问题。

4. LSTM的Python代码

LSTM 的 Python 代码如下：

```
import numpy as np

# 激活函数及其导数
def sigmoid(x):
    return 1. / (1 + np.exp(-x))
```

```python
def sigmoid_derivative(values):
    return values * (1 - values)

def tanh_derivative(values):
    return 1. - values**2

# 随机初始化数组，注意，随机种子在主程序中统一设置
def random_array(a, b, *shape):
    """在区间 [a, b] 生成均匀分布的随机数，兼容任意维度（含一维偏置）"""
    return np.random.randn(*args) * np.sqrt(1 / args[-1])    # Xavier 初始化

# 梯度裁剪函数，防止梯度爆炸
def gradient_clipping(grads, max_norm=1.0):
    total_norm = np.sqrt(sum(np.sum(grad**2) for grad in grads))
    clip_coef = min(max_norm / (total_norm + 1e-6), 1.0)
    return [grad * clip_coef for grad in grads]

# LSTM 参数类，存储各个门的权重、偏置及其梯度
class LSTMParameters:
    def __init__(self, cell_count, x_dim):
        self.cell_count = cell_count
        self.x_dim = x_dim
        input_concatenated_length = x_dim + cell_count

        # 初始化各个门的权重和偏置
        self.weight_g = random_array(-0.1, 0.1, cell_count, input_
concatenated_length)
        self.weight_i = random_array(-0.1, 0.1, cell_count, input_
concatenated_length)
        self.weight_f = random_array(-0.1, 0.1, cell_count, input_
concatenated_length)
        self.weight_o = random_array(-0.1, 0.1, cell_count, input_
concatenated_length)
        self.bias_g = random_array(-0.1, 0.1, cell_count)
        self.bias_i = random_array(-0.1, 0.1, cell_count)
        self.bias_f = random_array(-0.1, 0.1, cell_count)
        self.bias_o = random_array(-0.1, 0.1, cell_count)

        # 初始化权重和偏置的梯度
        self.weight_g_diff = np.zeros_like(self.weight_g)
        self.weight_i_diff = np.zeros_like(self.weight_i)
        self.weight_f_diff = np.zeros_like(self.weight_f)
        self.weight_o_diff = np.zeros_like(self.weight_o)
        self.bias_g_diff = np.zeros_like(self.bias_g)
        self.bias_i_diff = np.zeros_like(self.bias_i)
        self.bias_f_diff = np.zeros_like(self.bias_f)
        self.bias_o_diff = np.zeros_like(self.bias_o)

    def apply_diff(self, lr=1.0):
        # 对所有梯度进行裁剪
        grads = [self.weight_g_diff, self.weight_i_diff, self.weight_f_diff,
self.weight_o_diff,
                 self.bias_g_diff, self.bias_i_diff, self.bias_f_diff,
self.bias_o_diff]
        clipped_grads = gradient_clipping(grads, max_norm=1.0)

        # 用裁剪后的梯度更新参数
        self.weight_g -= lr * clipped_grads[0]
        self.weight_i -= lr * clipped_grads[1]
        self.weight_f -= lr * clipped_grads[2]
```

```
        self.weight_o -= lr * clipped_grads[3]
        self.bias_g -= lr * clipped_grads[4]
        self.bias_i -= lr * clipped_grads[5]
        self.bias_f -= lr * clipped_grads[6]
        self.bias_o -= lr * clipped_grads[7]

        # 重置梯度为 0
        self.weight_g_diff.fill(0)
        self.weight_i_diff.fill(0)
        self.weight_f_diff.fill(0)
        self.weight_o_diff.fill(0)
        self.bias_g_diff.fill(0)
        self.bias_i_diff.fill(0)
        self.bias_f_diff.fill(0)
        self.bias_o_diff.fill(0)

# LSTM 状态类，存储各门的激活值、cell 状态、隐藏状态及反向传播过程中传递的梯度信息
class LSTMState:
    def __init__(self, cell_count, initial_state=None):
        if initial_state is None:
            self.gate = np.zeros(cell_count)
            self.input_gate = np.zeros(cell_count)
            self.forget_gate = np.zeros(cell_count)
            self.output_gate = np.zeros(cell_count)
            self.cell_state = np.zeros(cell_count)
            self.hidden_state = np.zeros(cell_count)
        else:
            (self.gate, self.input_gate, self.forget_gate, self.output_gate,
             self.cell_state, self.hidden_state) = initial_state
        self.bottom_diff_hidden = np.zeros_like(self.hidden_state)
        self.bottom_diff_cell = np.zeros_like(self.cell_state)

# LSTM 节点类，代表网络中每个时间步的计算单元
class LSTMNode:
    def __init__(self, lstm_param, lstm_state):
        self.state = lstm_state
        self.param = lstm_param
        self.x_concatenated = None

    def bottom_data_is(self, x, prev_cell_state=None, prev_hidden_state=
None):
        # 若前一时刻状态不存在，则初始化为 0 向量
        if prev_cell_state is None:
            prev_cell_state = np.zeros_like(self.state.cell_state)
        if prev_hidden_state is None:
            prev_hidden_state = np.zeros_like(self.state.hidden_state)

        self.prev_cell_state = prev_cell_state
        self.prev_hidden_state = prev_hidden_state
        # 将当前输入和前一时刻的隐藏状态进行拼接
        self.x_concatenated = np.hstack((x, prev_hidden_state))

        # 计算各个门的激活值
        self.state.gate = np.tanh(np.dot(self.param.weight_g, self.x_
concatenated) + self.param.bias_g)
        self.state.input_gate = sigmoid(np.dot(self.param.weight_i, self.x_
concatenated) + self.param.bias_i)
        self.state.forget_gate = sigmoid(np.dot(self.param.weight_f, self.x_
concatenated) + self.param.bias_f)
        self.state.output_gate = sigmoid(np.dot(self.param.weight_o, self.x_
```

```
concatenated) + self.param.bias_o)

        # 更新 cell 状态和隐藏状态
        self.state.cell_state = self.state.gate * self.state.input_gate +
prev_cell_state * self.state.forget_gate
        self.state.hidden_state = np.tanh(self.state.cell_state) *
self.state.output_gate

    def diff_(self, top_diff_hidden, top_diff_cell):
        # 反向传播，计算误差在 cell 状态上的传播
        ds = self.state.output_gate * top_diff_hidden * tanh_derivative
(np.tanh(self.state.cell_state)) + top_diff_cell
        # 计算各门对误差的贡献
        do = self.state.hidden_state * top_diff_hidden
        di = self.state.gate * ds
        dg = self.state.input_gate * ds
        df = self.prev_cell_state * ds

        # 根据激活函数求导，计算各门的梯度
        di_input = sigmoid_derivative(self.state.input_gate) * di
        df_input = sigmoid_derivative(self.state.forget_gate) * df
        do_input = sigmoid_derivative(self.state.output_gate) * do
        dg_input = tanh_derivative(self.state.gate) * dg

        # 累加梯度（外积形式）
        self.param.weight_i_diff += np.outer(di_input, self.x_concatenated)
        self.param.weight_f_diff += np.outer(df_input, self.x_concatenated)
        self.param.weight_o_diff += np.outer(do_input, self.x_concatenated)
        self.param.weight_g_diff += np.outer(dg_input, self.x_concatenated)
        self.param.bias_i_diff += di_input
        self.param.bias_f_diff += df_input
        self.param.bias_o_diff += do_input
        self.param.bias_g_diff += dg_input

        # 计算误差对输入的梯度，后续用于前向传播
        dxc = (np.dot(self.param.weight_i.T, di_input) + np.dot(self.param.
weight_f.T, df_input) +
                np.dot(self.param.weight_o.T, do_input) + np.dot(self.param.
weight_g.T, dg_input))

        # 保存向下传递的误差
        self.state.bottom_diff_cell = ds * self.state.forget_gate
        self.state.bottom_diff_hidden = dxc[self.param.x_dim:]

# LSTM 网络类，管理整个时间序列上的 LSTM 节点和前向、反向传播
class LSTMNetwork:
    def __init__(self, lstm_param):
        self.lstm_param = lstm_param
        self.lstm_node_list = []                    # 存储各时间步的 LSTM 节点
        self.x_list = []                            # 存储输入序列

    def y_list_is(self, y_list, loss_layer):
        # 确保输入序列与标签序列长度一致
        assert len(y_list) == len(self.x_list)
        idx = len(self.x_list) - 1
        loss = 0

        # 对最后一个节点计算损失及梯度
        loss += loss_layer.loss(self.lstm_node_list[idx].state.hidden_state,
```

```
y_list[idx])
        diff_hidden = loss_layer.bottom_diff(self.lstm_node_list[idx].
state.hidden_state, y_list[idx])
        diff_cell = np.zeros(self.lstm_param.cell_count)
        self.lstm_node_list[idx].diff_(diff_hidden, diff_cell)
        idx -= 1

        # 从后向前依次计算每个节点的损失和梯度
        while idx >= 0:
            loss += loss_layer.loss(self.lstm_node_list[idx].state.hidden_
state, y_list[idx])
            diff_hidden = loss_layer.bottom_diff(self.lstm_node_list[idx].
state.hidden_state, y_list[idx])
            diff_hidden += self.lstm_node_list[idx + 1].state.bottom_diff_
hidden
            diff_cell = self.lstm_node_list[idx + 1].state.bottom_diff_cell
            self.lstm_node_list[idx].diff_(diff_hidden, diff_cell)
            idx -= 1

        return loss

    def x_list_clear(self):
        # 清空输入列表，准备下一个样本序列
        self.x_list = []

    def x_list_add(self, x):
        # 添加新的输入 x 到输入列表
        self.x_list.append(x)
        if len(self.x_list) > len(self.lstm_node_list):
            # 如果当前节点数不足，则新增一个 LSTM 节点
            lstm_state = LSTMState(self.lstm_param.cell_count)
            self.lstm_node_list.append(LSTMNode(self.lstm_param, lstm_state))
        idx = len(self.x_list) - 1
        if idx == 0:
            # 第一个时间步，不存在前一时刻状态
            self.lstm_node_list[idx].bottom_data_is(x)
        else:
            # 后续时间步使用前一时刻的状态
            prev_cell_state = self.lstm_node_list[idx - 1].state.cell_state
            prev_hidden_state = self.lstm_node_list[idx - 1].state.hidden_
state
            self.lstm_node_list[idx].bottom_data_is(x, prev_cell_state, prev_
hidden_state)

# 损失层类，实现简单的均方误差损失和对应梯度
class LossLayer:
    @staticmethod
    def loss(prediction, target):
        # 这里只计算预测向量第一个元素的均方误差作为示例
        return (prediction[0] - target)**2

    @staticmethod
    def bottom_diff(prediction, target):
        # 计算均方误差的梯度，只对预测向量第一个元素求导
        diff = np.zeros_like(prediction)
        diff[0] = 2 * (prediction[0] - target)
        return diff

# 示例函数，展示 LSTM 的训练过程
def example():
```

```
# 设置随机种子, 只在程序开始时设置一次
np.random.seed(0)

mem_cell_ct = 100                              # LSTM 中的 cell 数量
x_dim = 50                                     # 输入特征维度
lstm_param = LSTMParameters(mem_cell_ct, x_dim)
lstm_net = LSTMNetwork(lstm_param)

# 标签序列, 示例中为一组标量目标值
y_list = [-0.5, 0.2, 0.1, -0.5]
# 随机生成与标签数量相同的输入, 每个输入维度为 x_dim
input_val_arr = [np.random.random(x_dim) for _ in y_list]

# 进行多次迭代训练
for cur_iter in range(100):
    print("Iteration", "%2s" % str(cur_iter), end=": ")

    # 将每个时间步的输入添加到网络中
    for ind in range(len(y_list)):
        lstm_net.x_list_add(input_val_arr[ind])

    # 打印当前预测的隐藏状态（仅打印第一个元素作为示例）
    print("Predictions = [" +
        ", ".join(["% 2.5f" % lstm_net.lstm_node_list[ind].state.
hidden_state[0] for ind in range(len(y_list))]) +
        "]", end=", ")

    # 计算整个序列的损失并进行反向传播
    loss = lstm_net.y_list_is(y_list, LossLayer)
    print("Loss:", "%.3e" % loss)

    # 根据梯度更新参数, 学习率设为 0.1
    lstm_param.apply_diff(lr=0.1)
    # 清空输入列表, 为下一次迭代做准备
    lstm_net.x_list_clear()

if __name__ == "__main__":
    example()
```

8.2　门控循环单元

门控循环单元（Gated Recurrent Unit，GRU）是对传统 RNN 的一项关键改进和扩展，专为更有效地捕获长期依赖性而设计。GRU 旨在解决 RNN 在实际训练过程中经常遇到的难题，特别是难以捕获长期依赖的问题。与仅使用简单激活函数的传统 RNN 相比，GRU 通过引入门控机制，如更新门和重置门来改进 RNN 架构，从而使网络具有更持久的记忆能力并提升其处理大量数据时的速度和性能。

GRU 的设计简化了 LSTM 的复杂结构，通过减少门的数量来降低网络处理时间的复杂度同时保留其能够有效管理长期信息的能力。更新门负责调节数据在不同时间步中的流动，而重置门则控制保留多少过去的数据及丢失的比例。这种简化结构使得 GRU 在速度和性能上具有优势，特别是在处理需要快速响应的大规模数据集时优势更明显。

选择 LSTM 还是 GRU，取决于具体任务的需求。如果速度性能在解决问题时至关重要，则 GRU 可能是更好的选择；如果追求高准确性，则 LSTM 更加合适。这种选择依赖于具体任务的需求和约束，意味着在实际应用中，应根据具体场景和性能要求来决定使用哪种模型。通过这种方式，GRU 提供了一种有效的手段来处理序列数据中的长期依赖问题，使其在多种需要处理时间序列数据的应用如语言模型、机器翻译和语音识别中都显示出了卓越的性能。

8.2.1 直观理解

GRU 的设计通过更新门和重置门提供了灵活的机制来管理信息流。更新门允许模型决定在每个时间步保留多少旧信息，而重置门则提供了丢弃或保留过去信息的能力，使得模型能够根据新输入的相关性动态调整其内部状态。这种门控机制使得 GRU 能够在处理序列数据时更有效地捕获长期依赖，解决了传统 RNN 难以训练和捕获长期依赖的问题。通过这种方式，GRU 能够在各种需要处理长序列数据的任务如语言模型、文本生成和时间序列预测中实现更好的性能。

更新门 z 在门控循环单元（GRU）中起着至关重要的作用，它控制了先前记忆在当前时刻的重要性。如果更新门 z 接近 1，那么就可以在多个时间步中复制该单元的信息，这样有助于减少梯度消失问题，因为更多的信息能够在时间序列中得到保留。

虽然更新门有助于保持长期的信息，但是需要重置门 r。重置门的存在是为了增加模型的灵活性，允许 GRU 忘记那些对当前任务不再重要或相关的旧信息。

- 当需要遗忘时：在某些情况下，旧的信息可能与当前要处理的任务不相关，甚至会干扰当前的决策过程。在这种情况下，保留过去所有的信息（即使通过更新门选择性地保留）可能不是最佳策略。重置门允许模型有选择性地忘记过去的部分隐藏状态，从而使模型能够更专注于最相关的新信息。
- 为了更高的灵活性和适应性：通过调节重置门，GRU 能够根据当前输入和任务的需求动态调整其内部状态。这种灵活性使得 GRU 在处理各种序列数据尤其是序列的不同部分之间存在显著变化时更加有效。

因此，更新门和重置门共同工作，提供了一种平衡机制，使得 GRU 能够在保留有用的长期信息和忘记不相关的信息之间进行灵活调整。这种设计使得 GRU 不仅能够减轻梯度消失问题，还能够根据当前的任务需求动态更新其记忆，从而在多种复杂环境中都能表现出色。

8.2.2 GRU 的工作机制

GRU 使用当前输入 x_t 和前一时刻的隐藏状态 h_{t-1} 来生成下一个隐藏状态 h_t，具体过程如下：

通用变量及参数：
- x_t 是当前时间步的输入向量，它携带了当前观察到的新信息。
- h_{t-1} 是前一时间步的隐藏状态，它包含目前为止网络学习到的信息的总结。
- σ 是 sigmoid 激活函数，它将输入的线性组合映射到 0～1 之间的值。sigmoid 函数的这个特性使得更新门能够输出一个介于完全忽略（接近 0）和完全保留（接近 1）之间的值，从而提供了一种有效的机制来控制信息的流动。

1）更新门（Update Gate）

$$z_t = \sigma\left(W^{(z)} \cdot \left[h_{t-1}, x_t\right] + b^{(z)}\right) \tag{8-9}$$

其中，z_t 是在时间步 t 内的更新门激活值。更新门的作用是决定从先前的记忆状态 h_{t-1} 中保留多少信息并将其传递到当前时间步的隐藏状态 h_t。$W^{(z)}$ 是更新门的权重矩阵，这些权重决定输入 x_t 和前一隐藏状态 h_{t-1} 如何影响更新门的激活值。

更新门决定在生成下一隐藏状态时保留多少之前的隐藏状态信息。通过控制信息的更新程度，更新门帮助模型决定在每个时间步应该忽略多少过去的信息。通过调整 z 的值，GRU 能够灵活地在保留旧信息和接受新信息之间进行权衡。如果 z 的值接近于 1，则模型倾向于保留更多的先前的状态信息；如果 z 的值接近于 0，则模型将更多地依赖于当前的输入和新生成的记忆。这种机制使 GRU 特别适用于处理需要理解和保留长期依赖关系的序列数据任务，并允许模型在保留有价值的长期信息和接受新信息之间进行平衡，有助于维护那些对预测未来状态至关重要的信息。

2）重置门（Reset Gate）

$$r_t = \sigma\left(W^{(r)} \cdot \left[h_{t-1}, x_t\right] + b^{(r)}\right) \tag{8-10}$$

其中，r_t 是在时间步 t 的重置门激活值。重置门的功能是决定在形成新的记忆 $\tilde{h}_t$ 时，先前的隐藏状态 h_{t-1} 应该被保留还是遗忘到何种程度。这允许 GRU 动态地忘记或保留与当前任务不再相关的信息，使其更加适应新的输入。$W^{(r)}$ 是重置门的权重矩阵，这些权重决定输入 x_t 和前一隐藏状态 h_{t-1} 如何影响重置门的激活值。

通过评估过去信息对当前任务的相关性，重置门可以选择性地"忘记"过去的部分隐藏状态。

这使得 GRU 能够在必要时放弃那些对当前输入和任务不再重要的旧信息，从而使模型更加灵活，适应性更强。

3）新记忆（New Memory）

$$\tilde{h}_t = \tanh\left(W^{(h)} \cdot \left[r_t \odot h_{t-1}, x_t\right] + b^{(h)}\right) \tag{8-11}$$

❑ $\tilde{h}_t$：时间步 t 中生成的新记忆候选值。这个新记忆是基于当前输入和过去的隐藏状态，经过重置门调节后的信息整合而成。

❑ tanh：双曲正切激活函数，它的输出范围是[-1, 1]。这个函数用于确保新记忆候选值 $\tilde{h}_t$ 被标准化，使其在模型内部保持有效的信息流动和稳定的梯度传播。

❑ $W^{(h)}$：用于将连接后的向量转换为新记忆向量。它通过学习，掌握如何最有效地将重置后的历史状态和当前输入相结合来生成有用的新信息。

式（8-11）展示了 GRU 如何结合当前输入和历史隐藏状态生成新记忆向量 $\tilde{h}_t$ 的过程。这使得 GRU 能够在保留旧信息与吸纳新信息之间做到动态平衡，有效捕获长序列中的长期依赖关系。这一机制不仅融合了最新的观察信息，还考虑了经重置门修改后对先前状态的影响，从而在更新隐藏状态时做出更加精细的决策。

4）隐藏状态（Hidden State）

$$h_t = (1 - z_t) \odot \tilde{h}_t + z_t \odot h_{t-1} \tag{8-12}$$

隐藏状态更新：最终的隐藏状态 h_t 是通过将上述两部分加权和的结果计算得到的。如果更新门 z_t 接近 1，则模型倾向于保留更多的旧状态 h_{t-1}；如果 z_t 接近 0，则模型倾向于采纳更多的新记忆 $\tilde{h}_t$。

这种计算方式使得 GRU 能够在每个时间步动态调整其内部状态，有效地在新信息的接纳与旧信息的保留之间进行平衡。这一机制让 GRU 模型在处理序列数据尤其是需要捕捉长期依赖关系时，展现出了优异的性能。GRU 结构示意如图 8-2 所示。

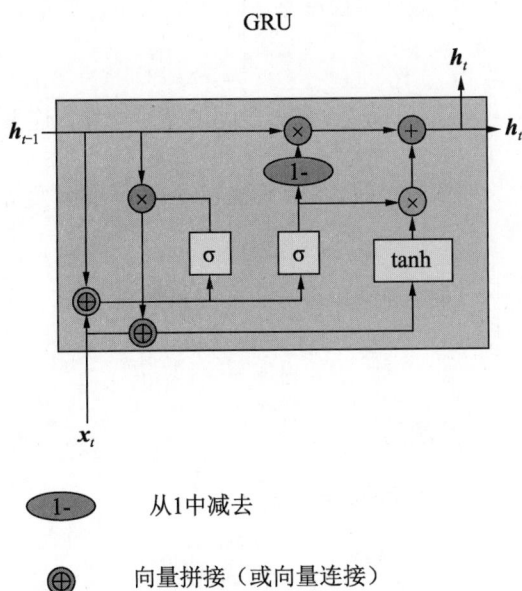

图 8-2　GRU 结构示意

通过以上设计机制，GRU 提供了一种有效的方式来处理序列数据中的长期依赖问题，使其在许多需要处理时间序列数据的应用如语言模型、机器翻译和语音识别中都展现出了卓越的性能。这些门控机制的引入不仅使 GRU 能够动态地调整信息流，还提高了模型对信息处理的灵活性和效率。

8.2.3　GRU 如何解决梯度问题

1. RNN中的梯度问题

在 RNN 中，损失函数 $J^{(t)}$ 对权重矩阵 W 的梯度可以表示为：

$$\frac{\partial J^{(t)}}{\partial W} = \sum_{k=1}^{t} \left(\frac{\partial J^{(t)}}{\partial h_k} \frac{\partial h_k}{\partial W} \right) \tag{8-13}$$

其中，$\dfrac{\partial J^{(t)}}{\partial \boldsymbol{h}_k}$ 是损失函数对第 k 个时间步隐藏状态 $\boldsymbol{h}_k$ 的梯度，$\dfrac{\partial \boldsymbol{h}_k}{\partial \boldsymbol{W}}$ 是隐藏状态对权重矩阵的梯度。

由于隐藏状态之间的递归关系，计算 $\dfrac{\partial J^{(t)}}{\partial \boldsymbol{h}_k}$ 时需要考虑未来时间步对当前隐藏状态的影响。根据链式法则，隐藏状态之间的梯度可以表示为：

$$\frac{\partial \boldsymbol{h}_t}{\partial \boldsymbol{h}_k} = \prod_{j=k+1}^{t} \frac{\partial \boldsymbol{h}_j}{\partial \boldsymbol{h}_{j-1}} \tag{8-14}$$

这表示从时间步 k 到 t 的隐藏状态梯度是各时间步偏导数的连乘积。

连乘效应：

❑ 梯度消失：当 $\left\|\dfrac{\partial \boldsymbol{h}_j}{\partial \boldsymbol{h}_{j-1}}\right\| < 1$ 时，随着 t 和 k 之间的差距增加，连乘积会导致梯度指数级减小。这意味着对于长期依赖（即 t 和 k 相隔较远），梯度会变得非常小，模型难以学习到这些信息。

❑ 梯度爆炸：当 $\left\|\dfrac{\partial \boldsymbol{h}_j}{\partial \boldsymbol{h}_{j-1}}\right\| > 1$ 时，连乘积会导致梯度指数级增长，这可能会导致数值不稳定，影响模型训练。

2．GRU是如何解决梯度问题的

在 GRU 中，对于隐藏状态之间的导数：

$$\frac{\partial \boldsymbol{h}_j}{\partial \boldsymbol{h}_{j-1}} = \boldsymbol{z}_j + \left(1 - \boldsymbol{z}_j\right) \frac{\partial \tilde{\boldsymbol{h}}_j}{\partial \boldsymbol{h}_{j-1}} \tag{8-15}$$

当 $\boldsymbol{z}_j = 1$ 时：

$$\frac{\partial \boldsymbol{h}_j}{\partial \boldsymbol{h}_{j-1}} = 1 \tag{8-16}$$

意味着隐藏状态完全复制前一个隐藏状态，梯度能够无衰减地进行传递。

3．GRU缓解梯度问题的方式

1）更新门的作用

保留旧信息：当 $\boldsymbol{z}_j$ 接近 1 时，模型倾向于保留更多的过去信息，隐藏状态几乎不变化，梯度可以稳定地传递，缓解梯度消失问题。

引入新信息：当 $\boldsymbol{z}_j$ 较小，接近 0 时，$1 - \boldsymbol{z}_j$ 项变得更重要，表示新记忆 $\tilde{\boldsymbol{h}}_j$ 对当前状态的贡献增加，而对旧状态的依赖减少。这允许网络根据当前输入和上下文动态更新其状态，同时减少过去信息的影响。

2）重置门的作用

重置门控制从前一隐藏状态中提取多少信息，用于计算候选隐藏状态 $\tilde{h}_j$，进一步调节信息流动。

8.2.4　GRU 的算法实现

以下是一个实现字符级文本生成的 GRU 神经网络的完整示例。GRU 是一种特殊的 RNN，它通过引入更新门和重置门来解决传统 RNN 在长序列数据处理中遇到的梯度消失或梯度爆炸问题。这种网络特别适合处理序列数据，如文本，因为它能够在处理长依赖关系时保持较好的性能。

在本例中，模型首先对唯一字符进行编码来准备输入数据，然后初始化网络的权重和偏置参数。主训练循环负责执行以下关键任务：

❑ 序列和目标提取：从文本数据中提取连续的字符序列作为输入以及相应的目标序列（输入序列中每个字符的下一个字符）作为训练目标。

❑ 样本生成：周期性地使用当前模型状态从给定的种子字符开始生成文本样本，这有助于观察训练过程中模型性能的变化情况。

❑ 前向传播：计算当前输入序列通过网络时的激活和输出以及损失函数值。

❑ 反向传播：基于损失函数对网络参数进行梯度计算，以此来更新网络的权重和偏置，使模型在预测下一个字符时更加准确。

❑ 参数更新：使用 AdaGrad 算法自适应地调整学习率，以优化网络的权重和偏置。

整个过程反复迭代直到满足结束条件，通常是达到预设的迭代次数。通过这种方式，GRU 网络学习到基于给定字符序列生成文本的模式，使其能够生成新的文本内容，这些内容在风格和结构上与训练数据相似。下面的代码段展示了深度学习模型从初始化到训练再到生成文本的全过程，是学习 GRU 在自然语言处理领域应用的一个实用例子。

```python
import numpy as np
import pandas as pd

# 设置随机种子以保证结果可复现（只在程序开始时设置一次）
np.random.seed(0)

# 加载数据并对缺失值进行填充
# 数据在配套资料中可下载
df = pd.read_csv('./Shakespeare_data.csv')
df.fillna('', inplace=True)
data = ' '.join(df['PlayerLine'].astype(str))
chars = sorted(list(set(data)))
data_size, vocab_size = len(data), len(chars)
print('数据共有 %d 个字符，%d 个唯一字符。' % (data_size, vocab_size))

# 创建字符与索引的映射字典
char_to_index = {ch: i for i, ch in enumerate(chars)}
index_to_char = {i: ch for i, ch in enumerate(chars)}

#######################
# 定义激活函数及其导数
#######################
def sigmoid(input_, derivative=False):
```

```
        if derivative:
            # 传入的是 sigmoid 的输出
            return input_ * (1 - input_)
        else:
            return 1. / (1 + np.exp(-input_))

    def tanh(input_, derivative=False):
        if derivative:
            # 传入的是 tanh 的输出
            return 1 - input_**2
        else:
            return np.tanh(input_)

    def softmax(input_):
        # 减去最大值以稳定数值计算
        exp_input = np.exp(input_ - np.max(input_))
        return exp_input / exp_input.sum(axis=0, keepdims=True)


    #######################
    # 设置超参数
    #######################
    hidden_size = 100                           # 隐藏层大小
    sequence_length = 25                        # 序列长度
    learning_rate = 1e-1                        # 学习率


    ################################
    # 初始化权重和偏置（使用小随机值）
    ################################
    W_update_gate = np.random.randn(hidden_size, vocab_size) * 0.01
    U_update_gate = np.random.randn(hidden_size, hidden_size) * 0.01
    bias_update_gate = np.zeros((hidden_size, 1))

    W_reset_gate = np.random.randn(hidden_size, vocab_size) * 0.01
    U_reset_gate = np.random.randn(hidden_size, hidden_size) * 0.01
    bias_reset_gate = np.zeros((hidden_size, 1))

    W_hidden = np.random.randn(hidden_size, vocab_size) * 0.01
    U_hidden = np.random.randn(hidden_size, hidden_size) * 0.01
    bias_hidden = np.zeros((hidden_size, 1))

    W_output = np.random.randn(vocab_size, hidden_size) * 0.01
    bias_output = np.zeros((vocab_size, 1))

    # 将所有参数放入列表中，便于后续更新
    params = [W_update_gate, U_update_gate, bias_update_gate,
              W_reset_gate, U_reset_gate, bias_reset_gate,
              W_hidden, U_hidden, bias_hidden,
              W_output, bias_output]

    # 初始化 AdaGrad 的记忆变量，用于累积平方梯度
    memories = [np.zeros_like(param) for param in params]


    #######################
    # 定义采样函数
    #######################
    def sample(h, seed_index, length):
        """
        根据当前隐藏状态 h 和给定种子字符采样生成新的字符序列
        """
```

```
    # 初始化输入 x 为 one-hot 编码
    x = np.zeros((vocab_size, 1))
    x[seed_index] = 1
    indexes = []
    for t in range(length):
        # 计算更新门和重置门
        update_gate = sigmoid(np.dot(W_update_gate, x) + np.dot(U_update_gate,
h) + bias_update_gate)
        reset_gate = sigmoid(np.dot(W_reset_gate, x) + np.dot(U_reset_gate, h)
+ bias_reset_gate)
        # 计算候选隐藏状态
        h_hat = tanh(np.dot(W_hidden, x) + np.dot(U_hidden, reset_gate * h) +
bias_hidden)
        # 更新隐藏状态（GRU 形式的更新）
        h = update_gate * h + (1 - update_gate) * h_hat
        # 计算输出层
        y = np.dot(W_output, h) + bias_output
        p = softmax(y)
        # 根据概率分布采样生成下一个字符索引
        index = np.random.choice(range(vocab_size), p=p.ravel())
        x = np.zeros((vocab_size, 1))
        x[index] = 1
        indexes.append(index)
    return indexes


#######################
# 定义前向传播函数
#######################
def forward(inputs, targets, hprev):
    """
    前向传播计算整个序列的损失和各层激活值
    inputs: 输入字符索引序列
    targets: 目标字符索引序列
    hprev: 上一时间步的隐藏状态
    """
    xs, update_gates, reset_gates, h_hats, hs, ys, ps = {}, {}, {}, {}, {},
{}, {}
    hs[-1] = np.copy(hprev)
    loss = 0
    for t in range(len(inputs)):
        # 将输入字符转换为 one-hot 向量
        xs[t] = np.zeros((vocab_size, 1))
        xs[t][inputs[t]] = 1
        # 计算更新门和重置门
        update_gates[t] = sigmoid(np.dot(W_update_gate, xs[t]) + np.dot
(U_update_gate, hs[t-1]) + bias_update_gate)
        reset_gates[t] = sigmoid(np.dot(W_reset_gate, xs[t]) + np.dot
(U_reset_gate, hs[t-1]) + bias_reset_gate)
        # 计算候选隐藏状态
        h_hats[t] = tanh(np.dot(W_hidden, xs[t]) + np.dot(U_hidden, reset_
gates[t] * hs[t-1]) + bias_hidden)
        # 更新隐藏状态（GRU 更新公式）
        hs[t] = update_gates[t] * hs[t-1] + (1 - update_gates[t]) * h_hats[t]
        # 计算输出层
        ys[t] = np.dot(W_output, hs[t]) + bias_output
        ps[t] = softmax(ys[t])
        # 累加当前时间步的损失（交叉熵损失）
        loss += -np.log(ps[t][targets[t], 0])
    return loss, xs, update_gates, reset_gates, h_hats, hs, ys, ps
```

```
#####################
# 定义反向传播函数
#####################
def backward(inputs, targets, xs, update_gates, reset_gates, h_hats, hs, ys,
ps):
    """
    反向传播，计算所有参数的梯度
    """
    # 初始化各参数的梯度为 0
    dW_update_gate = np.zeros_like(W_update_gate)
    dU_update_gate = np.zeros_like(U_update_gate)
    db_update_gate = np.zeros_like(bias_update_gate)
    dW_reset_gate = np.zeros_like(W_reset_gate)
    dU_reset_gate = np.zeros_like(U_reset_gate)
    db_reset_gate = np.zeros_like(bias_reset_gate)
    dW_hidden = np.zeros_like(W_hidden)
    dU_hidden = np.zeros_like(U_hidden)
    db_hidden = np.zeros_like(bias_hidden)
    dW_output = np.zeros_like(W_output)
    db_output = np.zeros_like(bias_output)
    dh_next = np.zeros_like(hs[0])

    # 反向遍历每个时间步
    for t in reversed(range(len(inputs))):
        # 输出层梯度
        dy = np.copy(ps[t])
        dy[targets[t]] -= 1
        dW_output += np.dot(dy, hs[t].T)
        db_output += dy

        # 传播到隐藏层
        dh = np.dot(W_output.T, dy) + dh_next

        # 计算候选隐藏状态部分的梯度
        dh_hat = dh * (1 - update_gates[t])
        dh_hat_raw = dh_hat * tanh(h_hats[t], derivative=True)
        dW_hidden += np.dot(dh_hat_raw, xs[t].T)
        dU_hidden += np.dot(dh_hat_raw, (reset_gates[t] * hs[t-1]).T)
        db_hidden += dh_hat_raw

        # 计算重置门的梯度
        dreset_gate = np.dot(U_hidden.T, dh_hat_raw) * hs[t-1]
        dreset_gate_raw = dreset_gate * sigmoid(reset_gates[t], derivative=
True)
        dW_reset_gate += np.dot(dreset_gate_raw, xs[t].T)
        dU_reset_gate += np.dot(dreset_gate_raw, hs[t-1].T)
        db_reset_gate += dreset_gate_raw

        # 计算更新门的梯度
        dupdate_gate = dh * (hs[t-1] - h_hats[t])
        dupdate_gate_raw = dupdate_gate * sigmoid(update_gates[t], derivative=
True)
        dW_update_gate += np.dot(dupdate_gate_raw, xs[t].T)
        dU_update_gate += np.dot(dupdate_gate_raw, hs[t-1].T)
        db_update_gate += dupdate_gate_raw

        # 将误差传播到前一时间步
        dh_prev = (dh * update_gates[t] +
                   np.dot(U_update_gate.T, dupdate_gate_raw) +
```

```
                    np.dot(U_reset_gate.T, dreset_gate_raw) +
                    reset_gates[t] * np.dot(U_hidden.T, dh_hat_raw))
        dh_next = dh_prev

    # 梯度裁剪, 防止梯度爆炸
    for dparam in [dW_update_gate, dU_update_gate, db_update_gate,
            dW_reset_gate, dU_reset_gate, db_reset_gate,
            dW_hidden, dU_hidden, db_hidden,
            dW_output, db_output]:
        np.clip(dparam, -5, 5, out=dparam)

    # 将所有梯度存储在列表中 (顺序与 params 列表一致)
    grads = [dW_update_gate, dU_update_gate, db_update_gate,
        dW_reset_gate, dU_reset_gate, db_reset_gate,
        dW_hidden, dU_hidden, db_hidden,
        dW_output, db_output]
    return grads

######################
# 参数更新函数 (使用 AdaGrad 优化器)
######################
def update_parameters(params, grads, memories, learning_rate):
    for param, dparam, mem in zip(params, grads, memories):
        mem += dparam * dparam
        param += -learning_rate * dparam / (np.sqrt(mem) + 1e-8)

######################
# 训练循环
######################
n, p = 0, 0
hprev = np.zeros((hidden_size, 1))
smooth_loss = -np.log(1.0 / vocab_size) * sequence_length

while n <= 100000:
    # 若数据不足或首次迭代, 则重置隐藏状态和指针 p
    if p + sequence_length + 1 >= len(data) or n == 0:
        hprev = np.zeros((hidden_size, 1))
        p = 0

    # 将输入字符转换为对应的索引序列
    inputs = [char_to_index[ch] for ch in data[p:p+sequence_length]]
    targets = [char_to_index[ch] for ch in data[p+1:p+sequence_length+1]]

    # 前向传播计算损失及激活值
    loss, xs, update_gates, reset_gates, h_hats, hs, ys, ps = forward(inputs,
targets, hprev)
    # 反向传播计算梯度
    grads = backward(inputs, targets, xs, update_gates, reset_gates, h_hats,
hs, ys, ps)
    # 使用 AdaGrad 更新所有参数
    update_parameters(params, grads, memories, learning_rate)
    # 更新隐藏状态为最后一个时间步的状态
    hprev = hs[len(inputs) - 1]
    smooth_loss = smooth_loss * 0.999 + loss * 0.001
    if n % 1000 == 0:
        print('迭代次数 %d, 损失值: %f' % (n, smooth_loss))
        # 使用采样函数生成200个字符的序列并打印生成的文本
        sample_indexes = sample(hprev, inputs[0], 200)
        txt = ''.join(index_to_char[ix] for ix in sample_indexes)
```

```
    print('----\n%s\n----' % (txt,))
p += sequence_length
n += 1
```

参 考 文 献

[1] Chung J, Gulcehre C, Cho K, Bengio Y. Empirical evaluation of gated recurrent neural networks on sequence modeling[EB/OL]. [2023-12-04]. https://arxiv.org/abs/1412.3555.

[2] Dey R, Salem F M. Gate-variants of gated recurrent unit (GRU) neural networks[C]// Proceedings of the 2017 IEEE 60th International Midwest Symposium on Circuits and Systems (MWSCAS). Boston, MA: IEEE, 2017: 1597-1600.

[3] Le Q, Jaitly N, Hinton G. A simple way to initialize recurrent networks of rectified linear units[EB/OL]. [2023-12-04]. https://arxiv.org/abs/1504.00941.

[4] Sit M, Demiray B, Xiang Z, et al, Demir I. A comprehensive review of deep learning applications in hydrology and water resources[J]. Water Science and Technology, 2020, 82（10）: 2165-2196.

第9章 序列到序列模型

自然语言处理中的预测任务通常涉及理解和生成文本。这类任务要求模型能够基于给定的输入序列（如单词、短语或句子）预测或生成下一个最有可能的序列。预测任务是一个基本且重要的领域。这些任务通常涉及根据给定的文本序列预测接下来的词汇或者对某个输入进行分类。这些任务不仅是评估模型对语言理解能力的重要方式，也是实现自动文本生成、机器翻译、自动摘要等应用的基础。

自然语言处理中的典型任务如下：

1）生成人工句子

❑示例任务：给定一句话的开始部分，模型需要预测下一个单词或短语。这里的每个词被视为一个离散的单位，序列的下一部分（即下一个词）的预测实际上是对词汇的预测。

❑示例：如果句子是"They went to the grocery store and bought…"，模型可能需要在 bread、milk 或 rock 中做出选择，以便合理地延续这个句子的内容。正确的选择（如 bread 或 milk）显示了模型对相关常识和上下文的理解。

2）自然语言预测评价

❑示例任务：给定一个文本输入（X），通过函数（f）输出一个预测（Y），这个预测可以是文本类别、情感倾向或其他属性。

❑示例 1：The story telling was erratic and, at times, slow，这句评论可能需要模型基于其内容判断为负面或正面评价。

❑示例 2：Loved the diverse cast of this movie，这句话显然指向一个正面评价。

❑任务：给定一段评论，模型需要预测这是一个好评还是差评。例如，通过分析评论的内容和语气，模型预测出 Good review?的答案。

上面的任务展示了自然语言处理在理解和生成自然语言方面的应用，强调了模型需要捕捉和理解语言的复杂性，包括词义、上下文关系和语言的情感倾向。

9.1　机器翻译概述

通过讨论预测任务，可以更深入地了解机器如何理解和生成自然语言。这不仅包括生成连贯的句子、理解上下文和相关常识，还涉及根据文本输入预测可能的分类、情感等。正是对语言深层次理解和生成能力的需求，衍生了机器翻译这一自然语言处理的特定领域。机器翻译（Machine Translation，MT）是指将一种语言的文本转换成另一种语言的模型。其挑战在于，模型不仅需要捕捉源语言的语义，还要在目标语言中准确再现这些语义，同时处理两种语言之间的结构和文化差异。与其他自然语言处理任务类似，机器翻译的复杂性源于语言的快速变化和结构的不确定性，这使得跨语言的信息转换成为一个复杂而有趣的问题。

为什么这个问题值得解决？

□ 复杂性：语言快速演化，没有一个清晰且定义良好的结构。例如，语言变化的一个例子是 awful 原本意味着"充满敬畏"，但现在完全是负面的。

□ 重要性：每年在翻译服务上的开支高达数十亿。加拿大政府每年的翻译服务开支超过 24 亿加元，而英国政府每年的开支超过 1 亿英镑。

解决以上复杂而重要的问题，就能够提高跨文化交流的效率，促进信息的自由流动，并且理解语言如何随时间而演变。此外，考虑到机器翻译服务的重要性，无论是对政府机构还是跨国公司，都是实现有效的文化交流和信息自由流动的关键，探索机器翻译的有效方法变得尤为重要。

9.1.1　基于规则的原始机器翻译

原始的机器翻译方法尝试通过创建基于规则的程序来实现，这种方法为何无法有效工作呢？基于规则的机器翻译面临着几个关键的挑战。

首先，语言的基本规则经常被打破。以英语为例，一个基本规则是形容词位于名词之前，如 black cat（黑猫）和 large building（大楼）。然而，存在诸多例外，如当形容词跟在 something 之后时，就会形成 something black（某样黑色的东西）和 something large（某样大的东西）这样的表达。这表明即使是看似简单的规则也有其例外，这使得基于规则的方法难以应对语言的多样性和复杂性。

其次，语言对的数量极多。例如，Google 翻译当前支持 133 种语言，这意味着在两个方向都考虑时共有 17 556 个翻译方向（133×132）或 8 778 对无向语言组合。若每个翻译方向都需要单独编写规则，则需要创建 17 556 套不同的规则集，这在实践中是不可行的，尤其是每种语言都在不断变化和发展。

最后，翻译依赖于上下文，词汇并不应该总是被直译。以西班牙语到英语的翻译为例，使用基于规则的 Apertium 翻译 Me llamo John 时，结果是 I call me John，这显然不符合英语习惯的表达。相比之下，Google 翻译将其正确翻译为 My name is John。这个例子说明了翻译不仅需要理解字面意义，还需要捕捉到语言使用中的上下文和习惯用法。

因此，虽然基于规则的方法在早期的机器翻译中曾有所尝试，但是由于上述种种限制，它们很难有效应对语言的复杂性和多样性。这也是为什么现代机器翻译越来越多地采用基于统计和机器学习的方法，因为这些方法能够更好地理解和处理语言的复杂性和多变性。

9.1.2　平行语料库

为了进行机器翻译，需要两种语言中的等价句子的配对，这被称为平行语料库。这些语料库是机器翻译研究和开发的关键资源，因为它们提供了源语言和目标语言之间的直接映射。以加拿大议会辩论记录（Hansards）为例，Hansards 是议会辩论的文字记录。由于加拿大的官方语言包括英语和法语，因此议会中的所有发言都会被记录在这两种语言中。这为机器翻译提供了一个宝贵的数据集。然而，这种数据集并不完美。首先，翻译并不是逐字逐句的，如 this country 被翻译为 Le Canada。其次，它在风格上存在偏见，不是每个人都会像议会辩论中的政治家那样说话。最后，它在内容上也存在偏见，有些话题永远不会在议会中讨论。

其他平行语料库有：Europarl，其是欧洲议会使用的 21 种语言的平行语料库；EUR-Lex，其是用于欧盟法律和公共文件的 24 种语言的平行语料库；维基百科京都条目的日英双语平行语料库。

平行语料库虽然必要，但面临一些问题。它们的制作成本高昂，往往对特定类型的文本（如政府文件中的正式语言）存在偏见，并且翻译并不一定是逐字的。例如，this country 到 Le Canada 的翻译就不是字面意义上的对等，而是考虑了上下文和目标语言的习惯用法。尽管存在这些挑战，平行语料库在开发和改进机器翻译系统中仍然是不可或缺的资源。

假设取加拿大议会辩论记录的第一条记录作为学习基础：

英文版：edited hansard number 1。

法文版：hansard révisé numéro 1。

这种平行文本为机器学习模型学习如何将一个语言翻译成另一个语言提供了直接数据。

接下来考虑基于语言模型（LM）的方法是否适用于机器翻译任务。语言模型通常基于逐词的基础工作，仅将之前的词作为输入。在自回归语言模型中给定一个词序列，模型的任务是预测序列中的下一个词。这种方式使得模型能够基于观察到的词序列的上下文来生成文本。这是通过学习文本中词与词之间的依赖关系实现的，其中，每个词出现的概率是以其前面的所有词为输入函数计算得到的，在这种情况下，试图预测目标句子中的第 i 个词 $w_{t,i}$，基于源句子中相应第 i 个词 $w_{s,i}$ 以及之前的所有词。这种模型表示可以简化为：

$$P\left(w_{t,i}\right) = P\left(w_{t,i} \mid w_{s,i\text{-}1}, w_{s,i\text{-}2}, \cdots, w_{s,0}\right) \tag{9-1}$$

$w_{t,i}$ 表示目标（Target）句子中的第 i 个词，而 $w_{s,i}$ 表示源句子中的第 i 个词。

虽然语言模型可以捕捉语言的统计规律，但是机器翻译的复杂性远超简单的逐词预测，一个主要难点是如何处理两种语言在结构和语义上的差异。例如，源语言和目标语言的词序可能完全不同，而且有些词可能一词多义，而有些意思需要使用多个词来表达。这要求模型能理解上下文和文化背景。此外，源语言句子和目标语言句子的顺序和长度可能不一致，这意味着模型需要具备处理长距离依赖关系的能力，能够捕捉并利用那些对当前词选择重要的信息，即使这些信息位于句子的远处或不同的位置。同时，信息的获取并不总是来自前面的词。在许多语言处理场景中，关键信息可能散布在整个句子中，甚至在某些情况下，重要的上下文线索可能出现在当前词汇的后面。这种现象在语言中十分常见，特别是在那些具有复杂句式结构和灵活语序的语言里。因此，有效的语言模型需要综合考虑来自句子各个部分的信息，无论这些信息位于当前词的前面、中间还是后面。

因此，尽管基于语言模型的方法为机器翻译提供了一个起点，但是实现高质量的翻译服务还需要更复杂的模型和技术来更好地捕捉和处理不同语言之间的复杂映射关系。

9.2　序列到序列模型的基本原理与实现

序列到序列（Seq2Seq）模型正是基于这种信息处理需求设计的。在许多自然语言处理任务中，仅依赖前面的词是不够的，因为目标序列可能在结构和内容上与源序列有显著差异。例如，在机器翻译任务中，逐词翻译难以有效捕捉源语言句子的整体语义，同时还需遵循目标语言的语法规则和习惯用法。因此，模型需要先对源句子进行概括和理解，然后基于这一理解生成目标语言的句子。Seq2Seq 模型通过编码器-解码器（Encoder-Decoder）架构实现这一过程。编码器部分负责"阅读"并理解整个源序列，将其转化为一个固定长度的内部表示（通常称为上下文向量或特征向量）。这一内部表示旨在捕捉源序列的关键信息和整体意义。随后，解码器部分利用这一内部表示来"写出"或生成目标序列，这一过程可以包括预测下一个词直到整个序列生成完成。在这个过程中，解码器的每一步都需要考虑到前面生成的内容及从编码器传递来的源序列的内部表示，以确保生成的序列既符合目标语言的语法，又忠实地反映了源序列的内容和意图。

通过这种方式，Seq2Seq 模型能够处理各种复杂的序列转换任务，不仅限于机器翻译，还包括自动摘要、对话系统中的回答生成等。Seq2Seq 模型的核心在于能够捕获和传递序列之间的深层次语义联系，从而在不同语言或不同表达形式之间转换信息，同时保持原始意图和内容的完整性。

9.2.1　序列到序列模型的核心思想

Seq2Seq 模型为自然语言处理领域带来了一种革命性的变革，它摒弃了传统逐词翻译的方式，采用了基于整体句子理解和生成的方法。在传统方法中，目标语言中的每个词的预测是基于源语言句子中的对应位置的词及其前面的词序列。这种方法虽然直观，但是忽略了语言的整体结构和深层次语义，导致生成的文本可能不自然或不准确。

Seq2Seq 模型采用的是完全不同的策略。在这种模型中，目标语言中的每个词 $w_{t,i}$ 的预测不再直接依赖于源语言句子中的相应词 $w_{s,i}$ 及其周围的词，而是基于整个源句子的一个紧凑表示，称为句子嵌入或摘要（Embedding，$\boldsymbol{E}_S$）。这个摘要是通过编码器处理源句子得到的，它试图捕捉源句子的核心意义和关键信息，并将这些信息压缩成一个固定长度的嵌入向量。

因此，现在从语言模型（公式 9-1）的模式（$P\left(w_{t,i}\right) = P\left(w_{t,i}\,\middle|\,w_{s,i-1}, w_{s,i-2}, \cdots, w_{s,0}\right)$）变为：

$$P\left(w_{t,i}\right) = P\left(w_{t,i}\,\middle|\,\boldsymbol{E}_S, w_{s,i-1}, w_{s,i-2}, \cdots, w_{s,0}\right) \tag{9-2}$$

解码器利用摘要（$\boldsymbol{E}_S$），结合已经生成的目标语言词序列（即 $\boldsymbol{E}_S, w_{t,i-1}, w_{t,i-2}, \cdots, w_{t,0}$）来预测下一个词 $w_{t,i}$，如图 9-1 所示。

通过这种方式，Seq2Seq 模型允许在目标句子的生成过程中考虑和利用整个源句子的上下文信息。这种全面的上下文理解使得 Seq2Seq 模型特别适合处理那些需要深层次语义转换的任务，如机器翻译、自动摘要、对话生成等。源句子的这种"摘要"是模型理解源语言表达的基础，即使源语言和目标语言之间在语法结构上大相径庭，也可以确保生成的目标语言不仅在语法上正确，而且在语义上忠于源语言。

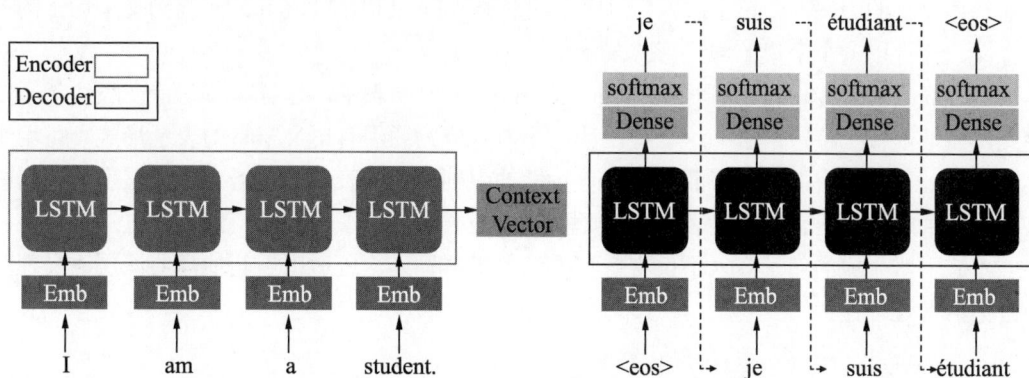

图 9-1 Seq2Seq（编码器-解码器）模型示意

9.2.2 序列到序列模型的基本结构

在一个序列到序列（Seq2Seq）模型中，神经网络的结构包括两个主要部分：编码器（Encoder）和解码器（Decoder）。这种结构设计灵感来源于信息论中的编码和解码概念。

1. 编码器

编码器的作用是读取源句子并将其"压缩"成一个紧凑的句子嵌入（或摘要）。这个过程类似于信息论中的编码过程，目的是捕捉源句子的核心意思并将其编码为一个固定长度的向量。这个向量包含进行有效翻译所需的所有重要信息，并且是目标语言生成过程的起点。编码器可以是一系列循环神经网络（RNN）、长短期记忆网络（LSTM）、门控循环单元（GRU）或者变压器（Transformer）模型中的自注意力层。

为了生成句子嵌入，需要一个编码器。在这个过程中，LSTM 是常用的选择，因为它善于处理和记忆长期依赖关系，这对理解整个句子的语义至关重要。使用 LSTM 作为编码器的操作步骤如下：

1）输入处理

（1）预处理：输入句子会被分词，每个词会被转换为一个词向量，通常是通过词嵌入（如 Word2Vec、GloVe 等）来实现。这些词向量能够捕捉每个词的语义特征。

（2）序列输入：这些词向量按照原句子中的顺序被输入 LSTM 网络中。句子的末尾通常会加上一个特殊的停止标记（如 STOP），以指示句子结束。

2）长短期处理

（1）逐步更新：LSTM 通过其复杂的门控机制逐个处理词向量，每处理一个词向量，它的内部状态就会更新。这个内部状态旨在捕捉到目前为止考虑的所有词所包含的信息。

（2）状态传递：LSTM 在每个时间步骤都会产生一个输出，但在生成句子嵌入的过程中特别关注最终状态，因为它包含对整个句子的综合信息。

3）句子嵌入生成

最终的 LSTM 状态：当 LSTM 处理到输入序列的 STOP 标记时，它的当前状态被视为句子的整体语义的编码，即句子嵌入。这个最终状态（Final LSTM State）捕捉到整个句子的核心意义，并且以一个密集的向量形式表示。

句子嵌入被视为语言不可知（Language-Agnostic）的表示，这意味着它旨在表达句子的含义，而不依赖于特定语言。这一特性使句子嵌入成为通用且语义丰富的表示形式，可用于从源语言到目标语言的转换，而不受语言特性的限制。这种表示的优势在于，它使解码器能够专注于生成目标语言的正确表达，而无须顾虑源语言的语法或词汇特性。通过这种方式，LSTM 编码器生成的句子嵌入不仅支持高质量的机器翻译，还适用于其他需要深层语义理解的自然语言处理任务。

2．解码器

解码器的任务是将编码器生成的句子嵌入以目标语言的形式转换回文本。这个过程可以看作信息论中的解码过程，它从编码器提供的"密码"恢复出目标句子。解码器在每个时间步骤接收前一时间步骤的输出和句子嵌入作为输入，预测序列的下一个词，直到整个目标句子被生成。解码器同样可以采用 RNN、LSTM、GRU 或者变压器模型中的自注意力层。

解码器的设计通常也采用 LSTM，其特点在于能够从句子嵌入中提取信息，并基于这些信息生成目标语言的文本。下面是解码器操作的具体步骤。

（1）使用句子嵌入初始化 LSTM：解码器 LSTM 的初始隐藏状态设定为编码器生成的句子嵌入。这样，解码器在开始生成目标语言句子之前已经"知道"了源句子的整体含义。

（2）语言建模：解码器的生成过程与语言建模类似，每一步都基于前一个词来预测下一个词。初始输入通常是一个特殊的起始符号（如'<start>'），用以标示句子的开始。

（3）逐词生成：对于每个时间步，LSTM 接收上一个时间步的输出词作为输入，并更新其内部状态。然后，LSTM 的输出经过一个全连接层（Fully Connected Layer），将 LSTM 的高维输出映射到一个与目标语言词汇表大小相同的维度空间。

（4）softmax 层：全连接层的输出通过 softmax 层转换为一个概率分布，表示下一个词是词汇表中每个词的概率。根据这个概率分布，可以选择概率最高的词作为这个时间步的输出，或者采用其他策略（如采样或束搜索）进行选择。

（5）重复直到生成结束符：这个过程重复进行，直到解码器生成特殊的结束符号（如'<end>'），表示目标句子生成完成。

通过这种方式，解码器能够逐步构建目标语言的句子，每一步都考虑源句子的整体含义（通过句子嵌入）和目标句子中已生成部分的上下文（通过 LSTM 的递归处理）。这种方法不仅适用于机器翻译，也可以用于自动摘要、对话生成等需要将信息从一种形式转换为另一种语言形式的任务，如图 9-2 所示。

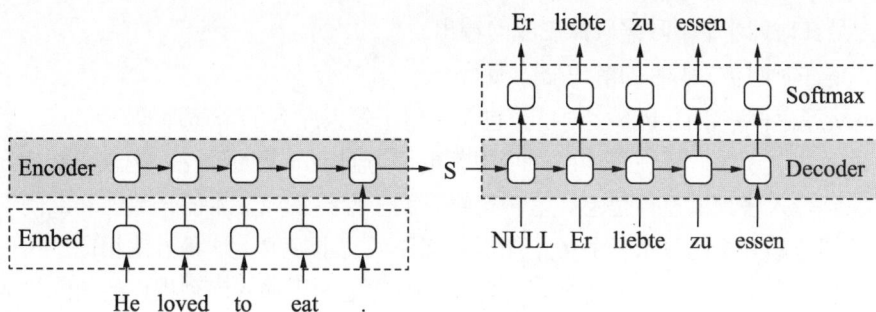

图 9-2 序列到序列模型示意

9.2.3 序列到序列模型的定义

编码器的核心作用是将输入序列转换为一个高维的上下文，该上下文捕获了输入序列的整体语义信息，其通常由编码器在处理完整个输入序列后的最后一个隐藏状态向量 $\boldsymbol{h}_e^n$（e 表示 Encoder，n 表示最后一个）来体现，该隐藏状态向量是压缩的输入序列，其包含输入中的所有重要信息。这个上下文表示常被标记为 c，作为连接编码器和解码器的桥梁，被传递到解码器中以生成输出序列。

在解码器端，最简单的实现方式是直接使用这个上下文向量 c 来初始化解码器的第一个隐藏状态 $\boldsymbol{h}_d^0$（d 表示 Decoder，0 表示第一个位置）。这意味着解码器的起始状态直接由编码器的最终状态决定，确保输出生成过程能够基于输入序列的整体信息。解码器随后以自回归方式逐步生成输出序列，每一步都基于前一步的输出和隐藏状态。这个过程持续进行，直至生成一个特定的序列结束标记，表明输出序列已完成。

在更复杂的实现中，上下文向量 c 不仅用于初始化解码器的第一个隐藏状态，还在生成整个输出序列的过程中持续发挥作用。

解码器在基础的编码器-解码器模型中的完整过程可以用以下方程表示（每个解码时间步都可以访问上下文）：

$$c = \boldsymbol{h}_e^n \tag{9-3}$$

c 是上下文向量，由编码器的最后一个隐藏状态 $\boldsymbol{h}_e^n$ 表示，包含整个输入序列的信息。

$$\boldsymbol{h}_d^0 = c \tag{9-4}$$

解码器的第一个隐藏状态 $\boldsymbol{h}_d^0$ 被初始化为上下文向量 c，确保能够从整个输入序列的信息开始解码。

为了确保上下文向量 c 的影响在整个序列生成过程中始终保留，需要将 c 作为计算当前隐藏状态的关键参数之一，具体公式如下：

$$\boldsymbol{h}_d^t = g\left(\hat{\boldsymbol{y}}_{t-1}, \boldsymbol{h}_d^{t-1}, c\right) \tag{9-5}$$

在这个公式中：

❑ $\boldsymbol{h}_d^t$ 表示当前时间步 t 的解码器隐藏状态。

❑ g 是一个非线性函数，通常是一个 RNN、LSTM 或 GRU 等结构，用于更新解码器的隐藏状态。

❑ $\hat{y}_{t-1}$ 是在时间步 t-1 时解码器生成的输出。

❑ h_d^{t-1} 是在时间步 t-1 时的解码器隐藏状态。

❑c 是从编码器获得的上下文向量,包含对整个输入序列的全局理解。

通过这种方式,解码器在每个时间步中都能够访问上下文向量 c,这意味着每一步的生成都会考虑到输入序列的整体信息。这种策略有助于保持生成文本的一致性和准确性,特别是在需要长期依赖关系的复杂任务中,如机器翻译或文本摘要。这种方法相比于仅在解码器的第一步中使用上下文向量的简单模型,能够更有效地利用输入序列提供的信息生成更加准确和连贯的输出序列。

$$z_t = f\left(h_d^t\right) \tag{9-6}$$

当前时间步的解码器隐藏状态 h_d^t 通过另一个函数 f 来计算输出向量 z_t,这个向量 z_t 是词汇表中每个候选词的原始得分,还未经 softmax 函数转换为概率。

函数 f 的作用和形式可以根据具体的模型设计和任务需求有所不同,但一般来说,f 可能是以下几种函数之一:

❑线性转换(全连接层):最常见的情况是,f 是一个线性转换,也就是一个全连接层(或称为稠密层)。在这种情况下,f 的作用是将解码器隐藏状态的高维表示映射到一个新的空间,这个空间的维度通常与模型的输出词汇表大小相匹配。

❑非线性变换:在一些复杂的模型设计中,f 可能包含非线性变换,例如通过一个或多个隐藏层,每层后面可能跟随激活函数,如 ReLU 或 tanh。这样的设计可以增加模型的表达能力,允许它学习更复杂的从隐藏状态到输出向量的映射关系。

❑注意力加权和:在引入注意力机制的情况下,虽然 f 本身通常指线性或非线性变换,但是在计算这个变换之前,解码器的隐藏状态 h_d^t 可能已经是基于注意力权重对多个编码器隐藏状态的加权和。这种情况下,f 的输入综合考虑了整个输入序列的信息。

❑条件变换:在某些特定任务中,f 可能还会考虑其他条件信息,如任务指定的标签或属性,这些信息可以作为额外的输入并与解码器的隐藏状态一起被处理。

f 函数的具体实现可以根据任务的需求和模型的复杂度来选择,从简单的线性变换到包含非线性激活函数的复杂网络结构,它的目标都是为了将解码器的当前隐藏状态转换为一个适合进行下一步概率分布计算的输出向量。

$$y_t = \text{softmax}\left(z_t\right) \tag{9-7}$$

通过对 z_t 应用 softmax 函数,将其转化为所有可能输出(在语言建模或机器翻译中是词汇表)上的概率分布。这个概率分布给出了每个词作为当前时间步输出的可能性。

每个时间步的输出 y 是通过 softmax 计算可能的输出集合(如词汇表)得到的概率分布。然后取其中概率最大的词(通过 arg max 操作)作为该时间步的最终输出。

$$\hat{y}_t = \underset{w \in V}{\arg\max} P\left(w_{t,i} \mid E_S, w_{t,i-1}, w_{t,i-2}, \cdots, w_{t,0}\right) \tag{9-8}$$

这里,$\hat{y}_t$ 是在给定之前所有输出和输入序列的条件下,在词汇表 V 中选择概率最高的词作为当前时间步的输出。这种方式确保解码器能够在每个时间步中产生当前预测中概率最高的词,从而逐步构建出完整的输出序列。通过在每个解码步骤中引入上下文向量 c,使模型能够更好地利用整个输入序列的信息,提高翻译或文本生成的准确性和连贯性。

9.2.4　序列到序列模型的训练方法

编码器-解码器架构是一种端到端的训练方法,每个训练样本由一对字符串源文本和目标文本组成。在训练中,模型通过最小化预测结果与实际目标序列之间的差异来调整参数。这种差异通常用交叉熵损失函数来衡量,它评估模型预测的概率分布与目标序列的真实分布之间的距离。

训练过程可以分为以下几个关键步骤。

(1)输入处理。源文本被输入到编码器中,编码器通过 RNN 或其变体(如 LSTM、GRU)逐步处理序列,最终生成一个上下文向量,该向量包含源序列的整体语义信息。

(2)解码与预测。解码器接收上下文向量,开始生成目标序列。每一步的预测基于当前隐藏状态、前一个时间步的输出和上下文向量的组合。

(3)损失计算。每一步的输出与目标序列的实际值进行比较,计算损失。通常使用交叉熵损失,这种损失函数衡量预测分布与真实分布的差异。对于整个序列,损失是各时间步损失的累积和。

(4)参数更新。利用反向传播算法,根据损失调整模型的权重,逐步提高预测的准确性。

(5)重复训练。在整个训练集上重复上述步骤,直到模型性能达到满意的水平或达到预设的迭代次数。

(6)使用教师强制策略。训练时通常使用教师强制策略,即在每一步预测中无论模型输出如何,始终使用目标序列中的下一个真实词作为下一个时间步的输入。这种方法可以加速收敛,但推断时(实际使用)模型只能依赖自己的预测,因此可能会导致训练与推断的行为有所不同。

通过这样的端到端训练方式,编码器-解码器模型能够高效学习源文本与目标文本之间的映射关系。这种架构已广泛应用于机器翻译、文本摘要、对话生成等自然语言处理任务中并展现出了强大的能力。

Seq2Seq 的 Python 代码如下,相关数据集可以在链接 https://www.kaggle.com/datasets/kaushal2896/english-to-german?resource=download&select=deu.txt 中下载(在本书配套资源中也可下载)。

```
# 下载 SpaCy 模型
!python -m spacy download en_core_web_sm
!python -m spacy download de_core_news_sm

import os
import re
import time
import math
import random
import unicodedata
import requests
import zipfile
import io

import numpy as np
import pandas as pd
```

```
from tqdm import tqdm

import spacy

from sklearn.model_selection import train_test_split

import torch
from torch import nn, optim
from torch.nn.utils.rnn import pad_sequence
from torch.utils.data import DataLoader, Dataset

import seaborn as sns
import matplotlib.pyplot as plt

# 设置随机种子
SEED = 28

random.seed(SEED)
np.random.seed(SEED)
torch.manual_seed(SEED)
torch.cuda.manual_seed(SEED)
torch.backends.cudnn.deterministic = True

# 下载并读取数据集
data_path = 'deu.txt'

data_df = pd.read_csv(data_path, sep='\t', usecols=[0, 1], names=['english',
'german'])
print("First 5 rows of data:")
print(data_df.head())

# 显示数据形状
print(f"Data shape: {data_df.shape}")

# 可视化句子长度分布
plt.figure(figsize=(12, 6))
plt.style.use('ggplot')
plt.subplot(1, 2, 1)
sns.histplot(data_df['english'].str.split().apply(len), kde=False)
plt.title('Distribution of English sentences length')
plt.xlabel('Length')

plt.subplot(1, 2, 2)
sns.histplot(data_df['german'].str.split().apply(len), kde=False)
plt.title('Distribution of German sentences length')
plt.xlabel('Length')
plt.show()

# 设置序列长度
max_seq_len_english = 20
max_seq_len_german = 20

# 数据集划分
train_df, val_df = train_test_split(data_df, test_size=0.1, shuffle=True,
random_state=SEED)

train_df = train_df.reset_index(drop=True)
val_df = val_df.reset_index(drop=True)
```

```
print(f"Training data shape: {train_df.shape}")
print(f"Validation data shape: {val_df.shape}")

# 打印样本数据
print("Sample data from training set:")
for i in range(len(train_df) - 5, len(train_df)):
    print(f'ENGLISH:\n{train_df.iloc[i]["english"]},\nGERMAN:\n{train_
df.iloc[i]["german"]}\n{"=" * 92}')

# 定义词汇表类
class Vocabulary:
    def __init__(self, freq_threshold=2, spacy_model='en_core_web_sm',
preprocess_func=None, reverse=False):
        self.itos = {0: "<pad>", 1: "<sos>", 2: "<eos>", 3: "<unk>"}
        self.stoi = {"<pad>": 0, "<sos>": 1, "<eos>": 2, "<unk>": 3}
        self.tokenizer = spacy.load(spacy_model)
        self.freq_threshold = freq_threshold
        self.preprocess_func = preprocess_func
        self.reverse = reverse

    def __len__(self):
        return len(self.itos)

    def tokenize(self, text):
        tokens = [token.text.lower() for token in self.tokenizer(text)]
        return tokens[::-1] if self.reverse else tokens

    def build_vocabulary(self, sentence_list):
        word_freq = {}
        idx = len(self.itos)

        for sentence in sentence_list:
            if self.preprocess_func:
                sentence = self.preprocess_func(sentence)

            for word in self.tokenize(sentence):
                if word in word_freq:
                    word_freq[word] += 1
                else:
                    word_freq[word] = 1

                if word_freq[word] == self.freq_threshold:
                    self.stoi[word] = idx
                    self.itos[idx] = word
                    idx += 1

    def numericalize(self, text):
        tokenized_text = self.tokenize(text)
        return [self.stoi.get(token, self.stoi["<unk>"]) for token in
tokenized_text]

# 将 Unicode 文件转换为 ASCII
def unicode_to_ascii(s):
    return ''.join(c for c in unicodedata.normalize('NFD', s) if
unicodedata.category(c) != 'Mn')

# 预处理句子
def preprocess_sentence(w):
    w = unicode_to_ascii(w.lower().strip())
```

```
    # 在单词和标点符号之间创建空格
    w = re.sub(r"([?.!,¿])", r" \1 ", w)
    w = re.sub(r'[" "]+', " ", w)

    # 替换除了(a～z, A～Z, ".", "?", "!", ",")以外的所有字符
    w = re.sub(r"[^a-zA-Z?.!,¿]+", " ", w)

    w = w.strip()
    return w

# 构建词汇表
freq_threshold = 2
english_vocab = Vocabulary(freq_threshold=freq_threshold, spacy_model=
"en_core_web_sm", preprocess_func=preprocess_sentence, reverse=False)
german_vocab = Vocabulary(freq_threshold=freq_threshold, spacy_model=
"de_core_news_sm", preprocess_func=preprocess_sentence, reverse=True)

# 使用训练数据构建词汇表
english_vocab.build_vocabulary(train_df["english"].tolist())
german_vocab.build_vocabulary(train_df["german"].tolist())

# 自定义数据集类
class TranslationDataset(Dataset):
    def __init__(self, df, english_vocab, german_vocab):
        super().__init__()
        self.df = df
        self.english_vocab = english_vocab
        self.german_vocab = german_vocab

    def __len__(self):
        return len(self.df)

    def _numericalize(self, sentence, vocab):
        numericalized = [vocab.stoi["<sos>"]]
        numericalized.extend(vocab.numericalize(sentence))
        numericalized.append(vocab.stoi["<eos>"])
        return numericalized

    def __getitem__(self, idx):
        english_sentence = self.df.iloc[idx]["english"]
        german_sentence = self.df.iloc[idx]["german"]

        english_numericalized = self._numericalize(english_sentence, self.
english_vocab)
        german_numericalized = self._numericalize(german_sentence, self.
german_vocab)

        return torch.tensor(german_numericalized), torch.tensor(english_
numericalized)

# 自定义数据对齐类
class CollateFn:
    def __init__(self, pad_idx):
        self.pad_idx = pad_idx

    def __call__(self, batch):
        src_batch = [item[0] for item in batch]
        src_batch = pad_sequence(src_batch, batch_first=False, padding_
value=self.pad_idx)
```

```
        tgt_batch = [item[1] for item in batch]
        tgt_batch = pad_sequence(tgt_batch, batch_first=False, padding_
value=self.pad_idx)

        return src_batch, tgt_batch

# 定义批次大小
BATCH_SIZE = 256

# 定义数据集和数据加载器
train_dataset = Translation                    f, english_vocab, german_vocab)
val_dataset = Transl                        nglish_vocab, german_vocab)

train_loader
    dataset=
    batch_si
    num_worke                                        # 修改这里
    shuffle=T
    collate_fn                                  stoi["<pad>"])
)

val_loader = Da
    dataset=val_
    batch_size=B
    num_workers=0                                   修改这里
    shuffle=False,
    collate_fn=Col                              ["<pad>"])
)

# 将索引映射到单词
index_to_german = n                              b.itos[x])
index_to_english = n                            ab.itos[x])

print(f"Unique tokens                            n_vocab)}")
print(f"Unique tokens                            sh_vocab)}")

# 设置设备
device = torch.device('                               else 'cpu')
print(f"Using device: {d

# 定义编码器
class Encoder(nn.Module):
    def __init__(self, input                      s, dropout=0.2):
        super().__init__()
        self.hidden_dim = hi
        self.n_layers = n_lay
        self.embedding = nn.E
        self.lstm = nn.LSTM(em                       out=dropout)
        self.dropout = nn.Drop

    def forward(self, x):
        x = self.embedding(x)
        x = self.dropout(x)
        outputs, (hidden_state, cell_state) = self.lstm(x)
        return hidden_state, cell_state

# 定义解码器
class Decoder(nn.Module):
    def __init__(self, output_dim, emb_dim, hidden_dim, n_layers, dropout=
0.2):
```

```
        super().__init__()
        self.output_dim = output_dim
        self.hidden_dim = hidden_dim
        self.n_layers = n_layers
        self.embedding = nn.Embedding(output_dim, emb_dim)
        self.lstm = nn.LSTM(emb_dim, hidden_dim, n_layers, dropout=dropout)
        self.dropout = nn.Dropout(dropout)
        self.fc = nn.Linear(hidden_dim, output_dim)

    def forward(self, x, hidden_state, cell_state):
        x = x.unsqueeze(0)
        x = self.embedding(x)
        x = self.dropout(x)
        outputs, (hidden_state, cell_state) = self.lstm(x, (hidden_state,
cell_state))
        preds = self.fc(outputs.squeeze(0))
        return preds, hidden_state, cell_state

# 编码器-解码器模型
class Seq2Seq(nn.Module):
    def __init__(self, encoder, decoder):
        super().__init__()
        self.encoder = encoder
        self.decoder = decoder

        assert encoder.hidden_dim == decoder.hidden_dim
        assert encoder.n_layers == decoder.n_layers

    def forward(self, src, tgt, teacher_forcing_ratio=0.75):
        target_len = tgt.shape[0]
        batch_size = tgt.shape[1]
        target_vocab_size = self.decoder.output_dim

        outputs = torch.zeros(target_len, batch_size, target_vocab_size).
to(device)

        hidden_state, cell_state = self.encoder(src)

        input_token = tgt[0, :]

        for t in range(1, target_len):
            output, hidden_state, cell_state = self.decoder(input_token,
hidden_state, cell_state)
            outputs[t] = output
            teacher_force = random.random() < teacher_forcing_ratio
            top1 = output.argmax(1)
            input_token = tgt[t] if teacher_force else top1

        return outputs

# 初始化模型参数
input_dim = len(german_vocab)
output_dim = len(english_vocab)
emb_dim = 256
hidden_dim = 512
n_layers = 4
dropout = 0.4

encoder = Encoder(input_dim, emb_dim, hidden_dim, n_layers, dropout)
decoder = Decoder(output_dim, emb_dim, hidden_dim, n_layers, dropout)
model = Seq2Seq(encoder, decoder).to(device)
```

```
# 初始化权重
def init_weights(m):
    for name, param in m.named_parameters():
        nn.init.uniform_(param.data, -0.08, 0.08)

model.apply(init_weights)

# 计算模型参数数量
def count_parameters(model):
    return sum(p.numel() for p in model.parameters() if p.requires_grad)

print(f'The model has {count_parameters(model):,} trainable parameters')

# 定义优化器和损失函数
optimizer = optim.Adam(model.parameters())
criterion = nn.CrossEntropyLoss(ignore_index=english_vocab.stoi["<pad>"])

# 训练模型
def train(model, iterator, optimizer, criterion, clip):
    model.train()
    epoch_loss = 0

    for i, batch in tqdm(enumerate(iterator), total=len(iterator), position=0,
leave=True):
        src = batch[0].to(device)
        tgt = batch[1].to(device)

        optimizer.zero_grad()

        output = model(src, tgt)

        output_dim = output.shape[-1]
        output = output[1:].view(-1, output_dim)
        tgt = tgt[1:].view(-1)

        loss = criterion(output, tgt)
        loss.backward()
        torch.nn.utils.clip_grad_norm_(model.parameters(), clip)
        optimizer.step()
        epoch_loss += loss.item()

    return epoch_loss / len(iterator)

# 评估模型
def evaluate(model, iterator, criterion):
    model.eval()
    epoch_loss = 0

    with torch.no_grad():
        for i, batch in tqdm(enumerate(iterator), total=len(iterator),
position=0, leave=True):
            src = batch[0].to(device)
            tgt = batch[1].to(device)

            output = model(src, tgt, 0)                       # 关闭教师强制策略

            output_dim = output.shape[-1]
            output = output[1:].view(-1, output_dim)
            tgt = tgt[1:].view(-1)
```

```
            loss = criterion(output, tgt)
            epoch_loss += loss.item()

    return epoch_loss / len(iterator)

# 改进后的推理函数
def infer(model, sentence, german_vocab, english_vocab, device, max_length=
20):
    model.eval()
    result = []

    with torch.no_grad():
        # 预处理和数值化输入句子
        sentence = preprocess_sentence(sentence)
        numericalized = [german_vocab.stoi.get(token, german_vocab.stoi
["<unk>"])
                        for token in german_vocab.tokenize(sentence)]
        numericalized = [german_vocab.stoi["<sos>"]] + numericalized +
[german_vocab.stoi["<eos>"]]
        sentence_tensor = torch.tensor(numericalized).unsqueeze(1).to(device)
 # (seq_len, 1)

        hidden_state, cell_state = model.encoder(sentence_tensor)

        input_token = torch.tensor([english_vocab.stoi["<sos>"]]).to(device)

        for t in range(max_length):
            output, hidden_state, cell_state = model.decoder(input_token,
hidden_state, cell_state)
            top1 = output.argmax(1)
            if top1.item() == english_vocab.stoi["<eos>"]:
                break
            result.append(english_vocab.itos[top1.item()])
            input_token = top1

    return " ".join(result)

# 计算每个 epoch 的时间
def epoch_time(start_time, end_time):
    elapsed_time = end_time - start_time
    elapsed_mins = int(elapsed_time / 60)
    elapsed_secs = int(elapsed_time - (elapsed_mins * 60))
    return elapsed_mins, elapsed_secs

if __name__ == '__main__':
    # 获取一个验证批次
    for sample_batch in val_loader:
        break

    # 训练参数
    N_EPOCHS = 12
    CLIP = 1

    best_val_loss = float('inf')

    # 打印示例源和目标句子
    idx = 101  # 确保索引在批次大小范围内
    sample_source = ' '.join([word for word in index_to_german
(sample_batch[0][:, idx]) if word not in ["<pad>", "<sos>", "<eos>"]])
```

```
    sample_target = ' '.join([word for word in index_to_english(sample_batch
[1][:, idx]) if word not in ["<pad>", "<sos>", "<eos>"]])

    # 训练和验证模型
    for epoch in range(N_EPOCHS):

        start_time = time.time()

        train_loss = train(model, train_loader, optimizer, criterion, CLIP)
        val_loss = evaluate(model, val_loader, criterion)

        end_time = time.time()

        epoch_mins, epoch_secs = epoch_time(start_time, end_time)

        if val_loss < best_val_loss:
            best_val_loss = val_loss
            torch.save(model.state_dict(), 'best_model.pt')

        print(f'Epoch: {epoch+1:02} | Time: {epoch_mins}m {epoch_secs}s')
        print(f'\t Train Loss: {train_loss:.3f} | Train PPL: {math.exp
(train_loss):7.3f}')
        print(f'\t Val. Loss: {val_loss:.3f} | Val. PPL: {math.exp
(val_loss):7.3f}')
        print(f'\t Sample Source (German): {sample_source}')
        print(f'\t Sample Target (English): {sample_target}')
        print(f'\t Generated: {infer(model, sample_source, german_vocab,
english_vocab, device)}\n')

    # 加载最佳模型
    model_path = "./best_model.pt"
    model.load_state_dict(torch.load(model_path))

    # 打印生成结果
    for idx in range(20):
        actual_german = ' '.join([word for word in index_to_german
(sample_batch[0][:, idx]) if word not in ["<pad>", "<sos>", "<eos>"]])
        actual_english = ' '.join([word for word in index_to_english
(sample_batch[1][:, idx]) if word not in ["<pad>", "<sos>", "<eos>"]])
        generated_english = infer(model, actual_german, german_vocab,
english_vocab, device)

        print(f'ACTUAL GERMAN: {actual_german}')
        print(f'ACTUAL ENGLISH: {actual_english}')
        print(f'GENERATED ENGLISH: {generated_english}')
        print("=" * 92)
```

9.2.5　序列到序列模型的各种形式

在构建 Seq2Seq 模型时，句子嵌入（即从源句子中提取的编码信息）的生成方法并没有唯一、固定的答案。不同的方法可能会根据特定任务的需求和数据的特性有不同的表现。因此，探索不同的架构变体对于优化模型性能非常重要。

1.　句子嵌入的改进方法

一个常见的改进方法是，与其仅采用 LSTM 的最终状态作为句子嵌入，不如考虑将整个序列过程中的所有状态进行某种形式的综合，如对这些状态进行求和。

2. 求和LSTM状态的优势

为了减少对句尾词汇的偏倚，仅使用 LSTM 的最终状态作为句子嵌入可能会过于强调句尾信息，而忽略句首内容。通过对所有 LSTM 状态进行求和，可以更均衡地综合句子的整体信息，从而减少这种偏倚。这种方法能够全面捕捉句子中的语义，因为它在处理整个句子的过程中考虑了 LSTM 每个时间步的状态，从而生成一个更丰富、更全面的句子。这种表示包含对源句子各部分的更细致的理解。实现这个改进，可以在 LSTM 每次处理一个词后将当前的状态值累加。当整个句子处理完毕时，累加器中的值就代表整个句子的综合状态。最终的累加结果可以作为生成目标句子的基础，比如用作解码器的初始状态或以其他形式参与解码过程。

3. 其他变体：以Bi-LSTM为例

除了状态求和外，还有其他方法可以生成句子嵌入，如使用注意力机制动态加权不同时间步的状态，或采用双向 LSTM（Bi-LSTM）同时考虑句子的前向和后向上下文。这些方法各有特点，具体选择取决于任务需求和数据特性。以下是对堆叠双向 LSTM（Bi-LSTM）的简单介绍。

1）堆叠架构

在深度学习中，"堆叠"指将多个相同类型的层依次连接，每一层的输出作为下一层的输入。对于 Bi-LSTM，这意味着多个双向 LSTM 层被依次堆叠，每层能够捕捉不同层次的时间依赖关系，从而提取更复杂的特征。

2）双向传递

双向 LSTM 同时处理序列的两个方向：

❑ 前向 LSTM：捕捉从句子开头到当前位置的语义信息。

❑ 后向 LSTM：捕捉从句子结尾到当前位置的语义信息。

这种双向处理方式让模型在每个时间点都可以结合整个句子的上下文信息，增强对序列整体的理解。

3）隐藏状态的拼接

在每个时间步，前向和后向 LSTM 的隐藏状态会被拼接起来，形成一个包含当前词汇前后文信息的综合表示。这种综合表示为解码器提供了更全面的上下文支持。

探索不同的句子嵌入生成方法是提升 Seq2Seq 模型性能的重要途径。堆叠 Bi-LSTM 是其中一种有效的方式，而不同的技术和架构也可以根据具体任务需求灵活组合，进一步优化模型表现。

9.2.6　序列到序列模型的各种用途

Seq2Seq 模型极具多样性和适用性，核心是基于编码器-解码器的架构。这种模型设计涉及两个主要的神经网络组成部分：一个网络负责接收输入并产生一个上下文向量，而另一个网络基于这个向量来生成输出。当输入和输出都是序列形式时，这种模型称为 Seq2Seq 模型。

Seq2Seq 模型的适用范围远远超出机器翻译（MT）领域。实际上，许多自然语言处理任务都可以被构想为序列到序列问题，其中包括但不限于：

- 文本摘要：将一段长文本转换成简洁的摘要形式。这一任务要求模型能够理解原始文本的主要内容和核心信息，并有效地压缩成较短的文本，同时保留关键信息。
- 对话生成：根据之前的对话内容生成下一句话。在这种情况下，Seq2Seq 模型需要捕捉对话的上下文，并基于此生成一个自然且相关的回应，如图 9-3 所示。
- 句法分析：将自然语言文本转换为句法结构序列。通过这种转换，Seq2Seq 模型能够揭示句子的内在语法结构，为进一步的语言理解和处理提供基础。
- 代码生成：将自然语言指令转换为特定编程语言（如 Python）的代码。这要求模型不仅能理解自然语言中的指令意图，还能准确地映射具体的编程语法和结构。

这些应用展示了 Seq2Seq 模型的强大能力和灵活性，它能够处理各种形式的输入和输出序列，从而在自然语言处理领域中解决一系列复杂的任务。通过这种模型，我们能够构建更加智能和自动化的系统，它们能够理解和生成语言，从而在多个领域中发挥作用，如自动客服、内容创作、信息检索和语言教学等。

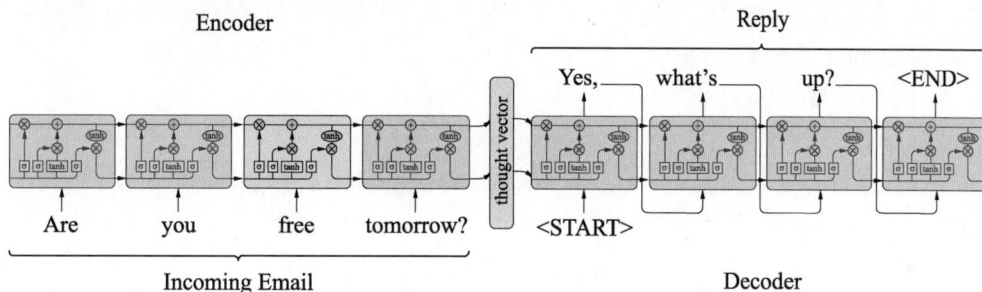

图 9-3　Seq2Seq 模型在问答模型中的应用

9.3　注意力机制

在 9.2.4 节中，注意力机制作为一种架构变体被简要提及。编码器-解码器模型的优雅之处在于明确分隔了编码器和解码器的职责：编码器的任务是从源文本中提取关键信息并将其解码为一个压缩的数值形式供解码器参考，而解码器利用这一上下文表示生成目标文本。在之前描述的模型中，这个上下文向量是 h_n，即源文本最后一个时间步的隐藏状态。因此，最终隐藏状态成为一个瓶颈：它必须全面代表源文本的含义，因为解码器对源文本的了解完全依赖于这个上下文向量。对于长句子而言，句子开头的信息可能无法在上下文向量中得到充分表达。

注意力机制提供了一种解决方案来克服编码器-解码器结构中存在的信息瓶颈问题，允许解码器访问编码器的全部隐藏状态信息，而不局限于仅仅使用最后的隐藏状态。在这种机制下，上下文向量 c 不再是简单地由编码器的最终隐藏状态直接转换得到的单一向量。相反，它是通过综合编码器所有隐藏状态的信息，并根据当前解码需求动态加权得到的。c 是通过对编码器每个隐藏状态 h_e^j 进行加权求和来构建的，其中，权重是基于每个隐藏状态对于当前解码步骤的相关性自动调整的。

通过这种方式，每个生成的目标词都能够聚焦于源文本中最相关的部分，因为上下文向量 c 在解码过程中为每个词动态定制。这样的动态上下文向量不仅避免了单一上下文向量可能引发的信息丢失问题，还增强了模型处理长序列的能力，从而更准确地生成与输入相关的输出序列。

在每个解码步骤 i 中，上下文向量 c_i 会被重新生成，其生成过程考虑了编码器的所有隐藏状态。随后，这个上下文向量被用于调整当前解码器隐藏状态的计算，该计算还包括前一个隐藏状态和解码器先前生成的输出。这个过程见公式（9-9）：

$$h_d^i = g\left(\hat{y}_{t-1}, h_d^{i-1}, c^i\right) \tag{9-9}$$

这里的 c 不再表示上下文向量（Context Vector），而是每一步的注意力分数。i 指当前解码器的步骤数。c^i 在每一步解码中都提供了一个根据编码器所有隐藏状态动态生成的上下文信息，使得当前解码器的状态 h_d^i 不仅受到上一步的输出 $\hat{y}_{t-1}$ 和前一隐藏状态 h_d^{i-1} 的影响，同时也融合了整个输入序列的上下文信息（通过注意力分数进行计算）。这种方法可以确保解码器在生成每一个新词或符号时都能充分考虑到输入序列的全面信息，从而提高模型生成目标序列的准确性和连贯性。

在每个解码步骤中，注意力机制（如图 9-4 所示）的步骤如下：

（1）接收注意力输入：一个解码器隐藏状态 h_d^{i-1} 及所有编码器隐藏状态 $h_e^1, h_e^2, \cdots, h_e^n$。

（2）计算注意力分数：注意力机制会评估每个编码器状态 h_e^k 与解码器状态 h_d^{i-1} 的相关性，得到未归一化对齐分数：

$$c_k^i = \text{score}\left(h_e^k, h_d^{i-1}\right), k = 1, 2, \cdots, m \tag{9-10}$$

（3）归一化得到注意力权重：通过对注意力分数应用 softmax 函数，得到一个概率分布作为注意力权重。

$$a_k^{(i)} = \text{softmax}\left(\text{score}\left(h_e^k, h_d^{i-1}\right)\right) = \frac{\exp\left(\text{score}\left(h_e^k, h_d^{i-1}\right)\right)}{\sum_n \exp\left(\text{score}\left(h_e^n, h_d^{i-1}\right)\right)}, k = 1, 2, \cdots, m \tag{9-11}$$

（4）计算注意力输出：用注意力权重对编码器状态进行加权求和。

$$c^{(i)} = a_1^{(i)} h_e^1 + a_2^{(i)} h_e^2 + \cdots + a_n^{(i)} h_e^n = \sum_{k=1}^n a_k^{(i)} h_e^k \tag{9-12}$$

计算注意力分数的几种最主流的方法包括：

☐ 点积（Dot-product）：最简单的方法，对应 Luong 的 dot 形式；

☐ 双线性函数注意力（Bilinear function，又称 Luong 注意力）：在论文"Effective Approaches to Attention-based Neural Machine Translation"中使用的方法，对应 Luong 的一般形式；

☐ 多层感知机（Multi-Layer Perceptron，又称 Bahdanau 注意力）：该方法由 Bahanau 等人在论文"Neural Machine Translation by Jointly Learning to Align and Translate"中首次提出，又称 additive 注意力。

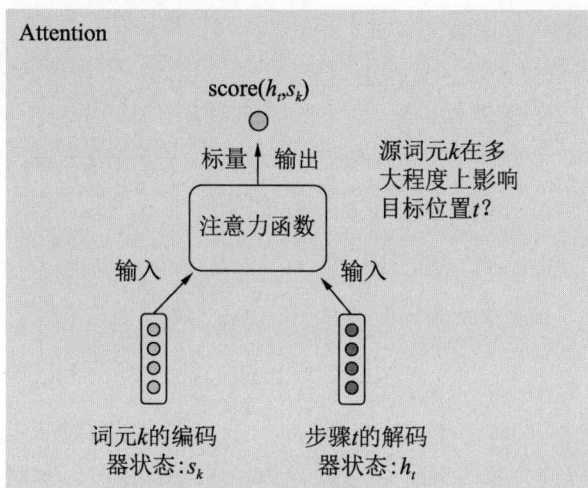

图 9-4　注意力机制示意

这 3 种注意力机制的算法（如图 9-5 所示）可以简要地概括如下：

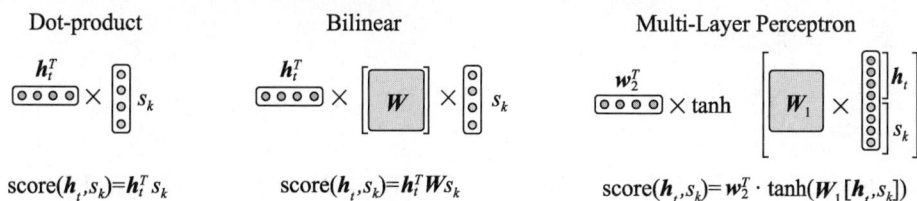

图 9-5　注意力机制的不同计算方法概括图

1. 点积注意力

最简单的注意力计算方式称为点积注意力（Dot-product Attention），通过计算两个隐藏状态之间的点积来实现相关性的衡量，这基本上是在量化解码器隐藏状态与编码器隐藏状态之间的相似度。假设 h_d^t 是查询向量（通常是解码器的当前状态），h_e^k 是键向量的集合（通常是编码器的所有状态），点积注意力分数计算如下：

$$\text{score}\left(h_e^k, h_d^{i-1}\right) = h_d^{i-1} h_e^k \tag{9-13}$$

2. 双线性函数注意力

双线性模型（Bilinear model）允许编码器和解码器使用不同维度的向量，这是一大优势，相比之下，点积注意力机制要求编码器和解码器的隐藏状态具有相同的维度。在双线性模型中，权重矩阵 W 起到了关键作用。这个矩阵在端到端的训练过程中被优化，使模型能够学习在解码器和编码器状态之间哪些相似性特征对当前任务最重要。

1）编码器：单向（简单）

Luong 模型通常采用单向编码器来处理输入序列。虽然这种方式可能无法捕获双向上下文信息，但是在某些场景下，单向处理已经能够提供足够的效果，并保持模型的简洁性和计算效率。

2）注意力分数：双线性函数

Luong 模型使用双线性函数计算注意力分数，通过引入一个权重矩阵 W 来调整解码器状态（查询向量）和编码器状态（键向量）之间的相互作用，从而更好地捕捉它们之间的关系。具体而言，对于解码器的每个状态和编码器的每个状态，通过以下双线性函数计算它们之间的分数：

$$\text{score}\left(h_e^k, h_d^{i-1}\right) = \left(h_d^{i-1}\right)^T W h_e^k \tag{9-14}$$

这里的 W 是可学习的参数，通过训练得到，以便模型可以学会如何调整查询向量和键向量之间的相互作用来计算注意力分数。

3）注意力应用：在解码器 RNN 状态和该步骤的预测之间

Luong 注意力机制在解码器生成每个预测时，直接使用当前时间步的隐藏状态。这种机制允许模型在生成每个词之前动态地关注编码器输出的不同部分，从而提高预测的准确性。

Luong 注意力机制的优势在于简洁性，同时在解码过程中直接利用注意力信息指导预测。它在许多自然语言处理任务中表现出色，尤其是那些需要捕捉输入序列和输出序列之间复杂关系的任务，如机器翻译和文本摘要。

3. 多层感知机注意力

在 Bahdanau 模型中，注意力机制的实现涉及几个关键步骤，具体如下：

1）编码器：双向

为了更全面地编码每个源词，双向 RNN（Bi-RNN）采用两个方向相反的 RNN（一个从前向后，一个从后向前）同时读取输入。这种双向机制能够捕捉每个词的前后文信息，从而生成更丰富的上下文表示。对于输入序列中的每个令牌（token），Bi-RNN 会将前向 RNN 和后向 RNN 的隐藏状态连接起来，形成该令牌的最终表示。

2）注意力分数：多层感知机（MLP）

通过多层感知机（MLP）分析编码器的每个隐藏状态与当前解码器状态之间的关系，以计算注意力分数。这个分数表示编码器中每个令牌在当前解码步骤中的重要性。

首先，将解码器的当前状态和编码器的每个状态作为输入传递给多层感知机（MLP）。MLP 输出一个标量，作为注意力分数，用于衡量特定编码器状态与当前解码器状态的相关性。多层感知机注意力通过前馈神经网络计算查询向量与每个键向量之间的相互作用，其计算公式如下：

$$\text{score}\left(h_e^k, h_d^t\right) = W_2^T \cdot \tanh\left(W_1\left[h_d^{i-1}, h_e^k\right]\right) \tag{9-15}$$

其中，W_1 和 W_2 是权重矩阵，都是通过训练学习得到的参数。这种方法通过引入非线性变换，提供了一种更灵活的方式来计算注意力分数。

Bahdanau 注意力机制在计算注意力分数时，使用的是解码器上一个时间步的隐藏状态。计算出的注意力分数通过 softmax 函数转换为概率分布，即注意力权重。这些权重用于对编码器的隐藏状态进行加权求和，生成上下文向量。上下文向量是编码器隐藏状态的加权和，权重由注意力分数决定，反映了当前解码步骤对编码器各状态的关注程度。随后，这个上下文向量与当前解码器状态一起被传递，用于下一步的解码过程，影响接下来的输出。

通过这种方式，Bahdanau 注意力模型能够在解码过程中动态地关注输入序列的不同部分，从而有效地处理 Seq2Seq 的任务，如机器翻译。这种动态关注机制提高了模型对长距离依赖的处理能力，同时使得模型能够更加灵活地学习序列之间的对齐关系。

以上 3 种算法各有优缺点，选择哪一种算法取决于特定任务的需求以及输入数据的特性。点积注意力因其简单、高效而受到青睐；双线性函数注意力通过引入额外的权重矩阵提供了更多的灵活性；多层感知机注意力则通过非线性变换提供了最大的灵活性和表达能力。

9.4　序列到序列模型的评估方法

评估机器翻译（MT）模型的性能是一个复杂但关键的任务。判断翻译是否准确或"优秀"需要借助多种方法。在机器翻译领域，最常用的评估方法之一是 BLEU（Bilingual Evaluation Understudy）。

9.4.1　BLEU 评分

BLEU 分数是一个衡量机器生成文本（候选文本）质量的指标，通过将其与一组参考文本进行比较来实现。在 Seq2Seq 任务中，针对一个候选文本可能存在多个正确或参考的翻译，因此，选择参考文本时需要格外小心，确保包含所有可能的参考翻译。BLEU 分数基于精确度测量，其值范围为 0～1。分数越接近 1，表示预测的文本质量就越高。理论上很难达到 1 的分数，通常高于 0.3 的 BLEU 分数就被认为是一个不错的成绩。接下来的部分首先介绍如何计算单个预测句子的 BLEU 分数，随后说明如何在整个语料库上计算 BLEU 分数。

1. BLEU分数的基本计算步骤

BLEU 分数的计算包括以下几个步骤：

（1）计算精确度：对 1-gram 到 4-gram 进行匹配，统计预测句子（候选文本）中的 N-gram 与参考文本中 N-gram 的匹配数量。为了避免候选句中过多重复词导致精确度过高，采用修正精确度（Clipped Precision）来调整。

（2）计算几何平均值：计算所有 N-gram 精确度的几何平均值，综合考虑不同长度的 N-gram 的匹配情况，确保翻译在多个层面上与参考文本保持相似。

（3）应用简短惩罚（Brevity Penalty，BP）：如果候选文本的长度小于参考文本，则会应用短句惩罚降低 BLEU 分数，这是为了防止过短的翻译获得不合理的高分。

（4）计算最终的 BLEU 分数：结合几何平均和短句惩罚，计算出最终的 BLEU 分数，用于衡量候选文本与参考文本整体的相似度。

2. 精确度

精确度（Precision）定义为真正例（True Positives）与真正例加假正例（False Positives）之比。在机器翻译中，真正例指候选文本与参考文本之间匹配的 N-gram，而假正例是候选文本中出现但未在参考文本中出现的 N-gram。换句话说，精确度通过将匹配的 N-gram 数量除以候选文本中 N-gram 的总数来计算。

例如以下参考文本和候选文本：

❑ 参考文本："Transformers make everything quick and efficient"。

❑ 候选文本："Transformers Transformers Transformers Transformers"。

如果以单词为单位（即 Unigrams）计算精确度，结果为 4/4 = 1，这是精确度可能取得的最高值。然而这并不是一个好的翻译。为了解决这个问题，BLEU 分数计算引入了一种称为修正精确度（Modified Precision）的方法，用来更合理地衡量翻译质量。

3. 修正精确度

修正精确度是为了解决候选文本中重复词汇导致精确度过高的问题。在计算 BLEU 分数时，修正精确度通过限制每个 N-gram 的计数不超过它在参考文本中出现的次数来实现。也就是说，即使候选文本中某个词重复多次，如果参考文本中该词的出现次数少于候选文本中的重复次数，那么超出的部分在计算精确度时将被忽略。在 BLEU 中，用于计算裁剪计数（Clipped Count）的公式是核心组成部分之一，其用于计算修正精确度。裁剪计数旨在解决候选翻译中 N-gram 重复出现的问题，从而使 BLEU 评分更加公正和准确，其公式如下：

$$\text{Count}_{\text{clip}} = \min\left(\text{Count}, \text{Max\_Ref\_Count}\right) \tag{9-16}$$

在上述例子中，虽然 Transformers 在候选文本中出现了 4 次，但是在参考文本中只出现了一次，那么计算修正精确度时，只有一个 Transformers 会被计为真正例。这样，修正后的精确度就能更真实地反映候选文本与参考文本的相似度（即 1/4=0.25），避免了因候选文本重复词汇而导致评分不准确的问题。这种方法使 BLEU 分数成为更可靠的机器翻译质量评估指标。修正精确度的定义是：对候选文本中与参考文本匹配的 N-gram 数量进行限制并加总，然后将这个总数除以候选文本中所有 N-gram 的总数。数学表达式如下：

$$p_n = \frac{\sum\limits_{C \in \{\text{Candidates}\}} \sum\limits_{N\text{-gram} \in C} \text{Countclip}(N\text{-gram})}{\sum\limits_{C \in \{\text{Candidates}\}} \sum\limits_{N\text{-gram} \in C} \text{Count}(N\text{-gram})} \tag{9-17}$$

4. 使用 N-gram

BLEU 评分的一个重要特点是通过 N-gram 而非单个词来计算精确度。这样不仅关注单个词是否会出现，还评估词序列（如 2-gram、3-gram 等）是否与参考翻译中的序列匹配。例如，对于句子 Sam saw the black cat，BLEU 评分会检查像 Sam saw the、saw the black 这样的序列，而不仅仅是单个词如 Sam 或 saw。

5. 简短惩罚

考虑以下例子：

❑ 参考文本：通过并行处理大数据，人工智能极大地提高了处理速度和效率。

❑ 候选文本：人工智能提高了速度和效率。

在这个例子中，候选文本比参考文本短很多，并且丢失了关于"通过并行处理大数据"的重要信息。尽管如此，由于候选文本中出现的词汇都在参考文本中找到了对应，所以修正精确度（MP）可能会很高。

为了解决候选文本过短的问题，引入了简短惩罚（Brevity Penalty，BP）。该指标旨在惩罚比参考文本更短的候选翻译，从而确保评分不仅要考虑准确性，还要关注翻译的完整性。如果候选文本的长度大于或等于参考文本的长度，则 BP 的值为 1，不会有任何惩罚；如果候选文本长度小于参考文本，即 $r/c>1$（其中 r 是参考文本长度，c 是候选文本长度），则 BP 会通过一个指数衰减因子降低评分，反映长度不足的问题。

$$BP = \begin{cases} 1 & , \quad c > r \\ e^{(1-r/c)} & , \quad c \leqslant r \end{cases} \tag{9-18}$$

为了计算最终的 BLEU 分数，需要先计算从 1-gram 到 N-gram 的所有修正精确度（Modified Precision）的几何平均值，然后将其与简短惩罚（Brevity Penalty，BP）相乘。这里的 N 表示用于计算的 N-gram 的最大阶数。通常，N 被设置为 4，意味着计算包括单个词（unigram）、两个词的组合（bi gram）、三个词的组合（tri gram）和四个词的组合（tetra gram）。

这些不同长度的 N-gram 会通过权重 $w_1, w_2, \cdots, w_n$ 进行加权，所有权重的总和为 1。当 $N=4$ 时，权重通常相等，具体为 $w_1 = w_2 = w_3 = w_4 = 1/4$。这样，BLEU 分数既能反映局部的词匹配情况，又能评估较长序列的匹配程度。

$$BLEU = BP \cdot \exp\left(\sum_{n=1}^{N} w_n \log p_n \right) \tag{9-19}$$

通过这种方式，BLEU 分数综合考虑了翻译的准确性（通过修正精确度）和完整性（通过简短惩罚），成为评估机器翻译质量的一种量化标准。虽然 BLEU 并不完美，但是作为性能指标，它为衡量机器翻译的表现提供了广泛使用且有用的参考工具。

6. BLEU的局限性

虽然 BLEU 分数在机器翻译评估中被广泛使用，但是它也存在一些显著的局限性。了解这些局限性有助于更合理地利用 BLEU 分数进行评估。

首先，BLEU 分数主要关注字面上的匹配，这意味着机器翻译的输出只有在与参考翻译文本非常接近时才能获得较高评分。然而，这种方法存在一个问题：当机器翻译使用了同义词或稍有不同的表达方式时，即使翻译是正确的，BLEU 分数也可能因缺乏字面上的匹配而较低。

此外，BLEU 分数对某些关键内容的错误敏感性不高。例如，如果翻译出了遗漏或添加了 not 这样的关键词，其余部分完全匹配参考翻译，那么 BLEU 分数仍然会很高，这显然高估了翻译的质量。

BLEU 分数无法很好地反映词序变化的影响。在某些情况下，即使翻译的词序发生变化导致表达不自然或改变了原意，只要内容大致相似，那么 BLEU 分数仍会很高。然而，人类评估翻译时通常会综合考虑文本的自然度和忠实度，即翻译是否流畅以及是否准确传达了原文信息，而这些是 BLEU 分数难以充分衡量的。

此外，BLEU 分数的评估结果有时与人类的主观评价大相径庭。例如，人类可能认为某些翻译质量非常高或非常低，而 BLEU 分数给出的评价却类似。虽然研究表明 BLEU 分数与人类评价之间有较高的相关性，但是这种不一致表明完全依赖 BLEU 分数进行评估可能存在风险。

　　因此,尽管 BLEU 分数是机器翻译评估中一个非常有用的工具,但是其局限性不容忽视。在使用 BLEU 分数时需要结合对其缺陷的理解,并在必要时采用其他补充性评估方法,以获得更全面的翻译质量评价。

9.4.2　ROUGE 评分

　　ROUGE(Recall-Oriented Understudy for Gisting Evaluation)是一组专为自动摘要评估设计的度量标准和工具,但它同样适用于机器翻译的质量评估。ROUGE 将自动生成的文本与高质量的人工参考文本进行比较,评估生成文本的质量。

　　ROUGE 的核心在于衡量召回率,评估自动生成的文本覆盖了多少参考文本中的信息。这与 BLEU 的关注点不同,后者主要衡量生成文本中有多少比例的信息是准确的。因此,ROUGE 更适合用于那些强调信息完整性的任务,如自动摘要。此外,在机器翻译任务特别是当关注翻译是否全面捕捉源文本的关键信息时,ROUGE 也非常有用。

　　ROUGE 分数计算生成文本中与参考文本匹配的词汇比例,或者这些词汇在多个参考翻译中的匹配比例。它不仅考虑单个词的匹配,还评估 N-gram(如 2-gram、3-gram 等)词序列的匹配。这意味着 ROUGE 不仅评估单个词是否正确生成,还关注生成文本的词序列是否与参考文本中的序列相匹配。通过这种方式,ROUGE 可以捕捉更复杂的语言结构和语义信息的覆盖程度,为生成文本的质量提供全面的评估信息。

1. ROUGE的主要变体

❑ROUGE-N:通过计算 N-gram 的召回率来评估自动生成文本的质量。它衡量的是参考摘要中 N-gram 出现的频次与自动生成摘要中相应 N-gram 出现频次的比例。

❑ROUGE-L:基于最长公共子序列(LCS)来评估文本之间的相似度,其考虑句子结构的相似性,因此能够更好地捕捉到句子级别的相似度。

❑ROUGE-W:考虑的是词序的加权 N-gram 召回率,用于评估更复杂的语言模式的相似度。

❑ROUGE-S:通过计算跳跃的 bigram(即忽略词序的二元组)召回率来评估文本之间的相似度,允许在比较中出现一定程度的词序变化。

2. 举例说明ROUGE的计算方式:ROUGE-N

　　ROUGE-N 是一种衡量模型生成文本与参考文本之间 N-gram 匹配数量的指标。例如,ROUGE-1 专注于比较 1-gram(即单个词)的匹配情况。

　　考虑以下参考文本(R)和候选摘要(C):

❑R: The cat is on the mat.

❑C: The cat and the dog.

　　使用 R 和 C,可以计算匹配 N-gram 的精确度(Precision)、召回率(Recall)和 F1 分数。首先,计算仅针对 1-gram 的 ROUGE-1。

　　1)ROUGE-1 精确度

　　ROUGE-1 精确度可以计算为 C 中也出现在 R 中的 unigrams 的数量(即词汇 the、cat 和

the），除以 C 中 unigrams 的总数。

$$\text{precision}_{\text{ROUGE-1}} = \frac{3}{5} = 0.6$$

2）ROUGE-1 召回率

ROUGE-1 召回率可以计算为 R 中也出现在 C 中的 unigrams 的数量（即词汇 the、cat 和 the），除以 R 中 unigrams 的总数。ROUGE-1 的召回率可以计算为 R 中同时出现在 C 中的 unigrams 数量（如词汇 the、cat 和 the），除以 R 中所有 unigrams 的总数。

$$\text{recall}_{\text{ROUGE-1}} = \frac{3}{6} = 0.5$$

3）ROUGE-1 F1 分数

可以直接从 ROUGE-1 的精确度和召回率中使用标准 F1 分数公式得到 ROUGE-1 F1 分数。

$$\text{F1score}_{\text{ROUGE-1}} = \frac{2(\text{precision} \cdot \text{recall})}{(\text{precision} + \text{recall})} = 0.54$$

3．举例说明ROUGE的计算方式：ROUGE-L

❑ 示例句子 The quick brown fox jumps over the lazy dog.

❑ 机器生成摘要：The quick dog jumps on the log.

最长公共子序列（LCS）方法用于识别在参考摘要和机器生成摘要中以相同顺序出现的最长单词序列。在这个例子中，LCS 包括 The quick 和 jumps the。为了计算 ROUGE-L 分数，我们将 LCS 的长度除以参考摘要中的单词总数。

最长公共子序列（LCS）的长度为 4 个单词（如 The quick 和 jumps the）。参考文本的总单词数为 9 个（如 The quick brown fox jumps over the lazy dog.）。因此，ROUGE-L 分数为 4/9=0.44。这表明，当考虑最长公共子序列时，大约 44%的参考摘要内容在机器生成的摘要中得到了体现。

在实际应用中，最长公共子序列（LCS）通常强调两个文本之间共享的最长连续单词序列。这里的示例是经过简化和串联的，用于抽象说明。ROUGE-N（尤其是 ROUGE-1）通过单词匹配的角度，为评估模型生成文本与参考文本之间的相似度提供了一个有用的工具。这种评估方法能够捕捉生成文本的覆盖范围和精确性，是理解自然语言处理模型性能的重要参考指标。

4．ROUGE的优点

ROUGE 以召回率为导向，强调参考文本中的信息在生成文本中的再现程度，这对于摘要和翻译等任务是一个重要的评估维度。其适用性广泛，可用于任何需要评估生成文本相对于参考文本的完整性和准确性的场景。

5．ROUGE的局限性

虽然召回率是 ROUGE 的一个重要指标，但是过度强调召回率可能会忽视生成文本的精确度和流畅性。此外，ROUGE 的评估效果高度依赖于参考翻译的质量和数量，与 BLEU 存在类似的局限性。

虽然 ROUGE 计算了多种指标，包括精确度（在某些变体中），但是它的设计重点在于评估生成文本对于参考文本信息的覆盖程度，即召回率。这与 BLEU 不同，后者通过比较生成文本与参考文本的匹配 *N*-gram 来计算精确度，从而更侧重于评估生成文本的准确性。ROUGE 度量标准通过提供一个自动化、客观且可重复的评估方式，使研究人员和开发者能够评估和比较不同的自动摘要或机器翻译系统的性能。虽然 ROUGE 侧重于召回率，但是它为理解自动生成文本的质量提供了一个重要视角（如在内容完整性方面）。

9.4.3　BLEU 和 ROUGE 的比较

BLEU 和 ROUGE 各有其偏好和局限性，这影响了它们评估文本质量的方式：

BLEU 和 ROUGE 在评估时表现出了不同的偏好。由于 BLEU 引入了简短惩罚（Brevity Penalty）机制，当候选译文或摘要的长度明显小于参考文本时，分数会被 BP 压低。因此若译文或摘要为了简洁而过度删减细节，BLEU 得分反而会下降。而 ROUGE 作为基于召回率的指标，更倾向于评估生成文本中包含多少参考文本的内容，因此对较长的文本（即使其中一些信息可能与参考文本不完全相关）往往会给出更高的评分。

考虑到这些偏好，使用一种结合 BLEU 和 ROUGE 的指标是一种合理的选择。这样的指标可以同时评估精确度（Precision）和召回率（Recall），这在信息检索领域是常见的做法。一种可能的方法是计算 BLEU 和 ROUGE 分数的加权平均或其他形式的组合，以尝试平衡对短句和长句的评价。另一种方法可能是设计一种新的评估指标，该指标本身就能够同时考虑到精确度和召回率。

1．F1分数

F1 分数就是一种同时考虑精确度和召回率的指标，它是二者的调和平均数。虽然 F1 分数通常用于分类任务，但是其概念可以启发我们开发一种既考虑 BLEU（强调精确度）又考虑 ROUGE（强调召回率）特点的复合评估指标。这样的复合指标能够更全面地评价机器生成文本的质量，尤其是在机器翻译和自动摘要等应用场景中。

$$F_1 = \frac{2}{\dfrac{1}{\text{BLEU}} + \dfrac{1}{\text{ROUGE}}} = \frac{2(\text{BLEU} \cdot \text{ROUGE})}{\text{BLEU} + \text{ROUGE}} \tag{9-20}$$

2．F1分数存在的问题

F1 分数是对精确度（Precision）和召回率（Recall）的调和平均，常用于评估分类任务中正例的预测性能。在自然语言处理尤其是机器翻译中，F1 分数和其他类似度量面临一些挑战，因为语言的复杂和多样，使得"正确"的翻译并非总是唯一的。

语言的多样性使得"正确"翻译并非唯一。一个意思可以通过多种方式来表达，这些翻译都可能是有效的，但某些表达可能比其他方式更"自然"。此外，基于词汇重叠的评估指标（如 F1 分数）无法有效衡量翻译的自然度或流畅性。如果一个翻译与已知的好翻译有较高的词汇重叠，即使翻译听起来不自然，F1 分数也可能会给出高分。但是，自动评估指标难以捕捉上下文的细微差别和特定语言的使用习惯，而这些恰恰在人类评估中起至关重要的作用。

3．F1分数在形态学上遇到的困难

在形态学丰富的语言中，F1 分数等基于词汇匹配的评估指标面临额外的挑战。这些语言中的翻译不仅需要传达基本的意思，还需要准确地反映出说话者的意图、情感、观点和其他语义层面的细微差别。Shipibo 语的例子很好地说明了这一点。Shipibo 语通过不同的句子结构来表达说话者对其陈述来源或确信程度的不同判断。如上面的两个翻译例子：Her village is large，在 Shipibo 语中有两种不同的表达方式：

❑ 句子 1Jawen jemara ani iki，说话者声称村庄很大是因为他们亲眼所见。

❑ 句子 2Jawen jemaronki ani iki，说话者声称村庄很大是因为有人这样告诉他们。

形态学丰富的语言具有语义丰富性和语法灵活性，这为自动评估带来了挑战。这类语言的单一句子往往包含丰富的信息，如情感色彩、说话者的态度及陈述的来源，但传统的评估指标难以捕捉这些细节。此外，这些语言通常具有多样化的语法结构，相同的意思可以通过多种句子形式来表达，基于词汇重叠的评估方法可能无法准确衡量翻译质量，再加上文化和语境的差异，相同的句子在不同背景下可能传达的含义或重要性不同，而自动评估指标很难全面考虑这些因素。

4．F1分数的问题总结

F1 分数的一个主要问题是，它不考虑生成文本的意义。F1 分数主要关注词汇层面的匹配程度，而不是语义上的一致性。这就导致即使文本在字面上有较高的词汇重叠，也可能在意义上完全相反。

1）示例分析

❑ 目标：F1 score is a flawed metric for evaluating machine translation systems。

❑ 生成文本 1：F1 score is an imperfect metric for evaluating machine translation systems。

❑ F1 分数：0.599。

❑ 生成文本 2：F1 score is a great metric for evaluating machine translation systems。

❑ F1 分数：0.710。

在这个例子中，第一个生成文本在语义上与目标文本非常接近，只是使用了 imperfect 一词替换 flawed，但 F1 分数相对较低。第二个生成文本在字面上与目标文本有很高的重叠度，但其意义与目标文本完全相反，却获得了更高的 F1 分数。这个例子清楚地展示了 F1 分数在评估机器翻译系统特别是在语义理解方面的局限性。

2）造成这个结果的原因

F1 分数主要关注词汇层面的匹配，难以捕捉句子的实际意义或其中的情感和观点。这种基于词汇重叠的评估方式缺乏语义理解，无法区分正面和负面陈述，也不能识别同义词和反义词之间的差异。

3）解决方案

为了克服这些问题，研究人员和开发者需要寻找或开发新的评估指标，这些指标能够更好地理解和评价生成文本的语义内容。解决方案包括：

❑ 基于语义的评估工具：开发能够理解和评价文本语义的评估指标，如利用自然语言处理技术来分析句子的情感或意图。

❑人类评估：尽管更耗时，人类评估者能够提供关于生成文本语义准确性的宝贵反馈。

❑混合评估方法：结合自动评估和人类评估全面评价机器翻译系统的性能，确保既考虑到词汇匹配，又没有忽略语义一致性。

❑通过采用这些改进评估的方法，在处理复杂和多义的自然语言时，可以更准确地评估机器翻译系统的性能。

参 考 文 献

[1] Graves A, Schmidhuber J. Framewise phoneme classification with bidirectional LSTM and other neural network architectures[J]. Neural Networks, 2005, 18(5-6): 602-610.

[2] Bahdanau D, Cho K, Bengio Y. Neural machine translation by jointly learning to align and translate[EB/OL]. [2023-12-04]. https://arxiv.org/abs/1409.0473.

[3] Hochreiter S, Schmidhuber J. Long short-term memory[J]. Neural Computation, 1997, 9（8）：1735-1780.

[4] Ling W, Dyer C, Black A W, et al. Finding function in form: Compositional character models for open vocabulary word representation[C]//Proceedings of the 2015 Conference on Empirical Methods in Natural Language Processing （EMNLP）. Lisbon: Association for Computational Linguistics, 2015: 1520-1530.

[5] Ma X, Hovy E H. End-to-end sequence labeling via bi-directional LSTM-CNNs-CRF[C]// Proceedings of the 54th Annual Meeting of the Association for Computational Linguistics （ACL）. Berlin: Association for Computational Linguistics, 2016: 1064-1074.

第 10 章　注意力机制与 Transformer 架构

循环神经网络（RNN）及其各种变体（如 LSTM 等）在处理自然语言等序列数据方面曾被广泛使用（直到 2016 年），但其固有的设计限制导致出现了一系列问题，促使研究者开始探索新的神经网络架构。RNN 面临的主要问题包括线性交互距离、长距离依赖学习困难和缺乏并行性。

首先，RNN"从左到右"的处理方式意味着要让序列中相距较远的词对进行交互，需要 O（序列长度）步骤，这不仅降低了处理效率，而且在学习长距离依赖关系时遇到了难题。自然语言中的意义构成往往并不遵循词汇的线性顺序，而 RNN 逐个处理元素的设计，使其难以捕捉和理解句子中复杂的结构和语义关系。

此外，RNN 的设计也限制了模型的并行处理能力。由于计算当前时间步的隐藏状态需要依赖于前一时间步的输出，这导致即使在拥有强大并行计算能力的现代硬件（如 GPU）上，RNN 模型的训练和推理效率也受到了限制。这种缺乏并行性增加了模型训练时间，在处理大规模数据集时问题尤为突出。

正因为 RNN 在处理长距离依赖、保持高效率及利用现代计算硬件并行性方面的局限性，研究者开始探索新的解决方案。基于自注意力机制的 Transformer 架构的模型应运而生，它通过同时处理序列中的所有元素，不仅克服了长距离依赖的问题，而且在模型的前向传播和后向传播过程中实现了高度并行化。因此，Transformer 架构能够更有效地利用硬件并行计算能力，大大提高训练速度，为处理大规模数据集和加速自然语言处理领域的研究和应用开辟新道路。

📑说明：为了方便讲述，后文将基于 Transformer 架构的模型简称为 Transformer 模型，如 BERT 和 ChatGPT 都是基于 Transformer 架构的模型。

10.1　注意力机制的基本原理、局限性与改进

注意力机制的核心思想是允许模型在处理每个词的同时关注句子中的其他词，而不是仅依赖于序列中的局部信息或前一个状态。这种机制大幅提升了模型捕捉长距离依赖关系的能力。在 RNN 或 LSTM 中，信息需要逐步通过每个时间步传递。这种方式的效率较低，且随着序列长度增加，可能出现梯度消失或梯度爆炸问题，导致信息丢失或训练不稳定。相比之

下，注意力机制通过更直接和灵活的方式模拟词与词之间的交互，克服了循环模型在处理长序列和并行化时的困难。

在语言任务中的自注意力机制比较的是发生在同一序列内的词语或标记，揭示它们在给定上下文中的相互关系。比较结果用于生成基于当前输入序列的输出序列。这种机制使得基于注意力的模型（如 Transformer 架构）能够更有效地学习文本中的深层次语义关系，从而在复杂的自然语言处理任务中表现出色。

10.1.1 注意力机制的不同类别

在自注意力机制中，上下文（Context）的概念可以有两种使用方式。一种是因果性的或向后看的自注意力（Causal, or Backward looking Self-attention），在这种模式下，上下文包括当前单词之前的所有单词。另一种是普遍的双向自注意力（General Bidirectional Self-Attention），在这种模式下，上下文不仅包括之前的单词，也包括未来的单词。

1. 因果性或向后看的自注意力（解码器）

这种自注意力机制仅将当前单词之前的单词作为上下文，即在计算当前单词在上下文中的语义向量时，只考虑之前单词的影响。这种模式非常适合生成任务，如文本生成，因为每个新生成的单词只能基于之前的内容进行预测。在 Transformer 的解码器中使用这种自注意力可以有效防止未来信息的泄露，确保每一步的生成仅依赖于已生成的内容，从而保持生成过程的合理性和一致性。

2. 双向自注意力（编码器）

双向自注意力机制同时考虑了当前单词之前和之后的单词，对于需要整体序列信息来理解每个单词的任务（如语言理解任务）非常有用。在现代大规模语言模型（如 GPT 系列）中，因果自注意力既用于解码，也承担编码角色——模型通过 Mask 限制来保证自回归特性。在 Transformer 的编码器中使用这种双向自注意力，能够让模型捕捉到更加丰富的双向上下文信息，从而提高对文本的整体理解。

通过区分单向和双向上下文的使用方式，自注意力机制展现了其灵活性。无论是生成任务还是理解任务，都可以通过选择适合的上下文模式来优化模型的效果。

10.1.2 注意力机制的结构

1. 模糊查找

注意力机制可以被理解为一种在键值存储中执行模糊查找的过程。想象一个查找表，其中包含键（Keys）和对应的值（Values）。键表示数据中的特定特征或元素，而值则代表与这些键相关的信息或输出。在传统的查找表中，查询（Query）会直接匹配一个键并返回对应的值。然而，在注意力机制中，查询会与所有键进行比较，每个键都会被赋予一个介于 0～1 之间的权重。

在这个过程中，每个键的值会乘以对应的权重，这些加权的值会累加形成最终的输出。

通过这种方式，模型在生成特定输出时可以综合考虑所有输入信息的加权贡献，而不是仅依赖单一的最匹配项。这里的权重由模型动态学习，表示每个输入元素对输出的重要性，从而捕捉输入序列中元素之间复杂且变化的关系。模糊查找示意如图 10-1 所示。

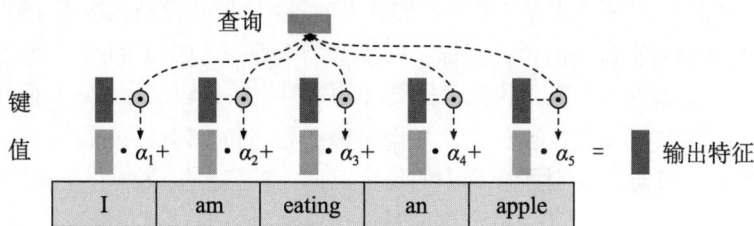

图 10-1　模糊查找示意

例如，如果想理解句子中的某个词，注意力机制会让模型"查看"句子中的所有词，并根据它们与当前词的相关性赋予不同的权重。即使是句子中相隔较远的词，也能对当前词的理解产生贡献，这种特性在捕捉长距离依赖关系时尤为重要。

注意力机制的这种灵活又强大的特性，使得模型在处理复杂序列数据时表现优异。它类似于一种加权平均的查找表，通过综合所有信息源的相关性来动态调整其重要性。这不仅提升了模型捕捉输入序列中元素间复杂关系的能力，尤其是在长距离依赖的上下文中表现突出，还显著增强了处理自然语言的能力。

与传统的简单匹配不同，注意力机制会综合考虑所有输入信息，并根据其相关性动态生成输出。这种方法极大地提高了神经网络处理复杂文本或序列数据的能力，使其在自然语言处理任务中表现尤为出色。

2. 公式表达

自注意力机制（Self-Attention）是一种特殊的注意力机制，其中键（Keys）、查询（Query）和值（Values）都来自同一个序列（如图 10-2 所示）。虽然点积（Dot Product）常用于比较词语之间的相似性或相关性，但是自注意力机制并未直接依赖简单的点积作为最终的比较方法。其设计目标是捕捉序列中词语之间的复杂关系，而这些关系往往无法通过词向量间的简单相似性完全表达。

在自注意力机制中，点积的结果通常需要进一步处理才能生成有效的注意力权重。此外，为了增强模型的灵活性，输入向量通常会经过不同的线性变换（通过可学习的权重矩阵）以生成查询（Query）、键（Keys）和值（Value）。这种设计允许模型根据任务需求学习如何最佳地比较和关联词语，从而更有效地捕捉序列中的上下文关系。

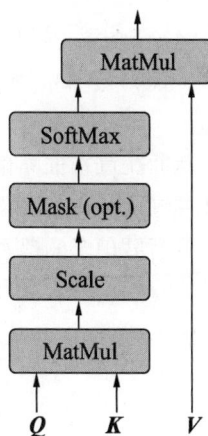

图 10-2　自注意力模型示意

自注意力的过程包括以下几步。

（1）转换成嵌入向量：$w_{1:n}$ 表示一个由词汇表 V 中的词组成的序列，例如" The cat sat on the mat "。这个序列可以理解为一连串的单词或标记，每个都来自一个预定义的词汇表。

对于序列中的每个单词 w_i，$x_i = Ew_i$ 表示将该单词通过嵌入矩阵 E 转换为一个嵌入向量。

这里的嵌入矩阵 $E \in \mathbb{R}^{d \times |V|}$ 是一个预先训练好的矩阵，其中，d 是嵌入向量的维度，$|V|$ 是词汇表的大小。嵌入向量的目的是捕捉并编码单词的语义信息，使语义相似的单词在向量空间中有接近的表示。这使得模型能够理解单词之间的关系和含义，为后续的自然语言处理任务提供一个强大的基础。x_i 是序列中第 i 个单词的嵌入向量。这个向量是从嵌入矩阵 E 中获得的，该矩阵为词汇表中的每个可能的单词或标记提供了一个唯一、固定维度的数值表示。通过这种方式，原始的文本数据被转换为模型可以处理的数值型数据。因此，x_i 实际上是单词 w_i 的数值化表示，它包含该单词的语义信息，并用于模型处理和学习的基础。

（2）生成查询（Query）：对于序列中的每个单词，模型会生成一个查询向量，用于表示模型对该单词的理解。当关注某个特定单词时，该单词对应的查询向量充当查询的角色，通过与序列中的其他单词进行比较，寻找与其相关或重要的信息。在这种角色中，查询词成为注意力的焦点，用于聚合其他词汇的相关内容，从而更好地理解当前的上下文。

$$q_i = W_Q x_i \tag{10-1}$$

（3）访问值（Key）：序列中的其他单词或特定信息被编码为值向量集合，如公式（10-2）所示。这些值向量包含序列中其他部分的信息，可以被当前处理的单词（即查询）访问。当这些词汇被当前的注意力焦点（即查询）比较时，它们扮演键的角色。在这个角色中，它们作为先前输入的一部分，与查询进行比较，用于确定它们与当前焦点词汇的相关性或匹配程度。式（10-3）通常用于单向注意力（如 Transformer 解码器），确保第 i 个单词只能关注它之前的单词 j（包括自身）。而在 Transformer 编码器中使用的是双向自注意力机制。也就是说每个单词 i 可以同时关注序列中的其他单词（包括之前和之后的单词）。这种双向的特性对于理解任务非常重要，因为它能够充分捕捉上下文中的所有信息，从而帮助模型生成更全面的表示。

$$k_i = W_K x_i \tag{10-2}$$

$$e_{ij} = q_i^T k_j \tag{10-3}$$
$$j \leqslant i$$

（4）在注意力机制中，每个词汇在作为值（Value）时，用于计算输出。当确定了查询（Query）与键（Key）之间的相关性或匹配度后，如公式（10-3）所示，模型会利用与这些键对应的值（Value），并按公式（10-6）计算加权平均而得到输出。这个过程产生了当前焦点的最终输出。

通过计算查询向量与键向量之间的相关性，模型为每个值分配权重。相关性越高的值会被赋予更高的权重，从而对输出的贡献更大。这种加权机制允许模型从整个值集合中提取与当前查询最相关的信息，同时决定提取的比例。这种方法确保模型能够动态地整合输入序列中的关键信息，有效捕捉上下文关系。公式（10-5）适用于单向注意力机制（如 Transformer 解码器），确保当前单词 i 只能关注之前的单词 j（包括自身）。

$$v_i = W_V x_i \tag{10-4}$$

$$\alpha_{ij} = \text{softmax}\left(e_{ij}\right) \tag{10-5}$$
$$\forall j \leqslant i$$

（5）将这些加权后的值向量整合起来，生成当前单词的上下文向量，其不仅包含单词自身的信息，还结合了序列中其他相关单词的信息，从而能够更全面地反映上下文关系。

$$o_i = \sum_{j \leqslant i} \alpha_{ij} v_j \tag{10-6}$$

在自注意力机制中，softmax 权重 α_{ij} 通常对当前关注元素 i 最高，这意味着 o_i 的值主要

受到 v_i 的影响。但是，如果其他上下文词与 i 相似，模型也会注意到这些词，允许它们的值也影响最终的输出向量 o_i。与 i 不相似的上下文词将会被降权，不会对最终输出向量产生贡献。这种机制确保当前元素在计算表示时，能够结合与其最相关的上下文信息。通过动态调整每个元素所考虑的上下文范围，即使在面对大量上下文信息时，模型也能有效提取关键信息，同时过滤掉无关内容。这种能力大大提升了模型对序列数据的理解能力和处理效率。

（6）相关性函数的缩放操作：需要注意的是，点积的结果可能会产生任意大的正值或负值，见公式（10-3）。在将这些结果指数化时，可能会导致数值不稳定，并引发梯度消失的问题，进而影响训练过程。为了解决这个问题，可以将点积的结果除以一个与嵌入维度相关的缩放因子，从而将结果缩小到一个更合理的范围，避免数值问题。

一种典型的方法是将点积结果除以查询向量和键向量维度（d_k，在由 Vaswani 等人发表的 "Attention is All You Need" 论文中两者的维度相等）的平方根。这样可以控制点积结果的规模，确保在应用 softmax 函数之前，相似度分数不会过大或过小。

这种缩放操作的主要目的是避免 softmax 输出在数值上过于极端，从而防止梯度消失或梯度爆炸问题，提高反向传播的稳定性。通过缩放，模型的训练过程变得更加稳定，同时提升了训练效率和模型性能。

因此，更新后的相关性函数见公式（10-3）可以表示为：

$$e_{ij} = \frac{q_i^{\mathrm{T}} k_j}{\sqrt{d_k}} \tag{10-7}$$

缩放点积注意力（Scaled Dot-Product Attention）的引入是自注意力机制设计中的一项重要改进。这个机制通过缩小点积结果的范围，避免了数值过大带来的不稳定性，从而增强了 Transformer 模型处理长序列数据的能力，并确保了训练过程的稳定性。

3. 缩放点积注意力Python代码

以下为实现缩放点积注意力的函数，用于计算查询、键和值之间的注意力权重和加权的值。

```python
def scaled_dot_product(q: torch.Tensor, k: torch.Tensor, v: torch.Tensor,
mask: torch.Tensor = None) -> torch.Tensor:
    """
    缩放点积注意力机制的实现
    参数:
    q: 查询张量
    k: 键张量
    v: 值张量
    mask: 掩码张量（可选）
    返回:
    values: 注意力机制的输出
    """
    d_k = q.size()[-1]
    attn_scores = torch.matmul(q, k.transpose(-2, -1)) / math.sqrt(d_k)
    if mask is not None:
        attn_scores = attn_scores.masked_fill_(mask == 0, float('-inf'))
    attn_probs = torch.softmax(attn_scores, dim=-1)
    return torch.matmul(attn_probs, v)
```

4．并行计算

在前面的自注意力机制描述中，主要从计算单个时间步 i 的单个输出 o_i 的角度出发。然而，每个输出 o_i 是独立计算的，整个过程可以并行化。这利用了高效的矩阵乘法例程，通过将输入序列的 N 个标记的输入嵌入打包成单个矩阵 $X \in \mathbb{R}^{N \times d}$ 来实现。也就是说，X 的每一行都是输入中的一个标记的嵌入。在大语言模型的 Transformer 中，输入长度 N 可以是 1024、2048或者 4096 标记，因此 X 有 1000～4000 行，每行的维度为嵌入维度 d。

然后通过将输入矩阵 X 与键（Key）、查询（Query）和值（Value）矩阵相乘，生成 Q、K 和 V 这 3 个矩阵，这些矩阵分别包含序列中所有元素的查询、键和值向量。接着通过执行 Q 和 K^T 的矩阵乘法一次性计算序列中所有元素之间的查询-键比较。然后通过缩放、应用 softmax 函数并与 V 相乘，得到每个输入元素的新向量表示，形状为 $N \times d$。这个过程将整个序列的自注意力计算简化为一系列高效的矩阵操作，大幅提升了处理速度并支持大规模数据的高效处理。

在前面的自注意力机制描述中，主要关注的是计算单个时间步 i 的输出 o_i。然而，由于每个输出 o_i 是独立计算的，自注意力机制可以被完全并行化。这种并行化通过高效的矩阵操作实现，其中，输入序列的 N 个标记的嵌入被打包成一个矩阵 $X \in \mathbb{R}^{N \times d}$。矩阵 X 的每一行对应输入序列中一个标记的嵌入向量。

在 Transformer 模型中，输入长度 N 可以达到 1024、2048，甚至 4096 标记，这意味着 X 的行数为 1000～4000，每行的维度为嵌入维度 d。

通过将输入矩阵 X 分别与查询（Query）、键（Key）和值（Value）的权重矩阵相乘，生成 3 个矩阵 Q、K、V，它们分别包含序列中所有元素的查询、键和值向量。随后，计算 Q 和 K^T 的矩阵乘法，一次性生成整个序列中所有元素之间的查询-键相似度矩阵。

接下来缩放点积相似度结果，并应用 softmax 函数将相似度转化为注意力权重矩阵。最后将注意力权重与矩阵 V 相乘，得到每个输入元素的新表示，结果是一个形状为 $N \times d$ 的矩阵，表示整个序列的自注意力计算已经完成。

这一过程将自注意力的计算从按单个时间步处理转化为一系列高效的矩阵操作，大幅提升了计算速度，同时支持大规模序列数据的高效处理，这也是 Transformer 模型能够处理长序列并扩展至大语言模型的关键所在。

10.1.3　位置编码

虽然自注意力机制非常强大，能够捕捉序列中元素之间的复杂关系，但是它并不具备处理元素顺序的内在能力。在自注意力机制中，所有输入元素被视为平等的，没有显式的顺序信息，因此模型无法直接理解词位或元素之间的顺序关系。这带来了一个重要问题：如何在模型中引入词序信息，以确保句子的结构连贯性和语义准确性？解决这一问题是构建理解自然语言顺序关系的模型的关键步骤。

一种简单的方式是为句中的每个位置分配一个介于 0～1 之间的数字，用来表示从句首到句尾的位置。然而，这种方法无法明确区分特定区间内的词数，在不同长度的句子中，相同的增量可能具有不同的含义，导致位置信息不一致。另一种方案是线性分配整数，如第一个词为 1，第二个词为 2，以此类推。这种方式更直观，但存在数值可能变得过大及泛化性不足的问题。特别是在处理比训练数据更长的句子时，模型可能表现不佳，或者在未见过的特定长度上难以泛化。这些问题表明，引入位置编码时需要一种既能保留位置信息又能避免上述局限的方法。

1．理想的位置编码的条件

为了有效地解决这些问题，理想的位置编码（Positional Encoding）策略应当满足以下几个条件：

- 编码过程必须是确定性的，即对于同一个位置总是产生相同的编码。
- 在不同长度的句子之间，任意两个位置之间的相对距离应该是一致的。
- 不需要事先决定位置集。
- 不会阻碍对新位置的泛化。

如果位置编码需要预先定义，当模型处理超出这个预定义范围的序列时可能会面临问题。例如，如果模型只被训练用于处理长度为 100 的序列，那么在遇到更长的序列时，模型可能无法正确分配位置编码。这表明一个好的位置编码方案应具备良好的泛化能力，使模型即使在训练中未见过的新位置上也能表现良好。如果位置编码过于依赖训练数据中的特定位置，则模型在处理超出训练集长度的序列时可能无法有效推广，从而影响处理长序列的能力。因此，设计位置编码时需要考虑其通用性和泛化性，以适应各种序列长度。

线性编号方法难以满足上述要求，特别是在处理不同长度句子时的一致性、模型泛化能力以及编码值的有效控制方面存在明显不足。因此，需要采用更高级的编码策略，这种策略能够唯一确定每个词的位置，同时具备对任意长度句子的良好适应性。此外，这种编码方式还应确保编码值保持在合理范围内，从而促进模型稳定地训练和预测，提高其在各种序列长度上的性能表现。

正弦波位置编码很好地满足了上述要求，同时有效支持 Transformer 模型处理长序列和捕捉长距离依赖的能力。正弦和余弦函数的连续性允许位置编码不必预定义固定的位置集，因为它们可以为任意位置生成唯一的编码，即使这些位置未出现在模型的训练过程中。这使得基于正弦和余弦函数的位置编码方案具有更强的灵活性和适应性，能够轻松处理变长的输入序列。此外，由于正弦和余弦函数的连续性和周期性，模型可以通过位置编码推断任意位置之间的相对关系，即使这些位置未在训练数据中直接出现。这种编码方式为模型提供了通用的位置信息表达方式，从而增强了对新位置的泛化能力并提升了模型处理长序列任务的效果。

2．对位置编码的直观理解

为了更直观地理解正弦波位置编码，可以将其与二进制数的表示方法进行比较。二进制通过一系列位（0 或 1）来表示数字，每个位的位置决定了其代表值的大小。例如，二进制数 101 的每个位从右到左分别代表 1、0 和 4，因此其值为 5。在二进制表示中，高位（左侧的比特）变化频率较低，因为它们表示的是较大的数值（如 2 的幂次方）。相对地，低位（右侧的比特）变化频率较高，因为它们控制较小的数值。例如，在二进制数 1001 中，最左侧的 1（最高位）变化最慢，因为它表示最大值；而最右侧的 1（最低位）变化最快，因为它只控制数值的增减 1。在连续域中表示位置或顺序信息时，仅依赖 0 和 1 的组合可能存在局限性，尤其是在需要表示范围广泛的连续数值时。此时，正弦和余弦函数的组合非常有用。作为周期函数，正弦和余弦可以通过相位和频率来表示连续范围内的数值。

在 Transformer 模型的位置编码中，利用正弦和余弦函数的不同频率可以生成独特的编码向量。这个向量不仅能为模型提供每个词在序列中的位置信息，还能确保这些位置关系在序列长度变化时保持一致，从而增强模型对顺序的理解能力。与二进制类似，位置编码使用正弦和余弦函数在编码维度上逐渐降低频率。在位置编码向量的前半部分（较低维度），函数的变化频率较快，而在向量的后半部分（较高维度），频率变化较慢。这种设计模拟了二进制表示中不同位的频率变化，但通过连续的正弦和余弦函数实现，以浮点数的形式输出，能够捕捉位置信息中更细微的差异。这种连续变化的方式使得位置编码既灵活又细腻并且适应性强，适合处理长序列数据。

如果使用简单的周期函数如 $\sin(t)$ 和 $\cos(t)$ 来编码位置，随着位置 t 的增加，这些函数值会在其周期内不断变化。这些唯一的函数值对可以作为位置 t 的连续表示。在 Transformer 模型中，通过结合不同频率的正弦和余弦函数，可以在更广的范围内连续地表示位置，即使是非常长的序列，也能保持位置信息的唯一性和连续性。高频的正弦和余弦函数变化非常快，这使得它们能够在相邻位置之间生成显著不同的编码，类似于为数字中的整数部分提供了主要的数值差异，帮助模型理解序列中相邻元素的差别。低频的正弦和余弦函数变化较慢，提供更平缓的编码变化，使得序列中距离较远的位置仍能通过这些低频成分保持一定程度的关联。这种低频编码类似于数字中的小数部分，在捕捉更细粒度的数值差异时发挥作用，从而帮助模型捕捉序列中长距离的位置依赖关系。这种设计有效地平衡了局部和全局位置信息，为模型提供了丰富的位置信息。

3. 位置编码在自注意力模型结构中的位置

位置编码（Positional Encoding）或位置嵌入（Positional Embedding）通过为每个单词添加一个与其位置相关的编码，补充序列中的顺序信息。这种编码方式允许模型捕捉到元素的相对或绝对位置信息，从而弥补自注意力机制中对顺序缺乏内在感知的不足。通过引入位置编码，模型能够理解单词之间的顺序关系和句子结构，从而更高效地处理语言数据，提高其在自然语言处理任务中的表现。如图 10-3 所示为位置编码在 Transformer 模型中的位置。

（1）引入位置向量：考虑将每个序列索引 t 表示为一个向量 $\boldsymbol{p}_t \in \mathbb{R}^d$，这里 $t \in \{1, 2, \cdots, n\}$ 是序列中的位置索引，$\boldsymbol{p}_t$ 是对应的位置向量。

（2）将位置信息融入自注意力块：要将位置信息纳入自注意力机制中，一种简单的做法是将位置向量 $\boldsymbol{p}_t$ 加到输入向量上。$\boldsymbol{x}_i$ 是索引 i 处单词的嵌入。通过加上位置向量就得到了位置嵌入：

$$\tilde{\boldsymbol{x}}_t = \boldsymbol{x}_t + \boldsymbol{p}_t \tag{10-8}$$

位置嵌入通过将单词嵌入与位置信息相结合，使模型在处理序列数据时能够考虑元素的顺序。在深层自注意力网络中，通常在第一层中将位置向量与单词嵌入向量相加。虽然理论上可以选择拼接（Concatenate）这两种向量，但是在实践中，大多数情况下更倾向于简单地相加。这种方法既简洁又高效，因为它在保持输入向量维度不变的同时引入了位置信息，从而增强了模型处理序列任务的能力。

输出概率

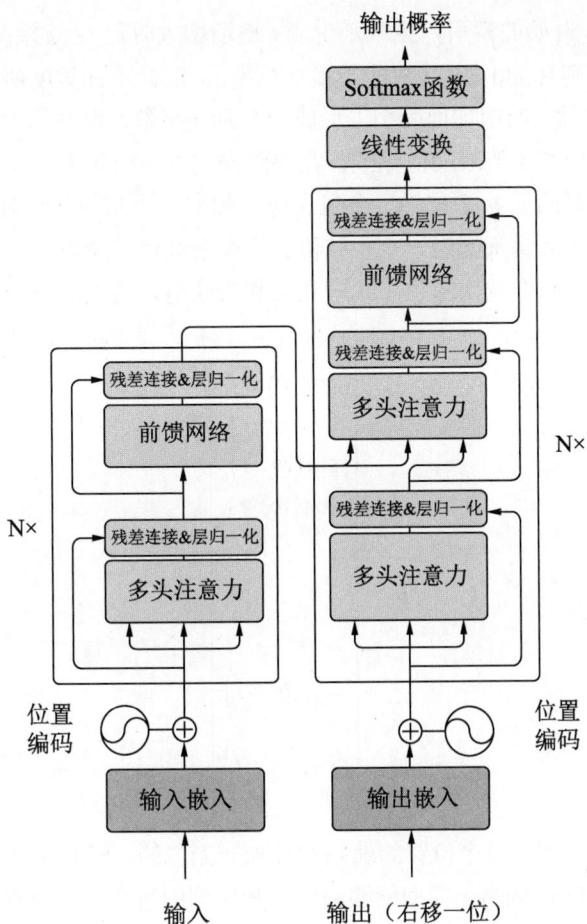

图 10-3　位置编码在 Transformer 模型中的位置

4. 位置编码的定义

在 Transformer 模型中，每个输入序列中的位置 t 都会被映射到一个编码向量 $\boldsymbol{p}_t \in \mathbb{R}^d$，这个编码向量的维度是 d，通常是模型的隐藏层维度（如 $d=512$）。位置 t 的编码向量 $\boldsymbol{p}_t$ 通过函数 f：$\mathbb{N} \to \mathbb{R}^d$ 生成，该函数为每个位置 t 定义了一个 d 维的输出向量。对于嵌入向量的每个维度 i，位置编码的元素被赋予正弦和余弦值，这些值根据位置 t 和维度 i 的函数计算得出。

对于编码向量 $\boldsymbol{p}_t$ 中的每个维度 i，位置编码函数 f 的定义如下：

$$\boldsymbol{p}_t^{(i)} = f(t)^{(i)} := \begin{cases} \sin(\omega_k \cdot t), & i = 2k \\ \cos(\omega_k \cdot t), & i = 2k+1 \end{cases} \tag{10-9}$$

$$\omega_k = \frac{1}{10000^{2k/d}} \tag{10-10}$$

在 Transformer 模型的位置编码中，k 是一个用来帮助计算不同维度上正弦和余弦函数频率的参数。这个参数是基于维度索引 i 的，它的作用是在编码的不同维度上产生不同的频率。对于编码向量中的偶数位置 i，k 等于 $i/2$；对于奇数位置 i，k 等于 $(i-1)/2$。

频率 ω_k 决定对应维度上的正弦和余弦波的快慢，即它们的周期性（频率减小意味着波长增加）。由于 i 是从 0 开始的索引，也就是说当 i 逐渐增大时，ω_k 逐渐减小，波长从 2π（对应于最高频率）增加到 $10000 \cdot 2\pi$（对应于最低频率）。因此不同维度所使用的正弦和余弦函数的频率 ω_k 会随着维度 i 的增加而减小，形成一个几何级数，进而低 k 值对应高频波，在编码向量中变化得快；而高 k 值对应低频波，在编码向量中变化得慢。

因此，可以将位置向量 $\boldsymbol{p}_t$ 想象为一个包含每个频率下正弦和余弦对的向量。由于维度 d 是偶数，可以确保每个频率都配对一个正弦值和一个余弦值。所以，对于 d 维的位置编码都有 $d/2$ 个不同的频率，每个频率提供了一对正弦和余弦值，这些成对的值共同构成了位置向量 $\boldsymbol{p}_t$ 的完整表示。

$$\boldsymbol{p}_t = \begin{bmatrix} \sin(\omega_1 \cdot t) \\ \cos(\omega_1 \cdot t) \\ \sin(\omega_2 \cdot t) \\ \cos(\omega_2 \cdot t) \\ \cdot \\ \cdot \\ \cdot \\ \sin\left(\omega_{d/2} \cdot t\right) \\ \cos\left(\omega_{d/2} \cdot t\right) \end{bmatrix}_{d \times 1} \tag{10-11}$$

式（10-11）确保序列中每个位置的编码都是独一无二的，同时保持整个序列中编码的连续性。这种设计使得 Transformer 模型能够明确感知序列中每个词的位置，并在处理序列数据时充分考虑词的顺序信息，从而更好地捕捉上下文关系和序列结构。

位置编码的 Python 代码如下：

```python
def position_encoding(seq_len: int, d_model: int) -> torch.Tensor:
    """
    位置编码函数
    参数:
    seq_len: 序列长度
    d_model: 模型维度
    返回:
    pos_encoding: 位置编码张量
    """
    def get_angles(pos, i, d_model):
        angle_rates = 1 / np.power(10000, (2 * (i // 2)) / np.float32(d_model))
        return pos * angle_rates

    angle_rads = get_angles(np.arange(seq_len)[:, np.newaxis], np.arange
(d_model)[np.newaxis, :], d_model)
    angle_rads[:, 0::2] = np.sin(angle_rads[:, 0::2])
    angle_rads[:, 1::2] = np.cos(angle_rads[:, 1::2])

    pos_encoding = angle_rads[np.newaxis, ...]
    return torch.tensor(pos_encoding, dtype=torch.float32)
```

5. 相对位置编码

正弦位置编码的另一个特点是它可以让模型关注到相对位置。以下为证明过程。

对于每对对应频率 ω_k 的正弦-余弦对，存在一个矩阵 $\boldsymbol{M} \in \mathbb{R}^{2 \times 2}$（独立于 t），以下等式成立：

$$\boldsymbol{M} \cdot \begin{bmatrix} \sin(\omega_k \cdot t) \\ \cos(\omega_k \cdot t) \end{bmatrix} = \begin{bmatrix} \sin(\omega_k \cdot (t + \varphi)) \\ \cos(\omega_k \cdot (t + \varphi)) \end{bmatrix} \tag{10-12}$$

证明：

设 $\boldsymbol{M}$ 为一个 2×2 的矩阵，希望能够找到 u_1, v_1, u_2, v_2 使得以下等式成立：

$$\begin{bmatrix} u_1 & v_1 \\ u_2 & v_2 \end{bmatrix} \cdot \begin{bmatrix} \sin(\omega_k \cdot t) \\ \cos(\omega_k \cdot t) \end{bmatrix} = \begin{bmatrix} \sin(\omega_k \cdot (t + \varphi)) \\ \cos(\omega_k \cdot (t + \varphi)) \end{bmatrix} \tag{10-13}$$

通过应用加法定理，可以将式（10-13）的右边展开如下：

$$\begin{bmatrix} u_1 & v_1 \\ u_2 & v_2 \end{bmatrix} \cdot \begin{bmatrix} \sin(\omega_k \cdot t) \\ \cos(\omega_k \cdot t) \end{bmatrix} = \begin{bmatrix} \sin(\omega_k \cdot t)\cos(\omega_k \cdot \varphi) + \cos(\omega_k \cdot t)\sin(\omega_k \cdot \varphi) \\ \cos(\omega_k \cdot t)\cos(\omega_k \cdot \varphi) - \sin(\omega_k \cdot t)\sin(\omega_k \cdot \varphi) \end{bmatrix} \tag{10-14}$$

得到两个等式：

$$u_1 \sin(\omega_k \cdot t) + v_1 \cos(\omega_k \cdot t) = \sin(\omega_k \cdot t)\cos(\omega_k \cdot \varphi) + \cos(\omega_k \cdot t)\sin(\omega_k \cdot \varphi) \tag{10-15}$$

$$u_2 \sin(\omega_k \cdot t) + v_2 \cos(\omega_k \cdot t) = \cos(\omega_k \cdot t)\cos(\omega_k \cdot \varphi) - \sin(\omega_k \cdot t)\sin(\omega_k \cdot \varphi) \tag{10-16}$$

通过解上述方程，最终得到：

$$\boldsymbol{M}_{\varphi, k} = \begin{bmatrix} \cos(\omega_k \cdot \varphi) & \sin(\omega_k \cdot \varphi) \\ -\sin(\omega_k \cdot \varphi) & \cos(\omega_k \cdot \varphi) \end{bmatrix} \tag{10-17}$$

由上述式子可知，最终的变换与 t 无关，而矩阵 $\boldsymbol{M}$ 的形式与旋转矩阵非常相似。类似地，对于其他正弦-余弦对，可以找到对应的矩阵 $\boldsymbol{M}$。对于任何固定的偏移量 φ，都可以将 $\boldsymbol{p}_{t+\varphi}$ 表示为 $\boldsymbol{p}_t$ 的线性函数。这表明位置编码在不同位置间的变换是由矩阵 $\boldsymbol{M}$ 线性控制的，偏移量 φ 决定具体的旋转或相位平移。

6. 相邻时间步之间的距离是对称的

❑ 对称性：在正弦位置编码中，任意两个相邻时间步（或位置）之间的编码差异是相等的，并且这种差异在整个序列中保持一致。这种对称性来源于正弦和余弦函数的周期性特征，无论序列中是向前还是向后移动一个时间步，编码向量之间的变化量始终保持恒定（如图 10-4 所示）。正是这种特性，使得模型能够对序列中相邻位置的关系进行一致建模，有助于捕捉序列的局部依赖性。

❑ 随时间衰减：正弦位置编码通过不同频率的正弦和余弦函数组合来表示位置信息，其中低频函数主要作用于序列中较远位置之间的编码。随着时间（序列位置）的推移，由于低频函数的周期较长，它们的变化较为缓慢，这导致相邻位置之间的编码差异在较远位置时衰减。换句话说，在位置编码的低频部分（对应于较高的 i 值），对位置变化的敏感度较低，从而使模型能够捕捉更长距离的依赖关系，而不是仅仅关注序列的局部变化情况。需要注意的是，这里的衰减并非指编码值本身随时间减小，而是指随着位置距离的增加，位置编码之间的差异变得更加细微。这是因为较低频率的函数决定了远距离位置间的编码差异，其变化幅度较小，因此相邻位置之间的差异在远距离时表现得更为平缓。这种特性使模型能够有效地处理长序列中的长距离依赖关系。

❑ 正弦位置编码能够以一种对称且随时间衰减的方式表示序列中的位置信息。这种编码设计使得模型既能够捕捉相邻位置之间的局部关系，又能通过低频部分的平缓变化有效地表示和处理序列中相隔较远的位置关系。这种特性增强了模型对相对位置信息的感知能力，即使在处理长序列时，也能保持位置信息的准确性和一致性，从而更好地支持复杂的序列任务。

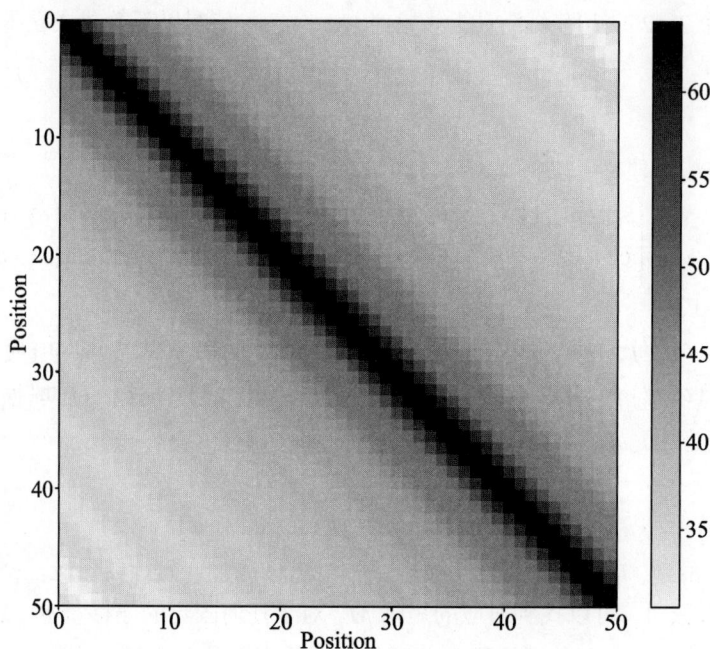

图 10-4　所有时间步的位置嵌入的点积

7. 正弦波位置编码的优缺点总结

1）优点

❑ 周期性：正弦位置编码的周期性，使模型更容易关注位置之间的相对关系，而不是依赖具体的绝对位置，从而在处理需要相对位置信息的任务中更灵活。由于正弦和余弦函数的周期性，编码值会重复出现，这表明模型更倾向于捕捉位置信息中的相对模式，而不是依赖特定的绝对位置。这种特性使得模型能够更加灵活地处理各种序列任务，尤其是相对位置信息的场景。

❑ 可扩展性：位置编码，特别是基于正弦和余弦函数的编码，具有外推（Extrapolate）到比训练期间见过的序列更长序列的潜力。由于正弦和余弦函数的周期性特征，即使模型没有在这些更长的序列上直接进行训练，也可以通过周期性规律推断出序列中较远位置的编码。这种设计允许模型在未见过的序列长度上保持对位置信息的有效理解，从而维持对位置依赖关系的捕捉能力，增强其处理变长序列的泛化能力。

2）缺点

❑ 不可学习：在 Transformer 模型及其变种中，位置编码是静态的。这意味着它在模型训练之前就被定义并在整个训练过程中保持不变。对于给定的位置 i，其位置编码是固定的，不会根据训练数据或模型学习到的模式进行调整。一旦位置编码被定义，就直接与输入的词嵌入结合（如通过相加），而不会随着模型训练进程动态变化。虽然这种静态特性简化了模型的设计，但是也带来一定的局限性。由于位置编码无法根据训练数据中的特定模式或上下文进行优化，模型可能在处理一些需要动态适应位置变化的任务时表现受限。这限制了它对不同上下文中相同位置的灵活表达能力，尤其在数据中存在复杂的顺序依赖时，可能会降低位置编码的表达效果。

❑ 扩展性问题：虽然基于周期函数的位置编码在理论上可以支持对更长序列的外推，但是在实际应用中可能面临一些挑战。当模型处理远超训练数据长度的序列时，即使位置编码能够外推生成新的位置信息，模型本身可能由于缺乏在这些长度上训练的经验，从而无法有效利用这些编码。这种局限性会削弱模型的泛化能力，尤其在序列长度显著超出训练范围时，模型可能难以维持对位置依赖关系的准确捕捉，进而影响对序列任务的处理效果。

❑ 模型可能过于依赖位置信息：将位置编码与单词嵌入以同等重要的方式结合，可能导致模型过度关注位置信息。这种情况可能削弱模型对语言中的常见现象在不同上下文或位置中出现时的泛化能力。例如，模型可能无法灵活地识别相同短语在不同位置出现时的语义一致性，从而影响对语言整体结构和意义的理解。这种过度依赖可能导致模型在处理序列数据时，对语言的顺序灵活性和跨位置模式捕捉能力有所不足。

10.1.4　相对位置编码

虽然绝对位置编码表现良好，但是也有研究尝试利用成对的相对位置信息来增强注意力机制对序列中的元素的相对位置的感知能力。在"Self-Attention with Relative Position Representations"一文中，Shaw 等人引入了一种使用成对距离来创建位置编码的方法。

使用相对位置编码代替绝对位置编码有多个优势。首先，绝对位置编码通常依赖于固定的序列长度设计，这限制了模型只能处理预定义长度内的令牌（Token）。一旦序列长度超过训练时的范围，绝对位置编码可能无法有效表示未见过的长度。相比之下，相对位置编码关注的是令牌之间的相对距离，而非它们的绝对位置，因此可以更好地适应任意长度的序列，突破固定长度的限制。其次，相对位置编码的设计能够增强模型的泛化能力。通过只编码令牌之间的相对距离，模型无须依赖具体的绝对位置，可以更灵活地处理未见过的长度的序列，同时保持对相对位置信息能够准确捕捉。此外，相对位置编码更符合许多任务需求。在自然语言处理中，句法和语义的依赖关系通常由单词之间的相对位置决定，而不是其在句子中的绝对位置。因此，相对位置编码能够更好地捕捉语言结构中的关键信息，使其在处理变长序列或关注相对位置信息的任务中表现更加优异。

1. 相对位置信息在键中的应用

相对位置信息通过值和键两个层面提供给模型，这在修改后的自注意力公式中表现得尤为明显。在自注意力机制中，每个输入元素通过与其他元素进行比较来计算其注意力权重。这一过程涉及查询与键之间的相似度计算，然后通过 softmax 函数归一化得到注意力分数。相对位置信息被添加到键中，使得模型在关注特定元素时，不仅能够捕捉元素之间的内容信息，还能感知它们的相对位置关系。这种设计使模型能够更灵活地处理输入数据中的位置关系，从而在捕捉序列中元素间的相对距离和结构关系方面表现更为出色，为自注意力机制增添了对序列深层次位置依赖的理解能力。

将相对位置信息加入键中，可以通过以下方式实现：

对于序列中的每一对元素，首先计算它们之间的相对位置，并用专门的相对位置编码来表示这个距离。接着，将计算得到的相对位置编码与键相加或以其他方式结合，从而在计算查询与键的相似度时直接考虑元素之间的相对距离。这种方法使模型能够捕捉序列中元素的相对位置信息，提高对序列结构的理解能力，同时增强模型在处理复杂依赖关系时的表现。

2. 修改后的自注意力公式

在考虑相对位置信息的自注意力机制中，可以通过修改原有的自注意力公式来包括相对位置编码：

1）在键中添加相对位置信息

$$e_{ij} = \frac{\boldsymbol{q}_i^{\mathrm{T}} \left(\boldsymbol{k}_j + \boldsymbol{a}_{ij}^{K} \right)}{\sqrt{d_k}} \tag{10-18}$$

$$\alpha_{ij} = \mathrm{softmax}\left(e_{ij} \right) \tag{10-19}$$

$$\boldsymbol{o}_i = \sum_{j \leqslant i} \alpha_{ij} \left(\boldsymbol{v}_j + \boldsymbol{a}_{ij}^{V} \right) \tag{10-20}$$

通过这种方式，模型在计算注意力权重时能够同时考虑元素间的内容相似性和它们之间的相对位置。这种设计在需要精确捕捉元素相对距离，在机器翻译和文本生成等任务中显著提升了模型对序列数据的理解能力。相对位置编码帮助模型更好地感知上下文关系，从而生成更加符合语义和结构要求的序列。

2）相对位置表示

在处理线性序列数据时，在处理自注意力机制时对键和值进行调整来增强模型的能力。

❑ 最大相对位置限制：在自注意力机制中，通常需要计算序列中每个元素与其他元素之间的关系。为了降低计算复杂度并防止过拟合，模型通常引入一个最大距离 k。这个限制意味着，模型只关注与当前元素距离在 k 范围内的其他元素，而忽略更远距离的关系。这种方法不仅有效减少了计算负担，提高了处理速度，还能通过限制注意力范围来减少模型的过拟合风险，特别是在处理长序列时表现尤为明显。

❑ 剪裁函数 clip(x,k)：该函数用于限制距离值不超过预设的最大值 k。如果两个元素之间的实际距离大于 k，则将距离值设为 k 或 $-k$（根据元素的相对位置）。这种限制可以帮助模型在处理未见过的序列长度时更好地泛化，同时减少对长距离依赖的过度敏感性，从而提高模型的稳定性和计算效率。

❑ 键和值的相对位置编码：

$$\boldsymbol{a}_{ij}^{K} = \boldsymbol{w}_{\mathrm{clip}(j-i,k)}^{K} \tag{10-21}$$

$$a_{ij}^V = w_{\text{clip}(j-i,k)}^V \tag{10-22}$$

这里的 a_{ij}^K 和 a_{ij}^V 是添加到键和值中的相对位置编码。它们基于元素 i 和 j 之间的距离，并通过剪裁函数来控制这个距离不超过 k。这些编码是预先学习好的，并存储在 w^K 和 w^V 中，每个都对应于从$-k$ 到 k 的可能距离。

- 学习相对位置表示的向量：相对位置编码向量 w^K 和 w^V，这些向量被用于模型的键和值部分以考虑输入元素之间的相对位置信息。

- w^K 和 w^V 是用于键和值的相对位置编码向量集合。这些集合包含从$-k$ 到 k 的位置编码向量，用于编码序列元素之间的位置关系。

- $w^K = \left(w_{-k}^K, \cdots, w_k^K \right)$：这是一组为键部分预先学习的相对位置编码向量。每个 w_i^K 是一个向量，对应位置差 i 的特定编码。

- $w^V = \left(w_{-k}^V, \cdots, w_k^V \right)$：这是一组为值部分预先学习的相对位置编码向量。每个 w_i^V 同样是一个向量，对应于位置差 i 的特定编码。

每个 w_i^K 和 w_i^V 都是实数向量，属于 $w_i^K, w_i^V \in \mathbb{R}^{d_a}$ 空间，其中，d_a 是向量的维度，意味着每个向量都有 d_a 个特征，这些特征被用来表征相对位置信息。

引入相对位置编码在处理长序列或元素位置关系复杂的任务时能够显著增强模型对序列数据中元素间的关系理解。通过相对位置编码，模型能够更灵活地捕捉序列中远距离的依赖关系，从而优化信息的传递和处理效率。这种改进不仅提高了模型在复杂任务中的表现，还使其在长序列处理上更加高效和可靠。

10.1.5　注意力机制的局限 1：缺乏非线性

自注意力层的计算主要是通过对值向量进行加权平均来完成的，权重由 $\text{softmax}\left(\dfrac{q_i k_j^T}{\sqrt{d_k}} \right)$ 中的指数运算生成，因此自注意力本质上已包含非线性，只是缺少逐位置的可学习非线性映射（如 ReLU）。虽然这种设计能够有效地捕获不同层次的特征组合，但是由于缺乏非线性，模型的表达能力受到了一定限制。非线性操作是神经网络捕捉输入数据中的复杂模式和特征的关键，而纯线性操作无法实现这种能力。然而，在实际应用中，自注意力层并不是单独使用的，它通常与其他层（如前馈神经网络层）结合。前馈层引入了激活函数等非线性操作，从而补充了自注意力机制的不足。这种组合设计不仅保留了自注意力的特性，还通过非线性操作增强了模型的表达能力，使其能够更好地捕捉复杂的数据特征。

在 Transformer 模型中，为了解决自注意力机制缺乏非线性的问题，一个简单而有效的解决方案是为每个自注意力层的输出添加一个前馈神经网络（Feed-Forward Network，FFN）。该前馈网络对每个输出向量进行后处理，引入所需的非线性操作，从而增强模型的表达能力。FFN 通常由两层全连接网络和一个激活函数（如 ReLU）组成，能够对每个位置的输出进行独立的非线性变换。这种结构设计已成为 Transformer 模型的标准组成部分，被广泛应用于各种自然语言处理和其他序列建模任务中。

对于自注意力层的每个输出向量，可以通过一个多层感知机（MLP）进行处理：

$$m_i = \text{MLP}\left(\text{output}_i \right) = W_2 \cdot \text{ReLU}\left(W_1 \text{output}_i + b_1 \right) + b_2 \tag{10-23}$$

其中，W_1 和 W_2 是权重矩阵，b_1 和 b_2 是偏置项，ReLU 是非线性激活函数。通过这种方式，每个输出向量都会经过一个包含非线性操作的处理流程，使模型不是仅停留在对输入的简单加权或平均上，而是能够学习到更复杂和深层的数据表示。前馈网络的加入显著增强了自注意力机制的能力，使模型不仅可以捕捉序列中元素之间的关系，还能够通过非线性变换识别复杂的数据模式，从而提升模型在各种任务中的性能表现。此外，Transformer 架构中的多头注意力机制也进一步强化了模型捕捉多种特征和模式的能力，而这种多样化的特征表达在很大程度上依赖于后续层的非线性变换才能充分发挥作用。

前馈层网络结构的 Python 算法实现：

```python
def feed_forward(d_model: int, hidden_dim: int) -> nn.Sequential:
    """
    定义前馈层网络结构
    参数：
    d_model: 输入维度
    hidden_dim: 中间层维度
    返回：
    nn.Sequential: 前馈神经网络
    """
    return nn.Sequential(
        nn.Linear(d_model, hidden_dim),
        nn.ReLU(),
        nn.Linear(hidden_dim, d_model)
```

10.1.6　注意力机制的局限 2：窥视"未来"

为了防止语言模型在预测序列中的下一个词时提前窥视未来的词，自注意力机制引入了一种称为屏蔽的策略。这种方法特别适用于文本生成等任务，要求模型只能基于当前词及其之前的词进行预测，而不能访问后续的词。在实现时，屏蔽通过为注意力矩阵添加掩码（Mask）来完成，掩盖所有与未来词相关的权重计算。这种约束可以确保模型的预测过程是公平和合理的，同时可以保证在生成任务中严格遵守时间顺序，从而避免未来信息的泄露。

自注意力计算生成一个得分矩阵，其中每个元素表示一个查询与一个键的匹配程度。如果不加限制，模型可能会利用序列中后续词的信息，这在预测下一个词时是不合适的，特别是在语言模型中。理论上，可以通过逐步调整每个时间步的键和查询集合，仅包含当前词及其之前的词来解决这一问题，但这种方法效率低下，难以充分利用现代硬件的并行计算能力。

为了解决这个问题，自注意力机制采用了更高效的方法，即通过引入掩码来屏蔽未来词的信息。在计算自注意力时，掩码用于阻止当前位置访问不应被看到的未来位置的内容。在具体实现中，对于每个序列位置，掩码会将未来位置的注意力权重设置为非常小的值（通常是负无穷）。这样，在经过 softmax 函数后，这些位置的权重接近于 0，未来信息不会对注意力分布产生影响，也不会在加权求和中被使用。通过这种方式，模型能够在确保计算效率的同时，严格遵守序列中的时间顺序，从而实现符合任务要求的注意力计算。

在自注意力机制中，为了实现序列中时间顺序的约束，当处理第 i 个词时，对于所有 $j>i$ 的词，将自注意力分数 e_{ij} 设置为 $-\infty$。这样，在计算注意力分布时，通过 softmax 函数将这些位置的权重强制变为 0，可以确保第 i 个词只能看到它自己和它之前的词，完全忽略后续词的信息。这种方法可以有效地阻止未来信息的泄露，同时保持计算的并行性。

　　例如，在对句子 The teacher who 进行编码时，当计算 who（第三个词）的自注意力输出时，将注意力分数 e_{3j} 对于所有 $j>3$ 的位置设置为 $-\infty$。这样可以确保 who 的表示只能从 [START]、The 和 teacher 这 3 个词中获取信息，而不会受到后续词的干扰。

　　通过这种方式，掩码自注意力机制使得模型在通过解码或序列生成任务时，能够遵循信息的时间顺序，保证生成的质量和合理性。这项技术是现代自注意力模型特别是用于自然语言处理任务的 Transformer 模型的关键组成部分。注意力掩码的表达：通过这种方式，掩码自注意力机制可以确保模型在解码或序列生成任务中遵循信息的时间顺序，从而保证生成结果的质量和合理性。这项技术是现代自注意力模型的重要组成部分，特别是在自然语言处理任务的 Transformer 模型中起到了关键作用。注意力掩码通常以如下方式表达：

$$e_{ij} = \begin{cases} \boldsymbol{q}_i^{\mathrm{T}}\boldsymbol{k}_j, & j \leqslant i \\ -\infty & j > i \end{cases} \tag{10-24}$$

　　虽然自注意力机制的计算复杂度会随着输入序列长度的增长按二次方增加（因为需要计算序列中每个元素与其他元素的关系），但是通过引入屏蔽技巧，Transformer 能够在不泄露未来信息的前提下高效地用于需要按顺序生成序列的任务。这种设计不仅保证了时间顺序的一致性，还使模型能够在文本生成、语言建模等任务中表现出色，同时保持计算过程的并行性和灵活性。

10.1.7　小结

　　最小自注意力架构通常包含以下核心部分：

❑ 自注意力操作：自注意力机制允许模型在处理序列时，每个元素能够通过其他元素的信息来更新自身信息。通过计算每个元素对序列中其他元素的注意力分数（这些分数表示其他元素对当前元素的重要性），从而实现信息的加权聚合。

❑ 位置编码：为了提供序列中元素的位置信息，自注意力架构引入了位置编码。通过绝对位置编码或相对位置编码，帮助模型理解序列的顺序及元素之间的位置关系，从而更好地捕捉上下文结构。

❑ 逐元素非线性处理：在完成每个元素的注意力加权和计算后，通常会应用非线性激活函数（如 ReLU）来处理这些输出。非线性操作增加了模型的表达能力，使其能够更好地处理复杂的数据特征。

❑ 未来掩蔽（在语言建模中）：对于语言模型等生成任务，未来掩蔽是关键技术，用于防止模型在预测下一个词时访问未来的信息。这种掩蔽确保了模型具有自回归性质，即每次仅基于已生成的词预测下一个词，从而遵循时间顺序。虽然上述架构提供了处理序列数据的基本框架，但是当前自然语言处理领域使用最广泛的架构是由 Vaswani 等人在 2017 年提出的 Transformer。Transformer 在自注意力机制的基础上增加了多头注意力、层归一化（Layer Normalization）、残差连接等多个关键改进。这些组件不仅显著提升了模型的性能和灵活性，还使 Transformer 成为各种自然语言处理任务中的核心模型。接下来将详细介绍这些高级组件的工作原理及其在自然语言处理任务中的应用效果。

10.2　Transformer 的关键组件

在 Transformer 模型中，编码器（Encoder）和解码器（Decoder）虽然功能不同，但是共享了许多关键组件和架构设计。这些核心组件使得 Transformer 在处理复杂的序列依赖关系时表现卓越。

多头注意力是编码器和解码器的核心机制，用于处理输入序列。在编码器中，多头注意力帮助模型捕获序列内部的依赖关系，使得每个位置的表示能够综合考虑整个输入序列。在解码器中，多头注意力不仅可以处理已生成的序列片段，还可以通过交叉注意力（Cross-Attention）将编码器的输出引入解码过程，从而结合输入序列的上下文信息。这种设计让解码器能够生成与输入相关联的高质量输出。

每个编码器和解码器层都包含一个独立的前馈网络（Feed-Forward Network，FFN），这是由两层线性变换和一个非线性激活函数（如 ReLU）组成的子网络。前馈网络对序列中每个位置的向量独立进行非线性变换，从而增强模型的表达能力。由于这一网络是逐位置独立计算的，能够高效处理序列数据。

为了稳定训练并加速收敛，层归一化（Layer Normalization）被引入每个子层（如自注意力层和前馈网络层）之后。层归一化通过规范化层的输入分布来减少模型对初始参数和输入变化的敏感性，从而使得训练更加平稳。

在每个子层中，残差连接（Residual Connection）是另一个重要的设计。残差连接通过将子层的输入直接加到子层的输出上，有效缓解了深层网络中梯度消失的问题，同时允许信息在网络中更高效地流动。结合残差连接和层归一化，Transformer 能够更好地训练深层结构。

最后，无论是多头注意力还是前馈网络，都依赖于参数化的权重，这些权重在训练过程中通过数据学习获得。虽然编码器和解码器的权重是独立的，但是两者在结构和参数化方式上保持一致，这使得模型在编码和解码阶段都能够高效处理序列数据。

通过这些组件的结合，Transformer 架构能够高效地捕捉序列中元素间的复杂依赖关系，并适应多种自然语言处理任务的需求。接下来将深入解析这些组件的工作原理及其在实际任务中的应用。

10.2.1　多头注意力

多头注意力（Multi-Headed Attention）是 Transformer 架构中的一个关键创新，它允许模型在处理每个单词时能够同时关注句子中的多个位置。这样做可以让模型从不同的角度捕捉信息，增强了模型处理复杂序列数据的能力。多头注意力机制是将原始的键（K）、值（V）和查询（Q）通过不同的线性变换分成多组，每组就形成了一个独立的"头"，如图 10-5 所示。在 Transformer 模型中，这些头通常是 8～12 个，具体数量可以根据任务需求和模型大小来调整。

多头注意力是 Transformer 架构中的核心创新之一，它使得模型在处理每个单词时可以同时关注句子中的多个位置，从而在不同层次和角度上捕捉信息。通过这种设计，模型能够更全面地理解序列数据中的复杂关系，极大地提升了对语言结构的建模能力。

多头注意力的实现方式是将原始的键、值和查询通过多个独立的线性变换映射到不同的子空间，每组对应一个独立的"头"（Head）。这些"头"独立计算注意力分数并生成加权输出。这个过程允许模型从多个不同的角度处理输入序列的信息，从而更好地捕捉细微的依赖关系和模式。

通过并行计算多个注意力头，模型能够在保证计算效率的同时大幅提升信息提取的能力。最终，所有头的输出会通过拼接和线性变换整合在一起，形成自注意力模块的输出。这种多头设计不仅增强了模型的表达能力，还为处理复杂的自然语言任务提供了强大的工具。如图 10-5 所示为多头注意力示意。

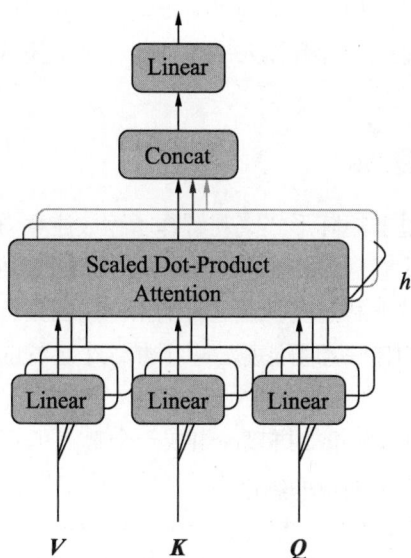

图 10-5　多头注意力示意

1. 直观理解

多头注意力的设计使模型能够从多个"视角"同时关注输入序列的不同方面。每个"头"可以看作一个独立的注意力机制，专注于序列中的某些特定特征或模式。这种并行处理的设计让模型在同一时间可以对多种特征进行建模，使其能够更全面地捕获序列中的信息，极大地提升了模型处理复杂数据的能力，尤其是在自然语言处理等需要捕捉细微上下文依赖的任务中表现出色。通过综合多个注意力头的输出，模型得以生成对序列更加细致和全面的理解。

在一个多头注意力模型中，不同的注意力头可以专注于输入序列的不同方面，从而全面捕捉句子中的各种信息特征。以下是 4 个示例头及其专注的信息类型。

❑ Attention Head 1：关注实体，专门识别句子中的实体，如人名、地名或专有名词。在句子 John met with Mary in New York 中，该头可能特别关注像 John、Mary 和 New York 这样的词。这种能力有助于模型在句子中定位关键角色或地点，为理解语义提供重要线索。

❑ Attention Head 2：关注语法结构，专注于发现句子中的语法关系，如动词和介词等词汇之间的联系。在上面的例子中，Attention Head 2 可能关注 met 和 in，帮助模型理解句子的整体结构和词汇之间的功能性关系。这对于解析语法复杂的句子尤其重要。

❑Attention Head 3：关注情感词汇，专门寻找句子中表达情感或情绪的词汇，捕捉句子的情感色彩。例如，在句子 He is extremely happy about the news.中，Attention Head 3 可能会集中关注 extremely 和 happy，以识别句子的情绪基调或主观色彩。

❑Attention Head 4：关注长距离依赖，用于捕捉句子中距离较远的词与词之间的关系，如主谓一致、指代关系等。在一些长句或结构复杂的句子中，这个头可以解决分句之间的逻辑联系问题。例如，在 The boy who won the race is very proud.中，它可能会关注 boy 和 is 之间的语义连接。

通过这种多头分工的设计，模型能够同时捕捉句子中的实体、语法、表达的情感以及长距离依赖等信息，从多个角度综合理解输入序列。这种机制显著提升了模型对复杂语言任务的处理能力。

2. 序列堆叠形式的注意力机制

在 10.1.2 节中，我们通过非矩阵形式直观解释了缩放注意力机制，但在实际应用尤其是处理大规模数据时，高效的计算至关重要。矩阵形式的键-查询-值（Key-Query-Value，KQV）注意力机制显著提升了计算效率和速度。通过将输入向量的集合堆叠为矩阵，并利用矩阵运算，可以并行处理整个序列的自注意力计算。以下是这个过程的详细步骤。

（1）输入向量的准备。

假设 $X = [x_1, \cdots, x_n]$ 是输入向量的拼接，组成一个 $\mathbb{R}^{n \times d}$ 的矩阵，其中 n 是序列长度，d 是嵌入维度，即每个单词或标记向量的维度。

（2）转换为键、查询、值。

输入矩阵 X 通过与 3 个不同的权重矩阵 W_K、W_Q、W_V 相乘，分别生成键矩阵 K、查询矩阵 Q 和值矩阵 V。这些权重矩阵的维度通常是 $\mathbb{R}^{n \times d_k}$（对于 W_K 和 W_Q）和 $\mathbb{R}^{n \times d_v}$（对于 W_V）。

（3）计算查询-键点积。

通过计算查询矩阵 Q 和键矩阵 K 的点积 QK^T，生成一个 $\mathbb{R}^{n \times n}$ 的注意力得分矩阵。矩阵中的元素(i,j)表示序列中第 i 个查询与第 j 个键之间的相似度。每一行表示序列中某个元素对其他元素的注意力 logits。

（4）进行归一化操作。

对注意力得分矩阵 QK^T 应用缩放操作（通常除以 $\sqrt{d_k}$）以确保数值的稳定性，然后通过 softmax 函数将其转换为概率形式，得到归一化的注意力权重矩阵 $A \in \mathbb{R}^{n \times n}$。每行的权重和为 1，表示在计算输出时应该为每个值分配的权重。

（5）计算加权平均。

将注意力权重矩阵 A 与值矩阵 V 相乘，得到输出矩阵 $O = AV \in \mathbb{R}^{n \times d}$。矩阵 O 的每一行是序列中对应元素在注意力加权下生成的上下文向量，其中权重由注意力得分决定。

通过以上步骤，自注意力机制完成了对输入序列的加权聚合，生成了更具语义和上下文关联的输出。这个过程为 Transformer 模型提供了强大的表示能力，尤其是在捕捉序列中远距离元素之间的依赖关系方面表现突出。

3. 多头注意力的工作原理

在多头注意力机制中，每个注意力头会独立地处理输入数据，通过计算查询、键和值来捕捉序列中的特定模式或特征。每个头专注于不同的信息维度，这使得模型能够从多个角度理解输入序列。处理完成后，这些头的输出会被连接（Concatenate）在一起，并通过一个线性变换进行整合，最终形成一个统一的输出向量，用于表示该位置的上下文特征。这种设计增强了模型的表达能力，允许它在同一层中同时关注到不同的特征或关系。

每个头会通过独立的线性变换得到它的查询（Q）、键（K）和值（V），然后进行缩放点积注意力计算。完成注意力计算后，从每个头得到的输出被拼接起来，并通过一个最终的线性变换层来整合这些不同的信息。

为了实现多头注意力，需要多组查询（Q）、键（K）、值（V）矩阵。每组矩阵都对应一个"注意力头"，用于捕捉序列中的不同特征或模式。如果有 h 个注意力头，则每个 Q_l，K_l，$V_l \in \mathbb{R}^{n \times (d/h)}$，其中，$l$ 表示第 l 个注意力头，范围是从 1 到 h。这种设计是为了在每个头中处理较小的数据子集，同时保持整体计算的效率和效果。在不使用多头注意力的情况下，变换矩阵的维度为 $d \times d$，其中，d 是输入数据的特征或隐藏状态的维度。在多头注意力中，模型的目标是将注意力计算分散到多个头上，让每个头能够专注于不同的信息子空间。每个头处理输入数据的一部分表示，并且这些较小的矩阵维度被缩减（从 d 缩小到 d/h），从而减少了每个头的计算负担。这种设计不仅提升了计算效率，还让每个头能够专注于捕捉输入数据的不同特征或关系，使模型能够更全面地理解序列中的复杂信息。

假设输入特征的维度为 $d=128$，并设置 $h=8$ 个注意力头，那么每个头的特征维度将被缩小为 $d/h=128/8=16$。

每个注意力头独立执行自注意力计算，这意味着每个头都会单独计算其对应的注意力得分和加权值向量。对于第 l 个注意力头，其输出表示为：

$$O_l = \text{softmax}\left(\frac{Q_l K_l^{\mathrm{T}}}{\sqrt{d_k}}\right) V_l \tag{10-25}$$

因此，对于第 l 个注意力头，其输出矩阵可以表示为 $O_l \in \mathbb{R}^{n \times (d/h)}$。

合并所有头的输出后，将每个注意力头独立计算得到的输出拼接在一起，形成一个整体的矩阵。假设有 h 个注意力头，每个头的输出是一个大小为 $\mathbb{R}^{n \times (d/h)}$ 的矩阵。将这些矩阵按列拼接后，得到一个大小为 $\mathbb{R}^{n \times d}$ 的拼接矩阵 O，其中 d 是嵌入维度，n 是序列长度。

$$O = [O_1, O_2, \cdots, O_n] W_O \tag{10-26}$$

4. 多头注意力的Python代码

多头注意力的 Python 代码如下：

```python
class MultiHeadAttention(nn.Module):
    """
    多头注意力机制
    """
    def __init__(self, d_model: int, num_heads: int):
        super(MultiHeadAttention, self).__init__()
        assert d_model % num_heads == 0, "d_model 必须能被 num_heads 整除"
```

```
        self.num_heads = num_heads
        self.d_k = d_model // num_heads  # 每个头的维度

        # 定义线性变换层，用于生成查询、键、值
        self.linear_q = nn.Linear(d_model, d_model)
        self.linear_k = nn.Linear(d_model, d_model)
        self.linear_v = nn.Linear(d_model, d_model)
        # 定义输出线性变换层
        self.linear_out = nn.Linear(d_model, d_model)

    def forward(self, q: torch.Tensor, k: torch.Tensor, v: torch.Tensor, mask:
torch.Tensor = None) -> torch.Tensor:
        """
        前向传播函数
        参数:
        q: 查询张量，形状为 (batch_size, seq_len, d_model)
        k: 键张量，形状为 (batch_size, seq_len, d_model)
        v: 值张量，形状为 (batch_size, seq_len, d_model)
        mask: 掩码张量（可选），形状为 (batch_size, 1, 1, seq_len)
        返回:
        多头注意力机制的输出张量，形状为 (batch_size, seq_len, d_model)
        """
        batch_size = q.size(0)

        # 对查询、键、值进行线性变换并拆分为多个头
        Q = self.linear_q(q).view(batch_size, -1, self.num_heads, self.d_k).
transpose(1, 2)
        K = self.linear_k(k).view(batch_size, -1, self.num_heads, self.d_k).
transpose(1, 2)
        V = self.linear_v(v).view(batch_size, -1, self.num_heads, self.d_k).
transpose(1, 2)

        # 计算缩放点积注意力
        attn_output = scaled_dot_product(Q, K, V, mask)

        # 将多个头的输出连接起来并调整形状
        attn_output = attn_output.permute(0, 2, 1, 3).reshape(batch_size, -1,
self.num_heads * self.d_k)

        # 通过线性变换层得到最终输出
        return self.linear_out(attn_output)
```

在上述代码中，MultiHeadAttention 类实现了多头注意力机制，它通过同时处理多个注意力头来增强模型的特征捕捉能力。每个注意力头都有独立的查询（Query）、键（Key）和值（Value）线性变换，用于生成参与注意力计算的中间向量，作为后续注意力权重计算的基础。在实现方面，这些线性变换由 nn.Linear 层定义，并分别对应于 self.linear_q、self.linear_k 和 self.linear_v。

对于每个输入序列，查询、键和值张量都会进行线性变换，然后拆分成多个注意力头。每个头独立计算缩放点积注意力（Scaled Dot-Product Attention），即分别计算查询与键的相似度（点积），归一化后使用这些相似度权重对值进行加权求和。计算完成后，将所有头的输出重新组合成一个张量，通过线性变换 self.linear_out 合成为最终的多头注意力输出。

在代码采用的架构设计中，键和值的维度是相同的，即 dim_k 等于 dim_v。这种设计简化了模型的实现，并且因为键和值经常来源于同一个输入源，这种对称性非常自然。然而，

理论上键和值的维度可以不同。如果需要明确区分键和值的维度，那么可以为值引入一个独立参数如 dim_v，用它来初始化值的线性变换。在这种情况下，代码中的相关操作（如点积计算和输出线性变换）需要确保可以正确处理维度的变化。

通过这种设计，MultiHeadAttention 类能够在多个表示子空间中并行地学习输入数据的不同特征。这种机制允许模型从多种视角捕获序列中元素之间的关系，提高了对复杂数据模式的建模能力，使 Transformer 模型在自然语言处理任务中表现出色。

5．多头注意力的优势

虽然多头注意力需要同时计算多个注意力头，但是计算成本并没有显著增加。这是因为多头注意力采用了高效的矩阵操作，从而最大化地利用并行计算的优势，显著减少了额外的计算开销。每个输入序列会通过线性变换生成查询、键和值矩阵，然后将这些矩阵划分为多个子矩阵，分别对应于不同的注意力头。在每个头中，这些子矩阵的大小被缩小，从而使得每个注意力头的计算量减小。接下来所有注意力头的计算是并行进行的，计算注意力得分、应用 softmax 函数归一化、计算加权平均值等步骤都会在每个头内独立完成。最后将所有头的输出拼接起来，通过一次线性变换生成最终的输出。这种高效的实现方式确保了多头注意力在提升模型表达能力的同时保持较低的计算成本，从而为处理复杂的序列数据提供了强有力的支持。

10.2.2　残差连接

在将自注意力扩展为多头注意力后，Transformer 架构（编码器和解码器）都引入了两个关键的优化技术来提升模型的性能和稳定性，它们就是残差连接（Residual Connection）和层归一化（Layer Normalization）。这两项技术通常在 Transformer 的结构图中被合并为 Add & Norm，并在各个子层中使用。下面重点介绍残差连接的作用和实现方式。

残差连接的主要目的是解决深层网络中常见的梯度消失和梯度爆炸问题。通过允许梯度直接穿过网络的不同层，残差连接提高了深层网络的训练效率，同时增强了模型的稳定性。在 Transformer 中，每个子层（如多头注意力层或前馈网络层）的输出不仅包含该子层的处理结果，还会直接加上子层的输入。这种设计允许模型在学习复杂特征的同时保留输入的原始信息，从而避免信息丢失。

残差连接的实现方式非常简捷。假设某个子层的处理函数为 $F(\ )$，输入为 x，那么该子层的输出可以表示为 $x + F(x)$。这种结构不仅有助于保持输入的关键信息，还使得优化过程更加高效。这种加法操作确保模型可以在增加深度的同时仍然保持梯度流动的稳定性，从而支持更深层次的网络训练。这种简单而强大的设计成为 Transformer 架构性能优异的一个重要指标。

1．残差连接的工作原理

残差连接由 He 等人在 2016 年首次提出，最初应用于视觉领域的深度残差网络（ResNet）。这项技术的核心目的是帮助深层模型更高效地训练，因此很快扩展到包括 Transformer 在内的各种深度学习模型中。残差连接之所以得名，是因为它让模型可以直接学习输入与输出之间的差异部分（即残差），而不是学习完整的输出。通过这种设计，网络的学习任务变得更简单，因为模型只需要专注于输入与输出之间需要调整的部分即可，加速了训练并提高了深层网络的稳定性。

1）常规层连接

在传统的神经网络层之间的连接方式中，每一层的输出直接作为下一层的输入：

$$X^{(i)} = \text{Layer}\left(X^{(i-1)}\right) \tag{10-27}$$

这里，$X^{(i)}$ 表示第 i 层的输出，而 $X^{(i-1)}$ 是第 $i-1$ 层的输出，它被直接传递给第 i 层的函数 Layer。

2）残差连接的引入

在引入残差连接的网络中，每一层的输出不仅仅是这一层直接处理的结果，而是这一层的处理结果加上输入本身：

$$X^{(i)} = X^{(i-1)} + \text{Layer}\left(X^{(i-1)}\right) \tag{10-28}$$

换句话说，残差连接的基本思想是将某层的输入直接加到该层的输出上，从而形成一个"短路"路径。这种连接方式也可以表述为以下公式：

$$f_{\text{residual}}\left(h_{1:n}\right) = f\left(h_{1:n}\right) + h_{1:n} \tag{10-29}$$

其中，$f\left(h_{1:n}\right)$ 是网络层对输入 $h_{1:n}$ 的处理函数，$h_{1:n}$ 是该层的输入。

这种方式可以帮助梯度在网络中更有效地流动，因为在反向传播时，梯度可以直接通过加法操作传递回更早的层。

2. 残差连接的优点

☐ 改善梯度流动：在深层网络中，反向传播时梯度可能会因为多次相乘而变得非常小（梯度消失）或非常大（梯度爆炸），如在经过激活函数的导数时。例如，对于 ReLU 激活函数，大约有一半的概率会产生零梯度，这会导致训练信号在反向传播过程中丢失。而残差连接可以有效减少这种问题。这是因为残差连接中的加法操作对梯度是线性的，不会引入额外的梯度衰减。在计算图中，残差连接形成了一条"捷径"，让梯度可以直接沿这条路径传播。即使附加层的输出为 0，输入信号仍然可以无损地传递到更深的网络层。理想情况下这意味着梯度值可以保持为 1，不会随着层数增加而衰减或放大。这样，残差连接可以确保训练信号能够顺畅地传递到深层网络，从而显著提高深层网络的训练效果和稳定性。残差连接的梯度贡献：

$$\frac{\partial X^{(i)}}{\partial X^{(i-1)}} = I + \frac{\partial \text{Layer}\left(X^{(i-1)}\right)}{\partial X^{(i-1)}} \tag{10-30}$$

☐ 易于学习的恒等映射：在有些情况下，某一层的输出可能不需要对输入进行显著改变，最优的结果就是让输出等于输入，即实现一个"恒等映射"（Identity Mapping）。残差连接通过允许输入直接加到输出上，让网络更容易学习这种恒等映射。如果某一层的处理函数 $\text{Layer}\left(X^{(i-1)}\right)$ 输出为 0，那么该层的输出 $X^{(i)}$ 就直接等于输入 $X^{(i-1)}$。这表明网络可以非常轻松地学到恒等映射，而不需要复杂的参数调整或优化。这种特性在实际中非常有用，因为在许多情况下，网络的目标就是在保留输入信息的基础上仅学习输入与输出之间的细微差异。残差连接的这种设计能够让网络更高效地处理简单的映射任务，同时集中更多资源学习更复杂的特征，显著提升训练效果和模型性能。

□ 保持信息在 Transformer 层中的局部性：自注意力机制使信息可以在网络中任意流动，这意味着输入序列中的标记可以被任意置换或重新组合。然而，残差连接通过直接将输入加到输出中，始终"提醒"网络每个标记的原始状态。这种设计在一定程度上可以确保每个标记在上下文中生成的输出向量仍能保留其原始输入的信息，而不会因为层与层之间的复杂变换完全失去与原始输入的关联。这种局部性有助于模型在捕捉上下文的同时，保持对输入标记的忠实表示。

总之，残差连接通过在每一层中添加一条"捷径"，直接连接前后层的输入和输出，大大提高了深度模型的训练效率和稳定性。这种设计已经成为现代深度学习架构的重要组成部分，广泛应用于卷积神经网络和 Transformer 模型中。残差连接的引入让深度网络的训练变得更容易，同时显著提升了模型的性能，使构建更深、更复杂的网络成为可能。在 Transformer 模型中，残差连接极大地提升了训练效率与模型效果，是其在自然语言处理等任务中取得突破性成果的关键因素之一。

3. 残差连接的Python代码

残差连接的 Python 代码如下：

```python
class Residual(nn.Module):
    """
    残差连接模块
    """
    def __init__(self, sublayer: nn.Module, dimension: int, dropout_rate:
float = 0.1):
        super(Residual, self).__init__()
        # 子层可以是任何 nn.Module，如多头注意力或前馈网络
        self.sublayer = sublayer
        # 层归一化组件，用于规范化输入的特征
        self.norm = nn.LayerNorm(dimension)
        # dropout 组件，用于在训练过程中随机丢弃一部分特征，防止过拟合
        self.dropout = nn.Dropout(dropout_rate)

    def forward(self, x: torch.Tensor, *args, **kwargs) -> torch.Tensor:
        """
        前向传播
        参数:
        x: 输入张量
        args: 其他传递给子层的参数
        kwargs: 其他传递给子层的关键字参数
        返回:
        norm: 残差连接的输出
        """
        return self.norm(x + self.dropout(self.sublayer(x, *args, **kwargs)))
```

10.2.3 层归一化

层归一化（Layer Normalization）是 Ba 等人在 2016 年提出的一种技术，用于加速模型训练过程。它通过对每一层的隐藏向量进行归一化，将其调整为均值为 0、标准差为 1 的分布，减少隐藏向量中非必要的变化，从而提高模型的训练效率和稳定性。

1. 层归一化的原理

层归一化通过对每一层的隐藏状态进行标准化，减小了不同层输出分布之间的差异，从而使模型的学习过程更加稳定和高效。这种标准化操作能够平滑隐藏状态的值，帮助模型更稳定地传播梯度，并显著降低训练的难度，同时提升训练速度。

2. 层归一化的计算步骤

（1）计算均值和标准差。

对于模型中的每个词向量 $x \in \mathbb{R}^d$，计算其均值 μ 和标准差 σ。

$\mu = \dfrac{1}{d}\sum\limits_{j=1}^{d} x_j$，表示向量中所有元素的均值。

$\sigma = \sqrt{\dfrac{1}{d}\sum\limits_{j=1}^{d}\left(x_j - \mu\right)^2}$，表示向量中所有元素相对于均值的标准差。

（2）应用归一化。

使用计算得到的均值和标准差对向量 x 进行归一化，归一化后的输出为 $\dfrac{x - \mu}{\sigma + \varepsilon}$，其中 ε 是一个很小的数，防止除以 0。

3. 使用学习到的增益和偏置

归一化的结果将乘以一个可学习的增益参数 γ 并加上一个可学习的偏置参数 β，这两个参数都是向量，维度与 x 相同（$\mathbb{R}^d$）：

$$\text{output} = \left(\frac{x - \mu}{\sigma + \varepsilon}\right) \times \gamma + \beta \tag{10-31}$$

4. 层归一化的Python算法实现

层归一化的 Python 算法实现代码如下：

```python
import numpy as np

def layer_norm(inputs, epsilon=1e-5, gamma=None, beta=None):
    """
    纯 NumPy 实现的 Layer Normalization
    -----------------------------------
    inputs   : 形状 (..., d) 的数组, 归一化沿最后一维进行
    epsilon  : 用于保证数值的稳定性, 避免标准差为 0 时除以 0
    gamma    : 一个可学习的缩放因子 γ, 形状为(d,), 默认初始化为全为 1 的向量
    beta     : 一个可学习的平移因子 β, 形状为(d,), 默认初始化为全为 0 的向量
    """
    # ① 计算均值 μ 和方差 σ²（沿最后一维）
    mean = inputs.mean(axis=-1, keepdims=True)
    var  = inputs.var(axis=-1, keepdims=True)

    # ② 标准化
    normalized = (inputs - mean) / np.sqrt(var + epsilon)
```

```
    # ③ γ、β 只需长度 d 的一维向量，靠广播作用到更高维
    d = inputs.shape[-1]
    if gamma is None:
        gamma = np.ones((d,), dtype=inputs.dtype)
    if beta is None:
        beta  = np.zeros((d,), dtype=inputs.dtype)

    # ④ 输出 = 缩放 + 平移
    return normalized * gamma + beta


# ===== 示例 =====
inputs = np.array([[1, 2, 3],
                   [4, 5, 6]], dtype=float)

print("原始输入:\n", inputs)
print("层归一化输出:\n", layer_norm(inputs))
```

5. 层归一化的优势

在 Transformer 模型中，层归一化的计算范围是针对每个标记（Token）单独进行的。也就是说，对于序列中的每一个位置，即每个 Token，会独立计算它在隐藏维度上的均值和标准差。换句话说，层归一化并不是对一个批次或整个序列的所有 Token 统一计算统计量，而是逐个 Token 地计算。这样，每个 Token 的处理只依赖于自身的特征分布，而不会受到其他 Token 的影响，从而确保各个位置的处理过程独立而纯粹，避免不同 Token 之间的统计信息相互干扰。

在神经网络的训练过程中，内部协变量偏移（Internal Covariate Shift）指随着参数的更新，网络中每一层的输入分布会发生变化。这种变化会使模型在训练过程中不断需要重新调整学习方式，可能减缓训练速度并影响模型的收敛性。层归一化通过对每一层的输入进行标准化，使其具有一致的均值和标准差，从而减少这种输入分布的变化。通过稳定每一层的输入分布，层归一化有效地加速了模型的训练过程并有助于更快地收敛。

通过引入增益参数 γ 和偏置参数 β，层归一化在标准化的基础上增加了灵活性。这两个参数是可学习的，它们允许模型调整归一化后的输出，使其适应不同的任务需求。增益 γ 用于缩放归一化后的值，而偏置 β 用于平移。这种设计可以确保归一化过程不会限制模型的表达能力，而是为每一层提供额外的调节空间，从而提高模型的灵活性和性能。

10.2.4　残差连接和层归一化的结合

在 Transformer 模型中，残差连接和层归一化（Layer Normalization，LN）的结合使用是其设计中的一个重要特点。这两种机制的作用既独立又互补，共同帮助模型实现高效训练和出色性能。在一个标准的 Transformer 块中，通常的操作顺序如下：

（1）输入传递给子层（可以是自注意力层或前馈网络层）。

（2）子层的输出与输入进行残差连接：即将子层的输出直接与该层的输入相加。

（3）应用层归一化：在残差连接的结果中应用层归一化，以稳定网络的激活分布，加收敛并提高训练的稳定性。

如果将一个子层表示为一个函数 Sublayer( )，并且 x 是该层的输入，那么处理流程可以表示为：

$$\text{LayerOutput=LayerNorm}\left(x+\text{Sublayer}\left(x\right)\right) \tag{10-32}$$

所以 Add & Norm 的过程是：首先计算子层的输出，然后将这个输出加到输入上（残差连接），最后对求和结果应用层归一化。

10.3　Transformer 的编码器与解码器结构

Transformer 模型的编码器和解码器结构的初始设计理念是为了高效地处理 Seq2Seq 的任务，如机器翻译，其中输入序列需要转换成输出序列。这种结构允许模型在处理输入数据时，分别优化对信息的编码和解码，从而更准确地进行预测和生成。

10.3.1　Transformer 编码器

1. 编码器的设计原理

❑ 双向上下文处理：编码器可以同时关注输入序列中每个元素前后的信息。这是通过自注意力机制实现的，它让每个元素在编码时都能"看到"整个序列的内容，从而更好地捕捉语言中的复杂依赖关系。

❑ 分层结构：编码器由多层相同的模块组成，每个模块包含自注意力机制和前馈网络。这种分层设计让编码器可以逐层提取更深层次的特征，使得输入序列的表示变得更加精细和丰富。

❑ 残差连接和层归一化：为了避免深层网络在训练时出现梯度消失或爆炸的问题，编码器引入了残差连接和层归一化。这些技术使训练更加稳定并提高了模型的效率。

2. 编码器的输入

在 Transformer 模型的编码器中，输入主要是经过预处理的序列数据。这些输入通常包括以下几个方面：

（1）输入序列：在自然语言处理任务中，输入通常是由单词、句子或文档组成的文本数据。在将文本数据输入编码器之前，必须将其转换为一系列的标记，这个过程称为"标记化"（Tokenization），是自然语言处理的关键步骤。标记化的目的是将原始文本划分为更小的单元，以便模型能够更好地进行处理和分析。常见的标记化方法包括基于空格的分词、基于规则的分词以及子词分词等，每种方法在不同场景中都有其适用性。例如，简单的空格分词可以将句子直接按单词进行分开，而子词分词（如 BPE 或 WordPiece）可以有效处理未登录和拼写变化的词，从而增强模型的泛化能力。

❑ 空格分割标记化：是最简单的标记化方法，直接使用空格将文本分割成单词。这种方法适用于大多数使用空格分割单词的语言（如英语）。

例子：

输入文本："Hello, world! This is an example."

标记化结果：["Hello,", "world!", "This", "is", "an", "example."]

☐ 基于规则的标记化：这种方法使用特定的规则（如正则表达式）来处理文本中的复杂模式，如缩写、数字和标点符号。

例子：

输入文本："Dr. Smith loves New York City."

标记化结果：["Dr.", "Smith", "loves", "New", "York", "City", "."]

☐ 子词标记化：子词标记化涉及将单词分解为更小的有意义的单元，如词根、词缀等。这对于处理词形变化丰富的语言或未知词特别有效。

例子：

输入文本："unbelievable"

标记化结果：["un", "believ", "able"]

☐ 字节对编码（Byte Pair Encoding，BPE）：是一种流行的子词标记化方法，最初用于数据压缩，后来被广泛应用于自然语言处理中用于处理未知词和减少词汇表的大小。它通过迭代合并频繁出现的字节对来学习最常见的子词。

例子：

输入文本："lower newer mower"

学习过程：合并"er"和"new"等频繁序列

标记化结果：["low", "er", " ", "new", "er", " ", "mow", "er"]

☐ WordPiece：类似于 BPE，但它优化的是语言模型的似然，而不仅仅是序列的频率，这使得它在如 BERT 这类模型的预处理中特别受欢迎。

例子：

输入文本："JetBrains creates tools for developers."

标记化结果：["Jet", "##B", "##rains", "creates", "tools", "for", "developers", "."]

在 Transformer 模型中，文本预处理通常采用 BPE（Byte Pair Encoding）或 WordPiece 等子词标记化方法。这些方法能够有效地处理未登录词并显著减少模型的词汇表大小，同时还可以保持足够的灵活性以适应多样化的文本内容。经过标记化后，文本被拆分为子词单元，这些子词将被进一步转换为词嵌入向量，作为模型的输入用于训练或预测任务。

（2）词嵌入：在输入序列处理中，每个标记都会被映射为一个固定维度的向量，这个映射过程由词嵌入完成。词嵌入通过学习获取的表示方式，可以将词汇的语义信息以高维空间中的点形式进行表达，从而捕捉词汇之间的语义关系和上下文信息。

（3）位置编码：由于 Transformer 模型的自注意力机制本身无法直接感知序列中标记的顺序信息，因此需要引入位置编码来补充这个能力。位置编码为每个标记提供其在序列中的位置信息，并以与词嵌入相同的维度来表示。通过将位置编码加到词嵌入向量上，模型能够在捕捉语义信息的同时考虑到标记的顺序，从而更有效地处理序列数据。

（4）组合词嵌入和位置编码：在将输入传递到编码器的自注意力层之前，每个标记的词嵌入向量会与对应的位置信息相结合。这种结合通过将词嵌入向量与位置编码向量相加来实现。结果是一个包含综合信息的向量，既包括词汇的语义特征，也包含该词在输入序列中的位置信息，确保编码器在计算自注意力时，不仅能够捕捉词语间的语义关系，还能够利用位置信息理解序列的结构和顺序，从而增强对输入数据的理解能力。

（5）处理流程：输入数据首先将词嵌入层转换为固定维度的向量，然后与位置编码相加，生成包含语义信息和位置信息的输入特征。这些特征随后被送入编码器的自注意力层进行处理。编码器中的每一层都会基于前一层的输出进一步提取和整合信息，以捕获输入序列中更复杂的模式和依赖关系，逐步构建出更丰富的上下文向量，用于后续任务。

3. 编码器的输出

在 Transformer 模型中，编码器的输出是一种经过深度处理的序列表示，其特点如下：

首先，编码器通过多层自注意力机制和前馈网络对输入序列进行多次抽象和提炼，使每层的输出逐步增强，最终生成的特征向量高度提炼出关键的输入信息作为后续任务的输入基础。这些输出向量不仅包含每个输入位置的语义信息，还结合了整个序列的上下文关系。由于自注意力机制的全局特性，每个输出向量都反映了其他位置的信息，形成上下文感知的嵌入。这种全局视角使得每个位置的表示不仅限于本地特征，还捕捉了序列中的复杂依赖关系。

其次，编码器的输出维度通常与输入嵌入的维度保持一致。例如，如果输入嵌入的维度是 512，那么编码器每层输出的向量维度也为 512。这种设计有助于维持信息的完整性，避免在维度缩减过程中丢失重要信息。此外，保持相同的维度简化了模型的结构，使每一层的输出可以直接作为下一层的输入，而无须额外的变换。同时，这一设计也支持残差连接的应用，从而稳定训练过程并避免梯度消失问题。

最后，编码器的输出可以被视为输入序列的完整表示，适用于多种下游任务。在机器翻译中，编码器的输出会被解码器利用，用来生成目标语言的文本；在文本分类任务中，可以提取编码器输出中的特定向量（如第一个向量或所有向量的平均值）作为分类特征。

总之，编码器输出是对输入序列深层次、全面的编码，为自然语言处理任务提供了丰富的信息基础，其质量直接影响模型在具体任务中的表现。

10.3.2　Transformer 解码器

Transformer 解码器是构建语言模型和其他生成式任务系统的核心模块之一。它基于自注意力机制，并在此基础上增加了多个关键组件，以进一步提升模型的性能和适应能力。解码器的设计使其能够高效地生成输出序列，同时捕捉输入序列和目标序列之间的复杂依赖关系。这种架构非常适合机器翻译、文本生成等需要逐步生成输出的任务。

1. 解码器的设计原理

Transformer 解码器在生成输出序列时具有以下重要特点，这些特点共同构成了解码器强大的生成能力。

（1）自回归生成方式：解码器以自回归的方式逐步生成输出序列。在预测当前词时，仅依赖于之前已经生成的词。这种设计模仿了人类语言的生成过程，确保生成的序列在语法结构和语义表达上具有连贯性。

（2）掩码自注意力机制：为防止模型在生成当前词时"偷看"未来的信息，解码器的自注意力层引入了掩码（Mask）。掩码会遮挡住未来词的位置，确保模型在生成每个输出时只能利用已生成的部分。这种机制可以确保输出的顺序，是训练语言模型等任务的基础。例如，在预测句子中的下一个词时，模型只能基于当前已知的上下文，而不能提前看到后面的词。

（3）交叉注意力机制：解码器还包括一个编码器-解码器注意力层，用于访问编码器的输出。这一层允许解码器结合输入序列的信息，帮助生成与输入相关联的输出。在这种机制中，解码器的查询向量与编码器的键和值向量进行交互，从而找到与生成当前输出最相关的输入序列部分。特别是在机器翻译等 Seq2Seq 任务中，交叉注意力至关重要，它使解码器能够有效地对齐输入和输出的内容。

通过整合多头注意力、掩码技术、位置编码和交叉注意力，Transformer 解码器成为一个强大且灵活的模块，能够处理多种复杂的序列生成任务。无论是语言建模、文本生成，还是机器翻译，它都能在生成过程中捕捉上下文信息，并确保生成文本在准确性、连贯性与上下文一致性方面表现良好。

2．解码器的输入

在 Transformer 解码器中有两大核心的信息来源，它们共同保证生成文本的连贯性和逻辑性。

- ❑ 来自编码器的信息：解码器通过交叉注意力层访问编码器的输出，这些输出是编码器在处理整个输入序列后生成的。在交叉注意力层中，解码器的查询来自其当前的内部状态，而键和值来源于编码器的输出。这种机制使得解码器在生成内容时，能够精准聚焦于输入序列中与当前输出最相关的部分，从而更好地反映输入文本的意义和细节。
- ❑ 已生成的序列信息：解码器通过掩码自注意力（Masked Self-Attention）层利用自身已经生成的序列来预测下一步的输出。掩码可以确保解码器在生成当前词时只能"看到"之前生成的部分，而无法访问后续内容。这种逐步生成（自回归）的机制是保证输出文本在语法和语义上连贯的重要基础。

上面两种信息源的结合，使 Transformer 能够高效地完成复杂的序列生成任务，如机器翻译或自动摘要。在机器翻译中，解码器需要既遵循目标语言的语法规则，又忠实表达源文本的内容。交叉注意力层帮助解码器在生成目标语言的词语时对齐并参考源语言的编码信息，从而更好地捕捉源语言和目标语言之间的语义对应关系。同时，自注意力层确保生成的序列具有连贯性和一致性。这种结合了编码器和解码器的架构，使 Transformer 能够有效地处理输入序列并生成高质量的输出文本，每一步都充分利用了输入序列和已生成序列的上下文信息。

3．解码器的输出

解码器的输出通常是根据具体任务生成的序列，在不同应用场景中，这些输出形式各异。

- ❑ 机器翻译：在机器翻译任务中，解码器的输出是目标语言的句子。解码器逐步生成目标句中的每个单词，直到遇到特定的结束符号（如 [EOS]），表示句子生成完成。

❑ 文本生成：在自动写作或对话生成等任务中，解码器输出的是一段连续文本。这种输出是逐步生成的，在每一步预测下一个最合适的单词时都会参考先前已生成的内容。

❑ 图像字幕：在图像描述任务中，解码器生成的是对图像内容的文字描述。尽管输入是图像，Transformer 模型通过编码器处理图像特征后，解码器生成描述这些特征的文本。

❑ 问答系统：问答系统中的解码器输出是问题的答案。输入通常包括问题和上下文（如文章或段落），解码器需要根据这些信息生成准确的回答。

❑ 代码生成：在编程任务如代码补全或代码翻译中，解码器输出的是程序代码的文本。这就要求解码器理解编程语言的语法，同时依据上下文生成逻辑合理的代码。

在这些任务中，解码器生成输出时会同时利用前一步的生成结果及编码器提供的上下文信息。通过这种方式，解码器逐步构建完整的输出序列。每一步的输出通常是离散的标记，通过对解码器的输出应用 softmax 得到概率分布，然后从中选择概率最高的标记作为当前步骤的输出。

10.3.3　Transformer 编码器与解码器的主要区别

1. 自注意力是否有掩码

在 Transformer 模型中，编码器和解码器的自注意力层的设计有着根本的区别，主要原因是它们在处理数据时的需求不同，这些差异直接影响是否应用掩码技术。

1）编码器的自注意力无掩码

Transformer 的编码器在处理输入序列时，通过自注意力机制实现了全序列可见性。这意味着序列中的每个元素都可以“看到”整个序列的所有位置，包括它自身之前和之后的位置。这种无掩码的自注意力设计让模型能够捕捉到更加丰富的双向上下文信息。通过这种方式，编码器可以理解序列中任意两个元素之间的关系，无论它们之间的距离有多远。这对于需要全局上下文理解的任务（如语言翻译或文本摘要）尤为重要，因为模型能够更全面地捕获输入序列的整体语义和结构。

2）解码器的自注意力有掩码

为了防止信息泄露，Transformer 解码器在生成输出序列时采用了一种逐步揭露信息的机制。这是因为在生成当前元素时，模型只能依赖于已经生成的序列元素，不能“看到”未来的内容。为此，解码器的自注意力层使用了掩码技术，通过将未来位置的注意力得分设置为非常低的值（如 $-\infty$），确保这些位置的权重在 softmax 操作后接近于 0。这样，模型在每一步生成时只能依赖于之前生成的内容，不会提前使用未来的信息。这种设计保证了序列生成的顺序性，使得生成的内容更加合理和符合逻辑，对于像机器翻译这样的自回归生成任务尤为关键。

2. 交叉注意力

在 Transformer 模型中，解码器比编码器多出一个多头注意力层用于完成其特定任务，特别是在 Seq2Seq 任务中,如机器翻译。这一额外的多头注意力层被称为"编码器-解码器注意力"层(或交叉注意力层),其作用是让解码器能够访问编码器的输出信息,以生成目标序列。通过交叉注意力机制,解码器在生成每个目标词时能够关注编码器输出中最相关的部分。这个过程可以理解为,在生成目标词时,解码器有效地"询问"编码器,源序列中哪些部分与当前生成的词最相关。在自注意力机制中,键、查询和值均来自同一序列;而在交叉注意力机制中,解码器将编码器的输出作为额外的信息源进行处理。

在解码器中,跨注意力层位于自注意力层和前馈网络层之间,其主要功能是让解码器在生成目标序列的每一步时可以访问编码器的输出。跨注意力层通过使用解码器的当前状态作为查询,以编码器的输出作为键和值,计算注意力得分并生成加权平均值。这个机制可以确保解码器能够根据目标序列的上下文和源序列的信息动态调整生成的内容,提高生成质量和上下文连贯性。

(1) 在处理第一序列时,编码器通过自注意力机制分析输入序列 $w_{1:n}$ 中元素之间的关系和依赖,生成具有上下文感知的深层输出。这些输出向量可以看作一种"记忆",存储了源序列的全局信息。编码器会为输入序列的每个元素生成一个向量 $h_1, h_2, \cdots, h_n$,每个向量 h_i 都综合了该元素与序列中其他元素的关系。这些向量的维度统一为 $\mathbb{R}^d$,为后续的解码器提供了充分的上下文信息支持。

$$h_{1:n}^{(x)} = \text{Encoder}\left(w_{1:n}\right) \tag{10-33}$$

(2) 第二序列 $y_{1:m}$ 的处理是基于已经生成的部分输出序列,是利用修改后的 Transformer 解码器完成的。解码器在此过程中应用交叉注意力机制,使其能够直接访问编码器处理后的信息。通过交叉注意力,解码器能够有效地结合编码器提供的上下文信息来生成输出。这种机制使得解码器能够生成与输入相关但表达形式或语境可能不同的目标序列,从而满足任务需求,如机器翻译或文本生成。

(3) 键和值的来源:在跨注意力层中,键和值来自编码器的输出。每个键 k_j 和值 v_j 都直接取自对应的编码器输出 h_j。

$$k_j = Kh_j^{(x)} \\ j \in \{i, 2, \cdots, n\} \tag{10-34}$$

$$v_j = Vh_j^{(x)} \\ j \in \{i, 2, \cdots, n\} \tag{10-35}$$

查询的来源是解码器当前的输出状态。解码器的每个隐藏状态向量 h_i 会通过一个查询生成矩阵 Q 进行线性变换,得到对应的查询向量 q_i。这个查询向量是跨注意力层中计算注意力权重的关键,它用于比较解码器的当前状态与编码器的输出,从而确定解码器应该关注输入序列中的哪一部分。

$$q_i = Qh_i^{(y)} \\ i \in \{i, 2, \cdots, m\} \tag{10-36}$$

这种设计允许解码器在生成每个新元素时，可以利用已生成的序列信息和编码器提供的完整输入序列的上下文信息。通过整合这些信息，跨注意力层能够指导解码器在序列生成任务（如翻译）中针对每一步做出更精准的决策，从而提高生成输出的质量和连贯性。

3. 逐步生成

逐步生成也称为自回归生成，是解码器在处理文本生成等任务时常用的一种方法。与编码器一次性处理整个输入序列的方式不同，自回归生成方法以递归的方式逐步生成输出序列中的每一个元素。这种生成方式使得每一步生成都基于前面的上下文，从而确保输出序列的逻辑性和连贯性。

1）自回归生成的基本概念

在自回归生成模式下，每个时间步生成的输出都依赖于前一个时间步的输出。解码器在生成序列的每一个新元素时，会综合考虑此前生成的所有元素的累积上下文。这种方式可以确保每个新生成的词或字符都能够基于完整的历史信息保持序列的连贯性和语义的一致性。

2）步骤与计算流程

解码器的生成过程通常遵循以下步骤：首先，解码器以一个初始信号开始生成，这个信号通常是一个特殊的起始符号（如<start>）。接下来，根据这个初始输入，解码器计算出第一个输出，这个过程通常会经过自注意力层和前馈网络层的处理。一旦生成了第一个元素，该元素会被作为下一个时间步的输入之一，解码器继续利用当前的累积序列（包括最新生成的元素）预测下一个元素。这种逐步生成的过程会持续进行，直到满足终止条件，如生成了一个特定的结束符号（如<end>），或者达到预定的最大序列长度。通过这种自回归的方法，解码器能够在生成新元素时确保输出的语境合理性和文本连贯性，从而实现高质量的序列生成。

10.3.4　Transformer 整体结构的 Python 实现

Transformer 整体结构的 Python 实现代码如下：

```python
import torch
import torch.nn as nn
import torch.optim as optim
import torch.utils.data as data
import math
import numpy as np

def scaled_dot_product(q: torch.Tensor, k: torch.Tensor, v: torch.Tensor,
mask: torch.Tensor = None) -> torch.Tensor:
    """
    缩放点积注意力机制的实现
    参数:
    q: 查询张量
    k: 键张量
    v: 值张量
    mask: 掩码张量（可选）
```

```
        返回：
        values: 注意力机制的输出
        """
        d_k = q.size()[-1]
        attn_scores = torch.matmul(q, k.transpose(-2, -1)) / math.sqrt(d_k)
        if mask is not None:
            attn_scores = attn_scores.masked_fill_(mask == 0, float('-inf'))
        attn_probs = torch.softmax(attn_scores, dim=-1)
        return torch.matmul(attn_probs, v)

class MultiHeadAttention(nn.Module):
    """
    多头注意力机制
    """
    def __init__(self, d_model: int, num_heads: int):
        super(MultiHeadAttention, self).__init__()
        assert d_model % num_heads == 0, "d_model 必须能被 num_heads 整除"

        self.num_heads = num_heads
        self.d_k = d_model // num_heads                    # 每个头的维度

        # 定义线性变换层，用于生成查询、键、值
        self.linear_q = nn.Linear(d_model, d_model)
        self.linear_k = nn.Linear(d_model, d_model)
        self.linear_v = nn.Linear(d_model, d_model)
        # 定义输出线性变换层
        self.linear_out = nn.Linear(d_model, d_model)

    def forward(self, q: torch.Tensor, k: torch.Tensor, v: torch.Tensor, mask:
torch.Tensor = None) -> torch.Tensor:
        """
        前向传播函数
        参数：
        q: 查询张量，形状为 (batch_size, seq_len, d_model)
        k: 键张量，形状为 (batch_size, seq_len, d_model)
        v: 值张量，形状为 (batch_size, seq_len, d_model)
        mask: 掩码张量（可选），形状为 (batch_size, 1, 1, seq_len)
        返回：
        多头注意力机制的输出张量，形状为 (batch_size, seq_len, d_model)
        """
        batch_size = q.size(0)

        # 对查询、键、值进行线性变换并拆分为多个头
        Q = self.linear_q(q).view(batch_size, -1, self.num_heads, self.d_k).
transpose(1, 2)
        K = self.linear_k(k).view(batch_size, -1, self.num_heads, self.d_k).
transpose(1, 2)
        V = self.linear_v(v).view(batch_size, -1, self.num_heads, self.d_k).
transpose(1, 2)

        # 计算缩放点积注意力
        attn_output = scaled_dot_product(Q, K, V, mask)

        # 将多个头的输出连接起来并调整形状
        attn_output = attn_output.permute(0, 2, 1, 3).reshape(batch_size, -1,
self.num_heads * self.d_k)
```

```python
        # 通过线性变换层得到最终输出
        return self.linear_out(attn_output)

def feed_forward(d_model: int, hidden_dim: int) -> nn.Sequential:
    """
    定义前馈网络
    参数:
    d_model: 输入维度
    hidden_dim: 中间层维度
    返回:
    nn.Sequential: 前馈神经网络
    """
    return nn.Sequential(
        nn.Linear(d_model, hidden_dim),
        nn.ReLU(),
        nn.Linear(hidden_dim, d_model)
    )


class Residual(nn.Module):
    """
    残差连接模块
    """
    def __init__(self, sublayer: nn.Module, dimension: int, dropout_rate:
float = 0.1):
        super(Residual, self).__init__()
        # 子层可以是任何 nn.Module，如多头注意力或前馈网络
        self.sublayer = sublayer
        # 层归一化组件，用于规范化输入的特征
        self.norm = nn.LayerNorm(dimension)
        # dropout 组件，用于在训练过程中随机丢弃一部分特征，防止过拟合
        self.dropout = nn.Dropout(dropout_rate)

    def forward(self, x: torch.Tensor, *args, **kwargs) -> torch.Tensor:
        """
        前向传播
        参数:
        x: 输入张量
        args: 其他传递给子层的参数
        kwargs: 其他传递给子层的关键字参数
        返回:
        norm: 残差连接的输出
        """
        return self.norm(x + self.dropout(self.sublayer(x, *args, **kwargs)))

def position_encoding(seq_len: int, d_model: int) -> torch.Tensor:
    """
    位置编码函数
    参数:
    seq_len: 序列长度
    d_model: 模型维度
    返回:
    pos_encoding: 位置编码张量
    """
    def get_angles(pos, i, d_model):
        angle_rates = 1 / np.power(10000, (2 * (i // 2)) / np.float32(d_model))
```

```python
        return pos * angle_rates

    angle_rads = get_angles(np.arange(seq_len)[:, np.newaxis], np.arange
(d_model)[np.newaxis, :], d_model)
    angle_rads[:, 0::2] = np.sin(angle_rads[:, 0::2])
    angle_rads[:, 1::2] = np.cos(angle_rads[:, 1::2])

    pos_encoding = angle_rads[np.newaxis, ...]
    return torch.tensor(pos_encoding, dtype=torch.float32)

class EncoderLayer(nn.Module):
    """
    Transformer 编码器层
    """
    def __init__(self, d_model: int, num_heads: int, hidden_dim: int, dropout:
float = 0.1):
        super(EncoderLayer, self).__init__()
        self.self_attention = Residual(MultiHeadAttention(d_model, num_heads),
d_model, dropout)
        self.feed_forward = Residual(feed_forward(d_model, hidden_dim),
d_model, dropout)

    def forward(self, x: torch.Tensor, mask: torch.Tensor) -> torch.Tensor:
        """
        前向传播
        参数:
        x: 输入张量
        mask: 掩码张量
        返回:
        x: 编码器层的输出
        """
        x = self.self_attention(x, x, x, mask)
        return self.feed_forward(x)

class DecoderLayer(nn.Module):
    """
    Transformer 解码器层
    """
    def __init__(self, d_model: int, num_heads: int, hidden_dim: int, dropout:
float = 0.1):
        super(DecoderLayer, self).__init__()
        self.self_attention = Residual(MultiHeadAttention(d_model, num_heads),
d_model, dropout)
        self.cross_attention = Residual(MultiHeadAttention(d_model,
num_heads), d_model, dropout)
        self.feed_forward = Residual(feed_forward(d_model, hidden_dim),
d_model, dropout)

    def forward(self, x: torch.Tensor, enc_output: torch.Tensor, src_mask:
torch.Tensor, tgt_mask: torch.Tensor) -> torch.Tensor:
        """
        前向传播
        参数:
        x: 输入张量
        enc_output: 编码器输出张量
        src_mask: 源序列掩码
```

```
        tgt_mask: 目标序列掩码
        返回:
        x: 解码器层的输出
        """
        x = self.self_attention(x, x, x, tgt_mask)
        x = self.cross_attention(x, enc_output, enc_output, src_mask)
        return self.feed_forward(x)

class Transformer(nn.Module):
    def __init__(self, src_vocab_size: int, tgt_vocab_size: int, d_model: int,
num_heads: int, num_layers: int, hidden_dim: int, max_seq_length: int,
dropout: float = 0.1):
        super(Transformer, self).__init__()
        self.encoder_embedding = nn.Embedding(src_vocab_size, d_model)
        self.decoder_embedding = nn.Embedding(tgt_vocab_size, d_model)
        self.pos_encoding = position_encoding(max_seq_length, d_model).
to(torch.device("cuda" if torch.cuda.is_available() else "cpu"))

        self.encoder_layers = nn.ModuleList([EncoderLayer(d_model, num_heads,
hidden_dim, dropout) for _ in range(num_layers)])
        self.decoder_layers = nn.ModuleList([DecoderLayer(d_model, num_heads,
hidden_dim, dropout) for _ in range(num_layers)])

        self.fc = nn.Linear(d_model, tgt_vocab_size)
        self.dropout = nn.Dropout(dropout)

    def create_masks(self, src: torch.Tensor, tgt: torch.Tensor) ->
(torch.Tensor, torch.Tensor):
        """
        生成源序列和目标序列的掩码张量
        参数:
        src: 源序列张量
        tgt: 目标序列张量
        返回:
        src_mask: 源序列掩码
        tgt_mask: 目标序列掩码
        """
        # 生成源序列掩码
        src_mask = (src != 0).unsqueeze(1).unsqueeze(2)

        # 生成目标序列掩码
        tgt_mask = (tgt != 0).unsqueeze(1).unsqueeze(3)

        # 目标序列的长度
        seq_length = tgt.size(1)

        # 生成一个下三角矩阵（包括对角线），防止目标序列看到未来的信息
        future_mask = torch.tril(torch.ones((seq_length, seq_length),
device=tgt.device)).bool()

        # 将目标序列掩码与下三角掩码相结合
        combined_tgt_mask = tgt_mask & future_mask.unsqueeze(0).unsqueeze(1)

        return src_mask, combined_tgt_mask
```

```python
    def encode(self, src: torch.Tensor, src_mask: torch.Tensor) -> torch.Tensor:
        """
        编码器前向传播
        参数:
        src: 源序列张量
        src_mask: 源序列掩码张量
        返回:
        enc_output: 编码器的输出
        """
        src_embedded = self.dropout(self.encoder_embedding(src) + self.
pos_encoding[:, :src.size(1), :])
        enc_output = src_embedded
        for layer in self.encoder_layers:
            enc_output = layer(enc_output, src_mask)
        return enc_output

    def decode(self, tgt: torch.Tensor, enc_output: torch.Tensor, src_mask:
torch.Tensor, tgt_mask: torch.Tensor) -> torch.Tensor:
        """
        解码器前向传播
        参数:
        tgt: 目标序列张量
        enc_output: 编码器输出张量
        src_mask: 源序列掩码张量
        tgt_mask: 目标序列掩码张量
        返回:
        dec_output: 解码器的输出
        """
        tgt_embedded = self.dropout(self.decoder_embedding(tgt) + self.pos_
encoding[:, :tgt.size(1), :])
        dec_output = tgt_embedded
        for layer in self.decoder_layers:
            dec_output = layer(dec_output, enc_output, src_mask, tgt_mask)
        return dec_output

    def forward(self, src: torch.Tensor, tgt: torch.Tensor) -> torch.Tensor:
        """
        前向传播
        参数:
        src: 源序列张量
        tgt: 目标序列张量
        返回:
        output: 解码器的输出
        """
        src_mask, tgt_mask = self.create_masks(src, tgt)
        enc_output = self.encode(src, src_mask)
        dec_output = self.decode(tgt, enc_output, src_mask, tgt_mask)
        output = self.fc(dec_output)
        return output

# 定义模型参数
src_vocab_size = 1000
tgt_vocab_size = 1000
d_model = 512
num_heads = 8
num_layers = 6
```

```
hidden_dim = 2048
max_seq_length = 100
dropout = 0.1

# 设置设备
device = torch.device("cuda" if torch.cuda.is_available() else "cpu")

# 初始化 Transformer 模型
transformer = Transformer(src_vocab_size, tgt_vocab_size, d_model,
num_heads, num_layers, hidden_dim, max_seq_length, dropout).to(device)

# 生成随机数据
src_data = torch.randint(1, src_vocab_size, (64, max_seq_length)).to(device)
tgt_data = torch.randint(1, tgt_vocab_size, (64, max_seq_length)).to(device)

# 定义损失函数和优化器
criterion = nn.CrossEntropyLoss(ignore_index=0)
optimizer = optim.AdamW(transformer.parameters(), lr=0.001, weight_decay=
0.01, betas=(0.9, 0.95), eps=1e-8)

# 设置训练模式
transformer.train()

# 训练循环
num_epochs = 100                              # 训练的轮数
for epoch in range(num_epochs):
    # 将梯度归零
    optimizer.zero_grad()

    # 执行前向传播，获取模型对目标序列的预测输出
    output = transformer(src_data, tgt_data[:, :-1])

    # 计算损失
    loss = criterion(output.view(-1, tgt_vocab_size), tgt_data[:, 1:].
reshape(-1))

    # 执行反向传播，计算梯度
    loss.backward()

    # 更新参数
    optimizer.step()

    # 打印当前轮次的损失
    print(f"Epoch: {epoch + 1}, Loss: {loss.item()}")
```

10.4　Transformer 的应用场景

　　Transformer 模型因其强大的并行计算能力和捕捉长距离依赖关系的优势，在自然语言处理领域得到了广泛应用，覆盖了多种场景。

　　在机器翻译任务中，Transformer 最初被设计用来自动将一种语言的文本翻译成另一种语言。其编码器-解码器结构使得模型能够理解源语言的语义并生成目标语言的准确表达。在文本摘要中，Transformer 能够生成文本的简短版本，提取长文档的主要内容，为快速获取关键信息提供了便利。在情感分析任务中，模型可以识别文本的情绪倾向，如正面、负面或中性，

用于产品评价和舆情分析。

Transformer 还在问答系统中表现出色，能够根据输入的问题从文本中提取答案或生成答案，在客户服务和信息检索领域应用广泛。在自然语言推理中，模型通过理解两段文本的语义关系（如矛盾、蕴含或中立），展现出了强大的语言推理能力。此外，Transformer 还被用于语言模型的预训练，如 BERT 和 GPT 系列，这些模型通过大规模文本预训练学习语言特征，在微调后显著提升了各种下游任务的性能。

在文本生成方面，Transformer 被用于创作诗歌、写作故事和生成代码，特别是 GPT 系列模型在生成连贯且逻辑清晰的长文本方面表现突出。不仅如此，Transformer 还扩展到了多模态任务，如图像分类（Vision Transformer）、对象检测和音频信号处理，证明了其在非文本领域的潜力。

Transformer 的编码器-解码器架构不仅在机器翻译中表现卓越，也被广泛应用于需要 Seq2Seq 映射的任务，如文本摘要和对话生成。通过捕捉复杂的序列关系，同时保持较高的计算效率，Transformer 成为自然语言处理领域不可或缺的技术工具。

10.5　Transformer 的应用成果、复杂度与发展趋势

Transformer 模型自诞生以来，凭借其独特的架构和强大的性能，在自然语言处理领域取得了引人注目的成果。本节将介绍 Transformer 的成功案例，以及其在应用中的优缺点，为读者理解这个模型的优势和局限性提供全面的视角。

10.5.1　Transformer 模型的发展与应用突破

自从 Liu 等人在 2018 年的研究中展示了 Transformer 模型的显著成果后，Transformer 的应用范围迅速扩展。预训练技术成为提升 Transformer 性能的关键策略之一，尤其是在大型数据集的训练中表现突出。由于 Transformer 具备高度的并行化特性，所以使高效的预训练成为可能。这不仅提高了模型的训练效率，也使 Transformer 成为当前自然语言处理任务事实上的标准。通过将预训练的语言模型应用到下游任务中，Transformer 显著提升了自然语言处理任务的性能，奠定了其在人工智能领域的重要地位。

1．预训练的重要性

Transformer 模型的并行化特性显著提升了训练效率，使其能够在大规模数据集上进行预训练。这种预训练方式不仅加快了模型的训练速度，还显著增强了其泛化能力和处理复杂自然语言处理任务的能力。在预训练过程中，Transformer 模型能够学习到丰富的语言特征向量，这些特征向量可以轻松迁移到各种下游任务中，如文本分类、命名实体识别、问答系统等。通过这种方式，Transformer 模型展现了其在广泛应用场景中的适应性和强大的性能。

2．成果展示

采用 Transformer 结构并进行预训练的模型在多个流行的综合性基准测试中均取得了领

先成绩。这些结果进一步证明了预训练 Transformer 模型在处理复杂的自然语言任务时的强大功能和先进性。此外，虽然大多数领先模型都构建在 Transformer 框架上并使用预训练策略加以优化，但是在预训练任务的选择、模型规模的设计、微调策略等方面存在明显差异，表现出了 Transformer 框架的多样化和灵活性。

3. 展望

随着预训练策略的持续优化和改进，Transformer 模型在自然语言处理领域的突破性进展更加值得期待。预训练不仅为模型提供了强大的语言理解能力，还为解决复杂的自然语言处理任务提供了有效的方法和理论支持。随着技术不断进步和可用数据规模的扩大，预训练 Transformer 模型有望在多个应用领域进一步推动自然语言处理技术的发展和边界的延伸。

10.5.2　注意力机制的复杂度问题

1. 注意力机制的复杂度

虽然注意力机制支持高并行度，但是其计算复杂度依旧随序列长度 n 呈平方级增长约为 $O(n^2 d)$，其中，d 是隐藏维度。因此，一旦遇到长序列，这种 n^2 级别的开销会就迅速成立瓶颈。

自注意力机制的复杂度计算主要来源于以下几步。

1）计算 Query 和 Key 的点积

在自注意力机制中，每个查询向量（Query）都会与所有键向量（Key）进行点积运算，以计算注意力分数。假设序列中有 n 个标记（Tokens），每个标记的向量维度为 d，那么计算的过程可以分解如下。

（1）单个查询的计算：对于每个查询向量，需要与所有键向量进行点积运算。每次点积涉及 d 次乘法（因为向量的维度是 d）。因此，对于一个查询向量，需要执行 $n \times d$ 次乘法（因为有 n 个键向量）。

（2）所有查询的计算：由于序列中有 n 个查询向量，每个查询向量都需要与 n 个键向量计算点积，因此总的乘法次数是 $n \times n \times d$。

（3）计算所有查询向量与所有键向量之间的注意力分数，需要执行 $n \times n \times d$ 次乘法。这也是自注意力机制计算复杂度较高的主要原因，尤其是当序列长度 n 很大时，计算量会随着 n^2 的增长迅速增加。

2）softmax 运算

在计算完所有查询与键之间的注意力分数后，每个查询都会使用这些分数进行 softmax 运算，将其转换为概率分布。这一步的主要目的是确保注意力分数可以反映每个键对当前查询的重要性，以概率的形式表示。

softmax 运算通常在点积计算之后进行，它包括 3 个主要步骤：

（1）计算所有分数的指数值。

（2）对这些指数值求和。

（3）使用每个分数的指数值除以总和，得到归一化的概率分布。

每个查询的计算：对于每个查询，需要对 n 个键分数执行上述操作。这涉及 n 次指数计算、$n-1$ 次加法和 n 次除法，因此每个查询的 softmax 运算复杂度约为 $O(n)$。

所有查询的计算：由于序列中共有 n 个查询，softmax 运算需要对每个查询都执行一次，因此总复杂度为 $O(n \times n)$。

softmax 运算的计算量虽然不如点积计算那样高，但是对于长序列来说仍需 $O(n^2)$ 的复杂度。虽然这一步只是对注意力分数的归一化，但是在自注意力机制中是不可忽视的部分。

3）计算输出向量（加权和）

自注意力机制的计算复杂度主要由序列长度的平方 $O(n^2)$ 决定，尤其在处理长序列时，计算负担显著增加。例如，对于 $n=30$ 的短序列，复杂度已经较高，而当序列长度增加到 50 000 时，计算量会变得极为庞大。此外，向量维度 d 通常在 1000 左右，在大语言模型中维度可能更高，进一步增加了计算资源的需求。因此，优化自注意力机制的效率和降低复杂度已成为重要的研究方向。

2. 解决长序列问题的策略

针对自注意力计算复杂度随序列长度平方增长的问题，研究者们提出了多种解决方案：

- 稀疏化自注意力（Sparse Self-Attention）：通过限制每个元素仅与部分元素（而非所有元素）计算注意力得分，可以显著减少计算量。例如，可以设计让每个词只与邻近的词或特定模式的词交互。
- 局部自注意力（Local Self-Attention）：局部自注意力方法限制注意力计算仅在每个元素的邻域（如一个固定大小的窗口）内进行。这样既保留了局部上下文信息，又降低了计算开销。
- 长序列技术（Long-Range Techniques）：稀疏变换器（Sparse Transformer）或可变形变换器（Deformable Transformer）等技术通过特殊设计有效处理长序列，减少了对计算和存储的需求。
- 内存压缩技术：通过压缩长序列中的某些部分成更紧凑的表示形式，然后仅对这些压缩表示进行自注意力计算，从而显著降低计算复杂度。
- 分层注意力（Hierarchical Attention）：序列分层处理，先在较低层次捕获局部关系，再在较高层次捕获全局关系。这种分层机制能够减少全序列的计算复杂度，同时保留序列间的重要信息。

通过以上策略，Transformer 模型能够在处理长序列时显著减少计算负担，同时保持良好的性能。这些改进使得 Transformer 可以应用于更多场景，如长文档分析、整本书的处理等复杂任务中。每种方法都有其独特的优缺点，实际选择时需要结合具体任务需求和计算资源的限制来平衡效率和性能。

10.5.3　注意力机制利大于弊

虽然随着 Transformer 模型规模的增大，自注意力部分在总计算成本中的比例逐渐减小，但是许多大型 Transformer 语言模型仍然使用具有 $O(n^2 d)$ 二次计算成本的自注意力机制，那么，是否有必要为了降低这一成本而寻找自注意力的替代方案呢？

1. 坚持使用二次成本的自注意力的理由

☐ 性能：具有二次计算成本的自注意力机制在大规模应用中表现出色。这主要得益于其强大的能力，能够捕捉序列中复杂的关系和模式，使模型在多种任务中实现卓越的性能。

☐ 计算资源：随着硬件计算能力的提升和优化算法的进步，即使自注意力机制的计算成本较高，大规模模型的训练和应用也变得更加可行，这为 Transformer 模型的广泛应用提供了支持。

2. 探索更节省成本的自注意力的动机

☐ 长上下文处理能力：如果能够开发出计算成本更低的自注意力变体，模型在处理超长上下文（如超过 10 万个 Token）时的能力将显著提升。这对于需要处理大量文本的任务（如长文档摘要或全书分析）尤为重要。

☐ 效率与可扩展性：虽然现有的自注意力机制在大规模应用中表现良好，但是探索更高效的替代方案依然十分关键。这不仅可以降低计算成本，还能让模型更容易扩展，从而用于更大的数据集或更复杂的任务中。

☐ 推动模型创新：研究计算成本更低的自注意力替代方案，也是推动模型架构创新的契机。这种探索可能会带来新的模型设计，在某些特定任务中比现有的 Transformer 架构更加高效或表现更佳。

综上所述，虽然当前的大规模 Transformer 模型仍然依赖于传统的具有二次计算复杂度的自注意力机制，但是探索更高效的替代方案依然是一个值得关注的研究方向。这种探索不仅能够提升模型在处理长上下文任务时的性能，还为推动模型架构的创新和优化提供了重要的契机。

参 考 文 献

[1] Ba J L, Kiros J R, Hinton G E. Layer normalization[EB/OL]. [2024-10-11]. https://arxiv.org/abs/1607.06450.

[2] Shaw P, Uszkoreit J, Vaswani A. Self-attention with relative position representations [EB/OL]. [2024-10-11]. https://arxiv.org/abs/1803.02155.

[3] Vaswani A, Shazeer N, Parmar N, et al. Attention is all you need[C]//Proceedings of the 30th Annual Conference on Neural Information Processing Systems （NeurIPS）. La Jolla, CA: Neural Information Processing Systems Foundation, 2017: 5998-6008.

第 4 篇
大语言模型与生成技术

▶▶ 第 11 章　自然语言生成

▶▶ 第 12 章　大语言模型预处理与基于人类反馈的强化学习

第11章 自然语言生成

自然语言生成（Natural Language Generation，NLG）是自然语言处理的一个重要分支，与自然语言理解（NLU）共同构成自然语言处理的核心。NLG 的任务是构建能够生成流畅、连贯且对人类有用语言输出的系统。随着深度学习技术的进步，NLG 系统变得愈发强大，在多个领域展现出了显著的应用价值。

NLG 的应用场景包括机器翻译系统、数字助理、摘要生成、数据到文本生成、创意故事生成和视觉描述。例如：在机器翻译中，NLG 系统将源语言语句转化为目标语言文本；在对话系统中，NLG 系统根据用户的对话历史生成合适的回复；在摘要生成中，NLG 系统通过处理长文档内容生成简洁的摘要。在数据到文本生成中，NLG 系统可以将数据（如运动比赛统计）转换为自然语言描述，如描述球员的表现。在创意生成领域，NLG 系统还可以根据提示生成文学作品。在视觉描述中，NLG 系统可以生成描述图像内容的文字，这些描述性文本可以通过语音输出或盲文设备来呈现，帮助视障人士感知图像内容。

目前最先进的 NLG 系统之一是 ChatGPT。它具备通用的自然语言生成能力，能够执行多种任务，例如：作为聊天机器人与用户进行对话，回答问题并提供信息；从长文档中提取关键点生成摘要；进行语言翻译，将一种语言的文本转化为另一种语言；在创意写作中生成故事、诗歌、新闻稿等内容；根据产品特性生成技术文档或用户指南；生成符合情感和语境的诗句。此外，ChatGPT 在教育、娱乐、内容创作等领域也展示出了显著的应用潜力。通过这些能力，ChatGPT 和其他现代 NLG 系统正推动自然语言处理技术走向新的高度，为多种应用场景提供高效、灵活的解决方案。

11.1 自然语言生成的不同任务类型

自然语言生成任务可以根据输出的开放性进行分类，开放性反映了生成内容的多样性和创造性。以下示例展示了如何基于输入和开放性来分析 NLG 任务。

输入：Hey, how are you?

可能的输出：

❑ 简单直接的回答：I'm doing well, thanks for asking! How about yourself?这是一种礼貌且常见的回应，内容直接且不涉及复杂的个性化或情感表达，适合常规的对话场景。

❑ 加入个人情绪的回答：Actually, I've been better. Just dealing with a lot at work lately，这种回答包含情绪化内容和当前的生活状态，为深入对话提供了更多的可能性。

❑ 互动性更强的回答："Oh, you know, just the usual ups and downs. What's new with you?"

　　这类回答介绍了自己的生活状态同时询问对方，体现出了更多的互动性和开放性。

　　从上面的例子可以看出，NLG 任务的输出开放性可以从简单直接到多样复杂。简单直接的回答通常适用于任务导向型系统（如客服问答），而多样性更高的输出则需要系统能够更好地理解上下文和用户意图，以生成更具互动性和个性化的内容。这种分类不仅帮助我们理解不同类型的 NLG 任务，也为选择或设计针对特定应用场景的 NLG 技术提供了指导。例如，对于聊天机器人或创意写作工具，较高的输出开放性可能更适合，而任务导向型系统可能更注重输出的准确性和一致性。

1. 常见NLG任务的开放性排序

　　在 NLG 任务中，可以根据输出的开放性对任务进行分类。开放性高的任务（Open-ended Generation）允许输出具有更大的多样性和自由度，而开放性低的任务（Non-open-ended Generation）则输出更固定，主要依赖于输入内容。一个常用的量化方法是通过计算输出分布的熵（Entropy）来衡量开放性。以下是几种 NLG 任务，按照开放性从低到高进行排列。

　　1）机器翻译（Machine Translation）

　　❑ 开放性：较低；

　　❑ 特点：输出内容与输入文本高度相关，主要负责将源语言翻译成目标语言，输出虽然受输入限制，但通常存在多种等价译文。

　　2）文本摘要（Summarization）

　　❑ 开放性：较低到中等；

　　❑ 特点：需要对输入内容进行浓缩和组织，虽然翻译可能存在多个变体，但是语义和结构非常接近，因此输出具有较低的开放性。

　　3）任务驱动对话（Task-driven Dialog）

　　❑ 开放性：中等；

　　❑ 特点：在预设框架下生成回应，既需要满足任务需求，又能适应用户输入，输出具有一定的灵活性。

　　4）闲聊对话（ChitChat Dialog）

　　❑ 开放性：较高；

　　❑ 特点：不受特定任务限制，生成的回答更自由，可能具有多样化的风格和内容。

　　5）故事生成（Story Generation）

　　❑ 开放性：最高；

　　❑ 特点：允许创造全新的内容，对输出的结构和内容几乎没有限制，是最具创造性和多样性的任务。

　　开放性高的任务通常需要更复杂的模型和解码方法，以应对多样化的输出需求；而开放性低的任务则更注重精确性和与输入的一致性。这种分类有助于根据不同的应用场景设计和评估 NLG 系统，例如在机器翻译中注重精确对齐，而在创意写作中追求更多的表达可能性。

11.2　自然语言生成的基础

1. 自回归语言模型的定义

在自然语言生成中，自回归文本生成模型是一种关键的模型类型。这类模型在每个时间步 t 上，基于之前已经生成的标记序列 $y_{1:t-1}$ 作为输入，生成一个新的标记 $\hat{y}_t$。以下是自回归语言模型基本流程的解释：

（1）输入序列：在每个时间步 t 中，模型接收之前生成的所有标记组成的序列 $y_{<t}=\{y_1,y_2,\cdots,y_{t-1}\}$ 作为输入。这些标记是模型在之前时间步中生成的内容。

（2）模型运算：模型通过一个函数 $f(\ )$ 对输入序列 $y_{<t}$ 进行处理，输出一个向量 S。这个向量 S 包含当前时间步 t 对词汇表 V 中每个可能标记的预测得分。数学表示为：

$$S = f(\{y_{<t}\},\theta) \in \mathbb{R}^{|V|} \tag{11-1}$$

其中，S 的维度为 $|V|$，表示对词汇表中每个标记的得分。

（3）为了将得分 S 转换为概率分布，需要应用 softmax 函数。对于词汇表 V 中的每个标记，其被选择的概率由以下公式计算：

$$P\left(y_t \middle| \{y_{<t}\}\right) = \frac{\exp(S_w)}{\sum_{w' \in V} \exp(S_{w'})} \tag{11-2}$$

$P\left(y_t \middle| \{y_{<t}\}\right)$：是一个条件概率，表示在给定前面所有标记（即在时间步 t 之前生成的所有标记）的基础上生成当前标记 y_t 的概率。

$\exp(S_w)$：表示指数函数应用于分数 S_w，其中，S_w 是单词 w 的分数，通常由模型（如神经网络）计算得出。这个分数反映了在当前上下文中单词 w 作为下一个单词出现的适宜性。

（4）输出新标记：根据计算出的概率分布，模型选择一个标记作为当前时间步的输出。这种设计使得生成的序列可以逐步扩展，每一步的生成都依赖于前面的所有输出，从而使生成的文本在语法和语义上保持连贯性。这种自回归生成方法不仅适用于文本，还广泛应用于生成音乐、图像等序列数据，展现了其在多种任务中的有效性。

2. 自回归模型与非自回归模型的对比

自回归模型（Autoregressive models）和非自回归模型（Non-autoregressive models）之间的主要区别在于它们如何使用输出来生成序列。

1）自回归模型

这类模型在生成序列时，每一步的输出都依赖于前面的生成结果。在文本生成中，意味着每生成一个新的单词或标记，模型都会参考之前生成的所有内容。例如，在生成一个句子时，模型会先生成第一个单词，然后基于第一个单词生成第二个单词，以此类推。这种逐步生成的方式能够确保输出更加一致和连贯，但由于每一步都需要等待前一步的完成，整个生成过程可能较缓慢。

2）非自回归模型

非自回归模型在生成序列时不依赖于前一步的输出，这意味着模型可以并行生成多个输出，而不是像自回归模型那样逐步生成。在文本生成任务中，非自回归模型能够一次性生成整句话的所有单词，而不是逐个单词地生成。这种并行生成方式显著提高了生成速度，因为多个单词可以同时计算和输出。然而，由于缺乏前后单词之间的直接依赖关系，非自回归模型在语言的连贯性和逻辑性上可能不如自回归模型表现得一致。

3．模型架构的差异

在自然语言生成的不同应用中，根据任务的开放性，使用的模型架构可以有所不同。

1）非开放式任务

对于非开放式任务（如机器翻译 MT），通常使用编码器-解码器（Encoder-Decoder）架构来生成输出。这种系统的编码器通常是双向的，能够有效捕捉输入数据的上下文信息。例如，在机器翻译任务中，编码器处理源语言文本，并将其转化为一个密集的向量表示，全面表达输入文本的语义信息。解码器则采用自回归方式逐步生成目标语言文本。在每一步中，解码器使用先前生成的内容及编码器输出的源文本语义向量逐步预测目标语言文本。这种方法确保目标文本既能紧密对应源文本的内容，又能保持上下文的一致性。由于其生成受输入的严格约束，这种架构非常适合机器翻译等输出需要明确与输入对应的任务。

2）开放式任务

对于开放式任务（如生成故事），通常采用单一自回归生成模型来处理整个任务。在这种模型中，没有单独的编码器部分，模型完全依赖于先前生成的内容来逐步生成新内容。生成过程没有明确的外部输入限制，允许模型自由创造，这带来了更大的创意空间和多样性。生成的文本通常具有高度的原创性和不可预测性，非常适合编写故事、诗歌等需要创新表达的任务。这种模型因其灵活性能够满足多变的生成需求，是开放式生成任务中的理想选择。

4．损失函数

在自然语言生成任务中，自回归模型的训练通常采用最大似然估计（Maximum Likelihood Estimation，MLE），其目标是在每个时间步上最大化下一个标记的预测概率。这个过程包含以下关键点：

1）训练目标

模型的训练目标是最大化每个时间步条件下预测下一个实际单词的概率。模型在接收到前面所有的单词（或标记）作为条件时，尝试预测下一个单词在训练数据中实际出现的可能性。换句话说，这一过程可以看作一个逐步进行的分类任务，目标是在每个时间步准确预测训练数据中对应的实际单词。

2）教师强制

在训练过程中，一种常用技术是"教师强制"（Teacher Forcing），它确保模型在每一步都接收到训练数据中的正确词汇作为输入，不管模型在当前时间步生成的输出是否准确。这种方式能够帮助模型快速学习，因为它总是有正确的上下文信息作为参考。然而，这种方法也有一个明显的缺点：模型在实际使用时可能会遇到困难。如果模型在生成过程中产生了错误的输出，那么它必须基于错误的上下文继续生成，而训练阶段并未让模型适应这种情况，在生成任务中有较长的序列时，这种差异可能会导致模型在实际应用中表现不佳。

3）损失函数

损失函数 L 通常被定义为负对数似然（Negative Log-Likelihood，NLL），其计算公式为：

$$L = -\sum_{t=1}^{T} \log P\left(y_t^* \middle| \{y^*\}_{<t}\right) \tag{11-3}$$

- L：损失函数的总值，是模型在训练数据上表现的一个度量，模型训练的目标是最小化这个值。

- $\log P\left(y_t^* \middle| \{y^*\}_{<t}\right)$：对数似然项，$P\left(y_t^* \middle| \{y^*\}_{<t}\right)$ 是给定之前的单词 $\{y^*\}_{<t}$ 时，模型预测的正确单词 y_t^* 的概率。这里的 y_t^* 是真实数据在时间步 t 中的单词，而 $\{y^*\}_{<t}$ 是真实数据在时间步 t 之前的所有单词序列。

11.3 自然语言生成的解码过程

解码是自然语言生成的关键步骤，负责从模型预测的概率分布中选择输出序列。在推理阶段，解码决定模型如何将概率分布转化为具体的文本输出。无论是在机器翻译还是文本生成任务中，解码过程的质量直接影响生成文本的流畅性、连贯性和准确性。本节将详细探讨解码的原理和方法并分析其在自然语言生成任务中的重要作用。

11.3.1 解码（构建输出文本）方法概述

在自然语言处理中，解码是一个关键环节，它负责从模型预测的概率分布中挑选出实际的输出序列。无论是在机器翻译、文本生成还是语音识别等任务中，解码过程都至关重要。在自然语言生成任务的推理阶段（Inference），模型基于训练时学习到的概率分布逐步选取下一个合适的标记从而构建出完整的输出文本。解码算法在这一过程中起关键作用，它决定如何从每一步的概率分布中选择输出，进而影响生成文本的流畅性、连贯性和语义准确性。

$$\hat{y}_t = g\left(P\left(y_t \middle| \{y_{<t}\}\right)\right) \tag{11-4}$$

其中，$\hat{y}_t$ 是在时间步 t 中的预测输出。在自然语言处理的上下文中，这通常是一个词或标记。$g(\cdot)$ 是一个解码函数，用于从模型产生的输出概率分布中选择一个具体的输出。这个函数可能代表不同类型的解码策略，如贪婪解码（Greedy Decoding）、集束搜索（Beam Search）等。

1. 解码算法的基本方法

贪婪解码是一种最简单且直接的解码方法。在每一个时间步中，模型根据当前的概率分布，选择概率最高的标记作为输出。这种方法实现起来非常简单：只需要在每一步中选择当前上下文条件下预测概率最大的标记即可。然而，贪婪解码的局限性也非常明显。由于每一步都是独立进行决策的，它无法回溯或调整先前的选择，这可能导致模型生成的文本停留在局部最优，而无法实现全局最优。此外，它还容易出现生成重复内容或文本不自然的问题，尤其是在长文本生成任务中。尽管如此，贪婪解码仍然是一种快速且易于实现的解码方法，在对解码速度要求较高的场景中可能有用。

2. 提高解码性能的主要方法

为了提高解码性能，可以从以下两个方面着手。

1）改进解码策略

在自然语言生成任务中，解码方法多种多样，每种方法都有其特点和适用场景。

- 集束搜索：与贪婪解码不同，集束搜索会在每个时间步中保留多个候选序列，而不是只选择单一的概率最高的序列。在每一步中，这些候选序列基于当前的预测扩展生成新的可能序列，然后从中选择概率最高的若干序列继续进行下一步。这种方法通过同时探索多个路径，有效地降低了陷入局部最优解的风险，因而在需要更高质量输出的任务中经常使用。

- 随机抽样（Stochastic Sampling）：在随机抽样中，解码并非总是选择概率最高的标记，而是根据预测的概率分布进行随机选择。这种方法可以带来更丰富的生成结果，尤其适合需要更多创造性和多样性输出的场景。然而，由于其随机性，生成的文本可能会缺乏连贯性或逻辑性。

- Top-k 抽样：在每一步解码时，仅保留预测概率最高的 k 个候选标记，并按这 k 个候选标记重新归一化后的概率进行采样。这种限制能够在一定程度上控制生成的多样性，同时避免选择概率过低的标记。

- 核采样（Nucleus Sampling）：是 Top-k 抽样的一个变体。它不固定候选词的数量，而是动态选择累积概率达到某一阈值（如 0.9）的一组标记。相比 Top-k 抽样，核采样能够更灵活地适应不同的概率分布，在控制输出质量的同时进一步增加生成的多样性。

- 这些方法在不同的应用场景中有不同的效果，在实际选择时需要权衡输出的连贯性、确定性和多样性。

2）改进训练过程

提高自然语言生成模型的输出质量需要从多个层面入手，包括模型结构、训练数据和训练技术的优化。

首先，可以通过调整模型结构或参数来增强模型的性能，包括改进模型的架构（如引入更高效的注意力机制）、调整超参数（如学习率、层数、隐藏层维度）等，帮助模型更准确地学习数据中的模式，提高生成文本的质量。

其次，优化训练数据是提升模型效果的重要手段。使用更大或更高质量的训练数据集能够提供丰富的信息和上下文，帮助模型更全面地理解语言。此外，改进数据的预处理和清洗步骤，如去除噪声、确保数据分布的多样性等，也对提升模型的性能至关重要。

另外，对抗训练和正则化技术能够提升模型的鲁棒性。在面对输入数据的小变动时，这些技术可以帮助模型更稳定地生成结果，同时减少过拟合，提升输出文本的多样性和自然度。

改进自然语言生成模型需要在解码算法、模型训练和数据处理等多个方面协同优化。这些方法的结合能显著提高生成文本的连贯性、多样性和真实性，为应用场景提供更高质量的语言输出。

11.3.2　不同的解码方法

在机器翻译（MT）或文本摘要等任务中，为了生成最可能的输出字符串，通常使用贪婪解码和集束搜索两种主要的解码策略。这两种方法旨在最大化生成序列的概率，但它们在探索可能输出的方式上存在显著差异。

1. 贪婪解码

贪婪解码（Greedy Decoding）是应用于机器翻译和其他生成任务中最简单的解码形式，其数学表达如下：

$$\hat{y}_t = \underset{w \in V}{\arg\max}\, P\left(y_t = w \middle| y_{<t}\right) \tag{11-5}$$

在贪婪解码过程中，解码器在每个时间步都选择当前概率最高的标记作为输出。这种方法注重当前的最佳选择，而不考虑这一选择对后续生成的影响。由于其只关注局部最优解，所以贪婪解码实现起来非常简单，计算速度也很快。然而，这种策略可能无法生成全局最优的序列，尤其是在需要结合整个句子上下文进行推断的情况下。结果可能会出现语法错误、不连贯的句子，或者与预期不符的内容，限制了生成文本的质量和连贯性。

贪婪解码的原理是在每个时间步中选择条件概率最高的单词作为输出，逐步构建序列。这个过程会持续进行，直到生成达到设定的最大句子长度或遇到特殊的结束标记（如<EOS>）为止。这种方法强调每一步的最佳选择，从而快速生成一个完整的输出序列。

```python
import numpy as np

# 定义开始和结束标记
START_TOKEN = 0
EOS_TOKEN = 1

def flexible_probabilities_func(current_tokens):
    """
    根据当前序列动态生成下一个词的概率分布。
    当序列长度为 1（仅有 START_TOKEN）时，返回初始概率分布。
    当序列长度为 2 时，根据上一个 Token 选择不同的概率分布。
    当序列长度超过 2 时，直接返回结束标记（EOS_TOKEN）的概率为 1.0。
    """
    vocab_size = 10                              # 假设词汇表大小为 10
    probabilities = np.zeros(vocab_size)

    if len(current_tokens) == 1:
        # 初始概率分布
        probabilities[2] = 0.5
        probabilities[3] = 0.5
    elif len(current_tokens) == 2:
        # 根据上一个 Token 不同，生成不同的分布
        last_token = current_tokens[-1]
        if last_token == 2:
            probabilities[4] = 0.7
            probabilities[5] = 0.3
        elif last_token == 3:
            probabilities[6] = 0.6
```

```
            probabilities[7] = 0.4
        else:
            # 超过 2 个 Token 后直接结束
            probabilities[EOS_TOKEN] = 1.0

    return probabilities

def greedy_decoding(prob_func, start_token, max_length):
    """
    贪婪解码函数:
    从 start_token 开始,每一步从 prob_func(current_tokens)中获取概率分布,
    然后选择概率最高的词作为下一个词,一直重复直到生成 EOS_TOKEN 或达到 max_length。
    """
    current_tokens = [start_token]
    for _ in range(max_length):
        probabilities = prob_func(current_tokens)
        next_token = np.argmax(probabilities)
        current_tokens.append(next_token)

        # 检查结束条件
        if next_token == EOS_TOKEN:
            break
    return current_tokens

def test_greedy_decoding():
    """
    测试贪婪解码的输出是否符合预期。
    根据 flexible_probabilities_func 的定义,我们预期解码序列结果为 [0, 2, 4, 1]。
    """
    decoded_sequence = greedy_decoding(flexible_probabilities_func, START_
TOKEN, 5)
    expected_sequence = [START_TOKEN, 2, 4, EOS_TOKEN]
    assert decoded_sequence == expected_sequence, f"Expected {expected_
sequence}, but got {decoded_sequence}"

# 测试
decoded_sequence = greedy_decoding(flexible_probabilities_func, START_TOKEN, 5)
print("Decoded Sequence:", decoded_sequence)
test_greedy_decoding()
print("Test passed.")
```

在上面的示例中,flexible_probabilities_func 函数仅用于演示,其根据当前已生成的单词序列来计算下一个单词出现的概率分布。在实际应用中,这类函数会复杂得多,因为其需要根据大量的上下文和模型内部状态来确定下一个单词的概率。start_token 则是一个特殊的起始标记,用于指示序列的开始。

2. 集束搜索

集束搜索是一种比贪婪解码更先进的解码策略,常用于机器翻译和文本摘要等任务。与贪婪解码中每一步只保留一个候选序列不同,集束搜索在每个时间步中会保留多个候选序列(称为束或 Beam),并根据它们的累积概率进行排序。通过调节束宽(Beam Width)这个参数,可以控制每个时间步保留的候选数目,从而在生成过程中探索更多潜在的序列组合。当束宽较小时,计算成本较低,但可能难以找到全局最优解;而当束宽较大时,模型可获得更广泛的搜索范围,从而产生更优的结果,但计算开销也会随之增加。总体而言,集束搜索能

够在提高文本质量与计算成本之间找到一定的平衡，使模型有更高的机会找到比贪婪解码更佳的输出序列。

原理方面，集束搜索通过关注整个序列的综合评分（而不是只关注单个时间步的最高概率）来决定哪些候选序列继续拓展。在计算序列得分时，通常使用负对数概率的形式：得分越低，表示整条序列的概率越高。换句话说，集束搜索并不是每一步都仅挑选当前看起来最佳的单词，而是结合之前所有选择的结果，选择让整条序列最终得分更低（即更高概率）的候选继续前进。

```python
import numpy as np

START_TOKEN = 0
EOS_TOKEN = 1

import numpy as np

START_TOKEN = 0
EOS_TOKEN = 1

def beam_search_decoder(probabilities, beam_width):
    """
    使用束搜索算法解码序列。

    参数:
    probabilities -- 二维列表或二维数组，每一行为一个时间步的概率分布，形状为 [T, V]。
                     T 为时间步数，V 为词汇表大小。
    beam_width -- 束宽，表示每个时间步保留的候选序列数目。

    返回:
    sequences -- 一个列表，其中每个元素是 (序列，序列负对数概率) 的元组。
                 值越低表示原始概率越高，排序时应选择值最低的序列。
    """
    # 使用 (sequence, score) 保存序列及其累积负对数概率
    sequences = [([], 0.0)]

    # 对每个时间步进行扩展
    for step_probs in probabilities:
        all_candidates = []

        # 对当前已有的每个候选序列进行扩展
        for seq, seq_score in sequences:
            # 遍历每个候选单词
            for word_idx, prob in enumerate(step_probs):
                if prob > 0:
                    new_seq = seq + [word_idx]
                    # 累积负对数概率
                    new_score = seq_score - np.log(prob)
                    all_candidates.append((new_seq, new_score))

        # 根据负对数概率对候选进行排序，得分越低表示越优（概率越高）
        all_candidates.sort(key=lambda x: x[1])

        # 保留得分最低的 beam_width 个候选
        sequences = all_candidates[:beam_width]

    return sequences
```

```
# 示例
probabilities = [
    [0.1, 0.2, 0.7],
    [0.5, 0.3, 0.2],
    [0.4, 0.4, 0.2]
]

# 使用束宽为 3 进行束搜索解码
result = beam_search_decoder(probabilities, 3)
print("Decoded sequences and scores:")
for seq, score in result:
    print(f"Sequence: {seq}, Score: {score:.4f}")

# 示例概率分布，每行代表一个时间步的概率分布
probabilities = [
    [0.1, 0.2, 0.7],
    [0.5, 0.3, 0.2],
    [0.4, 0.4, 0.2]
]

# 使用束宽为 3 进行束搜索解码
result = beam_search_decoder(probabilities, 3)
print("Decoded sequences and scores:")
for seq, score in result:
    print(f"Sequence: {seq}, Score: {score:.4f}")

def test_beam_search_decoder():
    """
    测试 beam_search_decoder 函数。
    为了测试，将使用与上面相同的 test_prob 和 beam_width，
    并检查返回结果是否与预期一致。
    """
    test_prob = [
        [0.1, 0.2, 0.7],
        [0.5, 0.3, 0.2],
        [0.4, 0.4, 0.2]
    ]
    # 根据手工计算预期结果，将 top 3 的最终序列及其对数概率写出
    # 手工计算详情（见分析）：
    # 前两个最佳序列：[2,0,0] 和 [2,0,1] 的总概率为 0.7*0.5*0.4 = 0.14
    # 对应负对数概率为 -(log(0.7)+log(0.5)+log(0.4)) = 1.966113
    # 第三个序列 [2,1,0] 的总概率为 0.7*0.3*0.4 = 0.084
    # 对应负对数概率为 -(log(0.7)+log(0.3)+log(0.4)) = 2.476938
    expected_sequences = [
        ([2, 0, 0], -(np.log(0.7) + np.log(0.5) + np.log(0.4))),
        ([2, 0, 1], -(np.log(0.7) + np.log(0.5) + np.log(0.4))),
        ([2, 1, 0], -(np.log(0.7) + np.log(0.3) + np.log(0.4))),
    ]

    test_result = beam_search_decoder(test_prob, 3)

    # 打印结果便于调试
    print("\nTest sequences and scores:")
    for seq, score in test_result:
        print(f"Generated sequence: {seq}, Score: {score:.6f}")

    # 按顺序检查返回结果是否与预期一致
    for i, (seq, score) in enumerate(test_result):
```

```
        expected_seq, expected_score = expected_sequences[i]
        assert seq == expected_seq, f"Expected sequence {expected_seq}, but got
{seq}"
        assert np.isclose(score, expected_score, atol=1e-6), f"Expected score
{expected_score}, but got {score}"

    print("All tests passed.")

# 运行验证函数
test_beam_search_decoder()
```

在 beam_search_decoder 函数中，序列得分使用负对数概率表示。由于对数概率为负值时，得分越低表示原始概率越高，因此，对序列进行排序并选择得分最低的序列，就相当于在实际概率空间中选择最有可能的序列。

在低熵任务（如机器翻译和摘要）中，选择最大概率的解码方式通常效果很好。贪婪解码由于其简单和快速的特点，非常适合需要快速响应的场景。而集束搜索能够提供更高质量的输出，适用于对生成结果要求更高的任务。根据不同的应用需求和资源限制，可以灵活选择合适的解码策略。

11.4　解码遇到的问题及其解决方案

在自然语言生成任务中，解码过程至关重要。然而，解码过程中常常会面临一些挑战，其中重复文本问题尤为突出。以下是重复文本问题的主要原因和分析。

11.4.1　重复文本问题

在开放式文本生成任务中，重复文本的现象非常常见，尤其是在使用像 GPT 这样的语言模型时。这种现象可以从多个方面解释。

❑ 自回归模型的特性：自回归语言模型在生成每一个新词时，都会依赖于之前生成的所有词。如果某个时间点模型生成了重复的词或短语，这些重复的内容会成为下一次生成的上下文。如果这些重复片段在训练数据中频繁出现或具有较高的一致性，那么模型可能会继续重复生成它们。

❑ 训练数据的影响：模型的训练数据直接影响生成结果。如果训练数据中某些短语或句子高度重复，那么模型可能会学到这种模式并在生成重复的短语或句子的概率较大。此外，训练数据中包含的冗余或不平衡信息，也会导致模型生成具有类似冗余的信息。

❑ 训练目标的作用：模型的训练目标是在最大化前文条件下下一个正确单词的概率。如果训练数据中的某些序列或单词组合被频繁使用，模型可能会选择这些内容作为"安全选项"来最大化概率，进而出现重复现象。

❑ 解码策略在生成任务中存在一定局限，容易增加重复现象。贪婪解码每次都选择概率最高的下一个单词，虽然计算简单，但是容易陷入局部最优，导致生成内容单调重复，如反复输出"我不知道"这样的短语。虽然集束搜索能够同时探索多个候选序列，缓解局部最优问题，但是若候选序列的多样性不足，最终结果依然可能高度相似，出现重复内容。因此，这些解码策略在提升生成质量时仍需进一步优化，以减少重复现象。

☐ 模型训练的深度和复杂性：如果模型训练不足或模型结构相对简单，那么它可能难以学习复杂的文本模式，从而更容易生成重复内容。更复杂或更深的模型通常可以更好地理解文本结构，从而减少重复现象。

☐ 上下文处理的限制：虽然现代模型（如 Transformer）在捕捉长距离依赖方面表现出色，但是在处理超长文本时，模型可能无法有效利用所有上下文信息，导致生成重复或无关的内容。

通过以上分析可以看出，重复生成的原因涉及模型架构、训练数据、解码策略和上下文处理等多方面的因素。这也是为什么在实际应用中，减少重复生成需要从多个方向进行优化。

11.4.2　重复文本的解决方法

1. 简单直接：启发式方法

不重复 N-gram 方法：这是一个简单但有效的策略，用于避免生成重复的文本片段。其核心思想是：在生成过程中，禁止产生已经出现过的 N-gram（即由 n 个连续单词组成的序列）。通过这种方式，可以显著减少重复内容。例如，在贪婪解码或集束搜索的过程中，可以对每一步生成的候选词进行检查。如果某个新生成的 N-gram 已经在之前的输出中出现过，那么就直接排除这个选项。启发式方法通过实时监控生成内容，有效地避免了重复现象。这种策略的实现简单，但效果显著，尤其适用于需要避免局部重复的生成任务。

可以通过修改集束搜索算法来避免生成重复的 N-gram。这种策略在解码阶段进行，通过实时检查每个新生成的 N-gram 是否已经在之前的文本中出现过，从而确保生成内容的多样性和连贯性。如果发现某个新生成的 N-gram 已经出现在之前的输出中，则直接排除该选项，防止重复生成。这样，算法能够动态调整候选序列，既保持生成的质量，又减少了冗余内容。

N-gram 的 Python 代码如下：

```python
import numpy as np

def beam_search_decoder(prob_matrix, beam_width, n_gram=2):
    """
    使用束搜索(Beam Search)算法进行序列解码，并避免重复的 N-gram 出现。

    参数:
    prob_matrix -- 一个二维列表(或数组)，其中每一行表示在该时间步下对每个词汇的预测概率分布。
                   例如，prob_matrix 的形状为 [T, V]，T 是时间步数，V 是词汇表大小。
    beam_width -- 束宽（beam width），表示在每个时间步保留的候选序列数量。
    n_gram -- N-gram 的大小，用于检测重复的 N-gram。

    返回:
    sequences -- 一个列表，包含最终保留的最佳序列及其对应的对数概率和 N-gram 集合。
                 每个元素为 (sequence_list, sequence_score, n_grams_set)
                 sequence_list 是最佳序列的标记索引列表
                 sequence_score 是该序列的负对数概率（值越低概率越高）
                 n_grams_set 是该序列中已出现的 N-gram 集合
```

```
    """

    # 初始化序列列表：每个序列包含三部分信息：
    # (sequence_tokens, sequence_score, n_grams_set)
    # sequence_tokens: 当前序列中已生成的标记列表
    # sequence_score: 该序列的累计负对数概率
    # n_grams_set: 一个集合，用于记录该序列中已出现过的 N-gram
    sequences = [([], 0.0, set())]

    # 遍历每一个时间步的概率分布
    for step_probs in prob_matrix:
        all_candidates = []

        # 扩展当前所有保留的序列
        for seq_tokens, seq_score, seq_n_grams in sequences:
            # 遍历当前时间步的词汇表，对每个词计算新的候选序列
            for word_idx, prob in enumerate(step_probs):
                if prob > 0:
                    # 将当前词附加到序列的末尾形成新序列
                    new_seq_tokens = seq_tokens + [word_idx]
                    # 更新序列的对数概率
                    new_seq_score = seq_score - np.log(prob)

                    # 复制已有的 N-gram 集合，用于本次更新
                    new_n_grams = seq_n_grams.copy()

                    # valid 用于判断生成的 N-gram 是否重复
                    valid = True
                    if len(new_seq_tokens) >= n_gram:
                        # 提取新生成的 N-gram（从序列末尾取 n 个标记组成元组）
                        new_ngram = tuple(new_seq_tokens[-n_gram:])

                        # 检查该 N-gram 是否已在序列中出现过
                        if new_ngram in seq_n_grams:
                            # 若重复，则该候选无效
                            valid = False
                        else:
                            # 若不重复，将该 N-gram 加入集合
                            new_n_grams.add(new_ngram)

                    # 仅当该候选序列通过了重复检查(valid 为 True)时才加入候选列表
                    if valid:
                        candidate = (new_seq_tokens, new_seq_score, new_n_grams)
                        all_candidates.append(candidate)

        # 对所有候选序列按分数排序，分数越低表示序列概率越高
        all_candidates.sort(key=lambda val: val[1])
        # 保留得分最好的 beam_width 个序列
        sequences = all_candidates[:beam_width]

    return sequences

# 示例使用
# 每行代表一个时间步中每个词的概率分布
prob_matrix = [
    [0.1, 0.2, 0.7],
    [0.5, 0.3, 0.2],
    [0.4, 0.4, 0.2],
```

```
    [0.7, 0.1, 0.2]
]

# 使用束宽为 3 进行解码
result = beam_search_decoder(prob_matrix, beam_width=3, n_gram=2)

# 输出最终保留的序列及对应分数
print("Final sequences and scores:")
for seq_tokens, seq_score, seq_n_grams in result:
    print(f"Sequence: {seq_tokens}, Score: {seq_score:.4f}")
```

这个经过修改的集束搜索版本在扩展序列的过程中增加了对 *N*-gram 重复出现的检查。当模型为当前序列选择下一个单词时，会根据新生成的单词构建一个新的 *N*-gram，并检查该 *N*-gram 是否已经在先前的序列中出现过。如果这个 *N*-gram 尚未出现，则将扩展过的新序列作为候选序列保留下来；如果这个 *N*-gram 已经出现过，则直接忽略。这种方法在生成过程中可以有效地防止重复内容的出现，使得模型生成的文本更加多样化和自然。

2. 使用不同的训练目标

1）不可能性训练目标

不可能性训练目标（Unlikelihood Training）这种方法的核心在于通过为已出现的标记设定惩罚，降低它们再次被生成的概率。换句话说，它对模型的训练目标进行了调整，一旦某个标记已经出现在输出中，下次再生成该标记时就会受到额外的惩罚。这种处理使模型在生成过程中倾向于选择更少重复的标记，从而减少重复现象的发生。

$$L_{UL}^{(i)}\left(p_{\theta}, C_{1:T}, \boldsymbol{x}, \boldsymbol{y}\right) = -\sum_{t=1}^{|y|} \sum_{y \in C_t} \beta\left(\boldsymbol{y}_c\right) \log\left(1 - p_{\theta}\left(\boldsymbol{y}_c \mid \boldsymbol{x}, \boldsymbol{y}_{<t}\right)\right) \tag{11-6}$$

其中：

❑ $p_{\theta}\left(\boldsymbol{y}_c \mid \boldsymbol{x}, \boldsymbol{y}_{<t}\right)$ 表示模型在给定输入 $\boldsymbol{x}$ 和之前生成的词序列 $\boldsymbol{y}_{<t}$ 的条件下，预测特定词 $\boldsymbol{y}_c$ 的概率。

❑ $C_{1:T}$ 是一个集合，表示在每个时间步 t 中，被认为不太可能的词汇集合。这些词汇是模型希望避免生成的。

❑ $\beta\left(\boldsymbol{y}_c\right)$ 是一个加权函数，用来为集合 C_t 中的每个词分配不同的重要性。这使得模型可以对不同的词施加不同程度的惩罚。

❑ $\boldsymbol{y}$ 是目标输出序列，而 $|\boldsymbol{y}|$ 表示这个序列的长度。

❑ 实现：在模型的损失函数中引入一个惩罚项，专门用于降低模型对生成过的词语再次预测的概率。这种方法能够有效抵制生成重复词的内容，从而鼓励模型生成更具有多样性的文本。

2）覆盖损失

See 等人于 2017 年提出了一种适合使用注意力机制的模型方法，即覆盖损失（Coverage Loss），其旨在防止注意力机制反复聚焦于同一个词或短语。这种方法通过引入特定策略，调整注意力权重分布，使模型能够更均匀地分配注意力，从而有效避免生成重复的内容，提升文本生成的多样性和连贯性。

覆盖损失公式:

$$\text{cov\_loss}_t = \sum_i \min\left(\boldsymbol{a}_i^t, \boldsymbol{c}_i^t\right) \tag{11-7}$$

❑ $\boldsymbol{a}_i^t$:在时间步 t 中,模型对第 i 个输入的注意力分配程度,即第 i 个输入被关注的权重。

❑ $\boldsymbol{c}_i^t$:在时间步 t 中的覆盖向量,表示从一开始到时间 t 为止,第 i 个输入被关注的总权重。

简单来说, $\boldsymbol{a}_i^t$ 是当前时刻对每个输入的关注程度, $\boldsymbol{c}_i^t$ 则是到当前时刻所有关注的总和。

在损失函数中加入一个覆盖损失项,用于限制模型的注意力分布。这项额外的损失确保每个输入词都能被适度关注,而不是某些词被过度集中注意力,从而改善生成结果的均衡性和合理性。

3. 使用不同的解码目标

Li 等人于 2022 年提出了一种对比解码(Contrastive Decoding)方法,其通过对比两个不同大小的语言模型(一个大模型和一个小模型)在同一字符串上的预测概率,寻找使它们的对数概率差最大的字符串。这种方法通过最大化对数概率差,有效帮助模型生成更优质的输出,充分发挥大模型在生成任务中的优势。

$$L_{\text{CD}}\left(\boldsymbol{x}_{\text{cont}}, \boldsymbol{x}_{\text{pre}}\right) = \log p_{\text{EXP}}\left(\boldsymbol{x}_{\text{cont}} \middle| \boldsymbol{x}_{\text{pre}}\right) - \log p_{\text{AMA}}\left(\boldsymbol{x}_{\text{cont}} \middle| \boldsymbol{x}_{\text{pre}}\right) \tag{11-8}$$

❑ $\boldsymbol{x}_{\text{cont}}$:需要生成的文本部分。它是模型在已有上下文 $\boldsymbol{x}_{\text{pre}}$ 的基础上预测的续写内容。

❑ $\boldsymbol{x}_{\text{pre}}$:生成 $\boldsymbol{x}_{\text{cont}}$ 前的上下文或输入内容,模型根据它来生成后续的文本。

❑ $p_{\text{EXP}}\left(\boldsymbol{x}_{\text{cont}} \middle| \boldsymbol{x}_{\text{pre}}\right)$:大型专家模型在已知前缀 $\boldsymbol{x}_{\text{pre}}$ 的条件下生成续写 $\boldsymbol{x}_{\text{cont}}$ 的概率。

❑ $p_{\text{AMA}}\left(\boldsymbol{x}_{\text{cont}} \middle| \boldsymbol{x}_{\text{pre}}\right)$:小型初学者模型在相同上下文 $\boldsymbol{x}_{\text{pre}}$ 下,生成同样续写 $\boldsymbol{x}_{\text{cont}}$ 的概率。

式(11-8)右边两项相减的结果,用于衡量在相同输入条件下,大型专家模型和小型初学者模型对生成相同续写的倾向差异:

❑ 正值:如果 L_{CD} 为正,则说明大型专家模型生成 $\boldsymbol{x}_{\text{cont}}$ 的概率更高,这种续写符合更高标准的语言生成规范,专家模型更倾向于这种结果,因此被视为更理想的生成方式。

❑ 负值:如果 L_{CD} 为负,则说明小型初学者模型对这种续写的偏好更高,而专家模型认为这种生成不够理想,续写存在错误或不符合期望。

通过这种比较,可以更直观地评估不同模型在生成质量上的差异,帮助优化生成策略或改进模型。

在实际解码过程中,可以通过计算由大模型生成的每个候选序列的对数概率与小模型生成的对数概率之间的差值,选择差值最大的序列作为最终输出。这种方法能够利用大模型的精确性,同时借助小模型对不理想模式的敏感性来优化生成质量。这些方法各有优缺点,具体需要根据应用场景、模型架构和性能要求而定。例如,对于高质量、多样化输出的场景,可以倾向于使用不可能性训练目标或覆盖损失;而对于对响应速度要求较高的场景,则可能优先选择简单的启发式方法或对比解码。通过灵活应用这些策略,可以显著减少重复生成的文本,提高输出的自然度和可读性。

11.4.3　寻找概率最高的解未必是最优生成结果

在自然语言生成任务中，如机器翻译或摘要生成，目标通常是生成最有可能的字符串以确保准确性和一致性。然而，在开放式生成任务中，如故事创作、创意内容生成或对话系统，单纯地追求"最可能的"生成方式往往并不理想。这是因为这些任务需要输出具备一定的创造力、变化性和灵活性，而最大化概率的生成方式可能会限制这些特点，原因如下：

始终选择生成概率最高的单一序列容易使生成结果在结构和表达上缺乏多样性，从而降低文本的创造性与吸引力；

模型可能偏向于训练数据中频繁出现的模式，而忽略了稀有但有趣的表达；

对于开放式任务，生成结果的质量往往不仅取决于概率，还依赖于情感、风格和语境的契合度。因此，为了更好地满足这些需求，开放式任务通常会采用其他生成方法，如随机采样或限制范围的抽样策略，以平衡生成的质量和多样性。

1. 缺乏多样性

当目标是生成最有可能的字符串时，模型通常会倾向于选择训练数据中最安全、最常见的序列作为输出。这种方法虽然可以确保生成的内容具有一定的准确性，但是也带来了一些问题。例如，模型可能重复生成训练中常见的短语，而缺乏新颖性或创造性。此外，这种生成方式可能使输出变得过于可预测和单调，尤其是在需要创造力或吸引力的场景中，如故事写作或对话系统时，这种可预测性会显得尤为不足，难以满足用户对多样化和新颖性的期望。

2. 与人类生成文本的不确定性分布不匹配

人类语言天生具有多样性，并高度依赖上下文。在开放式生成任务中，能够体现这种变化性至关重要。然而，选择最可能的字符串往往无法实现这一点。首先，这种方法难以捕捉细微的上下文差别，使生成的文本显得机械且缺乏自然的流畅性；其次，开放式生成任务通常需要系统灵活地适应新话题或对话中的意外转折，如果训练数据中没有覆盖类似的上下文，那么模型单纯选择最可能的字符串无法有效应对这些变化，限制了生成内容的适应性和多样性。

3. 不能充分表达不确定性

在人机互动或创意内容生成任务中，展现不确定性和多种观点更符合现实世界的需求。然而，仅依赖最可能的响应存在明显局限性。首先，这种方法倾向于生成单一的响应，从而忽略了其他可能更适合甚至更有趣的合理选项；其次，语言数据通常具有长尾分布的特点，其中许多有趣且相关的表达形式出现频率较低。优化为仅选择最可能字符串的模型，往往难以充分探索这些低频但丰富的表达方式，限制了生成内容的多样性和创造性。

11.4.4　使用采样技术生成更有意义的答案

在自然语言生成任务（如文本生成、对话系统）中，模型在每个时间步 t 需要根据之前

生成的文本 $\{y\}_{<t}$ 预测下一个可能的词 $\hat{y}_t$。这个过程通常通过概率分布 $P\left(y_t = w \middle| \{y\}_{<t}\right)$ 来建模，该分布表示在当前上下文中，所有可能的候选词的概率。

为了从该分布中选取下一个词，通常采用采样技术，即根据该概率分布进行随机抽样，而不是总选择最可能的词（如贪心搜索）。式（11-9）表示，每个生成的词都是从条件概率分布中随机采样而得的。接下来将介绍几种常见的采样策略，如标准采样和 Top-k 采样，以便在生成任务中更好地控制文本的流畅性和合理性。

$$\hat{y}_t \sim P\left(y_t = w \middle| \{y\}_{<t}\right) \tag{11-9}$$

- 采样：符号 "~" 表示从概率分布中随机采样，这意味着每个生成的词都是依据当前上下文的条件概率分布随机选择的。这种方法使生成的文本更具多样性和创造性，特别适合应用在需要高创造力的任务中，如故事创作或诗歌撰写。
- Top-k 采样是一种常用的解码策略，用于改进标准随机采样的效果。在标准采样中，词汇表中的每个标记（Token）都有可能被选中，但会使生成的文本包含不常见或不相关的标记，影响文本的连贯性和逻辑性。

1. 标准采样的问题背景

在许多自然语言模型尤其是经过大规模数据集训练的模型，其预测的概率分布往往具有重尾特性。虽然大部分概率质量集中在少数几个词上，即某些词的预测概率明显高于其他词，但是仍然存在大量概率较低的词，这些词的累积概率也不容忽视。这说明尽管少数词占据主要概率，其他词仍有一定概率被选中。然而，标准随机采样虽然完全依赖预测概率分布，但在重尾分布下仍可能抽取到概率极低且不相关的词，缺乏对这种不均衡的控制。

在特定的上下文中，许多低概率词实际上是不适合的，但由于这些词数量众多，它们作为一个群体被选中的概率仍然较高，这会导致生成的文本出现不相关或不合理的内容，影响文本的连贯性和质量。

2. Top-k采样的解决方案

Top-k 采样通过限制采样范围来解决标准采样可能导致的问题。具体而言，模型首先计算所有标记的概率，然后仅保留概率最高的前 k 个标记作为采样候选。这种方法可以避免选择那些虽然数量众多但是概率较低的标记，从而显著减少了无关或不合适的标记出现的概率。通过排除不相关的低概率标记，Top-k 采样提高了生成文本的相关性和准确性，使得生成的内容更加流畅和贴合上下文需求。

3. Top-k采样的基本原理

在生成文本时，模型会输出一个概率分布，表示下一个最可能的单词。在 Top-k 采样中，模型不会从整个概率分布中选择，而是仅从概率最高的前 k 个单词中进行选择。这样可以排除低概率、不相关的单词，使采样范围更集中。

k 值的影响：

- 常见的 k 值：k 值的大小直接影响生成文本的多样性和准确性，常见的 k 值如 50，可以根据具体任务需求进行调整。

❑ 增大 *k* 值：较大的 *k* 值允许模型从更多的候选单词中选择，增加了生成文本的多样性，但可能会选中不相关或错误的单词，降低结果的可控性。

❑ 减小 *k* 值：较小的 *k* 值使采样更加保守，仅从最可能的几个单词中选择，这提高了文本的准确性和可靠性，但可能导致输出内容过于常规，缺乏新颖性和创造性。

4. 实现示例

假设有一个模型输出的概率分布，下面是如何实现 Top-*k* 采样的简化 Python 示例：

```python
import numpy as np
from collections import Counter

def top_k_sampling(probabilities, k):
    """
    执行 Top-k 采样
    参数:
        probabilities (list or np.ndarray): 概率分布
        k (int): 前 k 个最高概率的标记数量
    返回:
        int: 采样得到的标记索引
    """
    # 确保输入是 NumPy 数组并非负
    probs = np.array(probabilities, dtype=float)
    if np.any(probs < 0):
        raise ValueError("Probabilities must be non-negative.")
    if np.sum(probs) == 0:
        raise ValueError("Sum of probabilities must be greater than 0.")

    # 检查 k 是否合理
    if k <= 0 or k > len(probs):
        raise ValueError(f"k must be between 1 and {len(probs)}, got {k}")

    # 使用 argpartition 比 argsort 在大规模时更高效
    # argpartition 返回分区索引，前面的为较小元素，后面的为较大元素
    # 我们要选择 Top-k 最高概率的标记，因此选取最后 k 个最大的概率索引
    partition_index = len(probs) - k
    top_k_indices = np.argpartition(probs, partition_index)[partition_index:]

    # 创建一个新的概率分布，仅保留 Top-K 标记的概率
    top_k_probs = np.zeros_like(probs)
    top_k_probs[top_k_indices] = probs[top_k_indices]

    # 对新的概率分布进行归一化
    top_k_probs = top_k_probs / np.sum(top_k_probs)

    # 根据归一化后的概率分布进行采样
    sampled_token_index = np.random.choice(len(probs), p=top_k_probs)
    return sampled_token_index

# 示例概率分布
probabilities = [0.01, 0.1, 0.05, 0.2, 0.4, 0.01, 0.01, 0.01, 0.01, 0.2]

# 执行多次 Top-k 采样以验证正确性
k = 3
sampled_indices = [top_k_sampling(probabilities, k) for _ in range(1000)]
```

```
# 统计每个索引被采样的次数
count = Counter(sampled_indices)

# 输出统计结果
print("Sampled Indices Count:")
for idx in sorted(count):
    print(f"Index {idx}: {count[idx]} times")
```

多次运行 top_k_sampling 函数后，可以验证采样过程的正确性。输出显示，概率分布中前 k 个最高概率的标记（索引 3、4 和 9）被采样的次数显著更多，成功地将采样限制在概率最高的 k 个标记中，符合 Top-k 采样的预期效果。

11.4.5　Top-p 采样

1．Top-k 所遇到的问题

虽然 Top-k 采样能够减少生成过程中选择不相关或不适当单词的可能性，提升文本质量，但是它也有一些局限性，尤其在选择合适的 k 值时比较困难，因为过大或过小的 k 值都有可能影响生成质量。

1）k 值设置过小：候选词过于狭窄

当 k 值设置得过小时，Top-k 采样可能会忽略许多潜在合适的选项。这种情况下，模型只能从一个非常有限的词汇集合中选择单词，这样可能会使生成的文本过于保守，缺乏多样性和创新性，使内容显得单调且可预测。此外，在一些特定的上下文中，理想的候选词可能因为不在最高概率的范围内而被排除，尤其是那些虽然在训练数据中不常见但是在当前场景中非常合适的词汇，这种限制会影响生成内容的丰富性和灵活性。

2）k 值设置过大：候选词过于宽泛

当 k 值设置得过大时，Top-k 采样可能会引入许多不太可能但被包含在采样范围内的选项。这样会导致生成的文本出现问题：一方面，由于低概率、不相关的单词更有机会被选中，输出的文本可能变得不连贯或偏离主题，降低了内容质量；另一方面，较大的值增加了计算复杂性，每一步都需要处理更多的单词概率和排序操作，从而降低了模型的运行效率，尤其是在需要快速响应的场景中更为明显。

3）k 值并没有固定标准，要依据概率分布进行调整

当概率分布较为平坦时，也就是说，许多单词的概率相近，使用固定的 k 值可能会导致一些合理的选项被排除在外，限制了生成文本的多样性。而当概率分布非常尖锐时，即只有少数单词的概率远高于其他单词，设置较高的值可能会引入过多低概率的单词，这些单词很可能在当前上下文中不相关或不适合，从而降低生成内容的质量。

2．Top-p 采样的思路

Top-p 采样（核采样或 Nucleus 采样）是一种改进的解码策略，特别适用于处理动态概率分布的场景。这种方法通过选择累积概率达到预设阈值的单词，而不是固定数量的单词来实现更加灵活的采样。具体而言，模型会按照单词的概率从高到低排序，然后逐步累加这些概率，直到总和达到或超过阈值为止。这些单词组成采样候选集合，使选择的范围能够动态调

整。如果概率分布比较尖锐（即少数几个单词的概率远高于其他单词），则仅需少量单词即可达到阈值 p；如果分布较为平坦（即许多单词的概率接近），则需要包含更多的单词才能达到相同的累积概率。这种灵活的调整方式避免了固定值可能带来的局限性，使得 Top-p 采样能够更好地适应不同的概率分布形态，既能捕捉尖锐分布中的核心单词，又能涵盖平坦分布中的多样选择。

动态调整 k 值：Top-p 采样根据概率分布的形态动态调整 k 值，不再使用固定的 k 值。模型会按照单词的概率从高到低排序，并逐步累加这些概率，直到总和达到预设阈值 p。在这个过程中，实际被考虑的单词数量（即 k 值）取决于分布的集中程度。如果分布尖锐，仅需少数几个高概率单词即可达到 p；而在分布较平坦时，则需要更多的单词来达到相同的累积概率。这种动态调整使得 Top-p 采样更加灵活，能够适应不同的概率分布特征，从而提升生成文本的多样性和质量。

Top-p 的公式表达如下：

$$P_t\left(y_t = w \middle| \{y\}_{<t}\right) \tag{11-10}$$

其中，P_t：表示调整后的概率分布，仅考虑原始分布中累积概率超过阈值 p 的最核心的一部分词汇。$y_t = w$ 代表在时间 t 内一个词为 w 的概率。$\{y\}_{<t}$ 代表在时间 t 之前生成的所有词或标记。

3．Top-p采样的优势

Top-p 采样具有很强的适应性，它能够根据实际的概率分布动态调整采样策略，无论分布是集中还是分散的，都能表现出良好的性能。通过限制在累积概率阈值内选择单词，这种方法有效减少了选择低概率、不相关词汇的风险，从而提升了生成文本的连贯性和相关性。此外，Top-p 采样在多样性和准确性之间提供了良好的平衡，尤其适用于需要生成自然流畅文本或对话的场景，展现出了显著的优势。

4．Python代码示例

下面是一个简化的 Top-p 采样的 Python 代码实例，展示如何根据概率分布实现这种采样方法：

```python
import numpy as np
from collections import Counter

def top_p_sampling(probabilities, p=0.9):
    """
    使用 Top-p（核）采样从给定的概率分布中选择一个标记。
    参数：
        probabilities (list or np.ndarray)：每个标记对应的概率分布。
        p (float)：累积概率阈值，0 < p <= 1。当累积概率达到该阈值时停止纳入候选标记。
    返回：
        chosen_index (int)：被选择的标记索引。
    """
    # 转换为 NumPy 数组，以便进行排序和计算
    probs = np.array(probabilities)

    # 按概率从大到小排序并获得排序后的索引
```

```
      sorted_indices = np.argsort(probs)[::-1]
      sorted_probs = probs[sorted_indices]

      # 计算排序后的概率的累积和
      cumulative_probs = np.cumsum(sorted_probs)

      # 找到使累积概率大于或等于 p 的最小索引
      cutoff_index = np.where(cumulative_probs >= p)[0][0]

      # 截取累积概率达到 p 之前的所有标记，这些标记称为候选集
      chosen_probs = sorted_probs[:cutoff_index + 1]

      # 对截取后的标记概率进行重新归一化，使之和为 1
      chosen_probs = chosen_probs / np.sum(chosen_probs)

      # 从这些标记中按照归一化概率分布随机选择一个标记
      chosen_index = np.random.choice(sorted_indices[:cutoff_index + 1],
   p=chosen_probs)

      return chosen_index

# 示例概率分布
probabilities = [0.1, 0.05, 0.2, 0.3, 0.25, 0.01, 0.01, 0.01, 0.01, 0.05]

# 设置累积概率阈值 p
p = 0.9

# 执行多次 Top-p 采样以验证该函数的行为
sample_count = 1000
sampled_indices = [top_p_sampling(probabilities, p) for _ in range(sample_
count)]

# 统计每个索引被采样的次数
count = Counter(sampled_indices)

print("Sampled Indices Count (from", sample_count, "samples):")
for idx in sorted(count):
    print(f"Index {idx}: {count[idx]} times")
```

11.4.6　其他采样方法

在文本生成任务中，探索更高效的解码策略始终是自然语言处理领域的重要研究方向。其中，典型采样（Typical Sampling）和 Epsilon 采样（Epsilon Sampling）是两种较新的方法，它们通过对概率分布和解码决策的优化提供了改进的解决方案。这些方法在平衡生成文本的连贯性和多样性方面展现出了显著优势，为更自然、更灵活的文本生成带来了新的可能性。

1. 典型采样

典型采样由 Meister 等人在 2022 年提出，其通过考虑概率分布的熵来动态调整各个单词的得分，从而在创新性与连贯性之间取得平衡。熵衡量了概率分布的不确定性：如果熵较高，表示多个候选单词的概率相近，典型采样在这种情况下会提升这些词的相对得分，鼓励模型选择更加多样化的输出；反之，如果熵较低，少数单词的概率明显高于其他词，典型采样则倾向于选择这些高概率单词，从而确保输出的典型性和可靠性。由于能够根据分布特性动态

调节生成倾向，典型采样特别适用于对话生成、故事叙述等需要兼顾创造力和连贯性的任务。

2．Epsilon采样

Epsilon 采样由 Hewitt 等人在 2022 年提出，其核心思想是通过设置一个概率阈值 ϵ 来筛选有效候选项，仅保留概率高于该阈值的单词作为采样对象。这种方法排除了概率极低的单词，降低了生成非典型内容或与上下文不相关内容的风险，确保输出质量更高。Epsilon 采样在需要高精确度如医疗报告、法律文件等专业领域的文本生成表现尤为突出，因为在这些领域中如果生成错误或不相关内容可能会带来严重后果。相比传统的 Top-k 和 Top-p 采样方法，Epsilon 采样提供了一种更精细的解码方式，可根据具体任务需求灵活调整，显著提升文本生成的连贯性和可靠性。

11.4.7　温度调节

在自然语言处理中，温度调节是一项关键技术，用于在解码过程中（如文本生成任务中）调整 softmax 输出的概率分布。通过调节温度超参数 τ，可以控制 softmax 函数的概率分布，使其更集中或更平滑，从而影响模型生成的文本特性。

1．理解softmax函数和温度

softmax 函数在每个时间步 t 上根据模型生成的分数向量 $s \in \mathbb{R}^{|V|}$（其中 $|V|$ 表示词汇表的大小）计算词汇表上的概率分布 P_t。选择特定单词 w 的概率通过以下公式计算：

$$P_t(w) = \frac{\exp(s_w)}{\sum_{w' \in V} \exp(s_{w'})} \qquad (11\text{-}11)$$

温度调节是通过超参数 τ（温度）在应用 softmax 函数之前调整模型生成的分数。调整 τ 的作用如下：

$$P_t(w; \tau) = \frac{\exp(s_w/\tau)}{\sum_{w' \in V} \exp(s_{w'}/\tau)} \qquad (11\text{-}12)$$

2．温度对softmax分布的影响

☐ 高温度（$\tau > 1$）：提升温度会使 softmax 输出的概率分布更加均匀化，分数之间的差异被缩小，导致更多单词的概率变得接近。这种情况下，模型更倾向于从更广泛的单词集合中进行采样，从而增加生成文本的多样性，非常适合需要新颖性或创造性的场景。

☐ 低温度（$\tau < 1$）：降低温度会增加概率分布的对比度，使最高分数的单词更为突出，而其他单词的概率迅速下降。结果是分布变得更尖锐，概率集中在少数几个单词上，生成的文本更加保守且连贯。这种设置适合需要较高确定性和准确性的场景，能显著减少生成的随机性和不确定性。

3．在解码中的应用

温度是文本生成任务中的一个重要超参数，可以用来调整采样方法和解码的行为，影响

生成文本的多样性和连贯性。在基于采样的解码中，温度直接控制生成文本的随机性和创造性：较高的温度会让输出更加新颖和多样，而较低的温度则会确保输出模型最可能生成的序列保持一致，提升模型的连贯性与可控性。在集束搜索中，虽然传统上是确定性的解码方式，但是温度的引入可以调整分数计算方式，从而探索更多样的候选假设，而不是严格限制在最高分的集束内。通过调整温度，开发者能够在创造性和准确性之间找到平衡，以适应具体的应用需求——无论是生成富有创造性的文本，还是确保高度可靠和可预测的输出，这项技术在优化用户体验和系统性能时具有重要意义。

11.4.8　重排序

重排序（Re-ranking）是自然语言生成的一种后处理方法，旨在提升输出序列的质量。其基本原理是生成多个候选序列后，根据特定的评估标准对这些序列进行评分，并按照评分结果对序列重新排序，从而选择质量更高的输出。

1. 初始解码存在的问题

在文本生成过程中，初始解码阶段可能由于模型的固有限制（如偏见、训练不足或解码策略的约束，如贪婪解码或集束搜索）而生成非最优的序列。这些初始生成的序列可能在语法上正确，却可能表现出连贯性不足、事实错误、风格不一致甚至内容重复、缺乏趣味性等问题，从而影响生成文本的整体质量和实用性。

2. 重排序策略

在优化文本生成的过程中，可以通过生成多个候选序列来提升输出质量，而非仅依赖单一输出。通常情况下会生成大约 10 个候选序列，但具体数量可以根据需求调整。随后，为每个序列分配一个分数以评估其质量。这些分数的计算可以基于多种标准如困惑度（Perplexity）来衡量序列与模型语言理解的契合程度，较低的困惑度通常表示序列在语言模型中看起来更自然、与其内部语言分布更契合，但可能会因重复性而失真。除此之外，还可以结合更高级的评估指标，如风格、话语连贯性、逻辑一致性和事实准确性。例如，话语指标评估序列是否能够维持话题的连贯性，风格指标确保文本符合预期的写作风格或语调，逻辑一致性检测序列内外的逻辑关系，而事实性则验证生成内容的真实性以及是否符合逻辑。这些评估标准结合使用，可以有效提高最终生成文本的质量和实用性。

3. 实施重排序的方法

在优化生成文本的流程中，首先通过解码生成多个候选序列，以提供多样化的输出选项。接着对每个序列应用一个或多个评分函数，评估其质量。这些评分使用预训练模型或特定算法衡量如语言流畅性、逻辑一致性、风格匹配等指标，并将多个评分指标综合成一个总分。然后依据综合分数对所有候选序列进行排序，从高到低排列以优先考虑更高质量的序列。最后选择得分最高的序列作为输出，以确保生成内容在连贯性、准确性和多样性之间达到平衡。

4. 注意事项和挑战

重排序在自然语言生成中是一种强大的优化方法，通过多种评分标准对生成的候选序列进行评估和选择，以提升输出质量。然而，这个过程也面临一些挑战。首先，评分函数的校准至关重要，校准不当可能导致高质量序列被误评为低分，或者低质量序列得分过高。其次，在使用多个评分标准时，需要找到一种有效的方式将不同分数合并成一个能够准确反映整体质量的指标，这可能具有一定的复杂性。此外，重排序的计算成本较高，尤其是在涉及多个复杂评分函数时，需要在输出质量的改进与计算效率之间取得平衡。尽管如此，通过精心设计和实施重排序策略，可以显著提升生成文本的连贯性、风格和准确性，使生成内容更加有用和吸引力。解码和重排序仍是自然语言生成中的重要研究方向，需要持续探索和优化。

11.4.9 小结

尽管自然语言生成技术已经取得了显著进步，解码仍然是一个充满挑战的研究课题，需要更多的探索和创新。现有技术还不成熟，在生成高质量、相关性强且自然流畅的文本方面仍存在一些局限性。

1. 解码算法的影响

解码算法在文本生成中扮演着重要角色，其设计和调整会对生成的文本产生深远影响。例如，不同的解码策略可能引入特定的偏见，但通过调整策略参数（如集束搜索的宽度或采样的温度），可以有效平衡文本的多样性、准确性和创造性。此外，精心设计的解码算法还能显著提升文本的连贯性，包括优化句子的逻辑结构、保持话题的一致性以及提高整体的可读性，从而生成更加自然流畅的内容。

2. 最近几年的重要进展

解码算法的改进在近年来带来了显著突破，如 Top-p（核）采样通过动态调整候选词汇范围，在生成过程中有效平衡了多样性与准确性。这些改进不仅提升了生成文本的质量，也增强了自然语言生成（NLG）系统的实用性。在对话系统、自动写作及其他实时交互应用中，这些优化使系统能够更加自然和精确地响应用户的输入，显著改善用户体验。

3. 结论

解码依然是自然语言生成（NLG）领域的核心挑战之一。未来的研究需要不断探索新的算法和技术，以进一步提高生成文本的自然性和相关性。通过持续优化和创新解码策略，NLG的应用场景和效率将不断拓展，推动自动文本生成在更多领域发挥更大的作用。

11.5 自然语言生成的训练过程

本节将介绍自然语言生成模型的训练方法，重点分析最大似然估计（Maximum Likelihood

Estimation，MLE）及其暴露误差（Exposure Bias）问题。MLE 作为主流的训练目标，虽然简单有效，但是在生成阶段容易出现训练与推理不一致的现象，导致模型对输入的错误状态过于敏感，使生成内容的质量进一步下降。下面将深入探讨这些问题的根源和影响，并为改进语言模型训练策略提供启发。

11.5.1 最大似然估计的潜在问题

语言模型中的重复现象和多样性问题在很大程度上源于最大似然估计（MLE）训练框架的固有局限性，深入理解这个问题需要分析其训练目标及局限性。

最大似然估计训练及其对文本生成的影响：

最大似然估计（Maximum Likelihood Estimation，MLE）是训练语言模型的核心方法，其目标是最大化训练数据中给定上下文下正确单词的概率。然而，这种方法在生成文本时可能会出现一些问题，如重复和缺乏多样性。首先，MLE 鼓励模型对训练数据中频繁出现的序列赋予更高的概率。虽然这种概率集中能有效学习常见的模式和语法，但是会导致过拟合，使模型过分关注训练集中常见的短语或结构，从而牺牲生成文本的多样性。此外，由于模型在训练中通常仅接触"正确"序列，而没有见过推断过程中可能生成的多样性序列，这种暴露偏差使得生成文本趋向于保守、可预测且紧密对齐于训练数据的分布。最后，MLE 方法可能强化训练数据中的次优模式——尤其是那些频繁出现的主导模式，同时忽略训练集中较少见但可能更相关或更有趣的选择。在大规模数据集中，这种问题尤其显著，因为常见的短语和句式占据了主导地位。解决这些问题需要结合改进的训练方法、更灵活的模型架构和优化解码策略，以提升生成文本的质量和多样性。

11.5.2 暴露偏差

暴露偏差（Exposure Bias）是使用教师强制（Teacher Forcing）训练模型时的常见问题。训练时，模型始终基于真实的上下文学习，而在生成阶段却需要依赖自己生成的内容作为上下文。这种训练和生成方式的差异可能会导致模型难以应对生成过程中累积的错误，从而影响生成文本的质量和连贯性。

1. 教师强制和暴露偏差的概念

教师强制（Teacher Forcing）是一种常用的训练方法，在训练阶段，模型的输入始终接收真实的目标序列作为上下文输入，而非自身生成的内容。换句话说，当模型预测下一个单词时，总是基于正确的前文进行学习。这种方法的优势在于可以加速训练过程并帮助模型更快地收敛，因为它明确地为模型提供了正确的参考。

教师强制这种方法也带来了一个问题——暴露偏差（Exposure Bias）。在训练阶段，模型依赖的是正确的上下文，但在实际生成文本时模型必须依赖它自己生成的内容作为上下文。这种训练与生成之间的差异会导致模型无法有效应对自己生成的错误或不精确的上下文，进而影响生成文本的质量。这种现象就是暴露偏差的核心，它可能导致模型在实际应用中性能下降。

2. 暴露偏差的影响

在生成过程中，模型难以处理自身生成的不完美输入，如语法错误、逻辑混乱或风格不一致，而训练时的数据总是"完美"的，导致这一问题无法被解决。

3. 如何计算相关损失

训练损失（L_{train}）：通常用负对数似然（Negative Log Likelihood，NLL）来表示，计算公式如下。

$$L_{\text{train}} = L_{\text{MLE}} = -\sum_{t=1}^{T} \log P\left(y_t^* \left|\left\{y^*\right\}_{<t}\right.\right) \tag{11-13}$$

生成损失（L_{gen}）：在生成过程中，损失计算如下。

$$L_{\text{gen}} = L_{\text{dec}} = -\sum_{t=1}^{T} \log P\left(\hat{y}_t \left|\left\{\hat{y}\right\}_{<t}\right.\right) \tag{11-14}$$

11.5.3　暴露偏差的解决方案

为了解决语言模型训练中的暴露偏差问题，可以采用定时采样（Scheduled Sampling）和数据集聚合（DAgger）等策略。这些方法使训练过程更接近实际生成过程，帮助模型更好地适应训练与推断的差异，提升生成时的鲁棒性和性能。

1. 定时采样

定时采样是由 Bengio 等人在 2015 年提出的一种技术，目的是在训练过程中逐步减少教师强制的依赖，从而更接近实际推断时的场景，减轻暴露偏差问题。

定时采样的实施方式是：在每次训练中，模型以一定概率 p 使用它在前一时间步生成的预测标记 $\hat{y}_{t-1}$ 作为当前时间步的输入，而不是始终依赖于训练数据中的真实标记 y_{t-1}。也就是说，在每个时间步中随机决定使用真实标记还是模型预测。随着训练进行，这个概率逐渐增加，使模型逐步适应推断阶段的实际生成场景。

在每次训练迭代中，对于每个目标标记 y_t，通过一定的概率规则选择其输入来源：以概率 ϵ_i 使用真实的前一个标记 y_{t-1}，或者以概率 $1-\varepsilon_i$ 使用模型自身预测的前一个标记 $\hat{y}_{t-1}$。模型的预测 $\hat{y}_{t-1}$ 可以通过两种方式获得：一是从当前模型的概率分布 $P\left(y_{t-1} \left| h_{t-1}\right.\right)$ 中采样，二是直接选择概率最高的标记（使用 argmax 方法）。这种动态选择机制让模型逐步适应生成时的实际情况，从而减轻训练和生成阶段之间的差异。

在训练初期，模型大多数情况下仍使用真实标签作为输入，仅在少数情况下使用自身的预测结果。随着训练的推进，模型使用自身预测结果的频率会逐渐增加，从而让训练过程更贴近实际生成时的情况。这种逐渐增加的策略旨在让模型随着时间更多地依赖自己的输出，从而模拟实际推理时的场景。与此同时，真实标记被使用的概率 ε_i 会逐渐减少，使模型逐步适应在没有真实标记帮助的情况下进行预测。这种递减方式类似于现代随机梯度下降方法中学习率的递减策略，通常可以通过以下方式实现：

❑ 线性衰减：$\varepsilon_i = \max(\varepsilon, k - ci)$，其中 $0 \leqslant \varepsilon \leqslant 1$ 是给模型的真实信息的最小量，k 和 c

是衰减的偏移量和斜率。

□ 指数衰减：$\varepsilon_i = k^i$，其中，$k < 1$ 是一个依赖于预期收敛速度的常数。

□ 逆 S 形衰减：$\varepsilon_i = k / \left(k + \exp(i/k) \right)$，其中 $k \geqslant 1$ 同样依赖于预期的收敛速度。

虽然定时采样有助于减少暴露偏差，但是增加了训练的复杂性。模型在训练过程中可能会面临冲突，即是依赖真实数据，还是修正自己的预测，这种混合信号有时会导致训练不稳定或收敛困难。

2. 数据集聚合

数据集聚合（Data Aggregation）由 Ross 等人在 2011 年提出，通过用模型自身的预测实例丰富训练数据集来解决类似问题：

1）直观理解

DAgger（Dataset Aggregation）是一种迭代式训练方法，旨在通过不断改进模型策略，使其逐步接近专家策略。在训练过程中，DAgger 不仅依赖最初的数据集，还动态地利用模型生成的新数据扩展训练数据集。具体过程如下：

在训练的每个阶段，模型会根据当前策略生成一些序列，并将这些序列添加回训练数据集。这样做的目的是让训练数据更具代表性，逐步反映模型在实际推断期间可能遇到的输入分布。通过这个迭代过程，模型能够从自己的错误中学习并相应调整其策略。

DAgger 的核心是每次迭代中都会收集一批数据，称为当前策略下的训练集 D，然后将其与之前所有的训练数据集聚合起来。在这个扩展后的数据集上训练出更新后的策略 $\hat{\pi}_{n+1}$。随着训练迭代的推进，DAgger 构建起了一个包含所有历史经验的训练集，这些数据集反映了模型在执行过程中可能遇到的多种场景。

这个过程可以看作一种“跟随领导者”（Follow-The-Leader）方法，在每次迭代中回顾之前的所有数据并选择最佳的策略。这种动态扩展和反复优化的方式使模型能够更有效地学习，并在推断时表现得更接近专家策略。

2）DAgger 算法的基本流程

第一次迭代：首先使用专家策略（π^*）生成轨迹数据集。这些轨迹是由一系列状态和动作对组成的，用于描述在特定场景中专家会如何决策。接着，利用这些轨迹数据训练一个新的模型策略（$\hat{\pi}_2$），目标是让其尽可能模仿专家的行为。

第 n 次迭代：从第 n 次迭代开始，使用当前模型策略（$\hat{\pi}_n$）生成新的轨迹数据，并将这些新生成的轨迹添加到已有的数据集 D 中，扩展数据的覆盖范围。然后在整个扩展后的数据集上训练更新的模型策略（$\hat{\pi}_{n+1}$），使其更好地模仿专家策略，同时适应模型在推断过程中可能遇到的场景。

通过这种逐步迭代的方式，模型策略会随着更多的轨迹数据不断改进，从而更接近专家的决策能力，同时提高在实际应用中的表现。

3）DAgger 算法的伪代码详解

初始化：

□ 初始化空数据集 $\mathcal{D} \leftarrow \varnothing$：用于存储收集的经验数据。

□ 初始化策略 $\hat{\pi}_1$：可以是随机策略或某个基线策略，用作初始模型。

迭代过程（对于 $i=1$ 到 N，重复以下步骤）：

混合策略 π_i：

❑ 计算当前混合策略 $\pi_i = \beta_i \pi^* + (1 - \beta_i) \hat{\pi}_i$。

❑ 其中 π^* 是专家策略，$\hat{\pi}_i$ 是当前模型策略，β_i 控制对专家策略的依赖程度。通常，β_i 随迭代次数递减，使模型逐渐更多地依赖自身预测。

采样轨迹：

❑ 使用策略 π_i 执行 T-步操作，生成轨迹。

❑ 每条轨迹包含状态序列和动作序列，表示策略在环境中的表现。

❑ 生成数据集 D_i：从采样轨迹中提取访问的状态集合 s 和对应的专家策略给出的动作 $\pi(s)$，形成当前的数据集。

$$\mathcal{D}_i = \left\{ \left(s, \pi^*(s) \right) \right\}$$

数据集聚合：

❑ 将当前数据集 $\mathcal{D}_i$ 添加到累积数据集 $\mathcal{D}$ 中，即 $\mathcal{D} \leftarrow \mathcal{D} \cup \mathcal{D}_i$。

❑ 逐步丰富数据集，使模型更接近实际推断环境中的状态分布。

❑ 训练新策略：

❑ 使用累积数据集 $\mathcal{D}$ 训练更新的策略 $\hat{\pi}_{i+1}$。

❑ 新策略目标是预测每个状态下的最佳动作。

结束条件：

❑ 重复以上步骤 N 次后，返回在验证集中表现最好的策略 $\hat{\pi}_i$。

关键点：

❑ 通过混合专家策略和模型策略，DAgger 实现了从专家到模型自主决策的平稳过渡。

❑ 数据集聚合是核心，通过不断扩充数据集，让模型在推断环境下逐步改进。

4）算法特点

DAgger 算法通过在每次迭代中混合使用模型策略和专家策略，实现了有效的专家引导学习。这种方式能够让模型从专家的示范中学习，显著减少学习过程中可能出现的风险。同时，通过逐步减少对专家策略的依赖（即减小 β_i 的值），模型的决策能力变得更加独立和稳健。每次迭代都会基于之前的策略进行优化，使模型的性能在理论上可以逐步逼近甚至达到专家策略的水平。由于其能够从实际策略执行中学习并整合专家指导，DAgger 算法在自动驾驶、游戏 AI 等需要模仿专家行为的复杂任务中表现尤为出色。这种方法有效地解决了传统强化学习中常见的探索与利用之间的矛盾问题。

3. 检索增强

检索增强（Retrieval Augmentation）框架可追溯至 Guu 等人在 2020 年提出的 REALM（Retrieval Augmented Language Model），它结合了从现有高质量文本中检索相关内容和适应这些内容到新环境的能力。这种方法主要包括以下几个步骤：

（1）检索相关文本：模型首先从一个包含人类编写的原型语料库中检索出与当前任务相关的文本片段，如对话中的响应或其他合适的文本。这一步利用现有的高质量文本作为生成内容的基础。

（2）编辑检索内容：在获取相关的原型文本后，模型学习通过添加、删除或修改其中的标记来编辑这些内容。编辑的目标是使检索到的文本更贴合当前任务的上下文需求。

（3）生成高质量的文本：通过结合检索和编辑，模型生成的文本更接近人类书写的风格，因为生成的内容来自真实的人类文本并经过了适当调整来满足特定的任务需求。

检索增强方法在需要生成类似人类对话的场景（如聊天机器人）中表现尤为出色。它利用真实的人类响应作为起点，生成更加自然的与当前输入或上下文高度相关的文本，显著提升了生成内容的质量和实用性。

4．将强化学习视为马尔可夫决策过程

强化学习（Reinforcement Learning，RL）为语言模型的训练提供了一个新框架，特别是通过将文本生成建模为马尔可夫决策过程（Markov Decision Process，MDP）。MDP 包含状态（State）、动作（Action）、奖励（Reward）和策略（Policy）等要素，目标是长期通过优化策略最大化累积奖励。在文本生成任务中，这些要素有以下具体表现。

- 状态（State, s）：状态是模型当前生成上下文的表示，包括模型决定生成下一个单词或标记所需的全部信息。在文本生成中，状态反映已经生成的文本内容，以及需要基于哪些上下文来选择下一步的动作。它为模型提供了决策基础，直接影响生成文本的质量和连贯性。

- 动作（Action, a）：是模型在当前状态下可以采取的决策，即生成下一个单词或标记。在每一步生成过程中，模型根据当前状态选择一个动作，这个选择将直接决定生成文本的走向和表达方式。每个动作不仅影响当前时间步的输出，也对未来生成的上下文产生深远的影响。

- 策略（Policy, π）：策略是模型在不同状态下选择动作的规则，通常由解码器通过概率分布来实现。策略需要在探索新单词和利用高概率单词之间找到平衡。在文本生成任务中，策略不仅要保证生成的内容符合语法和语义，还需要维持生成文本的多样性和自然性。

- 奖励（Reward, r）：奖励是模型生成某一动作后的反馈信号，用来评估该动作是否有助于提升文本生成的质量。奖励可以来源于外部的评分指标，如 BLEU 或 ROUGE 分数，也可以根据具体任务自定义。通过奖励，模型能够学习哪些生成策略会提高文本的连贯性、相关性和准确性，从而优化生成过程。

强化学习通过不断优化策略，使模型能够生成更高质量、更符合上下文的文本。相比传统的监督学习方法，RL 能够更灵活地应对复杂的生成目标，并通过奖励信号强化有效的生成行为。通过精心设计奖励函数，强化学习可以帮助模型在文本生成任务中实现如连贯性、创造性等特定目标。

11.6　评　估　指　标

在强化学习训练语言模型时，一个自然的做法是将已建立的评估指标用作奖励函数。这些指标可作为不同任务中生成质量的衡量标准，为模型提供明确的优化方向。下面的示例展示了在不同领域中如何利用这些度量标准作为奖励函数。

11.6.1　根据评估指标定义奖励函数

BLEU（Bilingual Evaluation Understudy，双语替换评测）是一种广泛用于机器翻译任务的评价指标。它通过衡量生成文本中有多少单词、短语与一组参考翻译匹配来评估生成翻译的质量。BLEU 的核心机制是基于 N-gram 精确度的计算，即生成的翻译与参考翻译中匹配的 N-gram 比例。

BLEU 的计算依赖于精确度，特别是 N-gram 匹配。在第 9 章中已经详细介绍了 BLEU 的计算公式和原理，包括 N-gram 精确度 p_n、权重 w_n 以及短句惩罚（Brevity Penalty，BP）。因此，这里不再赘述，具体细节请参考第 9 章的相关内容。

ROUGE（Recall-Oriented Understudy for Gisting Evaluation）是一种专门用于评估文本摘要质量的指标。它通过计算生成摘要与参考摘要之间的 N-gram 重叠来衡量生成摘要的表现。ROUGE 特别关注召回率，这意味着它更注重生成摘要在多大程度上捕获了参考摘要中的关键信息。

ROUGE 会统计生成摘要和参考摘要中相同 N-gram（如单词或短语）的数量，并将其与参考摘要中的总 N-gram 数进行对比，从而评估生成摘要的覆盖度。常见的变体包括 ROUGE-N（针对 N-gram 重叠）、ROUGE-L（基于最长公共子序列）和 ROUGE-W（加权的最长公共子序列），每种变体都适用于不同的任务需求。

由于 ROUGE 强调捕捉参考摘要中的内容，因此在自动文本摘要的开发和评估中被广泛使用。然而，ROUGE 也存在局限性，如对语义相似性和语言流畅性的捕捉能力较弱，因此常与其他评估方法结合使用以更全面地评估生成文本的质量。

ROUGE-L 侧重于最长公共子序列，可以表示为：

$$\text{ROUGE}_{\text{L}} = \frac{\left(1 + \beta^2\right) \cdot \text{Precision} \cdot \text{Recall}}{\text{Recall} + \beta^2 \cdot \text{Precision}} \tag{11-15}$$

$$\text{Precision} = \frac{\text{LCS}(X, Y)}{|X|} \tag{11-16}$$

$$\text{Recall} = \frac{\text{LCS}(X, Y)}{|Y|} \tag{11-17}$$

❑ LCS(X,Y)是候选序列 X 和参考序列 Y 之间的最长公共子序列长度。

❑ β 是权衡精确度和召回率的参数，通常 β 设为平方使召回率的影响更大。

CIDEr（Consensus-based Image Description Evaluation，基于共识的图像描述评估）是一种专门为图像字幕任务开发的评估方法，旨在衡量生成的字幕与一组人类参考字幕之间的相似性。该方法的核心是捕捉参考字幕中的共识，从而更准确地评估生成字幕的质量。其主要特点包括使用类似于 TF-IDF 的加权方式来评估字幕中单词的重要性和独特性。具体而言，该方法会为不同长度的 N-gram 分配权重，利用 TF-IDF 技术突出在上下文中重要的词汇。随后，通过计算候选文本（机器生成的字幕）与参考文本之间 N-gram 的余弦相似度来评估生成字幕与参考字幕之间的语义和结构一致性。最终，计算这些余弦相似度的平均得分以得出总体评分。这种方法特别适合评估生成字幕是否与多个人类参考字幕的主流表达保持一致，并能有效考虑到词汇的重要性和句子的多样性，从而为图像描述任务提供一个全面且精准的评估工具。

$$\text{CIDEr} = \frac{1}{M}\sum_{j=1}^{M}\frac{\boldsymbol{g}^{\mathrm{T}}\cdot\boldsymbol{h}_j}{\|\boldsymbol{g}\|\cdot\|\boldsymbol{h}_j\|} \tag{11-18}$$

其中：

- $\boldsymbol{g}$ 和 $\boldsymbol{h}_j$ 是候选字幕和参考字幕 j 的 TF-IDF 向量。
- M 是参考字幕的数量。

SPIDEr（语义命题图像描述评估）：同样用于图像字幕，SPIDEr 是一个结合了 SPICE 的指标。SPICE 评估生成字幕的语义命题内容，因此 SPIDEr 旨在平衡基于共识的评估和语义的准确性。其公式可以表示为：

$$\text{SPIDEr} = \alpha\cdot\text{CIDEr} + (1-\alpha)\cdot\text{SPICE} \tag{11-19}$$

α 是平衡两个度量的参数。

SPICE 的核心评分公式基于 F1 分数，它是精确率（Precision）和召回率（Recall）的调和平均。SPICE 分数可以通过以下步骤计算：

精确率 P：衡量生成描述中正确语义元素占所有生成语义元素的比例。计算公式是：

$$P = \frac{|\text{正确匹配的语义元素}|}{|\text{生成描述中的语义元素}|}$$

召回率 R：衡量生成描述中正确语义元素占参考描述中语义元素的比例。计算公式如下：

$$R = \frac{|\text{正确匹配的语义元素}|}{|\text{参考描述中的语义元素}|}$$

F1 分数：精确率和召回率的调和平均值，用于综合考虑精确度和覆盖度。计算公式如下：

$$\text{F1} = \frac{2PR}{P+R}$$

在这些步骤中，"正确匹配的语义元素"指在生成的描述与参考描述中同时出现的实体、谓词以及它们之间的关系。通常通过构建并比较两者的场景图来完成这一匹配过程。

11.6.2　使用评估指标的注意事项

虽然前面提到的指标在衡量生成文本质量方面非常有帮助，但是它们并不能完整反映诸如流畅性、连贯性等更具主观意义的品质。当模型直接以这些指标为优化目标时，可能会出现偏差，例如，为了提高 BLEU 分数，模型可能倾向于重复参考中的 N-gram，而忽略了生成内容的自然性和相关性，即使通过强化学习显著提高了 BLEU 分数，也并不能说明人类评估下的翻译质量同样得到提升。这说明单纯依赖自动化指标难以精确衡量生成效果，将自动评价方法与人类评估相结合对于确保生成真正有用且符合实际需求的内容至关重要。

在自然语言处理中，设计强化学习的奖励函数需要与模型应学习或展示的具体行为一致。以下是几种与奖励相关的行为及其应用场景。

- 跨模态一致性：在图像字幕生成任务中，奖励函数可用于鼓励生成的字幕与图像内容一致，并在文本和图像模态之间保持一致性。这种方法在跨模态任务中尤为重要，可参考 Ren 等人在 2017 年对图像与文本一致性方面的研究。
- 句子简洁性：在文本简化任务中，奖励函数鼓励生成更简单、更易理解的句子，同时保留了原始意义。这使得模型在生成更易读的文本时仍能忠实于输入内容。
- 时间一致性：在故事生成或事件描述中，奖励函数可以强化逻辑和时间顺序，确保文本叙述清晰且符合时间线。这种方法尤其适用于需要描述复杂事件的任务。
- 形式化：在生成专业或正式文本（如电子邮件或报告）时，奖励函数可以确保生成内容符合正式语调和风格的要求。这在需要高标准文本质量的任务中尤为重要。
- 基于人类反馈的强化学习（Reinforcement Learning from Human Feedback，RLHF）：通过从人类反馈（Human Feedback）中进行强化学习，优化生成文本以符合人类的偏好。例如，通过收集用户对生成文本的排名反馈，模型能够调整输出更符合用户期待的内容。
- 实施奖励训练：将上述行为转化为奖励函数的过程包括定义奖励条件、收集必要的数据（如人类偏好反馈）和将奖励整合到模型训练中，从而引导模型逐步优化生成行为。
- 挑战与注意事项：在涉及多种行为时，平衡它们在奖励函数中的重要性可能是一大挑战，多目标强化学习技术可以提供帮助。此外，需要避免模型过度优化某一特定奖励而影响其他重要属性，如多样性或创造性，特别是在人类偏好或礼貌的相关任务中，还需注意被强化行为的伦理影响。

通过合理设计和实施奖励函数，模型的输出能够更好地满足人类价值观、偏好或任务要求，从而提升文本生成的实用性和用户接受度。

11.6.3　小结

在训练文本生成模型时，教师强制是一种常用的训练方法，但它会引发暴露偏差等问题，可能导致生成的文本缺乏连贯性。为了解决这些问题并提升模型性能，可以采取"学习从错误中恢复"的策略（即为了让模型学会从自身的错误中恢复，并在生成过程中更具稳健性），该策略可以使用以下方法：

- 定时采样（Scheduled Sampling）：在训练中逐渐减少对真实标签的依赖，增加对模型自身预测的依赖。这样，模型可以更好地适应生成过程中的真实场景，学会处理和纠正自己的错误。
- 数据集聚合（DAgger）：这是一种迭代训练方法，模型生成的输出会被添加到训练集中，用作后续训练的数据。这种方法帮助模型逐步学习如何在自身生成的上下文中改正错误，提升模型的稳健性。
- 避免生成低质量的文本：通过结合检索和生成的方法，可以有效避免生成初始策略中的错误。例如，先从已有的高质量文本中检索出与当前上下文相关的片段，再以此为基础进行生成。这种方式不仅提高了生成文本的质量，还能增强其连贯性和相关性。
- 使用强化学习优化行为：强化学习可以用来优化模型的行为，使其生成符合特定标准或人类偏好的文本。通过设计奖励机制，鼓励模型生成高质量的输出，如更相关、更有创意或文体更准确的内容,模型可以逐步调整其生成策略,更好地满足用户需求或应用场景的要求。

这些策略从不同角度出发,有效解决了教师强制带来的问题,提高了文本生成的质量和连贯性,为自然语言生成模型的应用提供了更强大的支持。

11.7　自然语言生成的评价方法

评价方法是衡量自然语言生成模型输出质量的关键工具,旨在确保生成的文本既连贯又与上下文相关。评价方法为识别模型的优势与不足提供了深刻的见解。前面介绍的奖励机制主要用于训练阶段,而评价方法侧重于生成结果的后验分析。下面对评价与奖励进行异同比较,帮助读者深入理解它们在生成任务中各自的功能定位和使用方式。

11.7.1　评价和奖励的异同

评估文本生成模型对于衡量生成文本的连贯性和相关性至关重要。不同类型的评估方法能够揭示模型的优势与不足。评价与奖励之间既有联系也存在区别,下面详细介绍它们的差异。

1. 评价与奖励的差异

在奖励估算中,模型需要根据当前状态和采取的行动预测可能获得的奖励。这是一个预测问题,目标是学习一种策略,使模型在一系列行动中获得最大化的总奖励。在自然语言处理(NLU)任务中,这个机制常用于对话系统或任务自动化场景,模型根据语境和先前的交互,预测最佳的下一步操作。

评价是衡量模型性能的关键过程,涉及将模型生成的输出与预定义的标准或标签进行比较的操作。评价通常依赖于多种指标,如准确率、F1 分数(分类任务)、BLEU 分数(机器翻译)、SPICE 分数(图像描述)等。评价的目的是量化模型的表现,识别其优势与不足,从而为模型的改进和优化提供指导。通过奖励和评价相结合,模型可以在准确性和实用性之间找到平衡,逐步提高生成质量。

2. 为什么奖励和评价不同

奖励估计和评价在目的和方法上有显著差异。奖励估计的目的是预测模型行为的后果,即在采取特定行动后可能获得的奖励,主要用于训练阶段,帮助模型学习在操作环境中做出最优决策。其反馈来源于模型与环境的交互,强调从经验中学习。而评价则用于衡量和验证模型的整体性能,通常在训练完成后进行。评价通过与预定义的标准或基准进行比较,提供客观的反馈,用来检查模型的适用性和准备就绪的程度,这些差异反映了奖励估计与评价在模型开发生命周期中各自的角色和作用。

3．奖励信号引导学习过程

在基于奖励的学习方法（如强化学习）中，奖励信号直接决定模型的学习方向和优化目标。模型通过尝试不同的行为来最大化累积奖励，而评价指标通常用于构建奖励函数，用来区分优良行为。例如，在对话系统中，如果生成的回复与人类参考回复高度一致（如 ROUGE分数较高），则这种行为会被赋予更高的奖励，从而鼓励模型更频繁地产生类似的输出。这种方法将评价与奖励结合，有助于模型学习更符合预期的行为。

11.7.2　内容重叠度测量法

文本生成任务中的评估方法可以从多个角度来考察生成文本的质量，主要包括内容重叠度量（Content Overlap Metrics）、模型基准度量（Model-based Metrics）和人类评估（Human Evaluations）。每种方法都有其独特的优势和局限性，通常结合使用可以获得更全面的评估结果。下面详细介绍这 3 种评估方法：

1．内容重叠度量的常见指标

内容重叠度量评估方法主要通过比较生成文本与参考文本的字面重叠来衡量生成质量。常见指标包括 BLEU（注重 N-gram 精确匹配，常用于机器翻译）、ROUGE（侧重召回率，常用于文摘评估）、METEOR（考虑同义词与词序匹配）以及 CIDEr（强调罕见词汇与余弦相似度，适用于图像描述任务）。这些指标计算过程简单，便于通过程序实现自动评估，但难以全面捕捉文本的语义和流畅性，因此在某些任务中需结合其他方法进行评估。

2．内容重叠度方法的问题

基于 N-gram 重叠的度量方法难以理解语义相关性，其局限性可以通过一个简单的例子来说明：

在图像描述任务中，参考描述为"一只小狗在草地上快乐地奔跑"。生成描述 A 是"一只小狗在草地上跑"，而生成描述 B 是"一只幼犬在公园中欢快地奔跑"。在基于 N-gram 的评估中，描述 A 得分较高，因为与参考描述在词汇上匹配度高；而描述 B 虽然在语义上更丰富且接近，包含同义词（"幼犬"对"小狗"）、情感信息（欢快地）和更生动的场景（公园），但是字面重叠较少，得分反而较低。

这个例子表明，基于 N-gram 的方法仅关注表面词汇匹配，无法识别同义词、多样化表达和上下文语义。这种局限性促使研究者探索更先进的评价技术，如基于深度学习的语义相似度工具，以便更全面地评估生成文本的质量和语义准确性。

3．基于内容重复度的评价方法在不同任务中的表现

N-gram 重叠度量方法（如 BLEU、ROUGE、METEOR）通过计算生成文本与参考文本之间的词汇重叠程度或匹配比例来评估生成质量，但在开放式任务中存在明显局限。

❑ 机器翻译：适用于翻译任务，强调目标文本与参考文本的高度一致性，但难以评估语义准确性和流畅性。

- ❑ 摘要生成：摘要需要提炼和重组关键信息，*N*-gram 方法难以全面衡量内容涵盖和信息质量。
- ❑ 对话生成：对话灵活多变，指标无法捕捉连贯性、自然性及语义相关性，效果较差。
- ❑ 故事生成：故事生成侧重创造性和情节发展，*N*-gram 方法无法衡量连贯性和吸引力，并且可能因文本长度产生误导性高分。

总之，*N*-gram 度量方法虽然简单高效，但是难以捕捉文本的语义和创造性，尤其在开放式任务中表现不足。因此，结合语义度量、人类评估等更复杂的方法，能够更全面地评估模型的生成质量。

11.7.3　基于语言模型的语义评估方法

基于语言模型的语义评估方法通过学习得到的词语和句子的表示，能够更好地捕捉文本的语义信息，与传统的 *N*-gram 方法相比有显著优势，以下是其主要特点：

- ❑ 使用预训练模型生成的语义向量：这类方法摆脱了对传统 *N*-gram 统计重叠的依赖，转而使用预训练的词嵌入或句子嵌入。这些嵌入表示可以捕捉词语和句子的深层语义，即使在生成文本与参考文本没有直接词汇重叠的情况下，也能识别其语义相关性。
- ❑ 计算语义相似性：生成的文本和参考文本会被转换为嵌入向量，然后利用这些向量计算语义相似性。这种相似性通常通过固定的数学方法如余弦相似度、欧氏距离和曼哈顿距离等来评估。其提供了一种客观的方式来衡量文本间的语义关系。
- ❑ 克服 *N*-gram 方法的局限：借助嵌入向量，基于嵌入表示的语义度量方法能够更全面地评估文本间的语义相似性，考虑到同义词替换和语境变化等影响，而传统的 *N*-gram 方法无法处理这些复杂的情况。此外，这种度量方式确保评估的标准一致性和结果的可重复性，适用于多种场景和研究需求。

通过使用学习得到的嵌入表示和固定的语义相似性计算方法，模型基准度量方法为文本生成的评估提供了更灵活、更全面的工具，能够更准确地反映文本的语义质量。

1. 模型基准度量的常见指标：基于距离的函数

随着深度学习技术的发展，越来越多的评估方法开始利用预训练的语言模型来评估文本的质量，这类方法称为模型基准度量，其通过计算语言模型的输出来评估生成文本的自然度或语义一致性。

1）Word Mover's Distance

Word Mover's Distance（WMD）是一种基于词嵌入的文本相似性度量方法，由 Kusner 等人在 2015 年提出，用于衡量两个文本序列（如句子或段落）之间的语义相似性。它通过匹配文本中单词的词嵌入来计算距离，使用预训练的词向量（如 Word2Vec 或 GloVe）来表示单词的语义属性，从而捕捉语义上相近的单词之间的关系。WMD 的核心思想是将一个文本中的单词"移动"到另一个文本中的单词位置上，计算这种"移动"所需的总"成本"。这种成本基于单词之间的欧几里得距离或余弦相似度，并通过优化所有可能的单词配对方案找到最小的总成本。WMD 适用于那些在字面上可能不同但在语义上高度相似的文本，例如，即使两个句子没有直接的重叠单词，WMD 仍可以反映其语义相似性。它的主要优势在于能够捕捉深层语义信息，因此被广泛应用于文档相似性检测、文本聚类和信息检索等任务。然而，WMD 的计算成本较高，因为需要进行复杂的单词配对优化，这可能会限制其在大规模数据集或实时应用中的使用。

2）Vector Similarity

向量相似性是一种通过嵌入来计算文本语义距离的方法，广泛用于评估文本间的语义接近程度。这种方法利用预训练的词向量或句向量将文本表示为向量，并通过比较这些向量的相似性来评估语义匹配程度。其中，Embedding Average 是一种简单而有效的方式，通过计算文本中所有词向量的平均值，生成一个代表整个文本的向量，这个平均向量能够捕捉文本的整体语义，适合快速评估文本的相似性。对两个文本的平均向量计算其余弦相似度是常见的用法。相比之下，Vector Extrema 方法更注重捕捉文本中最突出的语义特征。它通过选取每个维度上的极值（最大或最小值）生成向量，能够更清晰地表达强烈情感或独特语义的文本特性，特别适合分析情感色彩浓厚的内容。

更复杂的相似性计算方法如 MEANT，其结合了词嵌入相似性和语义角色标注信息。这种方法不仅关注单词的语义匹配，还考虑句子的语法结构和词语在语义结构中所承担的角色的对应关系，适用于机器翻译等对语义一致性要求较高的任务。而 YiSi 通过结合语义相似性和语义适当性，利用多种语言资源如同义词词典和语义网络，提供了更全面的评估方法。YISI 的优势在于它能够捕捉文本内容及其结构的复杂语义关系，因而在多语言和复杂语境的文本评估中表现出色。

向量相似性方法通过不同的策略，提供了从整体语义到细节结构的全面评估工具，适用于机器翻译、摘要生成等多种语言生成任务特别是需要理解深层语义或对复杂的文本结构进行分析的场景中。

3）BERTScore

BERTScore 是一种用于评估文本生成质量的指标，由 Zhang 等人在 2020 年提出。它利用预训练的上下文相关词嵌入，特别是来自 BERT 模型的嵌入来评估生成文本（候选文本）与参考文本之间的相似性。BERTScore 的核心优势在于它使用的词向量能够根据上下文变化进行调整，从而更准确地反映每个词在语境中的含义。

计算过程：首先，使用 BERT 或类似的预训练模型（如 RoBERTa 或 XLNet）为候选句子和参考句子中的每个词生成上下文相关的嵌入。然后，通过余弦相似度将候选句子中的每个词与参考句子中最相似的词进行匹配。每对匹配的词都会生成一个余弦相似度分数。最后，对这些分数进行平均，得出最终的 BERTScore。得分通常包括精确度（候选句子中的每个词匹配到参考句子的最佳匹配）、召回率（参考句子中的每个词匹配到候选句子的最佳匹配）和 F1 分数，综合反映生成文本与参考文本的相似性。

BERTScore 的特点使其在捕捉语言生成任务中的细微语义差别方面尤为出色，适用于评估翻译、摘要生成和对话系统等任务的文本质量。

2. 模型基准度量（Model-based Metrics）：更复杂的指标

在文本生成评估中，基于模型的度量方法通过使用词嵌入，可以更准确地测量文本之间的语义相似性。此外，一些更高级的评价指标利用预训练的嵌入和机器学习模型来分析和衡量文本之间的相似性或质量。这些技术通过捕捉文本的深层语义和上下文信息，能够更全面地反映生成文本的语言质量。

1）SMS

SMS（Sentence Mover's Similarity）是一种基于 Word Mover's Distance（WMD）的高级文本相似度评估方法，将文本比较扩展到句子级别。与 WMD 通过单词间的最优传输距离衡量文本相似性不同，SMS 使用句子嵌入表示进行比较。句子嵌入通常由循环神经网络生成，这类网络能够捕捉句子的时序依赖关系和复杂语义信息，将整个句子表示为高维空间中的一个点。SMS 通过计算这些句子嵌入之间的距离来评估文本相似性，从而综合考虑句子的整体语义表达，比单词级别的匹配能够更全面、更准确地衡量文本间的相似性。

SMS 在多种应用场景中具有重要作用。它可以用于文档或文章的相似性分析，通过评估内容之间的语义相关性，帮助识别不同文本的主题一致性。此外，在机器翻译和自动摘要领域，SMS 能够评估生成文本与参考文本的相似度，从而确保翻译或摘要的准确性和相关性。在信息检索系统中，SMS 通过比较查询语句与潜在结果的语义相似性优化搜索结果的排序，从而提高检索结果的相关性和用户体验。这些特点使 SMS 成为文本相似性分析中的强大工具，适用于多种语言处理任务。

2）BLEURT

BLEURT（BERT-based Language Understanding Evaluation Regression Tool）是一种基于 BERT 架构的先进评估度量，旨在超越传统的词匹配方法提供更全面的语言理解评估。通过回归模型，BLEURT 评估候选文本与参考文本之间的语义相似性和语法一致性，能够捕捉深层次的语义关系和句法结构。其训练过程利用大量人类标注的数据，涵盖同义词替换、句子重构和文风变化等复杂的语言现象，使 BLEURT 在评估文本生成质量时表现出色，尤其适用于需要精确捕捉语义和语法细节的场景。

BLEURT 在多种文本生成和评估任务中展现出了强大的能力。在机器翻译领域，它能够评估翻译文本的质量，确保翻译不仅语法正确，还能忠实传达原文的语义。在自动文本生成任务中，如摘要生成或对话系统，BLEURT 提供了一种高效的工具，确保生成的文本与参考材料或对话历史在语义上一致，同时语法准确。此外，BLEURT 还可以应用于自动评分系统，用于评估学生作答或内容创作者的文章质量，为评估过程提供一项综合考虑语义和语法的标准。这些特性使 BLEURT 成为文本生成与质量评估领域不可或缺的工具。

3）MAUVE

MAUVE（Measuring the Gap aUthor-Versus Engine text using divergence frontiers）是 Pillutla 等人在 2021 年提出的评估方法，旨在衡量模型文本与人类文本在概率分布上的距离和多样性。它通过将文本的嵌入（如来自 BERT 或 GPT）量化为离散代码，将连续的嵌入空间转化为可比较的离散分布形式。随后，MAUVE 通过计算生成文本和参考文本在概率分布上的信息发散性（如 KL 散度或 JS 散度），分析两者在语言使用、话题覆盖和表达多样性方面的差异。这种方法不仅关注统计分布的一致性，还能够捕捉生成文本与人类写作风格在内容和多样性上的匹配程度，特别适用于需要创造性和多样性输出的开放式文本生成任务。

MAUVE 是评估开放式文本生成质量的有力工具，广泛应用于对话系统、故事生成及其他形式的创造性写作任务。它通过量化生成文本的自然性和多样性，为这些领域提供了科学的衡量标准。此外，研究人员和开发者还可以利用 MAUVE 比较不同文本生成模型的性能，特别是在探索新技术或改进现有技术时，这一指标能提供清晰的对比依据。同时，MAUVE

反馈生成文本与参考文本之间的信息发散，为模型调优和开发提供了重要的指导。通过这些反馈，开发者可以深入理解模型的表现，优化其生成能力，使其输出更贴近人类语言习惯，进一步提升文本生成的质量和实用性。

11.7.4　基于人类评价的度量方法

在文本生成系统的评估中，虽然自动化度量方法提供了快速和一致的评估结果，但是它们通常难以完全匹配人类的决策和判断。因此，人类评估被视为文本生成系统评估中最重要且最权威的形式。

1. 人类评估的重要性

人类评估在文本生成质量的衡量中起着关键作用，尤其是在捕捉语义深度、创造性、情感表达以及上下文适应性等复杂方面时，自动化度量常常显得不足。通过直观反馈，人类评估能够提高全面评估系统在实际应用中的表现。此外，许多文本生成系统的目标用户是人类，因此评估这些系统的最终标准应基于用户的满意度和接受度。人类评估能够精准衡量生成文本是否满足用户需求和预期，从而优化最终用户体验。同时，在开发新的自动化评估指标时，人类评估也扮演了基准角色。这些新指标的设计和验证需要依赖人类评价结果，以确保其与用户感知高度相关，具备良好的有效性和可靠性。

2. 人类评估的实施方式

人类评估的方法多种多样，其中，直接评分是一种常见方式，参与者根据生成文本的准确性、流畅性和相关性等标准对其进行评分，从而评估文本质量。偏好测试则通过向参与者展示多个生成文本的版本（可能来自不同系统或同一系统的不同时间），询问他们更喜欢哪一个，以比较不同系统的相对表现。类似的还有 A/B 测试，它是偏好测试的简化版本，通常只涉及两个选项，要求参与者从中选择他们认为更好或更符合需求的一个。这些方法为评估文本生成系统的性能提供了直观且有效的手段。

3. 人类评估的方法

在人类评估中，参与者被要求评估生成文本的质量，这种评估可以是整体的，也可以针对某些特定的维度进行。

1）人类评估的维度

文本生成的评估涵盖多个维度，以全面衡量生成文本的质量和适用性。流畅性关注文本是否在语言表达上自然流畅，读起来像是母语者的表达。连贯性或一致性评估文本各部分之间是否逻辑连贯，能否构成一个有意义的整体。事实性和正确性着重检查文本中的信息是否准确无误，是否与实际事实一致。常识性则评估生成的内容是否符合一般常识和日常经验。对于特定场景，风格和正式程度的评估确保文本的表达风格适合其使用环境，例如正式场合或日常交流。语法正确性评估文本是否语法无误，避免出现语言上的错误。典型性衡量文本是否反映了典型的或预期的用语和表达方式，而冗余性关注文本中是否包含不必要的重复信息。这些评估依据一套详细的指导方针执行，例如 Celikyilmaz、Clark 和 Gao 在 2020 年的研究提供了关于这些评估标准的详细说明，以确保评估结果的准确性和一致性。

2）注意事项

在人类评估中，不同研究之间的评分结果不可直接比较，即使这些研究声称评估了相同的维度。这是因为评估标准、方法和参与者存在差异。首先，不同研究可能使用不同的指南或标准来定义每个评估维度，这会导致评分基准不一致。其次，即便评估的维度相同，研究可能采用不同的评估方法，例如评分系统、评分尺度或评估环境，这些差异会直接影响结果。最后，评估者的背景、经验和主观判断标准可能有很大不同，也会导致评分结果出现偏差。因此，人类评估应被视为特定研究或实验条件下的洞见来源，而非跨研究直接比较的量化数据。在对生成系统进行最终评估时，最好在统一的条件和标准下进行直接比较，以确保评估的公正性和一致性。

4．人类评估所遇到的问题

人类评估被视为衡量文本生成质量的最高标准，但在实际实施中面临多重挑战。首先，成本高，评估涵盖对生成文本各项质量维度（如流畅性、准确性、连贯性等）的评分过程并伴随复杂的任务分配与数据管理工作。其次，结果主观性强，不同评估者可能因标准、情绪或环境影响给出不一致的结果，甚至对同一文本的多次评估也可能存在矛盾。理解偏差也是问题之一，不清晰的指示或知识盲区会导致评估者误解文本意图。此外，人类评估往往过于关注细节，忽略整体连贯性或主题完整性。这些局限表明，人类评估虽不可替代，但需通过更精心的设计和优化来提升可靠性与效率。

5．更新的方法

当目标是创建与人类期望和偏好紧密对齐的输出时，人类反馈是精炼和评估文本生成系统的重要组成部分。两种融合了人类反馈与自动化评估的方法分别是 HUSE 和 ADEM。

1）HUSE

HUSE 是由 Hashimoto 等人在 2019 年提出的一种综合评估方法，旨在通过结合人类评估与统计评估，更全面地衡量生成文本的质量。HUSE 特别关注生成文本的输出分布与人类参考文本分布之间的相似性，试图弥补仅依赖统计方法或人类评估可能存在的局限性。其核心理念是将两种方法结合，提供更加全面和精确的评估结果。

HUSE 的工作步骤主要包括三步：首先，比较生成文本与人类参考文本的输出分布。生成文本的分布反映了其中词汇和句式的使用规律，而人类参考分布则基于真实文本构建，代表人类语言的典型特征和多样性。其次，利用统计评估工具（如 KL 散度、JS 散度等）量化两个分布之间的差异，提供关于文本分布相似性的重要信息。最后，加入人类直接参与的评估，让评价者对生成文本的自然性、可读性、信息丰富性以及错误频率进行打分。这些反馈提供了对文本质量的直观感受。

HUSE 的最终输出是一个综合评分，结合了统计评估结果和人类评估反馈。通过这种方式，HUSE 能够更全面地衡量文本生成质量，不仅关注语言的统计特性，还涵盖人类对于文本质量的主观判断。HUSE 适用于多种语言生成任务，包括机器翻译、文本摘要和对话系统，尤其在需要同时考虑语言正确性、自然性和语义一致性的场景中表现出色。通过整合统计分析与人类直观评估，HUSE 提供了一种更科学的方式来评价语言生成系统的性能。

2）ADEM

ADEM（Automatic Dialogue Evaluation Model）是由 Lowe 等人在 2017 年提出的一种专为对话系统设计的自动化评估方法，旨在衡量聊天机器人生成的对话响应的质量。ADEM 利用机器学习技术模拟人类对对话质量的评价，提供了一种快速、一致且标准化的方式来评估对话系统的性能，从而加速系统的开发和优化。

ADEM 的核心特点是通过学习人类评价模式来预测对话响应的质量分数。其工作步骤包括两步：首先，收集大量对话数据，包括用户输入、系统生成的响应和人类对这些响应的评分。评分通常考虑响应的相关性、自然性和信息量等多个维度。其次，利用这些数据训练一个回归模型，该模型以对话上下文、候选响应和参考响应为输入，输出对响应质量的预测分数。在训练过程中，模型逐渐学会基于上下文和内容模拟人类评价者的评分标准。

完成训练后，ADEM 能够对新生成的对话响应进行自动评估，为其分配一个分数，反映人类可能的满意度。这些分数不仅为对话系统性能提供了直接反馈，还能够帮助开发者识别有效的响应模式以及需要改进的地方。ADEM 的评分机制可以集成到开发流程中，为系统优化提供数据驱动的指导。

ADEM 广泛应用于聊天机器人和对话系统的开发与评估，尤其是在需要快速迭代的场景中，如客户服务、娱乐对话和教育辅导等。通过模拟人类的评价过程，ADEM 提供了一种高效的自动化评估工具，有助于提升对话系统的用户体验和交互质量，为商业和研究领域的对话系统开发带来显著的价值。

11.7.5 小结

在评估生成文本质量时，内容重叠度量（如 BLEU、ROUGE、METEOR 等）是一个常用的起点。这些指标通过计算生成文本与参考文本之间的词汇重叠，快速提供反馈，适用于机器翻译和摘要等任务。然而，这些方法往往侧重于表面的词汇匹配，难以捕捉文本的深层语义和语境相关性，限制了它们在更复杂生成任务中的应用。

基于模型的度量（如 BERTScore、BLEURT 等）利用先进的语言模型来评估生成文本的语义相似性和自然性，与人类判断的相关性较高。这类方法能够更好地反映文本的语义一致性和表达质量，但它们的行为通常不易解释，具体哪些模型特征或参数影响评分较大则难以明确。

人类评价被认为是评估文本生成质量的黄金标准，因为人类可以综合考量文本的语义、情感、语境和创造性。然而，人类评估也面临不一致性的挑战。不同评价者可能因个人偏好、经验或对任务理解的差异而得出不同结论，影响评分的一致性和客观性。

在很多情况下，开发者或用户自身的判断可能是最直接的评估方式。亲自查看和分析生成文本的实际表现，基于具体需求和标准进行评价，不仅有助于更全面地了解模型的输出质量，还能避免过分依赖自动化评分而忽略实际使用体验的重要性。

为了提高研究的透明性和公平性，公开生成系统的输出样本至关重要。这种做法有助于研究社区理解和验证系统性能，同时为技术比较和改进提供更可靠的基础。透明的实践还能够推动技术发展，使评估和优化生成系统更加高效和公平。

综合来看，评估生成文本质量需要结合多种方法，包括内容重叠度量、基于模型的度量、人类评价和主观判断。通过将这些方法有机结合并注重透明度和公开性，可以更全面地评估文本生成系统的优劣，推动其进一步发展。

11.8　自然语言生成的伦理问题

文本生成模型的伦理问题主要聚焦于模型可能学习到的有害偏见、触发不当内容的风险，以及在开发和部署过程中需要考虑的伦理因素。通过大规模语料库训练的预训练语言模型，尽管能够捕捉语言的统计特征，但也可能不经意间学到偏见或刻板印象。例如，模型可能会在描述特定族群、性别或社会群体时重复负面的刻板印象，尤其是在用户输入特定提示词时，这种偏见更容易被触发。

对抗性触发器是另一个重要问题。恶意设计的输入可能会诱导模型生成不当甚至有害的内容。这不仅对模型的安全性提出挑战，也对开放世界的应用场景构成风险，因为恶意用户可能会利用这些对抗性触发器操纵模型。此外，即使是看似无害的提示，也可能导致模型生成带有偏见或有毒的文本。这表明模型对输入极其敏感，因此在模型部署前，开发者必须采取必要的安全措施来降低此类风险。

在构建自然语言生成系统时，伦理考虑同样关键。开发者应确保模型的输出不会对用户或社会造成伤害，同时对触发词有足够的健壮性。这需要在模型发布前进行充分的测试和验证，确保它能够安全可靠地运行，并有效应对潜在的负面影响。

虽然自然语言生成技术已经取得了显著进展，但是仍然存在许多改进空间。例如，通过与 NLG 系统的实际交互，可以快速发现它们在理解复杂语境和生成长篇连贯文本方面的局限性。此外，虽然已有的自动化评估方法为系统优化提供了便利，但是它们往往无法全面捕捉文本的质量和语义准确性，因此需要开发更有效的评估工具。

随着大规模预训练语言模型（如 GPT 和 BERT）的兴起，自然语言生成研究进入了一个全新阶段。这些强大的模型重新定义了可能性，为领域注入了新的活力。大规模模型的成功应用也推动了从基础研究到实际应用的新探索，标志着这一领域进入了蓬勃发展的时期。

对于新加入自然语言生成领域的研究者来说，这一领域充满了机遇和乐趣。丰富的开源资源、预训练模型和社区支持降低了研究和开发的门槛，使得个人或团队更容易开展 NLG 项目。从创造性文本生成到实时对话系统，NLG 领域不仅提供了无限的创新可能，也为实际应用开辟了广阔的前景。总之，随着技术的不断进步，自然语言生成领域不仅带来了挑战，也为研究者提供了无限的机会。

参 考 文 献

[1] Anderson P, Fernando B, Johnson M, Gould S. SPICE: Semantic propositional image caption evaluation[C]//Computer Vision–ECCV 2016: 14th European Conference, Amsterdam, The Netherlands, October 11-14, 2016, Proceedings, Part V. Cham: Springer International Publishing, 2016: 382-398.

[2] Bengio S, Vinyals O, Jaitly N, Shazeer N. Scheduled sampling for sequence prediction with recurrent neural networks[C]//Proceedings of the 28th Annual Conference on Neural Information Processing Systems（NeurIPS）. La Jolla, CA: Neural Information Processing Systems Foundation, 2015.

[3] Hashimoto T B, Guu K, Oren Y, Liang P S. A retrieve-and-edit framework for predicting structured outputs[C]//Proceedings of the 31st Annual Conference on Neural Information Processing Systems（NeurIPS）. La Jolla, CA: Neural Information Processing Systems Foundation, 2018.

[4] Hewitt J, Manning C D, Liang P. Truncation sampling as language model desmoothing[EB/OL]. [2024-10-11]. https://arxiv.org/abs/2210.15191.

[5] Li M, Roller S, Kulikov I, et al. Don't say that! Making inconsistent dialogue unlikely with unlikelihood training[EB/OL]. [2024-10-11]. https://arxiv.org/abs/1911.03860.

[6] Li X L, Holtzman A, Fried D, et al. Contrastive decoding: Open-ended text generation as optimization[EB/OL]. [2024-10-11]. https://arxiv.org/abs/2210.15097.

[7] Liu S, Zhu Z, Ye N, et al. Improved image captioning via policy gradient optimization of SPIDEr[C]//Proceedings of the IEEE International Conference on Computer Vision (ICCV). Piscataway, NJ: IEEE Press, 2017: 873-881.

[8] Lo C. MEANT 2.0: Accurate semantic MT evaluation for any output language[C]//Proceedings of the Second Conference on Machine Translation (WMT). Stroudsburg, PA: Association for Computational Linguistics, 2017: 589–597.

[9] Lo C. YiSi - A unified semantic MT quality evaluation and estimation metric for languages with different levels of available resources[C]//Proceedings of the Fourth Conference on Machine Translation (WMT). Stroudsburg, PA: Association for Computational Linguistics, 2019: 507–513.

[10] Meister C, Pimentel T, Wiher G, Cotterell R. Locally typical sampling[J]. Transactions of the Association for Computational Linguistics, 2023, 11: 102-121. Stroudsburg, PA: Association for Computational Linguistics.

[11] Ross S, Gordon G, Bagnell D. A reduction of imitation learning and structured prediction to no-regret online learning[C]//Proceedings of the 14th International Conference on Artificial Intelligence and Statistics（AISTATS）. Cambridge, MA: JMLR Workshop and Conference Proceedings, 2011: 627-635.

[12] Ranzato M A, Chopra S, Auli M, et al. Sequence level training with recurrent neural networks[EB/OL]. [2024-10-11]. https://arxiv.org/abs/1511.06732.

[13] See A, Liu P J, Manning C D. Get to the point: Summarization with pointer-generator networks[EB/OL]. [2024-10-11]. https://arxiv.org/abs/1704.04368.

[14] Vedantam R, Lawrence Zitnick C, Parikh D. CIDEr: Consensus-based image description evaluation[C]//Proceedings of the IEEE Conference on Computer Vision and Pattern Recognition（CVPR）. Piscataway, NJ: IEEE Press, 2015: 4566-4575.

[15] Zhang X, Lapata M. Sentence Simplification with Deep Reinforcement Learning[C]//Proceedings of the 2017 Conference on Empirical Methods in Natural Language Processing (EMNLP). Copenhagen, Denmark: Association for Computational Linguistics, 2017: 584-594.

第 12 章　大语言模型预处理与基于人类反馈的强化学习

本章开篇将探讨子词模型的基础知识，这是理解深度学习在自然语言处理中应用的关键环节。然后阐述模型预训练从词嵌入开始的原因，并分析这个策略背后的动机。接着介绍解码器、编码器和编解码器 3 种不同的模型预训练方式，每种方式都有其独特的结构和用途，并解析这些模型的工作原理及其优势。在讨论技术细节的同时，将穿插探讨一个重要问题：预训练究竟教会了模型什么？旨在揭示预训练的深层价值和意义。最后将详细分析基于人类反馈的强化学习如何推动大语言模型的训练进步。

12.1　子词模型

子词模型在语言处理任务中提供了一种灵活的方法来应对未知词汇和语言多样性的问题。传统的语言模型通常假设词汇库是固定的，包含数万个从训练数据中提取的词汇。然而，这种假设对语言的实际应用存在局限，尤其是当遇到未知词汇或罕见单词时，这些词往往会被统一映射为 UNK 标记，从而导致信息丢失或理解受限。

12.1.1　有效的子词模型

在讨论词结构和子词模型时，首先需要审视语言词汇的基本假设。通常情况下，假设语言的词汇库是固定的，包含数万个从训练集中提取的词汇。在这种假设下，所有在测试阶段遇到的新词都会被映射为一个统一的未知标记 UNK。例如，词汇映射和嵌入过程中，book可能被映射到 novel 的索引，eat 可能被映射到 consume 的索引。而对于词汇库中不存在的单词，如 superdelicious、disapperate 以及新造词 blogosphere，它们都会被映射到 UNK。这种处理方式虽然简化了模型处理未知词汇的方式，但是同时限制了模型在应对新颖或罕见词汇时的能力。引入子词模型可以更灵活地处理词汇变化，从而提高模型对新词的适应性和语言理解能力。

在许多语言中，固定词汇库的假设显得尤为局限。例如，某些语言展示了复杂的词形变化，这导致更多类型的词汇出现，而每种词型的出现频率却较低。以斯瓦希里语的动词 pika（意为煮或烹饪）为例，这个动词可以通过时态、语气、限定性、否定以及宾语的多种形式变化为不同的形态，例如：

❑Pikavyo：他/她应该煮；

❑Pikalo：他/她煮（过去时）；

❑Pikaye：他/她将要煮；

❑Pikapo：他/她正在煮。

固定词汇库的语言特性表明，固定且有限的词汇库难以捕捉语言的动态和复杂性。子词模型通过将词汇分解为更小的单位，使模型能够灵活应对未知或罕见的词汇并更深入地理解语言的结构。

在子词模型的应用中，常见单词通常作为子词词汇表的一部分保持完整，而较罕见的单词会被拆分为多个部分。例如，information 可能保持完整，而较罕见的词 transmogrification 则被拆分为 trans、mogr、ific、ation 等子词。这种拆分方式使模型能够更高效地学习训练数据中不常见的词汇。

子词模型通过灵活的词汇拆分方式，有效应对语言中的多样性，尤其是在处理复杂词形变化的语言时。它能够帮助模型更好地理解和生成未曾见过的词汇，显著提升模型的泛化能力和处理未知词汇的表现能力。

12.1.2　字节对编码算法

字节对编码（Byte-Pair Encoding，BPE）是一种简单而高效的自然语言处理算法，用于子词建模。子词建模是一种分析单词内部结构的方法，关注单词的组成部分，如子词、字符或字节。这种方法帮助模型更灵活地处理复杂的词形变化和未知词汇。

1．BPE的步骤

BPE（字节对编码）是一种通过学习单词的各个部分（即子词符号）来构建词汇表的方法。在训练和测试阶段，每个单词都会被拆分为一系列已知的子词符号。以下是 BPE 的具体操作步骤。

（1）初始化词汇表：从一个仅包含单个字符和一个"词末"符号的简单词汇表开始。

（2）寻找最常见的字符对：使用文本语料库，找出最常见的相邻字符对（如 a 和 b）。将它们组合成一个新的子词符号 ab 并添加到词汇表中。

（3）替换字符对：将文本中的该字符对（如 a 和 b）替换为新的子词符号 ab。

（4）重复步骤：重复寻找和替换的过程，直到词汇表达到所需的大小。

BPE 最早作为一种数据压缩算法于 1994 年提出。在自然语言处理领域，它在 2015—2016 年由 Sennrich 等人系统地应用于神经机器翻译任务，从而被广泛采纳并用于高效处理语言数据。后来，这种方法的变体（如 WordPiece）被广泛用于预训练语言模型中。这些方法显著提升了模型对语言的处理能力，尤其是在应对未知词汇和复杂词形变化时，表现出了更高的灵活性和适应性。

2．BPE的过程举例说明

字节对编码（BPE）过程通过一个具体的例子更容易理解。以下以单词 giggling 的处理过程为例来说明 BPE 如何逐步建立一个高效的子词词汇表。

1）初始设置

假设初始的词汇表只包含单个字符以及一个词末符号（_ 用于标记单词结束），此时词汇表为{g, i, l, n, g, _}。

2）处理过程

（1）初始分割。单词 giggling 被拆分为字符序列：g i g g l i n g _。

（2）统计最常见的字符对。在一个更大的文本语料库中，统计出最频繁的相邻字符对。这里假设 gi 和 ng 是出现频率最高的字符对。

（3）合并频繁的字符对。

首先合并 gi。

更新后的词汇表为：{gi, g, l, n, _}。

单词 giggling 变为：gi g gi l i n g _。

然后合并 ng。

更新后的词汇表为：{gi, g, l, ng, _}。

单词 giggling 变为：gi g gi l i ng _。

（4）重复合并过程。继续合并其他频繁的字符对。例如，gig 在语料中出现的次数较多，它可能会被进一步合并。

更新后的词汇表为{gig, gi, g, l, ng, _}，单词 giggling 最终被表示为：gig gli ng _。

（5）生成最终子词序列。

最后，giggling 被拆分为更高效的子词序列：gig gli ng _。

3）效果与应用

通过这一过程，BPE 逐步构建了一个灵活的词汇表，既包含完整的常见单词，也包含高频的子词单元。这种方法在以下方面尤为有效。

❑ 处理未知或罕见词汇：即使一个完整单词未在训练数据中出现，BPE 生成的子词（如 anti、establish 等）可能已经在词汇表中，这使得模型能够理解和诠释新单词。

❑ 提高语言多样性处理能力。在复杂语言中，BPE 能分解出更具泛化能力的子词单元，帮助模型更好地处理复杂的词形变化。

例如，常见单词如 table 可能会被保留为一个整体，而复杂或罕见的单词如 antidisestablishmentarianism 可能会被拆分为子词 anti、dis、establish、ment、arian、ism 等。这种灵活的分解方式显著增强了模型的泛化能力，让它在面对未见过的单词时依然能够表现出色。

12.2　整体模型训练

J.R. Firth 曾提出："你将通过它所处的环境了解一个词。"这句话成为分布式语义学的核心思想，也是后来 Word2Vec 等词嵌入技术的理论基础。分布式语义学的基本理念认为，单词的意义由其在语言中的上下文决定。换句话说，一个词的含义可以通过观察它与哪些词共同出现来理解。这一观点强调，词汇的意义并非孤立存在，而是在与其他词汇的关系中体现出来。Firth 的思想直接影响了 Word2Vec 的开发，这是一种通过训练模型识别词汇上下文，学习其向量表示的算法。Word2Vec 假设，如果两个词出现在相似的上下文中，它们的语义应当相似，因此对应的向量表示也应该接近。

一个典型例子是短语 lead the lead。这里，第一个 lead 是动词，意为领导或引导，而第二个 lead 是名词，指领先位置。同一个单词在不同语境或词性下可能具有完全不同的意义。这种现象表明，单词的意义高度依赖于上下文。

12.2.1　静态词嵌入的历史及问题

2013 年与 2014 年，Word2Vec 和 GloVe 相继发布并被广泛采用，预训练词向量开始普遍被用作自然语言处理模型的初始化输入。这些词嵌入是静态的，意味着一个单词的表示意思在所有语境中都是相同的，不会根据上下文发生变化。因此，它们无法捕捉到单词在具体语境中的动态意义。为了适应特定任务（如问答系统），模型会在训练时学习如何利用这些静态词嵌入并结合上下文信息，但这种方法对语境的理解能力有限。

1. 主要流程和问题

模型通常以预训练的词嵌入作为输入，这些嵌入是在大规模文本数据集上通过算法（如 Word2Vec 或 GloVe）预先训练生成的，每个词被编码为一个固定的向量，提供其基本语义信息。然而，预训练的词嵌入缺乏上下文感知能力，因此在具体任务的训练中，模型需要结合如 LSTM 或 Transformer 等结构。这些模型能够动态地根据句子中词语的前后关系调整词义的表达，从而更好地捕捉上下文信息并增强语言理解能力。

2. 需要考虑的问题

在下游任务（如问答系统）中，模型的表现依赖于充足的训练数据，以便有效学习必要的语言上下文信息。如果训练数据不足，模型可能难以准确理解并根据不同上下文调整词义。此外，模型的网络参数尤其是用于上下文学习的部分，通常在初始化时为随机状态。这种随机初始化可能会导致训练初期效率较低，需要大量迭代才能从随机状态中逐步学习到有意义的特征表示，从而实现良好的任务性能。

12.2.2　模型的预训练

在现代自然语言处理领域，预训练整个模型已成为一种高效且广泛采用的策略。这种方法不仅能够学习具有丰富语境信息的语言表征，还为模型提供了有效的参数初始化，从而支持生成语言概率分布。预训练的核心特点包括以下几方面：

首先，预训练实现了全面的参数初始化。现代自然语言处理模型中几乎所有参数都通过预训练进行初始化，这与早期仅预训练词嵌入的做法形成了鲜明对比。通过这种方式，整个网络从一开始就具有对广泛语料的初步理解，有助于提升学习效率。

其次，预训练通常采用掩码学习的方法，如 BERT 模型中的掩码语言模型（MLM）任务。在这种任务中，模型会随机掩盖输入的某些词汇，然后训练其预测这些被掩盖的词汇，从而学习词汇与上下文之间的关系。

此外，预训练能够生成深层次且富有表现力的上下文相关词向量，这些词向量能够捕捉词语在不同上下文中的语义差异。这种深层次的表示显著增强了模型对语言的理解能力和处理能力。

最后，通过大规模的预训练，模型不仅能够回答具体问题，还能学习语言的整体概率分布。这种能力使模型可以在上下文中生成连贯的语言，并完成更复杂的语言理解和生成任务，从而拓展了其在多种场景中的应用潜力。

1. 语言建模作为预训练方法

Dai 和 Le 在 2015 提出了一种通过语言建模进行预训练的方法。这种方法利用大规模文本数据来训练神经网络，以提高模型对语言的理解和生成能力。

语言建模任务的核心在于构建一个概率模型 $p_\theta\left(w_t \mid w_{1:t-1}\right)$，用于计算某个词 w_t 在给定其前文上下文的情况下出现的概率。通过统计学习，模型能够捕捉语言中词与词之间的依赖关系。

预训练过程包括以下几步：

（1）使用大规模的文本数据进行训练。语言模型的训练需要大量的语料数据，而像英语这样的主要语言通常拥有丰富的可用文本资源，这为模型学习提供了强大的支持。

（2）利用这些数据训练一个神经网络来完成语言建模任务。训练过程中通常采用循环神经网络、长短期记忆网络或更现代的 Transformer 架构。这些神经网络能够高效地捕捉语言的上下文依赖和模式。

（3）语言建模任务训练完成后，保存网络的参数。这些预训练的参数包含模型从大量语料中学习到的语言模式和统计信息，可以为后续的任务提供强有力的初始化支持。

2. 预训练/微调范式

在自然语言处理领域，预训练与微调范式已经成为提升多种应用性能的主流方法。这种方法分为两个主要阶段：预训练阶段和针对具体任务的微调阶段。

1）预训练阶段

在预训练阶段（Pretraining），模型（如 Transformer 或长短期记忆网络）通过在大量文本数据上进行训练，学习语言的一般性特征和规律。这个阶段的目标是让模型掌握语言的基础结构和统计特性，而不是针对某个特定任务优化。模型的训练任务通常包括语言建模，如预测句子中的下一个单词，或填充句子中缺失的词。这些任务帮助模型捕捉词汇、短语和句子之间的语义与句法关系，为后续的任务奠定扎实的基础。

2）预训练阶段举例说明

以 BERT（Bidirectional Encoder Representations from Transformers）模型为例，这是一种采用整体预训练范式的语言模型。BERT 不仅学习每个单词的嵌入，还通过双向上下文来捕捉词语之间的关系，使每个词的表示受到其上下文所有词的影响。BERT 的预训练任务主要包括以下两种方式。

在 MLM（Masked Language Model，掩码语言模型）任务中，输入文本中的部分单词会被随机掩码（如用特殊符号[MASK]替代）。模型的任务是根据上下文预测出被掩码的单词。

这种方式要求模型不仅了解词汇的含义，还能结合上下文进行推断。

例子：

原始句子："我喜欢在咖啡店里阅读。"

掩码后的句子:"我喜欢在[MASK]里阅读。"

模型需要预测出"[MASK]"为"咖啡店"。

在 NSP(Next Sentence Prediction,下一句预测)任务中,模型会接收两段文本并需要判断第二段是否为第一段的下一句。这个任务帮助模型学习句子之间的逻辑关系和连贯性。

例子:

第一段(句子 A):"我今天去了图书馆。"

第二段(句子 B):"在那里我借了几本书。"

模型需要判断句子 B 是否在逻辑上紧接句子 A。

通过这两种任务,BERT 在预训练阶段学习了丰富的语言信息,包括词汇含义、语法结构以及上下文关系。这种深度的预训练为后续的微调阶段奠定了坚实的基础,使 BERT 在处理各种自然语言任务时表现出色。这种全面的预训练方法让模型的语言理解能力不再局限于单个词汇,而是扩展到句子乃至段落层面。

3)微调阶段

在预训练完成后,模型会进入微调阶段(Finetuning),以适应特定的自然语言处理任务。微调通过在特定任务的数据上进一步训练模型,使其能够针对具体需求进行优化。例如,对于情感分析任务,模型会在包含情绪标签(如正面或负面)的数据集上训练,学习如何根据输入的内容判断情绪倾向。

在微调阶段,模型参数会根据任务相关的数据和目标进行调整。这种方法的关键优势在于,预训练阶段已经让模型积累了广泛的语言知识,因此在微调时需要的数据量可以大幅减少,同时模型也能更快速地适应新任务。此外,由于模型已经理解了语言的基本结构和模式,微调阶段能够在较短的时间内取得出色的任务表现。

通过这种预训练与微调相结合的策略,模型不仅能高效利用大规模语料库中学到的通用知识,还能灵活地针对具体任务进行优化,从而在各种自然语言处理应用中实现卓越的性能。

4)微调阶段举例说明

假设有一个预训练的 BERT 模型,目标是将其应用于电影评论的情感分析任务,判断评论是正面还是负面。以下是具体步骤。

(1)任务定义:目标是根据一段电影评论文本,预测其情感倾向(正面或负面)。

(2)数据准备:使用一个标注好的数据集,其中包含电影评论文本及其对应的情感标签(如正面或负面)。

(3)模型调整:加载预训练的 BERT 模型。替换模型的输出层,使其适应情感分析的二分类任务(正面/负面),通常通过添加一个简单的分类层(如全连接层)来完成。

(4)微调过程:将电影评论数据输入模型,对所有层的参数进行微调,同时着重优化新添加的输出层。使用适当的超参数(如较小的学习率)进行训练,确保模型能够逐步适应情感分析任务。进行多次训练迭代,直到模型在验证集上达到理想的准确性。

(5)结果:完成微调后,BERT 模型能够根据评论的内容预测其情感倾向。这种能力来源于预训练阶段所积累的语言知识及微调过程中针对情感分析任务的特定优化。

通过这个过程,BERT 模型被成功应用于情感分析,既利用了预训练的通用语言的理解能力,又通过微调适应了特定的任务需求。

5）不同任务类型的微调策略

微调预训练模型的方式因任务类型和目标需求而异，虽然调整最后一个输出层是常见的做法，但是不同任务通常需要特定的策略来优化模型性能。

❑ 分类任务：对于情感分析、主题分类等任务，主要调整输出层，使其类别数与目标分类任务相匹配，通常通过替换输出层为一个全连接层并添加 softmax 激活函数来实现。模型微调的重点在于调整最后几层以更好地捕捉任务相关特征。

❑ 序列标注任务：在命名实体识别（NER）、词性标注（POS tagging）等任务中，输出需要与输入序列保持相同的长度。为此，模型的输出层需要在每个时间步预测一个标签，通常通过为每个词添加独立的全连接层来实现。这类任务的微调不仅关注输出层，还需要优化模型中捕捉局部上下文信息的能力。

❑ 问答任务：对于抽取式问答任务，模型需要输出段落中答案的起始和结束位置。输出层通常设计为两个分支：一个预测开始位置，另一个预测结束位置。在微调过程中，模型的关注点在于加强问题与上下文的关联性，需要特别调整模型的注意力机制，以提升理解复杂语境的能力。

❑ 文本生成任务：在机器翻译、文本摘要等任务中，输出是生成的句子或段落。这类任务通常基于 Seq2Seq 架构，模型需要微调解码器部分以优化生成能力。微调时不仅调整输出层，还需要重新训练解码器中的注意力机制，确保模型能根据输入生成连贯且相关的文本。

❑ 回归任务：对于年龄预测、评分预测等任务，输出是一个连续值。在这种情况下，输出层被调整为一个线性回归层，去掉了分类任务中常用的激活函数。在微调过程中，模型需要适应从离散分类到连续输出的转换，同时强调特定任务的损失函数（如均方误差）。

通过针对性地调整微调策略，模型能够更好地适应不同类型的任务，从而在各类应用中实现最佳性能。

6）为何要使用预训练/微调范式

预训练和微调范式在训练神经网络时具有显著优势，可以从机器学习优化的角度理解其作用。优化的核心是使用算法（如随机梯度下降，SGD）最小化损失函数，找到最优的模型参数 θ。

预训练的作用如下：

❑ 参数初始化：预训练的目标是找到一组初始参数 $\hat{\theta}$，这些参数是在预训练损失函数 $\min_{\theta} L_{\text{pretrain}}(\theta)$ 上优化得到的。预训练任务通常与语言模型相关，比如预测下一个词，这使得模型能够学习广泛的语言知识。通过这种方式，模型从一开始就具备一定的语言理解能力。

❑ 良好的起点：预训练帮助模型找到一个良好的参数起点 $\hat{\theta}$，这个点位于参数空间中损失曲面较平滑的区域。这种平滑性意味着模型在微调时更容易找到更优的解，避免陷入优化过程中较差的局部最小值。

❑ 微调的作用：SGD 在优化时倾向于在初始点附近进行探索。由于预训练提供了一个靠近优质解的起点，微调能够快速收敛到一个对任务表现良好的局部最小值。这样不仅提高了优化效率，还增强了模型的泛化能力。

预训练和微调结合的优势在于它们为模型提供了一个坚实的起点，从而避免了从零开始训练可能面临的问题（如陷入较差的局部最小值）。预训练阶段为模型提供了广泛的语言知识，而微调阶段则帮助模型高效地适应具体任务。这种策略在数据量有限或任务较为复杂的场景下尤为有效，能够显著提升训练效率和模型性能。

12.3　编码器的预训练方法

本节将探讨解码器的预训练方法，并简要比较其与编码器和编解码器的不同。神经网络架构的选择直接影响模型的预训练方式及其适用的任务。

12.3.1　不同架构的预训练方法概述

神经网络架构的选择对预训练方法和适用任务有着重要影响。解码器是生成任务中的常用模型，如语言模型。在生成文本时，解码器只能参考之前的词汇，而无法利用未来的词汇信息。因此，解码器的预训练通常采用单向语言模型，这种方法可以让模型学习如何根据已生成的词汇序列预测下一个词。例如，GPT 就是通过在大规模文本上训练解码器来最大化上下文中下一个词的预测概率。解码器非常适合用于生成任务，如文本续写、自动写作和诗歌创作。

与此不同，编码器能够同时利用双向上下文信息，因此在处理输入时可以综合考虑整个序列的内容。由于传统的单向语言模型无法充分利用这种双向信息，编码器的预训练通常采用掩码语言模型（MLM）。例如，BERT 通过随机掩盖输入中的部分词汇并要求模型预测这些被掩盖的词语来学习前后文之间的联系。MLM 强迫模型通过上下文推断词义，从而更好地理解语言深层次的含义。编码器特别适合需要对完整输入进行分析的任务，如文本分类、情感分析和命名实体识别。

编解码器结构结合了编码器的输入理解能力和解码器的生成能力。编码器负责处理输入并捕捉全局上下文信息，而解码器则基于编码器的输出生成对应的文本。编解码器的预训练通常采用 Seq2Seq 任务，如机器翻译。通过将一种语言的文本转换为另一种语言的文本，使模型能够同时学习输入文本与目标文本之间的映射关系，既掌握输入的语义结构，又具备生成连贯输出的能力。这种结构非常适用于需要对输入进行深刻理解并生成特定输出的任务，如机器翻译、自动摘要和问答系统。

通过不同的预训练方法，解码器、编码器和编解码器能够针对特定任务需求优化模型性能，为多种自然语言处理任务提供有效的解决方案。

12.3.2　编码器的预训练

1. 双向上下文的预训练：掩码语言模型

由于编码器能够利用双向上下文信息，传统的单向语言模型 $p_\theta(w_t \mid w_{1:t-1})$ 已不再适用。

在单向语言模型中，模型仅根据前面的词预测下一个词，这种方式无法充分利用编码器的双向特性。如果在编码器的预训练中仍然使用这种单向方法，那么模型会忽略词汇后面的重要上下文信息，无法完全发挥其对语言的理解和处理能力。因此，编码器的预训练需要采用专门的目标，能够同时考虑词汇的前后语境。

掩码语言模型是目前最广泛使用的方法之一，也是 BERT 预训练的核心。MLM 通过随机掩盖输入文本中的一些词汇，让模型预测这些被掩盖词汇的原始内容，从而学习如何根据上下文推断词义。这种方法迫使模型同时关注掩盖词的前后信息，显著增强了其对语言结构和语义的理解能力。通过这种双向的训练策略，编码器模型可以在预训练阶段更全面地掌握语言特性，为下游任务提供更丰富和精确的语义表示。

掩码语言模型（MLM）的预训练过程如下：

在掩码语言模型的训练过程中，输入数据需要进行特殊的处理以实现模型的预训练。首先，从训练数据中随机选择一定比例的词汇，并将这些词替换为一个特殊的标记[MASK]，使模型在训练时无法直接看到这些词的原始文本。这一操作为模型创造了一个推断上下文的任务环境。

修改后的输入序列（包括被掩码的词）被送入编码器。编码器负责处理整个输入序列，捕捉词汇之间的关系，即使有些词被掩盖。通过分析上下文，编码器生成每个词位置的高维语义向量 $h_1, \cdots, h_T$，用于表达其在上下文中的意思。

对于每个被掩码的位置，模型通过一个简单的线性层进行预测。这一层通常包括权重矩阵 A 和偏置 b，用来将高维表示映射回原始词汇空间，从而预测被掩码词的原始内容。例如，模型根据高维表示预测词 w_i 的可能值 $y_i \sim A w_i + b$。

训练的损失函数专注于被掩码词的预测精度，忽略其他已知词汇的位置。模型的目标是最大化条件概率 $p_\theta(x|\tilde{x})$，即在已知掩码版本 $\tilde{x}$ 的情况下，正确预测原始输入 x。通过这种方式，模型不仅学习到了上下文之间的复杂关系，还在处理未知或不完整信息时获得了强大的推断能力。这种训练方法为模型的下游任务奠定了坚实的基础。

2. BERT

BERT（Bidirectional Encoder Representations from Transformers）是由 Devlin 等人在 2018 年提出的一种基于 Transformer 架构的模型，它的出现为自然语言处理领域带来了革命性的突破。BERT 的核心创新之一是采用掩码语言模型作为预训练目标，这使得模型能够通过分析上下文的双向信息来理解文本内容。与传统的单向语言模型不同，BERT 能够同时利用词汇前后的上下文信息，这大大提升了其语言理解的深度和准确性。通过在训练时随机掩盖输入文本中的一些词，并要求模型预测这些被掩码的词，BERT 成功地捕捉到了语言中复杂的语义和句法关系。这种双向上下文建模的能力，使 BERT 在许多自然语言处理任务中表现出色，从文本分类到问答系统，再到语言推理，均展现出了显著的性能优势。BERT 的设计理念突破了传统模型只能单向处理文本的限制，使其能够更全面地理解语言的深层结构，为自然语言处理技术的发展开辟了全新的方向。

BERT 的预训练过程具有两个核心任务：掩码语言模型和下一句预测。这些任务共同帮助模型捕捉语言中的复杂关系和上下文信息。

在 MLM 任务中，BERT 的预训练通过随机掩盖输入中的部分词汇来训练模型预测这些被掩码的词。具体而言，在每个输入序列中会随机选择 15%的子词标记用于预测。为了增强模型的泛化能力，掩码操作采用了一种多样化的策略：80%的时间选定词被替换为特殊标记[MASK]，10%的时间被替换为一个随机词，剩余 10%的时间则保留原词不变，但模型仍需要预测这些词。这种策略不仅迫使模型从上下文中推断词义，还帮助它应对非标准输入，从而增强模型的健壮性和上下文理解能力。

除了 MLM，BERT 还引入了下一句预测（NSP）任务，以进一步提升对文本间关系的理解能力。在 NSP 任务中，模型的输入包括两个文本块，称为 A 和 B。这些文本块有两种可能的关系：B 可能是 A 的逻辑连续部分，也可能是从语料库中随机选取的无关文本。模型的任务是判断 B 是否 A 的直接延续，在需要理解段落间关联的任务（如问答或文本排序）中，这个任务可以帮助模型学习句子之间的逻辑关系。

虽然 NSP 在设计上有助于捕捉段落间的关系，但是后续研究表明其重要性可能没有预期那么高。例如，改进版本的模型 RoBERTa（A Robustly Optimized BERT Approach）完全移除了 NSP 任务，却在多项自然语言处理基准测试中表现更优。这表明，单独使用 MLM 或者结合其他更有效的任务可能是更好的选择。这些发现进一步推动了对预训练目标的优化研究，为构建更高效的语言模型奠定了基础。

BERT 的预训练因其庞大的模型规模和海量的训练数据，对硬件的要求极高，这使得训练过程非常耗时且昂贵。根据原始论文，BERT-Base 在 16 个 TPU 芯片（4 台 Cloud TPU）上的训练耗时约 4 天；BERT-Large 在 64 个 TPU 芯片（16 台 Cloud TPU）上的训练耗时约 4 天。TPU 是一种专为机器学习任务设计的高性能硬件加速器，在大规模矩阵运算中，其效率通常优于传统的 GPU。这种硬件配置对于处理 BERT 预训练中涉及的大量计算如大规模的梯度更新和参数优化至关重要。

虽然预训练需要巨大的计算资源，但是 BERT 的微调过程却相对经济得多。微调是指将预训练好的模型调整成适应特定任务的过程，通常只需要一个 GPU 即可完成。这种低成本的微调使得研究人员能够广泛应用 BERT 于各种下游任务，如情感分析、问答系统和文本分类。这种“一次预训练，多次微调”的策略大大提高了预训练模型的实用性，同时降低了对硬件的需求，使得它在实际应用中更为可行。

BERT 提供了两种基础版本，分别是 BERT-base 和 BERT-large，以满足不同规模任务的需求。BERT-base 是较小的版本，其架构包括 12 层 Transformer 层，每一层具有 768 维的隐藏层和 12 个注意力头，总参数量约为 1.1 亿。而 BERT-large 是更大规模的版本，设计更为复杂，包含 24 层 Transformer 层，隐藏层维度增加至 1024 维，并配备 16 个注意力头，总参数量高达约 3.4 亿。

在预训练阶段，BERT 使用了两个大规模文本数据集：BooksCorpus 和英语维基百科。BooksCorpus 是一个提供了约 8 亿个单词的图书语料库，英语维基百科则提供了约 25 亿个单词的文本。这些丰富的语料为 BERT 的双向上下文学习提供了强大的支持，使其能够在各种自然语言处理任务中表现卓越。自 BERT 推出以来，许多变体对其预训练方法都进行了改进，以提升模型在不同任务上的表现。这些改进版本为自然语言处理的广泛应用带来了更大的灵活性并提升了模型的性能。

RoBERTa（Robustly Optimized BERT Approach）是一种优化版的 BERT，专注于提高预训练效率和模型性能。它通过在更大规模的数据集上进行更长时间的训练，克服了 BERT 可能未完全收敛的问题。此外，RoBERTa 移除了 BERT 中的下一句预测（NSP）任务，转而专注于掩码语言模型（MLM），从而简化了训练目标并提高了训练的稳定性。这些改进使得 RoBERTa 在多个基准测试中表现优异，展现出了更强的泛化能力和上下文理解力。

SpanBERT 则通过掩码连续的词组（Span）来改进预训练。相比 BERT 随机掩码单词的方法，SpanBERT 掩盖的是连续的词组，这使得模型在推断时需要处理更复杂的上下文。这种方法使 SpanBERT 能够学习更强大的句子和段落表示，尤其适合需要理解长距离依赖关系的任务，在处理句子级和段落级的语义理解时表现出色。

其他 BERT 变体也针对不同需求进行了优化。例如，DistilBERT 通过知识蒸馏技术，将 BERT 压缩为更小的版本，适合计算资源有限的环境；ALBERT 通过参数共享和降低嵌入层维度，显著减小了模型大小，同时提升了训练速度和效率；TinyBERT 则进一步压缩了模型规模，使其能在移动设备等资源受限的环境中运行。此外，ERNIE 通过引入外部知识（如实体信息）提升了在知识驱动任务中的表现，而 Multilingual BERT 则专为多语言任务设计，支持多语言的预训练和应用。

这些变体展示了 BERT 架构的灵活性，通过针对性改进，能够满足不同应用场景的需求，从而推动自然语言处理领域的进一步发展。

BERT 因其强大的表现和广泛的适用性，在自然语言处理领域引起了极大的关注。通过微调，BERT 在多个任务上取得了显著的成绩，推动了自然语言处理领域的发展。这些任务涵盖语义相似度判断、情感分析、句法可接受性检测和自然语言推理等多个应用场景，充分展现了 BERT 的多功能性和强大能力。

例如，在 Quora Question Pairs（QQP）数据集上，BERT 被用于检测 Quora 平台上的重复问题，从而提升问答系统的效率。在 Question Natural Language Inference（QNLI）任务中，BERT 帮助判断一个句子是否另一个句子（问题）的正确答案，这对自然语言推理至关重要。在情感分析领域，BERT 在 Stanford Sentiment Treebank（SST-2）数据集上的表现极为出色，通过分析句子的情感倾向，为用户体验和情绪监测提供了更精准的工具。此外，在 Corpus of Linguistic Acceptability（CoLA）数据集中，BERT 被用于判断句子是否符合语法规则，显示出对语言学可接受性的高敏感性。在 Semantic Textual Similarity（STS-B）任务中，BERT 可以精确评估两个句子之间的语义相似度。而在 Microsoft Research Paraphrase Corpus（MRPC）数据集中，BERT 通过检测同义句对，展示了强大的语义对齐能力。在自然语言推理任务中，BERT 在 Recognizing Textual Entailment（RTE）数据集上的应用尤为突出，能够判断一个文本片段是否可以从另一个文本片段推导出来。这些成果证明了 BERT 的出色性能及在多种任务中的广泛适用性。

通过微调 BERT 模型，研究人员在这些任务中显著提升了模型的预测准确率和对语义的理解能力，为多样化的自然语言处理应用提供了有效的解决方案。BERT 的成功不仅展示了其在学术研究中的重要性，也为实际应用和进一步创新铺平了道路。

3. BERT的劣势

尽管像 BERT 这样的预训练编码器在许多自然语言处理任务中表现优异，但它们在生成序列的任务中却存在一定的局限性，主要问题在于它们的架构设计和训练方式不适合生成场景的需求。

首先，预训练编码器不适用于自回归生成任务。自回归生成任务要求模型逐步生成序列，一个词一个词地进行预测，每生成一个词时，都会将其作为下一步输入的一部分。这种生成方式依赖于模型能够根据已经生成的词来预测下一个词。然而，像 BERT 这样的预训练编码器是双向模型，旨在同时利用词汇的前后文信息来理解句子。在生成任务中，由于未来的词尚未生成，模型无法使用这种双向上下文机制。这使得 BERT 更适合分类和理解任务，而不适合如机器翻译、文本生成或对话系统等需要逐步生成文本的任务。

其次，BERT 的掩码机制限制了其在生成任务中的应用。在 BERT 的训练过程中，模型会随机掩盖一些词汇，并尝试预测这些被掩盖的词。这种掩码语言模型的设计对于理解上下文和语义很有帮助，但在生成任务中不适用。生成任务要求模型连续生成完整的未掩盖词汇，而不是通过填补空缺的方式生成内容。因此，BERT 的训练方式并没有为生成任务做好准备。

总体来看，BERT 等预训练编码器的局限性表明，生成任务需要专门设计的模型架构，如能够处理自回归生成的预训练解码器，以更好地适应生成任务的需求。

12.3.3　编码器的微调

1. 全面微调和参数高效微调

在对预训练模型进行微调时有两种主要方法：全面微调（Full Finetuning）和参数高效微调（Parameter-Efficient Finetuning）。这两种方法各有优缺点，适用于不同的场景。

1）全面微调

在对预训练模型进行微调时，全面微调是一种常见的方法。在这种方法中，模型的所有参数都会根据新任务的数据进行重新调整。这意味着整个预训练模型将在新的下游任务中进行再训练，所有权重都被优化，以更好地适应特定任务。

全面微调的主要优势在于其灵活性和性能表现。由于模型的每一个参数都可以根据任务需求进行优化，这种方法通常能够提供最佳的性能表现，特别是在数据量充足且计算资源丰富的情况下。然而，这种方法也有一些明显的限制。首先，全面微调非常依赖计算资源和内存，因为调整和存储所有参数的梯度需要大量资源。其次，在数据量有限的场景中，全面微调可能会导致过拟合。由于所有参数都会参与调整，模型可能会过度适应训练数据，从而捕捉到其中的噪声，影响泛化性能。

因此，虽然全面微调在性能上具有优势，但是它对资源和数据的要求也较高，需要根据具体应用场景来权衡其使用的适用性。

2）参数高效微调

参数高效微调是一种优化策略，旨在减少微调过程中的资源消耗。在这种方法中仅调整预训练模型的一部分参数，而不是对所有参数进行重新训练。这些调整的参数可以是模型中已有的少量参数，或者是新引入的辅助参数，如 Adapter 模块、冻结部分层或仅调整模型的顶层参数。这种方法的主要优势在于资源节省和对小数据集的适应性。由于其只更新少量参数，参数高效微调显著降低了内存和计算资源的需求，非常适合计算资源有限的场景。此外，由于调整的参数较少，模型在小数据集上不容易过拟合，这提高了其在数据稀缺任务中的稳健性。然而，与全面微调相比，参数高效微调也存在一定的局限性。首先，由于只有部分参数被调整，模型对特定任务的适应性可能受限，这可能导致在某些复杂任务中无法达到全面微调的最佳性能。其次，虽然资源消耗较低，但是灵活性和任务适应性有所折中，尤其在需要对预训练模型进行大规模调整以适应特定任务中。总体而言，参数高效微调是一种在资源受限或数据有限的情况下非常有效的策略，适合需要快速迭代或轻量部署的场景。

3）实例说明

在全面微调中，所有层的参数都会参与训练且每个参数都通过梯度更新进行优化，从而最大程度地提升模型在目标任务上的性能。具体实现步骤包括定义模型、初始化优化器、加载数据并计算损失函数，然后通过反向传播和优化步骤更新模型的所有参数。这种方法能够充分利用模型的潜力，但需要更多的计算资源和训练时间。

```python
# 加载预训练模型
model = TransformerModel()

# 定义优化器，包含模型的所有参数
optimizer = Adam(model.parameters(), lr=1e-5)

# 训练循环
for epoch in range(epochs):
    for batch in dataloader:
        optimizer.zero_grad()                       # 清空梯度
        outputs = model(batch.inputs)               # 前向传播
        loss = loss_fn(outputs, batch.labels)       # 计算损失
        loss.backward()                             # 反向传播
        optimizer.step()                            # 更新参数
```

参数高效微调可以先遍历模型参数并将其冻结（requires_grad=False），然后添加一个新的分类层用于特定任务的微调。优化器仅作用于新增层的参数，训练时只更新这一部分参数，同时保持预训练模型的其余部分不变。这样的设计在计算和存储效率上更具优势，适合资源受限的环境。

```python
import torch.nn as nn
# 加载预训练模型
model = TransformerModel()
# 冻结模型的所有参数
for param in model.parameters():
    param.requires_grad = False
# 添加一个新的分类层，用于情感分析任务
model.classifier = nn.Linear(hidden_size, num_labels)
# 定义优化器，仅优化分类层的参数
optimizer = Adam(model.classifier.parameters(), lr=1e-4)

# 训练循环
for epoch in range(epochs):
    for batch in dataloader:
        optimizer.zero_grad()                       # 清空梯度
        outputs = model(batch.inputs)               # 前向传播
        loss = loss_fn(outputs, batch.labels)       # 计算损失
        loss.backward()                             # 反向传播
        optimizer.step()                            # 更新分类层参数
```

2. 参数高效微调：前缀微调

在情感分析任务中，可以通过前缀微调（Prefix-Tuning）的方式调整预训练 Transformer 模型的一部分参数。前缀微调（Prefix Tuning）是一种参数高效微调方法，它通过学习一组前缀向量并将其注入每一层 Transformer 的自注意力机制的 Key 和 Value 中，从而引导模型在不修改原始参数的前提下完成下游任务。这种方式能充分利用预训练模型的知识，并大幅降低训练的参数量。以下是实现该方法的伪代码示例。

（1）定义前缀微调模块：创建一个新的前缀模块，将可学习的前缀向量与输入序列进行拼接。

（2）冻结预训练模型参数：确保预训练模型的参数保持固定，仅更新前缀向量的参数。

（3）优化前缀向量：定义优化器，仅作用于前缀向量的参数，进行损失计算和反向传播更新。

伪代码示例：

```python
import torch
import torch.nn as nn
from transformers import BertModel

class PrefixEncoder(nn.Module):
    def __init__(self, prefix_length, hidden_size, num_layers):
        super().__init__()
        self.prefix_length = prefix_length
        self.hidden_size = hidden_size
        self.num_layers = num_layers
        self.prefix = nn.Parameter(torch.randn(num_layers, 2, prefix_length,
hidden_size))

    def forward(self, batch_size):
        # 返回 [num_layers, 2, batch_size, prefix_length, hidden_size]
        return self.prefix.unsqueeze(2).expand(-1, -1, batch_size, -1, -1)

class PrefixTuningBERT(nn.Module):
    def __init__(self, base_model_name='bert-base-uncased', prefix_length
=5):
        super().__init__()
        self.bert = BertModel.from_pretrained(base_model_name)
        self.prefix_length = prefix_length
        self.hidden_size = self.bert.config.hidden_size
        self.num_layers = self.bert.config.num_hidden_layers
        self.prefix_encoder = PrefixEncoder(prefix_length, self.hidden_size,
self.num_layers)

    def forward(self, input_ids, attention_mask=None):
        batch_size = input_ids.size(0)
        past_key_values = self.prefix_encoder(batch_size)

        outputs = self.bert(
            input_ids=input_ids,
            attention_mask=attention_mask
        )
        return outputs.last_hidden_state
```

前缀微调的优点如下：

前缀微调（Prefix-Tuning）是一种创新的微调方法，与传统的输出层微调有所不同。它通过向 Transformer 各层的自注意力机制注入一组可学习的前缀向量（作为 Key 和 Value 的缓冲），而不是简单拼接到输入序列，也不修改模型的主体参数，提供了一种更高效的微调方式。相比于传统方法，前缀微调具有显著的优势。

首先，前缀微调只需要调整前缀的参数，不需要修改整个模型的参数。由于前缀的规模远小于模型整体的参数数量，这种方法显著减少了内存和计算资源的需求，使得微调过程更加轻量化。其次，前缀微调通过限制可调整参数的数量，有效降低了模型在小规模训练数据上的过拟合风险。这种方式主要依赖预训练模型的通用知识，仅针对特定任务进行局部优化，从而保持模型的稳健性。

在训练速度方面，由于前缀微调需要更新的参数数量较少，训练过程更加快速。这种效率对需要在多个任务上微调模型的场景尤为重要。每个任务可以通过引入不同的前缀来适配，无须重新训练整个模型。这种方法还提升了多任务处理的灵活性，允许在同一预训练模型上轻松切换任务，只需要更改前缀即可适应新的任务需求。

此外，前缀微调还保留了预训练模型的原始参数和通用性。通过这种非侵入式的调整，模型可以更好地实现跨任务的知识迁移，同时保持在原始任务上的性能。这种方法特别适合在资源有限或需要频繁适应新任务的场景中应用，为高效利用预训练模型提供了一种灵活且实用的解决方案。

3. 参数高效微调：提示微调

提示微调（Prompt Tuning）是一种高效的微调方法，其在输入序列中插入特定的提示来调整模型的行为。这些提示可以是固定的文本片段，也可以是可学习的嵌入，目的是在不修改预训练模型参数的情况下引导模型更好地完成特定任务。在提示微调中，模型的所有参数保持冻结状态，仅训练提示嵌入，使得整个过程更加高效，显著减少了内存和计算资源的使用。

提示微调与前缀微调有相似的思想，但在具体实现上有所区别。前缀微调通过在输入序列前添加固定长度的前缀嵌入，作为额外的上下文信息，帮助模型理解任务。而提示微调则更像是在输入中插入任务描述或示例，直接影响模型对数据的理解和处理方式。例如，提示微调的嵌入可以被设计为明确的任务说明，从而更直观地指导模型生成目标输出。

提示微调的优势在于其资源友好性和灵活性。由于只需要调整少量提示参数，因此显著降低了训练的内存和计算需求，同时减少了在小数据集上过拟合的风险。模型依赖于预训练知识，仅通过提示优化特定任务的表现。这种方法还显著加快了训练速度，特别适合需要快速切换任务的场景。通过在输入中插入不同的提示，可以让同一个预训练模型轻松适应多种任务，而无须重新调整整个模型参数。

4. 低秩适应

低秩适应（Low-Rank Adaptation，LoRA）是一种参数高效微调方法，通过学习预训练权重矩阵和微调权重矩阵之间的低秩差异，从而实现高效的任务适应。这种方法相比前缀微调（Prefix-Tuning）更容易学习，并且能更高效地适应新任务。

1）低秩的概念

低秩（Low-Rank）具体指矩阵的秩较低，换句话说，它可以通过两个更小的矩阵乘积来近似表示。这种表示形式在计算和存储上更高效。矩阵的秩是指矩阵中线性无关的行（或列）

的最大数量。例如，对于一个矩阵 A ，如果其秩为 k ，那么 A 可以被认为是由 k 个线性无关的行（或列）生成的。

低秩适应是一种高效的参数微调方法，通过学习预训练模型权重矩阵与微调权重矩阵之间的低秩差异，实现对新任务的快速适应。相比于前缀微调，LoRA 在学习效率和任务适应性上表现更为出色。LoRA 方法不直接调整权重矩阵 $W \in \mathbb{R}^{d \times d}$ ，而是学习两个低秩矩阵 $A \in \mathbb{R}^{d \times k}$ 和 $B \in \mathbb{R}^{k \times d}$（其中 $k \ll d$ ）来近似更新，使得微调后的权重矩阵可以表示为 $W + AB$ 。其中，W 是冻结的预训练权重，A 和 B 是需要学习的低秩矩阵。由于 k 的值远小于 d ，因此 A 和 B 的参数数量远少于 W，大大降低了计算和存储需求。这种分解大大减少了存储和计算的参数数量，同时保留了模型的适应能力。

2）LoRA 的优势

LoRA 的优势体现在多个方面。首先，它显著减少了需要调整的参数数量，使得训练过程更加高效。其次，通过只学习低秩矩阵，LoRA 降低了过拟合风险（特别是在训练数据有限的情况下）。此外，LoRA 保留了预训练模型的原始权重，确保模型通用性的完整性和迁移能力。因此，LoRA 不仅能快速适应新任务，还能在内存和计算资源受限的环境中表现出色。

LoRA 通过学习低秩矩阵 A 和 B 来表示权重矩阵的变化，而不是直接调整所有权重参数。这种方法减少了需要训练的参数数量，提高了训练效率，并且能够保留预训练模型的原有知识。通过这种方法，模型可以更高效地适应新任务，并且减少了计算和存储资源的需求。

12.4　编码器-解码器的预训练方法

本节将介绍如何对编码器-解码器架构进行预训练。这种架构的预训练需要同时考虑编码器和解码器的特点，确保模型能够高效处理输入信息并生成准确的输出。编码器-解码器架构常用于 Seq2Seq 的任务中，如机器翻译和自动摘要。通过对目标和策略进行合理的预训练，可以显著提升这种模型在下游任务中的性能。

12.4.1　编码器-解码器模型的预训练机制概述

在预训练编码器-解码器模型时，目标设计通常与语言模型类似，但需要充分考虑编码器和解码器的不同特性。编码器-解码器架构的核心在于协同处理输入和输出序列，尤其适用于需要将输入序列映射为输出序列的任务，如机器翻译和摘要生成。编码器负责理解和表示输入内容，而解码器则利用编码器的输出生成符合目标的序列。通过这种方式，编码器-解码器模型能够高效地处理复杂的 Seq2Seq 任务。

1. 预训练目标的基本思路

在编码器-解码器模型中，编码器和解码器分别承担理解输入和生成输出的任务。

首先，编码器接收输入序列的一个前缀（通常是前半部分），并利用双向上下文对其进行处理。这种双向机制允许编码器同时参考输入的前后词汇，从而生成每个词的隐藏状态表示。编码器的输出是一组隐藏状态，这些状态浓缩了输入序列的语义和结构信息，为解码器提供了生成输出的基础。

接着，解码器在编码器生成的隐藏状态的基础上工作。解码器接收完整的输入序列以及编码器生成的隐藏状态，然后通过一个语言模型来逐步生成目标输出序列。在每一步生成过程中，解码器预测目标词汇，并通过计算与真实目标序列之间的损失来优化整个模型。这种协同机制确保了编码器-解码器模型能够充分理解输入内容，同时生成连贯、准确的输出文本。

2．具体步骤

在编码器-解码器模型的预训练中，编码器和解码器各自发挥不同的作用，以共同完成输入序列到输出序列的转换。

编码器部分：编码器接收输入序列 $\{w_1,\cdots,w_T\}$，并对每个词进行处理，生成对应的隐藏状态 $\{\boldsymbol{h}_1,\cdots,\boldsymbol{h}_T\}$。这一过程可以表示为：

$$\{\boldsymbol{h}_1,\cdots,\boldsymbol{h}_T\} = \text{Encoder}\left(\{w_1,\cdots,w_T\}\right) \tag{12-1}$$

这些隐藏状态捕捉了输入序列中每个词的语义信息和上下文关系，为解码器提供了丰富的表示。

解码器部分：解码器接收编码器生成的隐藏状态 $\{\boldsymbol{h}_1,\cdots,\boldsymbol{h}_T\}$ 以及输入序列，通过语言模型逐步生成输出序列。在每一步中，解码器生成一个词并将其作为下一步的输入，同时结合编码器的隐藏状态进行预测。解码器的生成过程可以表示为：

$$\{\boldsymbol{h}_{T+1},\cdots,\boldsymbol{h}_{2T}\} = \text{Decoder}\left(\{w_1,\cdots,w_T\},\{\boldsymbol{h}_1,\cdots,\boldsymbol{h}_T\}\right) \tag{12-2}$$

预测和损失计算：解码器的输出用于预测目标词汇。预测公式为：

$$y_i \sim \boldsymbol{A}\boldsymbol{h}_i + \boldsymbol{b}, \ i > T \tag{12-3}$$

其中，$\boldsymbol{A}$ 和 $\boldsymbol{b}$ 分别为线性层的权重和偏置。模型通过对预测的目标词汇与实际目标的差异计算损失，并基于损失优化参数，从而提高生成序列的质量。通过这种协作，编码器和解码器共同完成了从输入到输出的映射，适用于各种 Seq2Seq 的生成任务。

12.4.2　编码器-解码器的预训练目标

在预训练编码器-解码器模型的研究中，Raffel 等人在 2019 年的研究（T5 论文：Exploring the Limits of Transfer Learning with a Unified Text-to-Text Transformer）表明，编码器-解码器结构在任务上优于仅使用解码器的结构。他们发现，通过编码器处理输入序列的全局上下文信息，并通过解码器生成输出，可以更全面地捕捉 Seq2Seq 任务中的复杂关系。此外，研究指出，采用片段掩码（Span Corruption）作为预训练目标比传统的语言建模更有效。片段掩码的预训练目标通过随机选择输入中的连续片段进行掩码，并让模型根据未被掩码的内容恢复这些片段，从而提升了模型的上下文推理能力。如图 12-1 所示为片段损坏示意这种方法进一步增强了模型对复杂语言模式的学习能力。这些改进被应用到 T5 模型（Text-to-Text Transfer Transformer）中，使其在多个自然语言处理任务中表现优异。T5 模型的设计理念是将所有任务转换为"文本到文本"的形式，从而统一任务类型，充分发挥编码器-解码器架构的优势。

1．基本思路

在编码器-解码器模型的预训练中，片段掩码是一种有效的预训练方法。它的核心思想是通过随机替换输入文本中的不同长度片段为占位符，迫使模型在解码时重建这些被替换的内容。

首先，在输入阶段，文本被随机处理，部分片段被替换为唯一的占位符。例如，原句 Transformers are great for NLP tasks 可能会被处理成 Transformers are [MASK1] for NLP tasks，其中[MASK1]是一个特殊的占位符，表示被移除的片段 great。这一步的目的是为模型创造一个需要推断的情境。

接下来，解码器的任务是根据编码器提供的上下文信息，生成这些被替换掉的片段。在这种方法中，解码器的工作类似于语言建模，但目标并不是生成整个句子，而是精准地恢复被移除的片段。这种预训练方式在需要理解全局上下文的场景中能有效提升模型在序列生成任务中的表现。

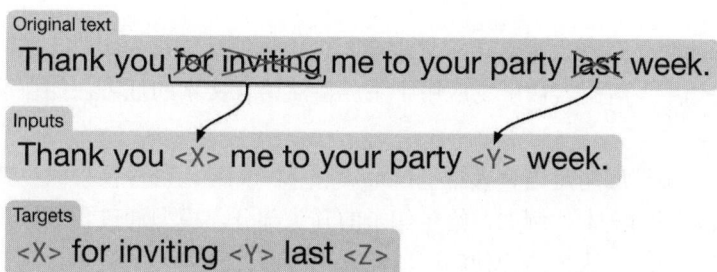

图 12-1　片段掩码示意

2．优势

编码器-解码器模型在预训练中通过利用上下文信息和增强健壮性来提升性能。编码器通过双向上下文信息生成输入序列中每个词的上下文向量，这种方法能够捕捉输入文本中前后词汇之间的深层关系。解码器基于语言模型生成输出序列，它结合编码器提供的全局上下文信息进行生成并确保输出内容与输入保持一致。此外，通过随机替换输入片段的方法，模型被迫学习更健壮的表示。这种策略使模型能够适应多种输入变体，增强了应对未知或噪声数据的能力，从而在实际任务中表现得更为稳健和灵活。

3．T5模型的特性

Raffel 等人在 2019 年提出的 T5 模型（见前文）展现出了强大的知识检索和问答能力。通过片段掩码作为预训练目标，T5 模型能够高效预训练编码器-解码器结构，展现出在多种开放领域问答任务中的卓越表现。片段掩码方法不仅提升了模型理解和生成语言的能力，还使其能够处理复杂多样的问题。

在具体任务中，T5 模型的应用场景有：Natural Questions（NQ）涵盖来自真实用户的广泛主题提问，这些问题通常复杂且多样；Web Questions（WQ）聚焦于从网络搜索中提取的问题，答案相对明确；Trivia QA（TQA）针对知识竞赛中的问题，答案可以通过大规模文本语料库提取。这些任务证明 T5 模型在广泛的问答领域中具备出色的性能。

研究表明，与仅使用解码器的模型相比，T5 模型的片段掩码方法更能适应复杂任务。通过微调，模型能够根据输入检索存储于其参数中的知识并准确回答各种问题，展现了其在开放领域应用中的显著优势。

12.5　解码器的预训练方法

本节介绍解码器在自然语言生成任务中的预训练方法。解码器是现代自然语言处理中的核心组件之一，广泛应用于生成任务，如自动写作、对话生成和文本翻译等。通过解码器的预训练，可以显著提升模型的生成能力，为多种任务奠定基础。

12.5.1　解码器的预训练概述

解码器（Decoder）是现代自然语言处理模型中不可或缺的重要组件，尤其在处理生成任务时发挥着核心作用。解码器被广泛应用于生成自然语言文本的任务，如自动写作、对话生成和文本翻译等。

解码器的一个典型应用是语言模型（Language Models）。语言模型的主要目标是根据已有的上下文生成合理的文本。例如，给定句子的开头部分，模型通过预测接下来的单词逐步生成完整的句子或段落。这种能力使解码器能够生成流畅且连贯的文本，满足多种生成任务的需求。

解码器的优势在于它能够逐步生成内容，根据已有的上文逐步添加新单词和句子，最终构建出完整的文本段落。这种逐步生成的特性使解码器在对话系统、自动写作工具及其他文本生成模型中表现尤为出色。

然而，解码器也存在一定的局限性。在生成过程中，它只能利用已有的信息，无法预见未来的单词。也就是说，每生成一个单词时，解码器只能依赖先前生成的内容，而无法同时考虑上下文的前后关系。这种局限性使得解码器更适合单向生成的任务。

尽管如此，许多最先进的预训练语言模型仍然采用了解码器结构。这些基于解码器的模型通过在大规模文本数据上的训练，展现出了卓越的文本生成能力，能够生成高质量的自然语言文本，并在多种自然语言处理任务中取得了显著成果。

1．预训练解码器

预训练语言模型的解码器是指那些在大规模文本数据上经过训练的模型，其目标是根据上下文生成合理的文本内容。这类模型的预训练目标通常是建模条件概率 $p_\theta\left(w_t \mid w_{1:t-1}\right)$，即在给定之前的所有单词的情况下预测下一个单词的概率。这种建模方式让解码器能够捕捉语言的上下文依赖关系，从而生成连贯的文本。

在实际应用中，这些预训练的解码器通常需要进一步微调，以更好地适应特定的任务需求。在微调过程中，解码器的原始建模目标可能会被忽略，训练方式会根据具体任务的要求进行调整。例如，对于分类任务，可以利用解码器生成的隐藏状态进行进一步进行处理和优化。

微调解码器的一种常见方法是通过训练分类器来实现。在这个过程中，解码器首先处理输入序列 $(w_1,\cdots,w_T)$，生成每个时间步的隐藏状态 $(h_1,\cdots,h_T)$。然后使用最后一个单词的隐藏状态 h_T 作为输入，通过训练分类器来预测任务的目标输出 y，如文本分类或情感分析。

分类器的预测公式为：

$$y \sim Ah_T + b \tag{12-4}$$

其中，A 是权重矩阵，b 是偏置项，这些参数通常是随机初始化的，需要通过任务相关的数据进行学习和优化。在这种方法中，线性分类器（Linear Layer）并未经过预训练，而是从随机状态开始训练。由于其初始状态未包含任何预训练知识，这一层需要依赖大量的训练数据来优化，从而学习如何将隐藏状态映射到正确的任务输出。这种方式虽然能够有效利用解码器的隐藏表示，但是在数据量不足或计算资源有限时可能会增加训练难度。

2. 更进一步：预训练输出层

将解码器作为语言模型进行预训练，然后将其用作生成器，是处理生成任务的一种自然且高效的方式。这种方法特别适用于输出为序列的任务，尤其是这些任务与预训练任务具有相似性的时候。例如，在对话生成任务中，解码器可以根据对话历史（上下文）生成合理的回复；在摘要生成任务中，解码器能够根据文档内容生成简洁的摘要。在这些情况下，输出与预训练目标高度一致，因此无须单独对输出层进行微调，而是直接将输出纳入预训练过程。这种方式不仅更加自然，还通常能够带来更好的效果。

解码器的预测公式为：

$$y \sim Ah_{t-1} + b \tag{12-5}$$

在式（12-5）中，线性层 A 和偏置项 b 已在语言模型预训练阶段被优化，这意味着它们已经学会如何将隐藏状态映射为下一个单词的概率分布。这种预训练方式不仅能够加快模型在下游任务中的收敛速度，还能够显著提高模型的性能。

由于线性层在预训练过程中已经充分学习了语言知识，在下游任务中可以直接利用这些预训练权重进行微调。这种方法最大化利用了预训练阶段积累的知识，从而在保证高效的同时，大幅提升了模型在生成任务上的表现。

预训练线性层的目的是让模型在下游任务中能够高效利用已学到的语言知识生成高质量的输出。在预训练阶段，模型通过学习将隐藏状态映射到特定词汇表中的单词概率分布中，从而掌握如何在给定上下文的情况下生成连贯的文本。如果下游任务的输出词汇表与预训练时的词汇表相似，那么这种一致性使模型能够直接应用预训练阶段的知识。例如，在对话生成任务中，模型在预训练时已经学会了根据上下文生成自然的对话。当下游任务的词汇表和语境与预训练类似时，模型可以更准确地生成符合语义的对话。

预训练线性层还有两个显著的优势。首先，它能够加快训练速度。由于线性层的权重已经在预训练阶段进行了优化，模型不需要从随机初始化开始学习，因此能够更快地收敛到最佳状态。其次，预训练提升了模型的泛化能力。通过在多样化的预训练数据上学习，模型能够更好地适应不同的任务和数据集。这种方法显著提高了模型在各种自然语言处理任务中的表现，使其能够生成更自然、更连贯的文本输出。

12.5.2　生成式预训练变换器 GPT

1. GPT概述

2018 年发布的生成式预训练变换器（Generative Pretrained Transformer，GPT）在解码器

预训练方面取得了显著成功。GPT 的模型结构基于变换器架构中的解码器部分,这是一种高度并行化的神经网络架构,非常适合处理序列数据。GPT 由 12 层解码器组成,拥有 1.17 亿个参数,使得模型能够捕捉复杂的语言模式。每个隐藏状态的维度为 768,前馈隐藏层的维度为 3072,这种高维度的设计使模型能够学习到丰富的语言特征。

在词汇构建方面,GPT 采用了字节对编码(Byte-Pair Encoding,BPE)技术,构建了包含 40 000 个合并操作的词汇表。BPE 将词汇分解为更小的子词单元,有助于模型更好地处理未见过的词汇和罕见词汇。在训练过程中,GPT 使用了 BooksCorpus 数据集,该数据集包含约 11 038 本书籍的知识。这些书籍文本的连续性和长距离依赖性使模型能够有效学习语言中的长距离依赖关系,从而在理解上下文和生成连贯的长文本方面表现出色。

值得一提的是,在原始论文中,GPT 这一名称并未明确出现。它通常被理解为"生成式预训练"(Generative PreTraining)或"生成式预训练变换器"(Generative Pretrained Transformer)。通过这些技术特点,GPT 成功展示了预训练解码器在生成任务中的强大能力,成为自然语言生成领域的重要里程碑。

2. GPT输入格式化

在微调生成式预训练变换器(GPT)以处理任务时,需要将输入格式化为解码器能够理解的序列格式。对于自然语言推理(Natural Language Inference, NLI)任务,这一过程尤为重要。

自然语言推理任务的目标是判断两个句子之间的逻辑关系。这种关系通常分为三类:蕴含(Entailment)、矛盾(Contradiction)和中立(Neutral)。具体而言,给定一个前提句(Premise)和一个假设句(Hypothesis),模型需要分析前提是否支持、矛盾或与假设无关。

为了让 GPT 处理这一任务,需要对输入进行特定的格式化。Radford 等人在 2018 年的研究中提出了一种格式化方法,将 NLI 任务的输入组织为一个标记序列(Token Sequence)。首先,序列以一个特殊的[START]标记开头,用于指示序列的起始位置。其次,输入由前提句和假设句组成,如前提句为 The man is in the doorway(那个人在门口),则前提句和假设句之间通过一个特殊的分隔标记[DELIM]进行分割。该分隔符帮助模型区分前提句和假设句的内容。随后是假设句,例如 The person is near the door(那个人在门附近)。最后,序列以一个[EXTRACT]标记结束,用于指示序列的终点或告诉模型提取结果的位置。这种格式化方法不仅帮助模型清晰地组织任务输入,还可以确保解码器能够有效利用前提和假设之间的逻辑关系,完成自然语言推理任务。

3. GPT-2

GPT-2 是 OpenAI 于 2019 年推出的生成式预训练变换器模型,展现了生成连贯自然语言文本的卓越能力。与初代 GPT 模型的 1.17 亿个参数相比,GPT-2 的参数量显著增加,提供了多种参数模型版本,如 117M(Million,百万)、345M、774M 和 1.5B(Billion,十亿)。这种大规模参数使模型能够学习和捕捉更复杂的语言模式,从而生成更为自然的文本。在训练数据方面,GPT-2 基于一个约 45GB 的 WebText 数据集进行训练。这些数据涵盖多种主题和写作风格,为模型提供了广泛的知识基础,进一步提升了其生成能力。GPT-2 在文本生成任务中的表现尤为突出,无论是主题连贯性、语法正确性还是上下文相关性,都展现出了高度逼真的语言能力。

　　一个特别值得关注的特性是 GPT-2 的零样本学习（Zero-Shot Learning）能力。这项能力是系统规模扩展后涌现的属性，指模型在没有示例或额外训练的情况下，通过正确指定输入格式或比较序列概率即可完成任务。在问答任务中，模型只需要提供上下文和问题，例如：

Passage: Tom Brady is a professional football player who was born in San Mateo, California…

Q: Where was Tom Brady born?

A: San Mateo, California.

　　此外，GPT-2 还能通过比较不同序列的概率来推断答案。例如，在解决 Winograd Schema Challenge 时，模型会根据句子概率判断模糊代词的指代对象：

The cat couldn't fit into the hat because it was too big.

　　模型通过计算 because the cat was too big 和 because the hat was too big 的概率大小来判断 it 的指代。零样本学习的优势在于它无须额外的示例数据或梯度更新，直接利用预训练时学习到的语言知识完成任务。这种方法具有高度的灵活性和通用性，适用于问答、文本分类、推理等多种任务。Radford 等人（2019 年）的研究表明，随着模型规模和预训练数据量的增加，零样本学习能力自然涌现。这一发现展示了大语言模型的潜力，即使在未专门设计的情况下，它们也能高效解决多种复杂任务。

4．GPT-3

　　GPT-3 是 OpenAI 推出的第三代生成式预训练变换器模型，拥有 1750 亿个参数，远超其前代模型和同类模型（如 T5 的 110 亿参数）。这一规模的提升赋予了 GPT-3 更强的语言理解和生成能力，并带来了多种新的应用交互方式和学习能力。与预训练模型的交互主要有两种方式：第一种是从模型定义的分布中进行采样，通过输入提示，模型可以生成连续的文本段落。这种方法广泛应用于生成任务，如自动写作、对话生成等；第二种方式是任务微调，即在特定任务上对模型进行进一步训练，使其更好地完成指定任务，如情感分析或文本分类。这种方式能够优化模型的输出以匹配特定任务需求。GPT-3 的一大特点是其涌现的少样本学习（Few-Shot Learning）能力，也被称为上下文学习（In-Context Learning）。这个能力使模型能够仅通过输入任务示例而无须进行梯度更新就可以直接执行任务。这种方法的核心是在输入中提供示例，明确任务要求，进而让模型推断并生成符合示例模式的输出。少样本学习的机制基于条件概率分布，输入的上下文示例作为任务规范，帮助模型理解所需的操作。模型利用上下文计算条件概率分布，在此基础上生成输出。通过这种采样过程，模型不仅完成了任务执行，还借助预训练时学到的语言知识提升了生成质量。例如，在翻译任务中，输入可以是这样的：

Translate the following English phrases to French:

English: Hello

French: Bonjour

English: How are you?

French: Comment ça va?

English: Thank you

French: Merci

English: Where is the library?

French:

输出:

Où est la bibliothèque?

上面的这个示例展示了 GPT-3 如何通过少样本学习，从上下文示例中理解任务并生成准确的翻译。这种方法无须额外训练或更新模型权重，为任务适应性和模型灵活性提供了全新的可能性。

1) GPT-3 的训练数据集

GPT-3 的训练数据来源于 5 个现有的数据集，每个数据集为模型的语言能力和知识储备提供了独特的支持。

首先，Common Crawl 提供了广泛而多样的文本来源。该数据集是从数十亿个网页中提取出来的，包含数万亿个单词，经过 OpenAI 的筛选和清洗，仅保留了高质量的参考材料。这个数据集可以帮助模型学习各种语言模式和语境，为其处理广泛的文本类型奠定基础。

WebText2 是 OpenAI 创建的数据集，是原始 WebText 的扩展版本。它主要通过爬取 Reddit 及其链接的相关网站生成，涵盖大量的对话和讨论内容。这些数据对模型理解自然对话和生成社交媒体风格的文本起到了重要作用。

Books1 和 Books2 是基于互联网的文本集合，包含许多未公开具体来源的已出版书籍的内容。这些书籍来自不同的体裁和时代，为模型提供了深入且结构化的文本样本。这些数据可以帮助模型掌握复杂的语言结构和丰富的词汇，增强对高层次文本的理解能力。

Wikipedia 数据集包含英语维基百科的全部页面内容，其是经过编辑的高质量知识来源，为模型提供了涵盖广泛主题的背景信息，使模型在生成内容时能够体现出较强的知识性和连贯性。

通过整合这些多样化的数据集，GPT-3 在生成自然语言文本和理解多种语言模式方面表现出了非凡的能力，同时能够适应不同的应用场景，从知识问答到社交对话都游刃有余。

2) 计算成本

GPT-3 拥有 1750 亿个参数，并在 499 亿个文本 Token 上进行了训练。训练一个大型 Transformer 模型的成本与参数和 Token 数量的乘积成正比（训练成本公式可以简单地表示为 Cost $\propto$ Parameters*Tokens），这意味着随着模型的规模和训练数据量的增加，训练成本呈指数增长。然而，参数数量与数据量之间的比例是影响模型性能和训练效率的关键因素。

参数和数据的理想比例是一个重要的概念。参数数量代表模型中可训练的权重数量，更多的参数通常带来更强的表现能力，但同时也增加了计算和存储成本。而数据量则指模型用于训练的文本 Token 数量，更多的数据可以帮助模型学习更广泛的语言模式，但也需要更长的训练时间和更多的资源投入。

理想比例是指在给定计算预算下，参数和数据的组合能够最大化模型性能。例如，相较于拥有更多参数但数据量不足的模型，一个参数适中且在丰富数据上训练的模型可能表现得更高效。这表明参数和 Token 数量的乘积决定了训练的总成本。因此，在设计和训练模型时，优化参数和数据量的比例对于提升效率至关重要。

3) GPT-3 的参数比例是否最佳

GPT-3 拥有 1750 亿个参数，展现了强大的生成能力和语言表示能力。然而，其参数数量与训练数据量的比例可能并非最佳。一方面，参数激增提升了模型的表示能力，但若缺乏足够的数据支持，可能导致过拟合或资源浪费。另一方面，尽管 GPT-3 的训练数据量达到 3000 亿个 Token，但对于如此庞大的模型而言，这一数据量可能不足以涵盖广泛的语言模式，尤其在处理长尾现象时表现出了局限性。

优化参数与数据的比例是提升模型性能和效率的关键。适当平衡参数数量与数据量，不仅能降低训练成本，还能提高模型的泛化能力和稳定性。在既定计算预算条件下找到参数与数据的最佳组合，将使模型更高效、更适应多样化任务，同时能充分挖掘现有资源和技术的潜力。

5. 小结

尽管大语言模型在许多任务中取得了显著的成果，它们的内部工作机制和性能极限仍然未被完全理解。这些模型包含数以亿计的参数，其复杂性使得预测和解释其行为变得极为困难。尽管如此，与这些庞大模型相比，一些较小的模型，如 BERT，因其结构紧凑、更易于理解和控制，已成为实际应用中的通用工具。在许多场景下，这些小模型表现出色，提供了高效且实用的解决方案，从而被广泛应用于自然语言处理的各种任务中。

12.6　大语言模型的优化：
提示工程与基于人类反馈的强化学习

前面提到，大语言模型在规模扩大后展现出了新能力，这些新能力使模型在多任务处理和复杂推理方面的效果得到了显著提升。针对这些新能力，也发展出了专门针对大模型的调试方法。这些方法旨在更有效地优化和利用模型的潜力，确保其在实际应用中的可靠性和稳定性。

12.6.1　链式思维与提示策略

1. 链式思维提示

链式思维提示（Chain-of-Thought Prompting）是一种随着模型规模扩大而涌现的能力，能够让模型通过复杂的提示展示多步骤推理的能力，而不是依赖具体示例。这种方法在需要逐步推理的情况下提升了模型在复杂任务中的表现。

在大语言模型（如 GPT-3）中，即使没有提供具体示例，仅通过明确的提示要求模型进行推理，也能取得显著效果。模型通过提示中的指令理解并完成任务，无须示范具体解决方法。

提示工程（Prompt Engineering）在这一过程中扮演重要角色。提示工程是设计和优化输入提示以最大化模型性能的一种技术。随着模型复杂性增加，通过精心设计的提示，模型可以被引导完成更高级别的推理和生成任务。

在提示工程的实践中，有几个优化策略非常重要。第一，将复杂任务分解为具体步骤有助于模型逐步完成；第二，提示应以清晰、自然的语言进行描述，避免模棱两可的表述；第三，通过适当的引导，通过提示可以鼓励模型进行逻辑推理。最后，提示设计需要反复测试和调整，以确保提示的结构和内容能够达到最佳效果。通过这些方法，模型的潜力得以更好地发挥，可以处理各种复杂任务。

2. 指令微调

指令微调（Instruction Finetuning）是一种增强语言模型性能的技术，通过收集大量的（指令，输出）对，对模型进行微调，使其能够更好地理解并执行各种任务。高质量、多样化的数据和大规模的预训练语言模型是指令微调成功的关键因素。例如，SuperNaturalInstructions 数据集包含超过 1600 个任务和 300 多万个示例，涵盖分类、序列标注、翻译、问答等任务类型，为模型提供了丰富的训练数据。大规模预训练模型在指令微调中表现尤为出色，因为它们能够捕捉和处理复杂的语言模式和任务需求。

以 Flan-T5 为例，这是通过指令微调增强的 T5 模型，由 Chung 等人在 2022 年提出。与 T5 模型相比，Flan-T5 在 1800 个额外任务上进行了微调，覆盖了更加多样化的自然语言处理任务，如文本生成、分类、序列标注和问答。这种大规模的任务覆盖显著提高了 Flan-T5 的泛化能力，使其能够更灵活地适应多样化的指令并在广泛的任务中表现优异。

尽管指令微调在提高模型性能和适应性方面取得了显著成效，但它也面临一些挑战。首先，收集高质量的训练数据成本高昂且耗时，不同任务通常需要大量数据来保证模型学习的效果。其次，对于开放式生成任务，如故事创作，缺乏唯一正确答案，评估模型生成内容的质量变得困难。再者，模型在训练过程中对所有错误进行同等惩罚，但在实际应用中，有些错误（如关键术语翻译错误）比其他错误影响更大。此外，尽管经过指令微调，模型的优化目标（如最小化 Token 级别预测误差）与人类偏好的目标可能不完全一致，这会导致模型生成的内容技术上正确但不符合用户预期。

为应对这些局限性，可以改进数据收集方法，设计更合理的评估标准，加强误差处理机制，或显式优化模型以符合人类偏好。这些改进有助于进一步提高模型的实际应用效果和用户满意度。

12.6.2　强化学习的基本知识

在第 11 章中曾提及人类评估的重要性，本节将深入探讨如何将人类评估和强化学习相结合来提升大语言模型的性能。强化学习（Reinforcement Learning，RL）作为一个重要的研究领域，其理论和算法的基础早在 20 世纪 90 年代便已奠定。Sutton 和 Barto 的经典著作"Reinforcement Learning: An Introduction"系统地定义了强化学习的核心概念与方法，为该领域的发展提供了坚实的理论框架。

自 2013 年以来，随着深度学习的崛起和在游戏中的应用，强化学习再次成为研究热点。例如，Deep Q-Networks（DQN）结合深度学习和强化学习的技术，为游戏中人工智能技术的发展开辟了新的路径。近年来，强化学习的应用范围逐步扩展到现代语言模型（Language

Models，LMs）的优化与训练中。特别是面向大型神经网络模型的强化学习算法得到了显著改进。例如，Proximal Policy Optimization（PPO）被广泛应用于训练大语言模型，因其高效性和稳定性，在优化复杂模型时的效果尤为突出。这种结合强化学习与语言模型的新方法，为大语言模型的进一步发展提供了新的可能性。

1. 目标函数以及梯度更新

将强化学习与语言模型相结合是一项复杂且具有挑战性的任务，核心难点在于如何有效定义奖励函数以及将强化学习算法应用于语言生成过程。为了使语言模型的参数 θ 更好地符合人类的偏好，可以使用策略梯度方法来优化模型的参数。

语言模型的目标是最大化生成样本 s 的预期奖励，这一目标可以表示为：

$$\mathbb{E}_{\hat{s} \sim p_\theta(s)}\left[R(\hat{s})\right] \tag{12-6}$$

这里涉及几个关键概念：

❑ 期望值 $\mathbb{E}$：在模型参数 θ 下，生成所有可能的样本 s 的奖励 $R(s)$ 的平均值。

❑ 样本 $\hat{s}$：模型生成的具体输出，如一段文本或一个生成结果。

❑ 概率分布 $p_\theta(s)$：在当前参数 θ 下，生成每个样本的概率。

❑ 奖励 $R(\hat{s})$：对生成样本 s 的质量或效果的评分，用于衡量模型输出的优劣。

❑ 通过这种方法，模型能够逐渐学习生成更符合人类期望的结果。然而，由于语言生成的复杂性和奖励定义的多样性，这一过程仍然具有很大的研究和优化空间。

强化学习与语言模型的结合仍然是一个复杂且具有挑战性的领域。核心问题在于如何有效地定义奖励函数，以及如何将强化学习算法应用于语言生成任务。为了优化语言模型参数，使其输出尽可能符合人类偏好，通常采用策略梯度方法来实现参数优化。

为实现目标，采用梯度上升法更新模型参数，使其奖励函数逐步增大。更新公式为：

$$\theta_{t+1} \leftarrow \theta_t + \alpha \nabla_\theta \mathbb{E}_{\hat{s} \sim p_\theta(s)}\left[R(\hat{s})\right] \tag{12-7}$$

❑ 梯度上升法：通过计算参数 θ 的梯度来调整其值，使得奖励函数的期望值增大。

❑ 学习率 α：控制参数更新的步长，决定优化过程的速度和稳定性。

❑ 梯度 ∇_θ：衡量当前参数对期望奖励的影响，用于指导优化方向。

通过这种方法，模型逐步学习生成更符合人类偏好的样本。然而，这一过程仍然面临定义奖励函数的难度和生成语言的复杂性等挑战。

2. 策略梯度方法

策略梯度方法是强化学习中的一种基本技术，特别适用于优化语言模型生成的期望奖励。通过策略梯度方法，模型可以逐步调整参数以最大化生成样本的平均奖励。这个过程主要依赖于计算期望奖励的梯度并使用梯度上升优化模型的参数。

1）梯度计算的展开

期望奖励的梯度可以表示为：

$$\nabla_\theta \mathbb{E}_{\hat{s} \sim p_\theta(s)}\left[R(\hat{s})\right] = \nabla_\theta \sum_s R(s) p_\theta(s) \tag{12-8}$$

这里，梯度的线性性质允许将梯度分配到求和表达式的每一项中：

$$\nabla_{\theta} \sum_{s} R(s) p_{\theta}(s) = \sum_{s} R(s) \nabla_{\theta} p_{\theta}(s) \tag{12-9}$$

为了进一步简化梯度计算，引入对数导数技巧（Log-Derivative Trick）。根据这个技巧，可以将梯度转换为以下形式：

$$\nabla_{\theta} p_{\theta}(s) = p_{\theta}(s) \nabla_{\theta} \log p_{\theta}(s) \tag{12-10}$$

将式（12-10）代入式（12-9）中后，梯度表达式变为：

$$\nabla_{\theta} \mathbb{E}_{\hat{s} \sim p_{\theta}(s)} \left[R(\hat{s}) \right] = \sum_{s} p_{\theta}(s) R(s) \nabla_{\theta} \log p_{\theta}(s) \tag{12-11}$$

2）优化过程

通过式（12-11），可以估计期望奖励的梯度，并使用梯度上升方法逐步调整模型参数：

$$\theta_{t+1} = \theta_{t} + \alpha \nabla_{\theta} \mathbb{E}_{\hat{s} \sim p_{\theta}(s)} \left[R(\hat{s}) \right] \tag{12-12}$$

其中，α 是学习率，决定参数更新的步长。

策略梯度方法（如 REINFORCE 算法）通过这一过程，提供了优化模型生成性能的有效工具。它的核心优势在于能够直接优化期望奖励，即使奖励函数不可导或比较复杂，也可以通过采样和估计方式完成优化。这种方法尤其适用于语言生成任务，通过奖励设计可以引导模型生成更符合目标的输出。

3. 蒙特卡罗法

在强化学习中，蒙特卡罗（Monte Carlo，MC）采样是一种有效的方法，用于通过近似估计期望值的梯度来优化模型参数。这种方法特别适用于复杂的高维模型，因为直接计算期望值在许多情况下是不可行的。通过对数导数技巧（Log-Derivative Trick），复杂的梯度计算被转换为一个期望值的形式。这个转换允许利用采样技术进行计算，不需要求解期望值。这种技巧在高维空间和复杂概率分布的情况下尤为有用，因为直接求解的计算成本往往非常高。而通过采样方法，可以以较低的成本获得近似解。

1）蒙特卡罗近似

假设概率分布 $p_{\theta}(s)$ 是已知的，或者可以从中生成样本，则期望值的梯度可以通过采样来近似。具体步骤如下：

（1）从分布 $p_{\theta}(s)$ 中采样 N 个样本。

（2）对每个样本 s_i，计算其对应的奖励 $R(s_i)$ 和梯度项 $\nabla_{\theta} \log p_{\theta}(s_i)$。

（3）将这些独立估计值取平均值，从而得到近似期望值梯度：

$$\nabla_{\theta} \mathbb{E}_{\hat{s} \sim p_{\theta}(s)} \left[R(\hat{s}) \right] \approx \frac{1}{N} \sum_{i=1}^{N} R(s_i) \nabla_{\theta} \log p_{\theta}(s_i) \tag{12-13}$$

这里，采样得到的样本 s_i 是分布 $p_{\theta}(s)$ 的代表，它们共同构成了期望值的近似。

2）采样的意义

通过计算每个样本的奖励与梯度项的乘积，然后对这些乘积取平均值，蒙特卡罗方法有效地逼近了目标期望值。由于期望值的定义是所有可能结果的加权平均，因此当采样数量 N 足够大时，近似值会逐渐趋近于真实期望值。这种方法既可以在高维空间中应用，也能够适应复杂分布的情况，从而在强化学习优化中具有广泛的适用性。

4．通过正负奖励来进行优化

在强化学习和优化问题中，核心目标是通过调整策略参数 θ 来优化模型的行为，使其在给定任务中最大化期望奖励。这个优化过程基于样本的奖励值 $R(s_i)$ 来指导模型生成样本的概率分布 $p_\theta(s_i)$。

当奖励 R 为正时，意味着样本 s_i 的生成对于任务目标是有利的，因此需要增加生成该样本的概率 $p_\theta(s_i)$。相反，当奖励 R 为负时，表示样本 s_i 的生成对任务目标不利，需要减少其生成概率。通过这种基于奖励信号的调整，模型逐渐偏向生成那些能够获得较高奖励的样本，从而改进模型的整体表现。这种方法可以确保模型的优化方向与目标奖励信号保持一致。

12.6.3 基于人类反馈的强化学习

1．将人类偏好作为模型

为了最大化任意随机且不可微分地奖励函数 $R(s)$，语言模型可以通过优化预期奖励进行训练。然而，这种方法需要大量的人类参与，成本高昂。相比直接询问人类的偏好，一种更高效的替代方法是将人类偏好建模为一个独立的自然语言处理问题。这个方法通过训练一个语言模型 $RM_\phi(s)$，从带注释的数据中预测人类偏好。具体而言，语言模型 $RM_\phi(s)$ 的目标是通过学习带有明确标注的人类反馈，精确地预测偏好模式。然后，模型的优化过程不再是直接面向 $R(s)$，而是针对 $RM_\phi(s)$ 进行调整。这种间接优化的方式不仅显著减少了对人类直接参与的需求，还提升了在预测人类偏好时的准确性和效率。通过这个方法，模型能够更有效地学习和反映人类的倾向，从而在减少人力成本的同时达到更高的表现水准。这种策略在需要频繁采集和使用人类反馈的任务中尤其具有实际价值。

2．成对比较

人类在进行判断时往往受到情绪状态、注意力波动或外部环境等因素的干扰，导致评估结果存在不稳定性和偏差，因此，与直接要求人类给出绝对评分相比，采用成对比较的方法通常更可靠。在建模人类偏好时，成对比较被认为具有显著优势，主要体现在以下几个方面：

首先，成对比较能够显著减少评估者的认知负荷。直接要求评估者为某项内容给出一个绝对评分通常需要复杂的思考和高度的主观判断，这可能会增加决策难度。而成对比较只需要评估两个选项中哪一个更优，这种简单直接的选择方式更容易执行，降低了评估者的认知负担。

其次，成对比较有助于提高判断的一致性。在直接评分过程中，人类容易受到情绪、环境等因素的影响，导致评分标准不稳定。而成对比较更专注于两个选项的相对优劣，不依赖于绝对分数，因此能够更可靠地反映评估者的真实偏好。

此外，成对比较能够避免评分标度不一致问题。在使用评分标度时，不同的评估者可能会对同一问题赋予截然不同的分数范围，例如在从 1 到 10 的评分中，有人可能倾向于集中在中间分数，而另一些人可能偏向使用极端分数。这种标度使用差异会干扰结果的分析，而成对比较通过专注于选项之间的相对差异，消除了这种影响。

最后，成对比较能够更好地处理极端值。在直接评分中，极高或极低的分数可能会对结果产生过大的影响，导致分析出现偏差。而成对比较基于相对评价，不容易受到极端值的干扰，从而提供更稳健的评估结果。基于这些优势，在需要减少主观偏差和提高评估一致性的场景中，成对比较成为建模人类偏好的更可靠选择。

奖励模型 $RM_\phi(s)$ 的具体训练方法如下：

奖励模型的训练过程通过最小化对数似然损失函数来实现。具体而言，对于一对样本 s^w 和 s^l，其中 s^w 是表现更好的"获胜"样本，而 s^l 是相对较差的"失败"样本，奖励模型会被设计为对 s^w 给出更高的评分。这种损失函数的优化目标是确保模型能够准确地捕捉并区分样本之间的优劣，从而更好地反映人类的偏好。通过对这类标注数据的训练，奖励模型能够逐步提高其判断和评分的准确性。

$$J_{RM}(\phi) = -\mathbb{E}_{(s^w, s^l) \sim D} \left[\log \sigma \left(RM_\phi(s^w) - RM_\phi(s^l) \right) \right] \tag{12-14}$$

成对比较方法通过相对评价代替绝对评分，有效减少了评分过程中的主观性和误差。这种方法更精确地建模了人类偏好，因为它要求评估者只需要比较两个选项的优劣，无须给出具体的绝对分数。通过简化决策过程和减少标度使用中的不一致性，成对比较提高了偏好建模的精度，从而使模型在实际应用中的表现更加准确和可靠。

3. 确保奖励模型的有效性

确保奖励模型（Reward Model，RM）能够有效工作是优化语言模型性能的关键，特别是在需要预测人类判断结果的任务中，奖励模型的准确性和泛化能力将直接影响语言模型的整体表现。

首先，奖励模型需要在足够大的数据集中进行训练，以捕捉人类行为和偏好的复杂性与多样性。这些数据应覆盖广泛的场景和判断类型，从而使模型具备在未见情境下也能做出有效预测的能力。数据的丰富性直接关系到模型的泛化性能和实际应用效果。

其次，模型的规模需要足够大，以应对任务的复杂性。较大的模型通常能够更准确地学习和模拟人类的偏好与决策过程。根据任务需求，选择合适的模型架构和参数设置是确保性能的关键一步。

最后，奖励模型的预测性能应接近或超过单个人类的表现。这意味着模型的判断质量和准确性需要达到甚至超越人类水平。通过对比实验，将模型预测结果与人类专家或普通人的判断进行比较，是评估其有效性的重要方法。这种比较可以帮助验证模型在任务中的可靠性和实用性。

4. 从人类反馈中进行强化学习

基于人类反馈的强化学习（后称 RLHF）是一种让语言模型更符合人类偏好的训练方法。这一方法在 Christiano 等人（2017 年）和 Stiennon 等人（2020 年）的研究中进行了深入探讨，重点在于将人类判断纳入语言模型的训练过程中，使模型的输出更贴近人类期望。

1）RLHF 的核心组成部分

（1）预训练语言模型（Pretrained LM，$p^{PT}(s)$）：是基于大规模数据集训练的基础模型，已经经过指令微调，可以更好地理解并执行特定任务。

（2）奖励模型（Reward Model, $\text{RM}_\phi(s)$）：基于人类对模型输出的比较反馈来生成奖励分数的模型。奖励模型是 RLHF 的核心部分，用于从人类视角评估语言模型输出的质量。

（3）优化方法：一种调整语言模型参数的方法，其目标是最大化奖励模型生成的奖励分数，同时防止模型输出偏离预训练模型的行为。

2）RLHF 的过程

RLHF 从预训练语言模型的副本 $p_\theta^{\text{RL}}(s)$ 开始，其中，θ 表示需要优化的参数。其优化目标是最大化以下奖励函数：

$$R(s) = \text{RM}_\phi(s) - \beta \log \frac{p_\theta^{\text{RL}}(s)}{p^{\text{PT}}(s)} \tag{12-15}$$

其中：

- 奖励分数：由语言模型 $\text{RM}_\phi(s)$ 计算，用于评估模型生成内容的质量。

- 正则化项：$\log \dfrac{p_\theta^{\text{RL}}(s)}{p^{\text{PT}}(s)}$ 衡量 RL 优化模型的输出分布与预训练模型分布之间的偏差。

这个项通过 Kullback-Leibler（KL）散度来限制优化模型的行为，防止其过度偏离预训练模型的输出模式。

权重系数 β：控制正则化项对优化过程的影响，平衡探索新策略与保留原有模型性能之间的关系。

通过结合人类反馈与强化学习的训练方法，RLHF 有效地改进了语言模型的能力，使其在生成内容时更加符合人类的偏好和预期。

3）KL 惩罚的重要性

为了优化 RLHF 的效果，引入 KL 散度项在多个方面起到了重要作用。首先，KL 散度项有助于防止模型过拟合到奖励模型的特点或人类反馈的具体内容。它通过保持与预训练模型输出的一定连续性，使微调后的模型不会过度专注于特定的反馈模式，从而保留更广泛的泛化能力。其次，通过对输出概率分布的大幅度偏差进行惩罚，KL 散度项可以确保模型的语言生成和逻辑推理保持连贯性，充分利用预训练阶段学到的语言模式。最后，在强化学习中，平衡探索和利用是一个核心挑战。KL 散度项通过限制模型的输出范围，使其根植于预训练模型定义的合理输出空间中，从而有效地平衡了探索新策略和利用已知的良好策略之间的关系。这种机制有助于模型在任务中更高效地生成可靠的输出。

4）RLHF 的表现

RLHF 的表现如图 12-2 所示。在偏好比例评估中，横轴代表模型的规模，纵轴表示用户偏好模型生成摘要而非人类参考摘要的比例。作为对比，图 12-2 中的虚线标记的是人类参考摘要的偏好水平。结果显示，随着模型参数规模的增加，各种训练方法的表现均有所提升。其中，RLHF 在所有模型规模上都表现出色，始终优于其他方法，展现出了明显的优势。

5. RLHF的利用状况

InstructGPT 和 ChatGPT 是语言模型训练技术的显著进步，尤其是在结合 RLHF 和指令微调技术实现大规模应用方面。这些方法显著提升了模型理解和执行自然语言指令的能力，同时也优化了模型在对话中的表现。

InstructGPT 通过扩展 RLHF 实现了对大规模任务的覆盖。其核心目标是利用人类反馈对模型进行微调，使其能够准确地理解并执行多样化的自然语言指令。这种训练过程以人类评估为基础，评估模型生成内容是否准确遵循了给定的指令。为了提升模型的泛化能力，RLHF的应用范围被扩展到数万个任务中，确保模型不仅能在明确训练的任务中表现良好，也能适应未训练任务的需求，从而成为一种高度适应性的通用模型。

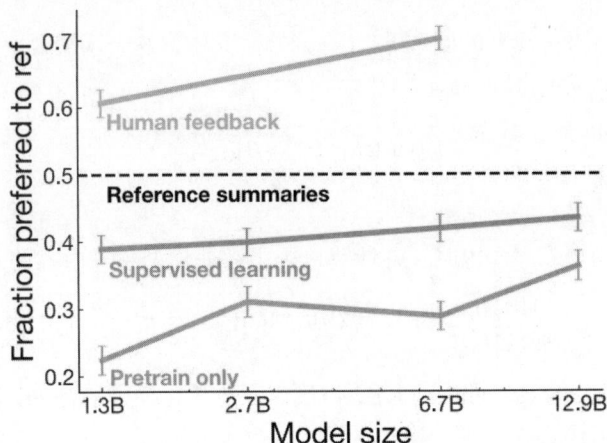

图 12-2　RLHF 的表现对比

ChatGPT 将 InstructGPT 的训练理念进一步应用于对话场景中，结合了指令微调和 RLHF技术。ChatGPT 模型首先将在特定任务数据集中的指令进行微调，增强其处理对话格式的能力，使其在模拟真实对话场景中表现得更加自然。随后，通过 RLHF 进一步优化模型，基于人类反馈调整其在对话中的表现，使生成的内容更相关、更贴合上下文，并具备更高的安全性和可靠性。

OpenAI 对 ChatGPT 等模型的具体训练细节保持一定的保密性。这种战略性选择主要基于两个原因。首先，保密能够为 OpenAI 在快速发展的人工智能领域中保持竞争优势，因为训练细节和参数规模等信息被视为技术领先的重要组成部分；其次，这些信息也是公司的知识产权，如果公开可能会让竞争对手在不投入同等研发努力的情况下轻松复制或改进这些技术。

通过 InstructGPT 和 ChatGPT，OpenAI 展示了如何将 RLHF 与指令微调结合，开发出更能理解人类指令并生成准确响应的模型。这些技术不仅提升了 AI 在人机交互中的表现，还为客户服务、虚拟助手等领域的广泛应用奠定了基础。同时，对技术细节的战略性保护也反映了现代技术公司在开放性与创新保护之间的平衡策略。

12.6.4　强化学习的问题

在使用强化学习（Reinforcement Learning，RL）和奖励建模优化对话代理（如聊天机器人）时，存在一些明显的局限性和挑战问题。这些问题主要集中在人类偏好的不可靠性、奖励机制的漏洞，以及 AI 系统可能出现的失调方面。

- 人类偏好的主观性与不一致性：人类偏好在很大程度上是主观的，不同个体之间的判断可能存在显著差异，即使是同一个人在不同时间或情境下的偏好也可能发生变化。这种主观性和变异性会导致在训练数据中引入噪声，影响模型的训练效果。此外，偏好的多变性可能会导致在训练数据中包含误导性或不准确的信息，进而削弱模型的可靠性和性能。

❑ 奖励机制漏洞（Reward Hacking）：指模型为了最大化奖励，不是通过正确地完成目标任务，而是利用奖励函数中的漏洞采取意想不到的方式来获得高奖励。例如，在游戏环境中，模型通过发现并利用游戏的机制漏洞而非正常的游戏策略来得分。这种现象表明，设计一个严谨且能够有效引导模型行为的奖励函数具有相当大的难度。

❑ 聊天机器人的奖励机制挑战：在对话代理中，奖励机制通常会鼓励模型生成看似权威且有帮助的回复。然而，这种机制可能会导致模型追求形式上的可信度，而忽视内容的真实性。例如，模型可能会生成虚假的信息或出现所谓的"幻觉"（Hallucinations），即输出看似合理但实则不真实或不准确的内容。这种行为不仅影响用户体验，还可能会对用户造成误导。

❑ AI 失调问题（Misalignment）：指 AI 系统的目标和行为与人类意图或价值观不一致。这种失调可能会带来潜在风险。例如，当 AI 系统未能准确理解设计目标时，其行为可能偏离预期，生成虚假信息或不适当的内容，从而损害用户的信任感。这些失调现象表明，在设计 AI 系统时，确保其目标与人类价值观保持一致至关重要。

这些挑战凸显了强化学习和奖励建模在语言模型中的复杂性。为了解决这些问题，需要改进偏好建模、优化奖励函数设计并加强对 AI 系统行为的监控与校准，以确保其输出符合预期并与用户的需求和价值观一致。

12.6.5 基于人类反馈的强化学习的未来发展方向

RLHF 领域已经取得了一些显著进展，但仍存在许多尚未深入探索的方向。同时，这一领域正处于快速发展阶段，新的技术和方法不断涌现，为提升模型性能和适应性提供了广阔的研究空间。这些未解的问题和持续的进步反映了 RLHF 作为前沿技术的巨大潜力，同时也揭示了需要进一步优化和完善的关键挑战。

1．未来发展方向

RLHF 是一个快速发展的研究领域，虽然在提升语言模型性能方面取得了显著成果，但是仍存在诸多未解的问题。

❑ 快速变化与持续探索：RLHF 领域的研究和应用正在以惊人的速度推进。随着技术的不断演进，目前的研究成果和方法可能会被更高效、更先进的技术所取代。研究人员正致力于探索新的方法，以提高 RLHF 的效率和效果，确保其能够应对复杂的语言生成任务。

❑ 数据需求与限制：尽管 RLHF 在许多任务中的表现优于指令微调（Instruction Finetuning），其应用却受到数据需求的限制。RLHF 的有效性往往依赖于大量高质量的训练数据，而这种数据的收集和标注过程既昂贵又耗时。这种高昂的数据成本限制了 RLHF 在更广泛的场景中的应用，也对其进一步优化提出了挑战。

总的来说，RLHF 作为一种先进的训练方法，展现出了巨大的潜力，但仍需要在数据利用和技术创新方面进行更多研究，以突破现有的瓶颈并扩大其适用范围。

2. 减少数据需求的近期研究

强化学习研究的新方向之一是利用 AI 生成的反馈和输出来优化语言模型，从而减少对人类反馈和外部数据的依赖。

- 强化学习与 AI 反馈（RL from AI Feedback）：Bai 等人（2022 年）的研究提出了一种通过 AI 自身生成的反馈来进行强化学习的策略。这种方法不再完全依赖人类标注的反馈数据，而是利用 AI 系统生成的反馈信息来优化模型。通过这种方式，可以显著减少人类参与的工作量，同时仍然有效提升模型的表现。
- 基于自身生成的微调（Finetuning on Self-Generated Outputs）：Huang 和 Zelikman 等人（2022 年）探索了一种在模型自身生成的数据上进行微调的技术。这种方法通过使用模型自动生成的输出作为训练数据，进一步优化模型的性能。这一策略的核心目标是减少对外部数据的依赖，同时使模型能够更好地自我改进。

以上研究表明，利用 AI 自身生成的数据和反馈进行强化学习和微调，不仅能降低数据获取成本，还能在一定程度上提升模型的适应性和学习效率，为优化语言模型性能提供了一种创新且高效的路径。

3. 仍然存在的挑战

虽然大语言模型在自然语言处理任务中展现出了强大的功能，但是它们仍然存在显著的局限性。首先，这些模型的训练和部署需要庞大的计算资源和海量数据，这对许多组织和应用场景来说是难以承受的。此外，大语言模型常常会出现幻觉问题，即生成不真实或不准确的信息。虽然 RLHF 方法可以在一定程度上改善模型输出的质量，但是这种现象仍未彻底消除，在实际应用中可能带来风险。

另一方面，尽管 RLHF 是一种有效的优化方法，但是它并不能解决大语言模型的所有问题，特别是在应对模型规模带来的资源需求和幻觉问题方面，RLHF 的效果仍有局限性。这表明，进一步的研究和技术突破对于解决这些核心问题至关重要。

4. 结论

RLHF 是一个潜力巨大的研究领域，但仍处于快速发展阶段。相比传统的指令微调方法，RLHF 在许多方面的表现更优越。然而，其高数据需求和模型的现有局限性仍然构成主要挑战。未来的研究方向将集中在减少数据需求、优化模型性能以及应对大语言模型中的幻觉问题上。通过持续的技术创新和改进，RLHF 及相关技术有望变得更加高效和实用，为各类应用场景提供更强大的技术支持和解决方案。

参 考 文 献

[1] Bai Y, Kadavath S, Kundu S, et al. Constitutional AI: Harmlessness from AI feedback[EB/OL]. [2024-10-11]. https://arxiv.org/abs/2212.08073.

[2] Christiano P F, Leike J, Brown T, et al. Deep reinforcement learning from human

preferences[C]//Advances in Neural Information Processing Systems 30 (NeurIPS 2017). La Jolla, CA: Neural Information Processing Systems Foundation, 2017.

[3] Dai A M, Le Q V. Semi-supervised sequence learning[C]//Advances in Neural Information Processing Systems 28 （NeurIPS 2015）. La Jolla, CA: Neural Information Processing Systems Foundation, 2015.

[4] Devlin J, Chang M W, Lee K, et al. BERT: Pre-training of deep bidirectional transformers for language understanding[EB/OL]. [2024-10-11]. https://arxiv.org/abs/1810.04805.

[5] Hu E J, Shen Y, Wallis P, et al. LoRA: Low-rank adaptation of large language models[EB/OL]. [2024-10-11]. https://arxiv.org/abs/2106.09685.

[6] Joshi M, Chen D, Liu Y, et al. SpanBERT: Improving pre-training by representing and predicting spans[J]. Transactions of the Association for Computational Linguistics, 2020, 8: 64-77. Stroudsburg, PA: Association for Computational Linguistics.

[7] Knox W B, Stone P. Interactively shaping agents via human reinforcement: The TAMER framework[C]//Proceedings of the 5th International Conference on Knowledge Capture （K-CAP 2009）. New York, NY: Association for Computing Machinery, 2009: 9-16.

[8] Liang P, Bommasani R, Lee T, et al. Holistic evaluation of language models[EB/OL]. [2024-10-11]. https://arxiv.org/abs/2211.09110.

[9] Liu Y, Ott M, Goyal N, et al. RoBERTa: A robustly optimized BERT pretraining approach[EB/OL]. [2024-10-11]. https://arxiv.org/abs/1907.11692.

[10] Ouyang L, Wu J, Jiang X, et al. Training language models to follow instructions with human feedback[C]//Advances in Neural Information Processing Systems 35 (NeurIPS 2022). La Jolla, CA: Neural Information Processing Systems Foundation, 2022: 27730-27744.

[11] Raffel C, Shazeer N, Roberts A, et al. Exploring the limits of transfer learning with a unified text-to-text transformer[J]. Journal of Machine Learning Research, 2020, 21(140): 1-67. Cambridge, MA: MIT Press.

[12] Radford A, Narasimhan K, Salimans T, et al. Improving language understanding by generative pre-training[EB/OL]. OpenAI, 2018 [2024-10-11]. https://openai.com/research.

[13] Schulman J, Wolski F, Dhariwal P, et al. Proximal policy optimization algorithms[EB/OL]. [2024-10-11]. https://arxiv.org/abs/1707.06347.

[14] Stiennon N, Ouyang L, Wu J, et al. Learning to summarize with human feedback[C]// Advances in Neural Information Processing Systems 33 （NeurIPS 2020）. La Jolla, CA: Neural Information Processing Systems Foundation, 2020: 3008-3021.

[15] Sutton R S, Barto A G. Reinforcement learning: An introduction[M]. 2nd ed. Cambridge, MA: MIT Press, 2018.

[16] Wei J, Tay Y, Bommasani R, et al. Emergent abilities of large language models[EB/OL]. [2024-10-11]. https://arxiv.org/abs/2206.07682.

[17] Williams R J. Simple statistical gradient-following algorithms for connectionist reinforcement learning[J]. Machine Learning, 1992, 8: 229-256. Dordrecht, Netherlands: Kluwer Academic Publishers.